半导体简史

王　齐　范淑琴　编著

机 械 工 业 出 版 社

本书沿半导体全产业链的发展历程，分基础、应用与制造三条主线展开。其中，基础线主要覆盖与半导体材料相关的量子力学、凝聚态物理与光学的一些常识。应用线从晶体管与集成电路的起源开始，逐步过渡到半导体存储与通信领域。制造线以集成电路为主展开，并介绍了相应的半导体材料与设备。

三条主线涉及了大量与半导体产业相关的历史。笔者希望能够沿着历史的足迹，与读者一道在浮光掠影中领略半导体产业之全貌。

本书大部分内容以人物与公司传记为主，适用于绝大多数对半导体产业感兴趣的读者；部分内容涉及少许与半导体产业相关的材料理论，主要为有志于深入了解半导体产业的求职者或从业人员准备，多数读者可以将这些内容略去，并不会影响阅读的连续性。

图书在版编目（CIP）数据

半导体简史 / 王齐，范淑琴编著. --北京：机械工业出版社，2022.9
（2024.12 重印）
ISBN 978-7-111-71339-5

Ⅰ. ①半… Ⅱ. ①王… ②范… Ⅲ. ①半导体技术－技术史－世界
Ⅳ. ①TN3-091

中国版本图书馆 CIP 数据核字（2022）第 138762 号

机械工业出版社（北京市百万庄大街 22 号 邮政编码 100037）
策划编辑：时 静 责任编辑：时 静 秦 菲
责任校对：张艳霞 责任印制：刘 媛
涿州市般润文化传播有限公司印刷

2024 年 12 月·第 1 版·第 6 次印刷
184mm×240mm·22.5 印张·3 插页·435 千字
标准书号：ISBN 978-7-111-71339-5
定价：108.00 元

电话服务 网络服务
客服电话：010-88361066 机 工 官 网：www.cmpbook.com
010-88379833 机 工 官 博：weibo.com/cmp1952
010-68326294 金 书 网：www.golden-book.com
封底无防伪标均为盗版 机工教育服务网：www.cmpedu.com

专家推荐

改革开放以来，几代人历经 40 余年的努力，使中国在电子制造业中，获得了令世人震惊的成就。作为电子制造业基石的半导体产业，在今天已万众瞩目。

本书以半导体产业发展史为主线，从最为基础的材料科学开始，并逐步过渡至半导体材料的主要应用与制造业，从多个视角对半导体全产业链进行观察、分析与思考，生动形象地介绍了半导体产业发展中的重大事件，并从独特的视角对这些事件进行解读，是一本半导体产业界与非产业界人士，快速了解半导体全貌的书籍。

——陈左宁（中国工程院院士）

这部《半导体简史》，给我们全面呈现了人类科技史上最为精彩绚丽的篇章，将给中国科技界、产业界，带来巨大的震撼和深深的思考。正如作者在书中写到：还原历史的真实，是人类构筑未来的基石。正视发达国家特别是美国对半导体产业的贡献，恰是中国摆脱这个产业落后的起点。

——胡扬忠（海康威视总裁）

如果以晶体管的出现作为半导体产业诞生的标志，那么这个产业已经经历了70多年的时间。在这段时间里，半导体产业从无到有，最终形成了庞大的产业链。

本书较为完整地呈现了这段历史中重要的人物与里程碑事件，介绍了半导体产业最上游的设备与材料、中游的制造业以及下游的应用，勾勒出半导体产业全景，并以史鉴今对半导体产业进行了较为深度的思考，是一本值得一读的科普读物。

——冯登国（中国科学院院士）

受到作者信任，有机会先读到这本书，反复看了几遍之后感觉津津有味。

对于半导体产业发展历程感兴趣的读者，通过阅读此书可以较为完整地了解半导体产业的宏观层面；此外，希望对这一产业进行科学理性分析的专业人士，也能够从本书中找到不同发展阶段的相关细节。本书既可作为工具书日常查阅，亦可作为历史参考书籍以通读解惑。

作者具有在业内浸淫20余载的第一手观察体验，更大量从史籍和第三方著作当中查证。本书是科学家的精神、工程师的严谨务实和历史学家之徐徐铺陈的完美融合。我向大家推荐作者的这本倾心之作。

——侯明娟（高通全球副总裁）

卷首语

在地壳中，含量最多的元素是氧与硅。人类离不开氧也离不开硅。约 330 万年前，古人使用硅的原始形态石块制作工具，那段时期被称为石器时代；大约 6000 年以前，人类逐渐抛弃了石块，进入了青铜与铁器时代。

在渐别石器时代长达万年的时光中，人类与半导体相关的历史不到两百年。在第一个百年之中，留下记载的只是几个跳动着的与半导体有少许关联的事迹。

19 世纪，人类观测到了半导体的热敏特性、光伏效应、光电导效应与整流这四大特性，但这些发现没有引发足够的关注。随后几十年，半导体生活在证明与证伪的争辩之中，许多科学家认为半导体不过是在绝缘体中掺杂了一些导体杂质罢了。

20 世纪的前半叶是一个科技爆发的时代，量子力学与相对论在这段时间先后出现，人类加速了向微观世界及宏观宇宙的探索步伐。与相对论相比，也许量子力学更为复杂，提出相对论的爱因斯坦，曾经说过他思考量子力学的时间百倍于相对论。

量子力学是微观世界的通行法则，起源于对黑体辐射现象的解释，在科学家不断质疑原子组成结构与电子运行轨迹的过程中抵达高潮。能带理论在此期间逐步成型，使世界上的物质被划分为导体、绝缘体与半导体。借助能带理论，科学家合理解释了半导体材料的四大特性，此后不再有人继续质疑半导体材料的存在。

半导体是一种介于导体与绝缘体之间的材料，是电子信息产业的基石。半导体材料的第一个应用是无线通信领域中使用的二极管。在二战期间，半导体材料的提纯工艺日趋成熟。战后不久，晶体管问世，硅结束了长达万年的等待，作为半导体材料而不是石块被人类重新发现。

晶体管的问世是人类科技史册中的一个重大里程碑,此后半导体材料具有了更加广阔的发展空间。潘多拉魔盒被再次打开,这一次人类收获了希望。在晶体管诞生后不足百年的时光里,人类取得的科技成就几乎超越了之前几百万年的总和。

半导体的出现使万生巨变。此后的地球,比过去"小"许多;此后的时间,比过去"快"许多;此后的人类,比过去谦卑许多。

半导体产业的理论基石是量子力学。量子力学不仅是一门知识,也是一种哲学思考。对量子力学多一些了解,会多一种看待这个世界的方式。正是因为这个原因,书中将尝试勾勒出量子力学的轮廓。

量子力学之外,半导体还与多门交叉学科相关,共同组成了复杂的半导体产业链。在这个链条中,上游是半导体设备、材料与工具软件;下游是半导体的应用,包括计算、存储、通信与其他领域;半导体制造在之间承上启下。

本书在介绍半导体全产业链的过程中逐步展开,由三条主线构成,分别为基础线、应用线与制造线。

基础线集中出现在第 1 章与第 5 章中,并贯穿全书,覆盖了量子力学、凝聚态物理与光学的一些常识。这两章的部分内容,枯燥无味并不易读,简短的篇幅也很难将这些内容完全覆盖。笔者书写这段文字时亦感枯燥无味,也不止一次想删除掉这些内容,却最终将其完整保留,因为这些枯燥与无味正是半导体产业的立基之石。

应用线的主体由第 2 章与第 3 章构成。

第 2 章介绍半导体的起源,以及晶体管、集成电路诞生的那段波澜壮阔。半导体产业从通信领域开始,并逐步过渡到存储领域,最终在计算领域蓬勃兴起,在整合存储与通信领域的过程中,建立了电子信息产业的基石。

第 3 章介绍计算世界。电子信息时代始于计算,精彩之处亦在于计算。电子信息产业的三次浪潮,大型机、PC 与智能手机时代与计算领域密切相关。对通信、存储与计算领域的描述组成了本书的应用线。

制造线的部分内容出现在第 2 章与第 5 章,主体集中在第 4 章,围绕半导体的制造,特别是集成电路的制造展开。半导体产业的上游,即设备与材料在第 2、4

与 5 章均有介绍，是制造线的基础，也是核心。

本书第 5 章即最后一章介绍"光"。半导体材料与"光"直接相关的产业，包括光伏与显示领域。半导体制作离不开"光"，光刻机是最重要的半导体设备。该章在最后简述了中国半导体产业的过去、现在与未来，这段历程由希望谱写，是中国半导体人生命中的光。

在三条主线中，基础线相对晦涩，主要为 18～25 岁的年轻人准备，是理解半导体材料科学的关键。多数读者可以将这些内容略去，并不会影响阅读的连续性。

笔者希望更多的年长一代，愿意对这些内容多一些了解。这一代人中的绝大多数可能很难在基础科学上做出更大的突破，但是可以为年轻一代提供创新的土壤，与支撑创新所必须要有的宽容。

三大主线涉及了大量与半导体产业相关的历史。回顾这段历史不仅代表要了解过去，也是在近距离观察着今天与未来。一切历史都是当代史，相同的历史在不同的年代，有着不同的解读。历史是一面镜子，在镜中我们寻找未来。

书中出生于 19 世纪中叶之前的著名人物，与绝大多数诺贝尔奖获得者使用了中文名称。这里不仅是为了表示尊敬，更是因为这些人，以及与对这些人的称呼，在中文世界中已经有着约定俗成的表述。

笔者从几年之前开始准备这本书籍，期间写写停停。在此期间，重温了从电磁学开始的许多课程，在告别学生时代几十年后，对这些课程也有了一些新的体会。书籍的名称经过反复推敲，最后确定为《半导体简史》。

这本书籍我们写了又改，改了又写，每次修改必能发现新的错误，完稿后广邀好友审阅，心中依然惴惴不安，为此附上下方的公众号"南郭比特"，我们将在此处维护本书，也盼望更多的读者能够纠正本书的错误，以惠及来者。

致谢

从第一次完成书籍的主体内容距今已一年左右的时间。在这段时间里，我们反复调整书中的内容，待到书籍提交，不觉中已十版有余。每次调整总能发现若干瑕疵，因此忐忑不安，不敢以一得自足。最终截稿不是因为穷尽书中纰漏，而是深感力不能及，终止了这段艰难的旅程。

在许多人的帮助下，本书得以成型。在书写制造线的过程中，与贾敏频繁研讨，并受益匪浅；方刚与何火高指出了书中应用线的若干不足；陈勇辉对光刻相关内容提出了许多宝贵意见；本书基础线的主体内容由胡滨审阅；蔡一茂、曹堪宇、平尔萱、章佩玲与马宏纠正了书中集成电路制作工艺与半导体存储相关内容的许多谬误。

此外本书在编写过程中，还得到了下列朋友的帮助：

孙承华　单林波　黎世彤　张　彤　李学来　张　挺　刘　兵　马少华

黄建国　朱　晶　余先育　陈　钢　邱韶华　彭海涛　廖胜凯　梁　晗

张海纳　袁　航　左　勇　任乐宁　叶　松　孙　海　毕　科

正是在这些产业界专业人士的大力帮助之下，本书最终完稿。

最后需要感谢的是我们的儿子王谦瑜小朋友，他的笑脸能治愈我们每日的疲惫，他的期待是我们坚持的动力，他每天 10 点按时睡觉的规律作息，使我们能够充分利用夜间时间进行本书的讨论与修改。此外，他还指出了书中的几处逻辑错误。

王　齐　范淑琴

目录

第1章　半导体的起源

今天这个幸运的时代由人类数千年的智慧累积而成。在数千年之中，出现过几位对后世有着重大影响的科学家。起初，牛顿站在了所有人的肩膀上，将几千年以来人类对大自然的认知融合在一起。随后，法拉第与麦克斯韦等人闪亮登场，电磁场理论逐步成型。

电磁学的出现是人类科技史的一次突变，20世纪的科技成就建立在这次突变之上。在赫兹实验证实了电磁波的存在后，无线电产业随之而来。在无线电的普及与发展过程中，半导体产业的帷幕徐徐展开。

20世纪上半叶，多位科学家，包括普朗克、爱因斯坦、玻尔、海森堡、薛定谔等人一同建立了量子力学理论，量子力学是科技史册的一次质变。在这个基础之上，人类重新认识了世界，拥有了前所未有的发现，半导体产业脱颖而出。

在这些发现的背后，矗立着时势所造就的英雄，他们出现在恰当时机，依靠自身努力，乘风而起，青史留名。许多人也许没有在史册上留下显赫的名字，毕生心血仅化作几条实验数据，这些数据却在未来成为破解某道难题的关键。

更多的人什么都没有留下来，他们到最后也不过是一粒粒尘埃。正是这一粒粒尘埃汇集在一起产生的合力，推动着人类科技缓缓前行，在历经蒸汽与电气时代后，半导体产业完整绽放，电子信息时代蓬勃而来。我们生活在一个前所未有的盛世之中。

每当我回味这段历程时，总会恍惚这段历史的真实，半导体产业的诞生是一段传奇，超越了人类几千年积累而后的想象。半导体产业的演进加快了新老交替的节奏。在这个产业发展的百年中，万物的产生、发展与消亡过于匆忙，一个时代尚未结束，另一个时代在我们不及回味中跃上舞台。

这是最好的年代，这是最坏的年代；这是智慧的岁月，这是愚钝的岁月；这是信仰的时刻，这是怀疑的时刻；这是光明的瞬间，这是黑暗的瞬间；这是希望之春，这是失望之冬；我们无所不有，我们一无所有……

爱因斯坦（1879-1955）　　牛顿（1643-1727）　　　麦克斯韦（1831-1879）　　法拉第（1791-1867）

玻尔（1885-1962）　　　海森堡（1901-1976）　　薛定谔（1887-1961）　　狄拉克（1902-1984）

普朗克（1858-1947）　　德布罗意（1892-1987）　　泡利（1900-1958）　　玻色（1894-1974）

维格纳（1902-1995）　　费米（1900-1940）　　　费曼（1918-1988）　　朗道（1908-1968）

1.1　电与磁

地球的表面蕴含着大量磁石；摩擦后的琥珀能够吸引羽毛。这些原始的电与磁现象，也许在文字出现以前，已被古人所观测。只是从公元前 4000 年开始的两河文明，没有留下电与磁的记载；比两河文明更早些的埃及文明，也没有留下相关的信息。

中国的《山海经》称"匠韩之水出焉，而西流注于泑泽，其中多磁石"，这本奇书还收录了夸父追日、女娲补天、精卫填海等传说，使书中故事蒙上了一层神秘的面纱。先秦时期，《管子》云"上有慈石者下有铜金"；《吕氏春秋》也有"慈石召铁"的说法。中国的古人常将"磁"称呼为"慈"，认为慈石是铁之母。

公元前 600 年左右，古希腊的泰勒斯发现磁石与琥珀具有吸引力。他相信万物有灵，认为这种吸引力是因为磁石具有灵魂[1]。在当时，无论是东方还是西方，人类对电与磁的认知，没有脱离上帝或者其他神。

1600 年，英国的威廉·吉尔伯特出版《论磁》，他整理了之前的电与磁现象，发现磁是少数物体具有的特性，而电是物体相互摩擦后可获得的普遍性质，从而认为电与磁截然不同。当时大多数科学家认可吉尔伯特的这一说法。

相对于磁，对电的研究更加艰难一些。大自然有许多天然磁石能够对铁金属提供持久的引力，却没有天然物品或者人造设备能够持久提供电力，直到 17 世纪中后期，出现了使用硫黄球制作的摩擦发电机。这种发电机除了表演魔术之外，并无实用价值。但从这时起，许多人开始关注电，包括艾萨克·牛顿。

17 世纪因为牛顿而有所不同。牛顿对力学、数学、光学、热学、天文，甚至经济学，均具有开创性贡献，他站在 16～17 世纪先驱的肩膀上，成为近代科学的奠基人。17 世纪的许多发现至今已成为常识，但每当我们翻阅史册时，仍然会发现这个世纪取得的成就，足以与 20 世纪日月同辉，在几百年之后依然历久弥新。

牛顿曾经设计出一个新型的摩擦发电机模型，却未能在这个领域更进一步。1705 年，牛顿的一个名为 Francis Hauksbee 的助理，对摩擦发电机进行了大规模改进，发明了第一部实用的发电机[1]，为推开电学之门立下了赫赫战功。

18 世纪上半叶，欧洲科学家发现电的传导特性，观测到电的同性相斥与异性相吸。18 世纪中叶，荷兰科学家发明了莱顿瓶，莱顿瓶是一种电容器，可作为小容量蓄电池。随后不久，富兰克林提出正负电的概念与电荷守恒，解释了莱顿瓶的工作原理。至此，电学研究的两个仪器，发电机与蓄电池已经就绪，电的奥秘即将被揭晓[2]。

1785 年，库仑发明了扭秤[3]。扭秤是一种可以将"极小力"放大到可以被观测到的装置，为库仑研究静止的电与磁间的相互作用提供了必要基础。通过扭秤实验，库仑得出真空中两个静止点电荷的作用力，与两个电荷电量的乘积成正比，与距离的平方成反比，作用力的方向沿着两个点电荷的连线，同名电荷相斥，异名电荷相吸。库仑定律与万有引力定律极为类似，如式（1-1）与式（1-2）所示。

库仑定律：	$F = k\dfrac{q_1 q_2}{d^2}$	（1-1）
万有引力定律：	$F = G\dfrac{m_1 m_2}{r^2}$	（1-2）

在库仑定律中，k 为常数，q_1 与 q_2 是两个点电荷的电量，d 为两个点电荷的距离，F 为两个点电荷之间的作用力。在万有引力定律中，F 为两个物体间的引力，G 为常数，m_1 和 m_2 是两个物体的质量，r 为两个物体之间的距离。

通过对这两个公式的比较，可以发现库仑定律与万有引力定律极为相似，甚至可以说库仑定律是万有引力定律的另外一种展现形式。库仑所处的时代被牛顿笼罩，牛顿认为所有自然力可以统一在万有引力公式中，这一理论深入库仑之心，他没有通过大量实验，获取更多数据验证这个定律，而是默认了牛顿的说法。

库仑定律是电磁学的重大转折点，此后人类对电与磁的认知由定性逐步转入定量，利用可计算的方法而不再是依靠感觉。电磁学迎来了春天，大批科学家沿着前人开辟的道路，将电与磁，将整个世界联系在一起。

在 18 世纪的最后一年，伏特发明了被称为伏打电堆的一种电池。不同于莱顿瓶，这种电池可以提供连续且稳定的电源，所获得的电流也大许多。这个发明奠定了电磁学突破的基础，为物理史册上乏善可陈的 18 世纪画上句号。

平淡的 18 世纪，出现了摩擦发电机、莱顿瓶与伏打电堆，以及富兰克林与库仑在电磁学上的进展。这些进展无论与此前或是此后的成就相比，不过是一些细枝末节的琐事，却无意埋下了 19 世纪电磁学突破的种子。

从吉尔伯特到库仑时代，科学家认为电与磁之间不具备转换可能，直到一个偶然的事件出现。1820 年 4 月 21 日，丹麦的奥斯特在一次演讲中，将导线放在与磁针平行的位置并接通电源后，发现磁针大幅旋转并连续振荡，这就是著名的奥斯特实验（见图 1-1）。实验之后，奥斯特的心脏狂跳了三个多月，直到他完全确定运动的电可以产生磁[4]。

奥斯特能有这一发现，不完全是因为运气，而是他不相信电与磁之间不存在联系。奥斯特深受德国古典哲学影响，坚信"自然力统一"。他认为电力与磁力都属于自然力，这两种力必然统一。

知性为自然立法，每个人认识的世界是

图 1-1　奥斯特实验

自己能够感知的世界。信奉德国古典哲学的奥斯特，比其他科学家的感知范围稍大了一些。从这时起，电与磁这两个貌似并不相关的现象紧密联系在一起，现代电磁学的历史正式开启。

毕奥与萨伐尔这两位法国科学家很快取得突破，他们在拉普拉斯的帮助下，经过大量实验，提出了毕奥-萨伐尔定律。这个定律对静止的磁进行了定量描述，给出了计算恒定电流所产生磁场的公式。

被奥斯特实验唤醒的还有安德烈·玛丽·安培（André-Marie Ampère）。奥斯特实验之后，安培抽出了一段时间专门从事与电磁学相关的工作[5]，这段历程使他青史留名。在 1820 年之后的七八年时间里，电磁学史册只属于安培一人。

安培在一周之内，发现了许多电磁现象，例如"通电的螺线管与磁铁类似""两个载流平行导线，当电流方向相同时彼此吸引，相反时彼此排斥"，当然还包括著名的右手螺旋定则[5]。1823 年，安培在大量实验的基础上，提出安培定律，也被称为安培力定律，描述两条载流导线之间的相互作用力与两个电流元的大小、距离之间的关系。

安培假设两个电流元相互作用力的方向沿着它们之间的连线。认为其作用力由运动电荷间存在的磁作用引发，如图 1-2 所示。在这个公式中，$I_1 \mathrm{d}l_1$ 与 $I_2 \mathrm{d}l_2$ 为两条载流导线的电流元，分别等于导线上的电流乘以导线长度，$\mathrm{d}F_{12}$ 为 $I_1 \mathrm{d}l_1$ 与 $I_2 \mathrm{d}l_2$ 电流元之间的力；μ_0 为真

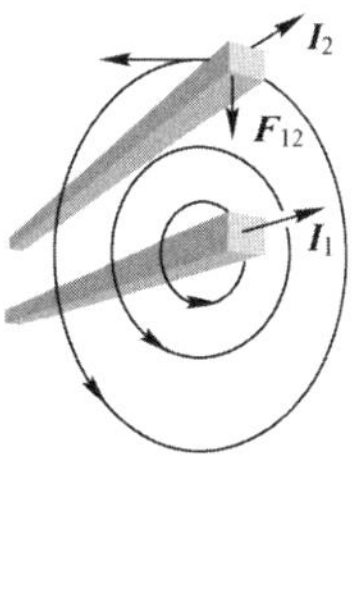

$$\mathrm{d}F_{12} = \frac{\mu_0}{4\pi} \frac{I_2\,\mathrm{d}l_2 \times (I_1 \mathrm{d}l_1 \times \hat{r})}{r^2}$$

图 1-2　安培力定律

空磁导率；r 为两个电流元间的距离；$\hat{r}$ 为单位矢量。

　　如果把 $I_1 \mathrm{d}l_1$ 与 $I_2 \mathrm{d}l_2$ 替换为两个小球的质量，可以发现安培力定律依然在类比万有引力定律。这意味着此时的电磁学还未能脱离牛顿力学，成为一门独立学科。

　　在这些发现的基础上，安培更进一步，提出了一个大师级别的问题，电的流动和天然磁石都能够产生磁，这两种磁在本源上是否相同？安培很快得出初步结论，一个物质的磁性来自于"分子电流"[6]。

　　安培认为分子是构成物质的基本单位，在分子周边存在着运动的环绕电流，从而产生磁场。安培使用分子电流假说统一了电与磁，解释了天然磁棒与载流螺线管的等效性。安培的分子电流假说，是历史上第一次试图将电与磁联系在一起的方法。

　　奥斯特实验之后，许多科学家提出了另外一个问题，"电能够生磁，磁能生电吗？"。安培在内的许多物理学家试图解决这一问题，却无功而返，直到迈克尔·法拉第的出现。1831 年 8 月 29 日，法拉第通过圆环实验发现了电磁感应现象[7]，验证了变化的磁场可以产生电场，这个实验是电磁学领域最重大的发现之一（见图 1-3）。

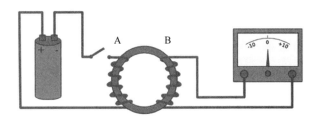

图 1-3　法拉第圆环实验

　　在实验中，法拉第将铁环两边分别用线圈 A 与 B 缠绕，线圈 A 通过一个开关与电源相连，线圈 B 连接电流表。他发现线圈 A 的电路接通或断开瞬间，线圈 B 将产生瞬时电流。随后，法拉第将圆环换为一个线圈进行了一组实验，如图 1-4 所示。

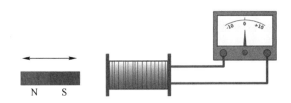

图 1-4　法拉第的电磁感应实验

在这次实验中，法拉第发现当磁铁快速插入线圈时，电流表的指针快速地正向抖动了一下；当磁铁被快速拔出后，电流表的指针逆向抖动了一下。

在两组实验中，电流表均可检测到磁作用产生的电流。在圆环实验中，线圈 A 静止，通过开关闭合引发的变化的磁可以产生电流；而在另一个实验中，运动的磁也可以产生电流。至此磁能生电得到了完整的验证[7]。

法拉第后续进行了几十组电磁感应实验，归纳了感应电流产生的多种原因，包括变化的电流或者磁，运动的电流或者磁铁，在磁中运动的导体等。法拉第注意到磁与电流变化得越快，产生的感应电流也越大。

法拉第的实验结果很快被归纳为数学公式，一种展现形式为 $\mathscr{E} = -\mathrm{d}\Phi/\mathrm{d}t$，其中 $\mathscr{E}$ 为感应电动势，Φ 为磁通量，即"在闭合回路中，感应电动势的大小与穿过这个电路的磁通量的变化率成正比"。

1851 年，法拉第通过实验证明了这个最后以他的名字命名的定律，即法拉第电磁感应定律。这个在常人眼中的巨大成功带给法拉第的是极度的痛苦。他进行过的所有实验与他熟悉的理论，都没能完美解释电与磁之间的相互作用。

从 49 岁开始，失忆与抑郁伴随法拉第余生。当许多人都认为他已江郎才尽时，病榻上的法拉第迎来了职业生涯最后的辉煌。对电磁学本源的探索，使他创造性地提出了"场"。法拉第的这次突破，也许是因为他始终无法理解牛顿的观点。

牛顿认为力与物质完全不同。力是物质间的作用，是物质运动的原因，物质由微粒和微粒之间的空间组成。法拉第认为物质由力组成，物质的粒子是力的集中，即"力粒子"。他认为力粒子之间没有空间，物质是连续的[8]。法拉第由此形成这样一个思想，物质与空间不可分割，空间是物质的延续，物质是空间的体现[9]。

1855 年 2 月，法拉第在《关于磁哲学的一些观点》中提出，物质可以改变力线的分布；力线的存在与物质无关；力线具有传递力的能力；力线的传播需要时间。力线是实体性质的存在，具有传递力的能力，可以通过真空传递而无须借助于媒介[8]。

1857 年，法拉第发表《论力的守恒》，这是他的力线思想完全成熟并逐步过渡到"场"的标志。也许正是因为法拉第不懂数学，文章中几乎没有一个数学公式，以至于许多人认为这是一本电磁学实验报告合集。

法拉第将磁力线、电力线、重力线、光线和热力线归入空间力场，认为电力线和磁力线呈曲线而不是直线；力的传递和力线的传播需要时间；力和场是独立于物体的另外一种物理形态，物体的运动除了碰撞之外，都是力或者场之间的作用结果[8]。他最后认为"物质与场是物质存在的两种形式"。

法拉第提出的"场"，撼动了牛顿力学的基础。他给不出"场"的数学定义，只能用最淳朴的语言和实验现象来描述，却使得他从实验出发，跨越了理论物理与数学两个层面，直抵哲学高度。"场"的概念，如电场与磁场，至今已成为常识，重构了之前使用牛顿力学描述的电磁学公式，出现在每一本电磁学教科书中。

法拉第的"场"为爱因斯坦提出相对论打下了坚实的基础。多年之后，爱因斯坦认为，"场是法拉第最富创造性的思想，是牛顿以来最重要的一次发现"。

法拉第没有学生，他的直觉与天赋不可继承。他的"力线与场"的概念在提出之后，引起了几个年轻人的注意，包括威廉·汤姆逊。汤姆逊的另外一个名字更加为人所知，即开尔文勋爵，热力学温度的单位 K 以他的名字命名。

开尔文勋爵天赋异禀，年少成名，但缺乏耐心。在大学毕业之后，很少有任何一项研究能够连续占用他几周时间，他时不时研究一段电磁学，随后从事其他领域。他试图用数学公式将电与磁统一起来，却没有更进一步。

这位勋爵在电磁学领域最重要的贡献也许反而是他向另外一位年轻人介绍了法拉第的《电学实验研究》这本书籍。多年之后，法拉第见到了这位年轻人，他的名字叫作麦克斯韦。

1831 年 6 月 13 日，麦克斯韦生于苏格兰爱丁堡。1850 年，麦克斯韦在爱丁堡大学完成学业后转入剑桥，并展示出过人的数学天分。1854 年，他开始阅读法拉第书写的《电学实验研究》，并很快被书中内容吸引，准备在电磁学领域有所作为。

此时的电磁学理论还在等待着麦克斯韦统一梳理。在这片领域中，有一大堆已知的实验结果，与多如牛毛般不知对错的数学公式，还有解释这些实验结果与公式的不同流派。麦克斯韦幸运地选择了从法拉第最精华的"场"入手，系统研究电磁学理论，很快与法拉第提出的"力线与场"产生了共鸣，发表了一篇名为《论法拉第的力线》的文章，并引起了法拉第的关注。

在当时，法拉第提出的力线与场，不被主流科学界认可，许多人认为他老糊涂了，此时的麦克斯韦更加默默无名。在当时，他们对"力线与场"所进行的讨论，更像是两个可怜虫之间的惺惺相惜。

1860 年，在法拉第的邀请下，麦克斯韦参加了法拉第的一次演讲。历史没有留下法拉第与麦克斯韦会面的记载，我们却一定要设想出同样谦逊、同样改变了世界的两个人的见面场景。迟暮的法拉第，是否因为找到了最合适的接班人，在眼里藏着泪光？

两人会面后不久，麦克斯韦发表了《论物理力线》，这篇文章分为 4 部分，分别在 1861～1862 年陆续发表[10]。在这篇文章中，麦克斯韦将法拉第的力线扩展到整个物理学，并提出两个假设，分别是"变化的磁场产生涡旋电场，变化的电场产生位移电流"；同时提出两个预言，一个是电磁波的存在，另一个是光的本质是电磁波。

1864～1865 年，麦克斯韦发表《电磁场的动力学理论》[11]。在这篇文章中，麦克斯韦跳出了经典力学框架对电磁学的束缚，明确提出了电磁场。麦克斯韦认为电磁场可以在物体内与真空中存在。在这篇文章中，麦克斯韦带来了一组由 20 个变量和 20 个方程所组成的方程组，也是麦克斯韦方程组的最初形态。

1864 年 10 月，麦克斯韦在皇家科学院介绍他的这些发现时，所有的听众都不知所措，因为这个理论建立在所有人无法捕捉的"场"之上。这次演讲无论对于麦克斯韦还是听众都是一场灾难[11]。

1873 年，麦克斯韦出版巨著《电磁学通论》，使他的电磁学理论更加完善，基础更为扎实。此时距离麦克斯韦发表第一篇电磁学论文，已经过去了整整 18 个年头。1879 年 11 月 5 日，麦克斯韦带着遗憾离开人世，他提出的理论和那个以他名字命名的方程组没有在他生前得到认可。在他生活的电磁学世界中，麦克斯韦是一个孤独的舞者，他的寂寞远远超过了法拉第。

我们中的一部分人生活在他们身后的世界。在他死后，他的思想在世间传播，他的精神在世间成长，他的光芒在很久之后才抵达我们身旁。

麦克斯韦死后，奥利弗·亥维赛接过了他的旗帜。亥维赛是一个自学成才的隐士，也是一个被遗忘的天才，在阅读完《电磁学通论》之后，被麦克斯韦提出的理论吸引。1882～1892 年，亥维赛开始系统整理麦克斯韦方程组，认为这个方程组没有得到科学界关注，是因为麦克斯韦将其描述得过于复杂。

亥维赛坚信自然力的统一，电与磁必然统一，也必然可以用更简练的方式表达；他坚信大自然的对称之美，电可以映射为磁，磁一定可以映射为电。依照这两个原则，亥维赛对麦克斯韦提出的各种变量与公式进行取舍与合并。

在亥维赛所处的时代，微分几何的进步，使建立电磁场理论的时机已经成熟。亥维赛将矢量引入微积分，并将其扩展为矢量微积分学。他利用矢量微积分符号，将麦克斯韦提出的异常复杂的方程组，化简为由 4 个微分与积分形式所组成的"麦克斯韦方程组"。

麦克斯韦方程组在亥维赛的梳理后逐步成型，后人在此基础上，再次进行一些小的修正，成为今日教科书中的表现形式。麦克斯韦方程组具有多种等价表述，书中选取了变量较少的方式，见表 1-1。

———— 表 1-1　麦克斯韦方程组[12] ————

序号	名称	微分形式
I	高斯定律	$\nabla \cdot \boldsymbol{E} = \dfrac{\rho}{\varepsilon_0}$
II	磁场的高斯定律	$\nabla \cdot \boldsymbol{B} = 0$
III	法拉第电磁感应定律	$\nabla \times \boldsymbol{E} = \dfrac{\partial \boldsymbol{B}}{\partial t}$
IV	安培-麦克斯韦环路定律	$\nabla \times \boldsymbol{B} = \mu_0 \boldsymbol{J} + \mu_0 \varepsilon_0 \dfrac{\partial \boldsymbol{E}}{\partial t}$

麦克斯韦方程组中的 4 个公式分别描述"什么是静止的电""什么是静止的磁""变化的磁场产生电场"与"变化的电场产生磁场"。麦克斯韦方程组揭示了电场与磁场的优美，在现代数学的简约之下，这种优美得到了最充分的表达。

亥维赛化简后的方程，与麦克斯韦提出的原始方程，在表现方式上已经有了非常大的区别。凭借这个贡献，这个方程组甚至可以被称为亥维赛方程组，至少也应该叫作麦克斯韦-亥维赛方程组。

亥维赛却认为"除非我们有充足的理由相信，将这个方程组指给麦克斯韦时，他认为有改名的必要，不然这个被修改的方程组还是应该叫作麦克斯韦方程组"。此时麦克斯韦早已离世，亥维赛不在乎这个方程组的归属，他对他能够成为麦克斯韦电磁场理论的布道者已心满意足。世界因为这些平凡而不凡。

麦克斯韦因为这个方程组，成为牛顿之后，爱因斯坦之前，最伟大的物理学家。麦克斯韦还进一步推导出电场与磁场的波动方程，从理论上证明了电磁波是一种横波，并推算出电磁波在真空中传播速度约为每秒 30 万千米，这个数值与光速接近，他因此预言光是一种电磁波，将电、磁与光统一在一起。

根据麦克斯韦方程组，在一个理想的真空环境中，变化的电场产生磁场，变化的磁场产生电场，变化的电场与磁场组成了电磁场，电磁场的传播形成电磁波（见图 1-5）。电磁波在电磁场中，一正一负，一左一右，相互推挽，相互激励，光速前行，直到世界尽头。

1886～1888 年，赫兹开始验证麦克斯韦的电磁场理论。1888 年 3 月，赫兹发表《空气中的电动波及其反射》，验证了电磁波的存在。同年 12 月，赫兹发表《论电磁辐射》[13]，在这篇文章的最后，赫兹认为，电磁波具有与光相同的属性。至此麦克斯韦的电磁场理论得到了全面的验证。

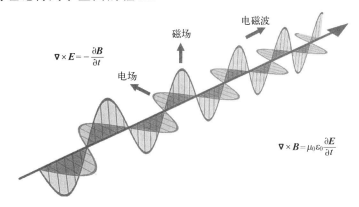

图 1-5　电磁波的产生示意图

赫兹实验之后，只有时间能够阻挡无线电产业的出现。在科学家、企业家与工程师的合力之下，这个时间被无限缩短。不同的人怀着不同的目的，驶入了这片由法拉第、麦克斯韦与赫兹等人开辟的蓝海。

1895 年，马可尼将无线电波传送到千米之外，随后攻克 10 千米、100 千米大关，接下来他将挑战更远的距离。

1901 年冬，马可尼抵达北美，在加拿大东部的圣约翰斯，搭建了无线电的接收装置；在英国西南部的康沃尔郡，他的助手搭建了发送装置，约定在 12 月 12 日中午进行无线电的跨洋传送。

是年的这一天，这个北美最东部的城市圣约翰斯，狂风怒号，用于保持天线垂直的气球无法正常工作，马可尼决定用风筝悬挂一根长达 120 米的铜线作为接收天线（见图 1-6）。约定的时间即将到来，在这一天的午后，从康沃尔郡发出的字母"S"信号，直上云霄，经电离层折射，越过三千多千米宽的大西洋，最终到达了圣约翰斯，到达了马可尼身旁。马可尼这段从 1895 年开始的长达 6 年的无线电报实验历程，终告成功[14]。

图 1-6 马可尼在圣约翰斯搭建无线电接收装置

不久之后，马可尼在英国成立了世界上第一家通信公司，马可尼无线电报与信号公司。这个公司成立后的几十年时间里，始终在电信行业中占据重要位置。在这个公司的大力推广之下，无线电遍布于世界的每一个角落。

无线电的出现使整个世界翻天覆地，此后陆续出现了围绕着无线电技术的各类应用，如无线电广播、无线电导航、短波通信、无线电传真、电视、微波通信、雷达、遥控、遥感、卫星通信，直到今日的智能手机。

无线电技术的出现、发展、普及与突破的历程经历了第一次与第二次世界大战。在那个政治、经济、军事与文化大碰撞的年代，许多真相被永久封存。

1909 年，马可尼因为在无线电领域的成就获得了诺贝尔物理学奖。不过这个奖项没有消除谁才是真正的"无线电之父"的争论。俄罗斯人始终认为波波夫是无线电之父。1895 年 5 月 7 日，波波夫在圣彼得堡成功地将内容为"海因里希·赫兹"的电文，通过无线电传送了 250 米。

波波夫之外，特斯拉也被称为无线电之父。特斯拉一生涉足的领域众多，留下了一千多项专利，他申请无线电专利的时间最早，却不被当世承认。1943 年，在特斯拉于贫困潦倒中离世半年后，美国最高法院裁定他为无线电专利的发明人。

至今，特斯拉、波波夫与马可尼已经离我们远去，想必他们已不在乎谁才是真正的无线电之父。从今天的视角看，马可尼创造的价值超过波波夫与特斯拉。他的贡献不限于无线电，而在于其所创建的企业，能够制造出更多的创新，引领着无线电产业的发展方向。

伴随无线电技术的进步，人类展开了一轮新材料的发现热潮，诞生了半导体产业。在这个产业推进的过程中，公司的力量逐步壮大，衡量科技进步的尺度发生了变化，一项科技成果确立的标志，从实验室的一次成功，转换为企业的大规模量产。

在企业工作的科研人员，逐步接过了大学与研究机构手中的科技旗帜。我们迎来了一个应用爆发的时代，也迎来了一个没有"英雄"的时代。

1.2　能检波的石头

1782 年，伏特发现带电物体与金属接触时会立即放电，与绝缘体接触时不会放电，与某种材料接触时将缓慢放电。他认为这种材料具有半导体特性（Semiconducting Nature）[15]。这是人类历史上第一次出现半导体这一称呼。

1787 年，现代化学之父拉瓦锡预言在石英中含有一种特殊的元素，他将其命名为 Silice[1]。法拉第的老师戴维，认为这种元素应该是一种金属，将其改名为一个具有金属后缀的称呼 Silicium。苏格兰化学家 Thomas Thomson 不同意戴维的说法，认为这种元素不是金属，建议使用 Silicon 这个名字[16]，与碳（Carbon）、硼（Boron）等元素一致以 "-on" 为后缀。这个称呼延续到今天，Silicon 的中文就是"硅"。

1810～1830 年，瑞典化学家贝采尼乌斯（Jöns Jakob Berzelius）分析了多种元素与多达两千多种化合物的组成，并在一次实验中无意得到了较为纯净的硅[17]。此时硅对人类的意义不及玻璃，没有任何人知晓"硅"所蕴含的真正能量。

19 世纪，科学家在无意中观测到一些材料具有热敏特性、光伏效应、光电导效应与整流特性（见表 1-2）。这些观察没有引发足够的关注，在当时没有理论能够解释这些现象，也没有人将这些特性与"半导体"联系在一起。

———— 表 1-2　在 19 世纪发现的半导体四大特性 ————

1833 年	热敏特性	1833 年，法拉第发现硫化银在温度升高时电阻降低，与戴维在 1821 年发现金属加热后电阻升高的现象不同
1839 年	光伏效应	法国的 Edmond Becquerel 发现光照可以使某些材料的两端产生电势差
1873 年	光电导效应	W. R. Smith 发现当光照射在硒材料上时，其电导率增大
1874 年	整流特性	德国的布劳恩（Karl Braun）发现金属硫化物的整流特性

1874 年，布劳恩发现在金属硫化物的两端施加一个正向电压时，电流可以顺利通过，施加反向电压时电流截止。这种单向导电性可以用于整流[20]。与表 1-2 列出的前三大特性相比，整流特性可以用于无线信号的接收，更具实用价值，因此这一发现被后人视为现代半导体物理学的开端。

布劳恩能够观测到这一现象并非巧合。在中学时代，他便开始研究各种晶体的结构特性，还写了一本关于晶体的书籍。中学毕业后，他陆续测试了许多晶体的导电特性，包括方铅矿、黄铁矿、软锰矿等，发现这些晶体具有导电能力，但是电阻值与欧姆定律推导出的结果并不一致。

因为晶体易碎，测试晶体的导电特性并不容易。布劳恩在测试过程中，使用银线圆环支撑晶体底部，晶体顶部则被银丝制成的弹簧压紧，形成了一个点接触模型[21]。在其后相当长的一段时间，这个点接触模型成为测试晶体导电特性的标准。许多年之后，第一个晶体管也采用了这种实现方式。

布劳恩陆续发现金属硫化物、氧化锰等晶体也具有单向导电性。受限于当时的理论水平，布劳恩未能合理解释晶体存在的单向导电性。在当时的制作工艺下，晶体的单向导电性不能稳定存在，这一发现饱受质疑。更为不利的是，布劳恩没有为金属硫化物的整流特性找到合适的应用场景。

第一个发现晶体整流特性的布劳恩，没有重视这些貌似石头的晶体，将其搁置一边，专注其他领域，并很快有所成就。1897 年，他制作出阴极射线管（Cathode-Ray Tube，CRT）。阴极射线管是现代显示技术的基础，直到 20 世纪中后期，阴极射线管仍广泛应用在电视机与计算机等的显示器领域。

布劳恩在显示器领域取得突破之时，赫兹的电磁波实验已经家喻户晓，无线电产业呼之欲出。布劳恩迅速切换到无线电领域，取得了更大的成就。

当时，无线电的传输有两大难题。其一，无线电波的发射功率不高，电波无法沿着指定的方向发射；其二，无线电波的接收灵敏度很低。

布劳恩使用磁耦合天线，对马可尼使用的发报机进行了根本的改造，极大增强了发射功率，提高了无线电的通信距离。他还发明了可以将无线电波仅沿一个指定方向发射的定向天线技术，该项技术减少了无线电波的无效能量损耗，至今依然在雷达、3G、4G 与 5G 系统中大规模使用。

布劳恩有效解决了无线电发送系统的一系列问题，为马可尼最终完成 1901 年跨大西洋的无线电实验立下了汗马功劳。此后，马可尼取得了商业上的巨大成功，两个人的共同努力使无线电最终遍布了地球的每一处角落。1909 年，布劳恩与马可尼因为在无线电领域的成就，分享了诺贝尔物理学奖。

布劳恩还尝试使用各类晶体改进无线电的接收系统，却没有获得成功。他并没有意识到这些晶体是一种新型的半导体材料。如果他能够多坚持几步，他将发现人类历史上第一个基于半导体晶体的二极管。

晶体二极管是无线检波器的重要组成器件，至今依然活跃在电子信息产业的多个应用领域。无线检波器的作用是从接收到的信号中挑选出有效信息。检波的第一步为整流，其工作过程如图 1-7 所示。

无线电接收设备从空中获得的原始信号如图 1-7a 所示；这个信号经过二极管整流之后，正向部分即上部分信号可以通过，并得到图 1-7b 所示的信号；随后再经过由电阻与电容组成的滤波器，得到图 1-7c 中的波形。

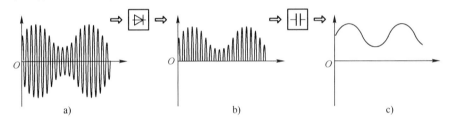

图 1-7   二极管检波器工作原理

a) 原始信号   b) 整流后信号   c) 滤波完成后信号

马可尼进行跨大西洋的无线电实验时，使用基于"金属屑"的检波器，其主体由一个存放金属屑的真空玻璃管构成。在初始状态时，金属屑呈松散状态。无线电波通过时，金属屑将聚集在一起使电流顺利通过；随后需要用机械装置将挤成一团的金属屑晃动为初始状态，以便于接收下一个无线电波[22]。

这种工作效率明显不高、实现原理较为奇葩的检波器，却因为较高的稳定性，成为当时的主流，直到被效率更高的电解与矿石检波器替换。

1899 年夏，美国工程师 Greenleaf Pickard 开始了自己的无线电之旅，他很快就意识到了金属屑检波器的局限性。

一次偶然的机会，Pickard 发现某些矿石具有单向导电性，可以制作检波器。他尝试了几千种矿石，挑选了整流效果最好的黄铜矿石晶体（$CuFeS_2$）制作检波器[23]，用于无线电信号的接收，并在 1906 年获得了这种检波器的专利[24]。

这就是无线电史册，也是半导体史册中赫赫有名的猫胡须检波器（Cat Whisker Detector）。因为这种检波器以矿石为主体搭建，也被称为矿石检波器，其组成结构如图 1-8 所示。

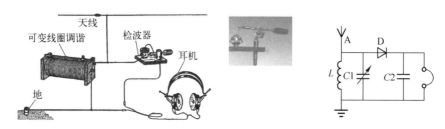

图 1-8　猫胡须检波器

在检波器矿石的上方，有一根金属探针与一个外置把手相连，通过这个把手，可以调节探针与矿石表面接触的压力与位置，以寻找最佳整流点。因为这根金属探针与猫胡须的外形相似，这种检波器也被称为猫胡须检波器。

Pickard 所处的时代，信号放大器尚未出现，无线电波通过检波器后，需要通过耳机收听。当 Pickard 通过耳机收听到无线电波时，并不知晓他无意中使用了半导体材料。

Pickard 发明的猫胡须检波器，最显著的问题是质量的一致性。这种检波器的质量与使用的矿石品质相关，但是他并不清楚具体和矿石的哪个品质相关，如何提升这种检波器的性能更无从谈起。至 1920 年，Pickard 测试了大约 31250 种矿石材料，却并未发现矿石蕴藏的奥秘[23]。

从今天的认知看，猫胡须检波器等效于一个二极管与两个电容并联所组成的检波电路，其实现原理如图 1-8 右侧所示。当交流信号通过二极管之后，只有上半部分可以通过，之后再通过电容滤波后完成无线信号的检波。

猫胡须检波器的出现极大推进了无线通信的发展。不久之后，收音机开始进入千家万户。无线电制作迅速成为一个普通人就能拥抱的业余爱好，手工制作一个收音机逐步从梦想变为现实。在那个年代，收音机的地位不亚于今天的智能手机。比智能手机更加引人注目的是这种收音机可以自己组装。

这种收音机使用的检波器可以由深山老林中貌似普通的石头制作，当世最厉害的科学家也无法解释这些石头能够检波的秘密。这种神秘感使得所有人都在想尽一切可能寻找新型材料制作检波器，人类历史上迎来了一系列重大的材料发现热潮。

人们使用已经掌握的电、磁、光、热、真空技术与各种材料进行组合，制作了一系列无线电检波器，如图 1-9 所示。

这些材料中包括半导体材料硅与碳化硅。历经万年的等待，半导体材料即将以全新的方式呈现在世人面前。恰在此时，电子管技术的出现，使得尚处萌芽阶段的半导体材料遭遇了一个严峻的挑战，延误了半导体材料前行的步伐，也培育着半导体产业横空出世的土壤。

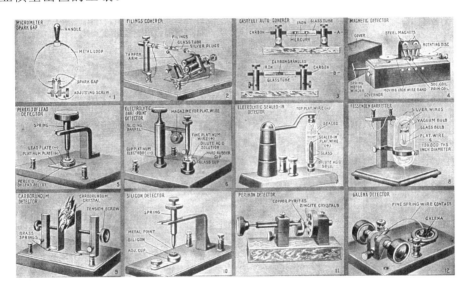

图 1-9 各种各样的无线电检波器[25]

1.3 神奇的"电灯"

1876 年，爱迪生在美国新泽西州的门罗公园创建了一所实验室。在爱迪生拥有的两千多项发明中，这个实验室的本身是最伟大的一项发明。在这里，爱迪生可以与团队并肩作战，集中智慧，批量制造"发明"。

如世人所知，爱迪生的许多发明并非原创，其中包括电灯。在爱迪生之前，至少有 20 余人发明过形态各异的电灯[26]，而爱迪生作为电灯产业的第一人却是后世的共识，电灯正是经过爱迪生的改良才得以进入千家万户。

爱迪生改良电灯时，发现碳丝不耐高温较易蒸发而影响寿命。于是他将一根铜丝封入灯泡，试图阻止碳丝蒸发。他却发现当电灯点亮时，铜丝有微弱的电流通过。铜丝悬浮在空中，没有与通电碳丝接触。爱迪生无法解释铜丝从何处获得电流，仅是为这个发现申请了专利，并将其命名为爱迪生效应[27]，没有更进一步研究。

机会留给了英国的弗莱明（John Ambrose Fleming）。1882 年，弗莱明成为爱迪生电灯公司的顾问，并在几年后重现了"爱迪生效应"实验。这一次，他使用金属板替换铜丝，依然保持金属板与灯丝间的绝缘，其实验原理如图 1-10 所示。

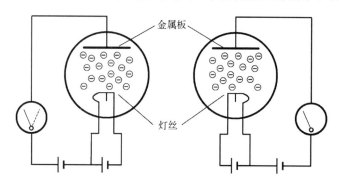

图 1-10　弗莱明实验的示意图

弗莱明将灯光照射在金属板上之后，使用电流计测量金属板产生的电流，发现在金属板上施加正电压时，有 4~5mA 的电流通过金属板，施加负电压时，没有电流通过[28]。他进一步使用交流电给金属板供电，发现有连续的直流通过。

这种装置显然具有整流特性，却被弗莱明不经意间忽略。1897 年，汤姆逊发现电子，弗莱明借用电子理论解释了"爱迪生效应"，却没有找到这种装置的应用场景。此时，弗莱明距离制作出第一个电子二极管，只有一步之遥。

1899 年，弗莱明成为马可尼公司的科技顾问。马可尼正在试图完成无线电波跨越大西洋的壮举，却只能将无线电传送 300 多千米，而东西大西洋的最小间距是 3000 多千米。布劳恩解决了发送问题，但是如何进一步优化无线电接收依然一筹莫展。

1904 年，弗莱明试图借助 "爱迪生效应"制作检波器，实验装置与图 1-11 所示的电灯极其类似。

图 1-11　真空电子二极管的雏形

　　弗莱明先后尝试在灯丝中嵌入另一个灯丝，使用灯丝包围一个金属圆筒，或使用金属圆筒包围灯丝等多种形式进行测试。在一系列实验之后，弗莱明确定这种装置可用于无线信号的检波。兴奋的弗莱明在实验成功后的第二天，就通知爱迪生电灯公司，按照他的要求制作一批特殊的电灯[29]。

　　这种电灯由三个引脚组成，其中两个引脚用于点亮灯丝，被称为丝极（Filament）；另外一个引脚与环绕灯丝的圆柱形金属板相连，被称为屏极（Plate）。弗莱明使用这种装置进行了一系列无线电信号的接收实验，如图 1-12 所示。

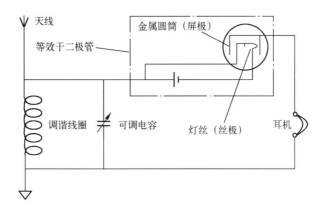

图 1-12　弗莱明发明的无线电检波电路[29]

　　一切如弗莱明所料，这个具有单向导电性的电灯，可以作为检波器接收无线电信号。他将这个装置称为弗莱明阀（Fleming Valve），历史上第一个真空电子二极管正式诞生。

电子二极管的工作原理较为简单，当电灯点亮后，灯丝将发光发热，并对外辐射电子。这些电子抵达屏极之后，如果屏极带正电，将会吸收这些电子，从而在电子管中产生电流；如果屏极带负电，将排斥这些电子，从而不产生电流。

此时，弗莱明没有完全掌握这种检波器的工作原理，但还是第一时间写信给马可尼。在信中他写道，"我找到了一种新型的无线电波检波器，我还没有和任何人提起过此事，因为这个发现可能会非常重要"[30]。

马可尼高度重视这一成果。但是研究人员发现，使用这种电子管所制作的检波电路，尽管在实验室中表现不俗，但是在实际应用场景中效果并不理想，在许多情况下，甚至不如金属屑检波器及矿石检波器稳定可靠。电子二极管并没有在无线电通信的发展初期取得太大的成就。

与弗莱明同时研究"爱迪生效应"的还有一个名为福雷斯特（Lee De Forest）的美国人。1905～1906 年，福雷斯特使用类似于灯泡的真空管，与已知的电磁学等知识进行各种排列组合，试图有所发现。

1906 年 1 月，他提交了一个使用真空管制作振荡装置的专利[31]。随后，他在真空管灯丝两边各放置了一个金属片，如图 1-13 左侧所示，并发现这套装置可以将电流微弱放大[32]。这套装置从来没有稳定工作过，但已经不耽误他在同年 10 月申请一个专利了。

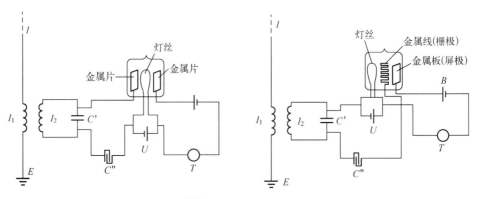

图 1-13　福雷斯特发明的真空电子三极管[33]

不久之后，福雷斯特在这种真空管的灯丝（丝极）与金属板（屏极）之间添加了一段"之"字形的金属线，福雷斯特将其称为栅极，见图 1-13 右侧。福雷斯特通过实验，发现这一装置可以作为检波器接收无线电波。1907 年 1 月 29 日，福雷斯特为这项发明申请了专利[33]，为了区别弗莱明阀，将这种检波器称为 Audion，中文名为三极真空管。

　　福雷斯特发现这种三极真空管不仅可以用于振荡与检波电路，更为重要的是具有电流放大功能。他认为其放大功能虽然微乎其微，依然有别于弗莱明的电子二极管[34]。

　　绝大多数人并不这么认为，在他们眼中，福雷斯特的三极真空管和电子二极管的区别只是多了一个栅极，检波性能并没有提高。这种器件的电流放大能力也过于微弱，没有实际用途。法院很快做出裁定，认为福雷斯特三极真空管的发明是对弗莱明电子二极管专利的侵权。此时弗莱明的电子二极管专利的持有人是马可尼，也许是因为被福雷斯特在法庭中激情澎湃的辩护打动，马可尼承认这一发明是对电子二极管的有效改进[35]，决定与福雷斯特的这个新发明进行交叉专利授权。

　　受限于当时的制作工艺，这种三极真空管在发明之后长达 5 年的时间内，没有应用于商业领域。在此期间，福雷斯特在商场上屡战屡败，穷困潦倒，以至于他的一些重要专利，因为没钱续费而在欧洲过期。

　　1910 年，福雷斯特创立的公司再一次破产，一个名为 Fritz Lowenstein 的工程师被迫离职。第二年，Lowenstein 发现在三极真空管的栅极施加反向偏置电压之后，可以成功地将音频中的声音放大。三极真空管至此正式进入"放大"领域。1912 年 4 月 24 日，Lowenstein 为此申请了专利[36]。

　　几个月之后，福雷斯特在 Lowenstein 的基础之上，取得更大的突破，他将两个检波器级联在一起，取得了更好的放大效果；随后他使用三个真空管，制作出三级级联的放大器，成功地将无线电信号放大了 120 倍。

　　这个具有放大功能的器件，继续使用真空管这个名字显然已不贴切，更多的人将其称呼为 Triode，即电子三极管[37]。这种电子三极管，还可以与电阻和电容配合，制作出振荡电路。在无线电发送装置中所使用的历史悠久的电弧，终于被这种更加经济而且稳定的振荡电路所淘汰。

　　至此，无线电通信中使用的三个核心电路，即在无线信号发送时使用的**振荡器**，在无线信号接收时使用的**检波器**与**放大器**，全部可以使用电子三极管实现。电子三极管的应用场景一片光明。

　　电子三极管出现的同期，英国物理学家理查森（Owen Willans Richardson）系统研究了加热所引发的电子流动现象。他发现当温度上升到某个阈值后，大量的电子将从金属中逸出，这种现象也被称为"热电子发射"。他精确地推导出热电子发射的公式，并因此获得了 1928 年的诺贝尔物理学奖。

理论的成型使电子管行业的发展一日千里。不久之后，美国的阿姆斯特朗（Edwin Howard Armstrong）使用电子管制作了高频振荡与反馈电路。这种高频振荡电路在不增加发射功率的前提下，可以使无线信号传播得更远。高频振荡电路是现代无线电发送设备的基础；反馈电路可以将无线电信号轻易地放大几千倍。

阿姆斯特朗在振荡电路和反馈电路方面的开拓性工作，标志着现代无线电技术的诞生。从法拉第开始，麦克斯韦、赫兹都有资格作为无线电之父，马可尼、波波夫与特斯拉都被人称为无线电之父，弗莱明也自称是无线电之父。但是现代无线电技术之父，当之无愧地属于阿姆斯特朗。

在第一次世界大战期间，阿姆斯特朗发明了"超外差接收机"，这种接收机非常灵敏，可以轻易地捕捉到百里之外飞机引擎点火系统发出的电磁波。这一发现距离"一战"结束的时间较为接近，未能发挥威力，但是在第二次世界大战中的雷达领域大放异彩。

阿姆斯特朗还有许多专利，包括调频（Frequency Modulation，FM）技术。FM技术至今还在无线广播领域活跃。FM 技术的提出，使阿姆斯特朗陷入了与美国无线电公司（Radio Corporation of America，RCA）无尽的专利纠纷中，并因此走向了生命的尽头。

此前，RCA 公司在调幅（Amplitude Modulation，AM）无线电领域已经投下重注，需要全力阻碍 FM 技术的推广。商业利益暂时扭曲了技术方向。个体与公司的缠斗，使阿姆斯特朗穷困潦倒，精神上不堪重负。1954 年 2 月，这位几乎被世人遗忘的发明家，从 13 层的楼上纵身一跃，留给后人的是无尽的遗产与遗憾[38]。

电子管应用在无线电领域的振荡、检波与反馈放大这三个重要场景之后，迅速开创了一个属于自己的时代。从 1906 年开始，在其后长达 40 余年的时间里，电子管在电子信息领域始终处于主导地位。电子信息产业始于电子管，今天各种以"电子"为前缀的行业与设备，最早都是从电子管开始的。

使用电子管，还可以搭建出数字电路中常用的"与非门"。与非门是数字电路的基础，所有数字电路，无论多么复杂，都可以仅用与非门实现。"与非门"的出现使得电子管的应用场景进入一个全新的天地。

1945 年，John Mauchly 和 Presper Eckert 借鉴了 ABC（Atanasoff–Berry

Computer）计算设备的设计思想后更进一步，基于电子管制作出现代意义上的电子计算机 ENIAC（Electronic Numerical Integrator and Computer）[39]。ABC 与 ENIAC 宣告了计算时代的开始，将电子管时代推向巅峰，也是电子管由盛至衰的始点。

一种最终改变了人类历史的科技，伴随着电子管的发展，奋力向前。这一科技就是 20 世纪最伟大的成就——量子力学。在这个科技的基础之上，人类发现了许多种新型材料，其中的半导体材料改变了电子管的命运，也改变了全人类的命运。

1.4　量子世界

1900 年，普朗克在研究黑体辐射问题时，发现只有假设能量离散分布时，才能推导出一个与实验结果相符的黑体辐射公式，这个公式被后人称为普朗克定律。在这个定律中，普朗克引入了一个辅助变量 h，被后人称为普朗克常数。

这个常数使原本被认为连续的自然界，变成了一段一段的非连续空间。长久以来，我们所建立的许多经典物理概念在此刻坍塌，原本被认为是无限可分的物质，存在着一个不可分的最小单位。

量子力学从普朗克常数这个"星星之火"开始，席卷了整个物理世界。当世最杰出的物理学家全部参与了这段历史。或者说，在 20 世纪的上半叶，只有参与了与量子力学有关的科学家，才有机会在科技史册中留下足迹。

普朗克提出的新观点震惊当世，所有物理学家如梦初醒，在无数次的辩论与质疑声中，沿着提出问题、分析问题与解决问题的道路，大胆假设，小心验证，携手共进，发现了瑰丽壮观的量子力学殿堂。

在其中，提出问题是最困难也是最为关键的一环。爱因斯坦曾经说过，"提出问题通常比解决问题更为重要。解决问题也许仅需要一个数学或者是实验上的技能，提出新的问题需要创造性的想象力。这个创造性标志着科学的真正进步"。

量子力学主要用来研究微观世界的运动规律。微观世界是一个客观存在的物质世界，与我们所能直接感知的宏观世界相比，其运行规律有较大的区别。

通常意义上，科学家将大量原子与分子组成的物体称为宏观物体，宏观物体的总和构成了宏观世界，宏观世界满足的规律被称为宏观规律。宏观世界可以由经典力学、经典电磁学、经典统计力学解释。

科学家将分子、原子或者更为微观的粒子，如光子与电子，称为微观客体，微观客体遵循的规律被称为微观规律，符合微观规律的客观物质世界被称为微观世界。微观世界中的时间、空间与能量是离散的，是跳跃的，与我们长期以来从宏观世界获取的常识大不相同。

源于宏观世界的经典理论无法解释微观世界的运行规律，这个世界是量子力学的用武之地。无论是金属、绝缘体还是半导体，其材料特性需要在这个微观世界中找寻，其奥秘需要由量子力学理论来揭晓。

在量子力学兴起之初，不同的科学家采取了不同的路线进入这个领域，提出了各自需要解决的问题。一条路线是光谱分析法。在爱因斯坦提出光量子理论后，光谱分析法这条实验物理路线始终独立向前发展，"散布光子，捕获光子，分析光子"成为探索微观世界的一种有效方法。另外三条路线分别是"原子结构""统计"与"波粒二象性"，如图 1-14 所示。

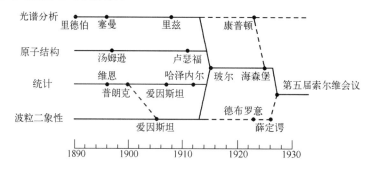

图 1-14　20 世纪初期量子力学的发展历程[40]

原子的概念起源于古希腊，公元前 5 世纪前后，古希腊哲学家德谟克利特等人认为万物由大量不可分割的微小粒子构成，这种粒子被称为原子。此时原子的定义还停留在哲学层面，对现代科技并没有直接的贡献。

19 世纪初，英国科学家道尔顿提出原子实心球模型，他也认为一切物质都是由原子组成，而原子是一个不可分割的实心球。

1897 年，汤姆逊发现了电子之后，于 1904 年提出葡萄干蛋糕模型，他认为电子平均分布在整个原子之上，如同葡萄干镶嵌在蛋糕中[41]。这个模型成功解释了原子的电中性与电子在原子中的分布规律，在一段时间内获得了广泛的认可。

1909～1911 年，汤姆逊的学生卢瑟福在使用 α 粒子轰击金箔的实验中，发现原子中心应该具有一个非常小的核，即原子核，原子的正电荷和几乎全部质量都集中在原子核中。至此原子被认为由原子核与电子组成，但是电子在原子核外的分布方式，在 20 世纪的前半叶引发了巨大争议。

1911 年，卢瑟福否认了他的老师汤姆逊创建的葡萄干蛋糕模型，提出了电子分布的行星模型，认为原子模型类似于太阳系。他将带正电核的原子核比作太阳，认为带负电荷的电子如同行星般环绕原子核运动[42]。

电子围绕原子核旋转的模型并不完美，在很长一段时间里，没有得到主流科学界的认可。这个模型存在着一个显而易见的漏洞，当电子绕原子核运动时，依照麦克斯韦的电磁场理论，将不断地向外发射电磁波而损耗能量，基于这种模型的原子结构不可能稳定存在。

1913 年，玻尔提出了原子的能级模型，以解决卢瑟福行星原子模型的问题。在玻尔原子模型发布不久，德国物理学家索末菲（Arnold Sommerfeld）将这个模型的圆形轨道推广为椭圆轨道，并引入相对论理论进行修正。至此，原子模型经历实心球、葡萄干蛋糕、行星模型，发展到玻尔的能级模型，如图 1-15 所示。

道尔顿的实心球模型　　汤姆逊的葡萄干蛋糕模型　　卢瑟福的行星模型　　玻尔的能级模型　　扫描二维码查看彩图

图 1-15　原子结构模型的变迁

玻尔提出的这种能级模型，基于普朗克常数与爱因斯坦提出的光电效应方程。玻尔认为电子围绕原子核进行运动时，需要遵循两种规则，一个是定态规则，另一个是频率规则[43-45]。

定态规则认为，在原子核的周围有若干个能级不同的轨道，每一个轨道都有一个定态能级 E，当电子在这些轨道中运行时，不会以辐射电磁波的方式消耗能量。当系统处于稳定状态时，原子存在的定态能级受一定的限制。

频率规则基于光电效应方程，玻尔认为电子可以在不同的运行轨道中进行切换，但是在进行切换时，电子需要吸收或者释放相应能量，保持整体能量守恒。电子从一个定态跃迁到另一个定态时，会吸收或者发射一个频率为 $\nu = \Delta E/h$ 的光子，其中 ΔE 为两个定态之间的能级差。

玻尔提出的原子能级模型，必然能够解释只有一个电子的氢原子结构，因为在当时，其他科学家已经通过实验获得了与氢原子相关的实验数据。玻尔提出的这种能级模型，在某种程度上，是根据已知结果凑答案。

在量子力学的发展初期，一边做实验，一边凑答案，一边坐在家里猜理论，是一个再正常不过的常态。这是科学家在面对量子这个新兴事物时，沿着"提出问题""分析问题"与"解决问题"前行的必由之路。

玻尔使用的这种"凑答案"的研究方法，没有违背从牛顿开始的普世科学研究的方法论。此时，科学研究基于因果关系，从观察特定条件下的实验现象开始；之后改变条件，并测量可能出现的变化；归纳实验现象并推演出普遍定律；最后将这个普遍定律拓展到更多的领域。

玻尔模型很快遭遇挑战，后续实验结果发现，将玻尔模型应用到多电子的原子系统，即便只有两个电子的氦原子，理论计算与实验结果也相差甚远。多数人认为这是因为玻尔模型仅考虑了微观客体的粒子性，没有考虑其波动性造成的。只有玻尔明白，这是因为他的假设还不够大胆，没能准确地描述什么是微观世界造成的。

微观世界很小，即便在今天，我们也并不十分了解这个世界，只能通过一些实验获得一些现象。在当时，科学家在解释微观世界的许多现象时产生了巨大的争议。

1918 年，玻尔提出对应原理试图建立宏观与微观世界的联系。1925 年，德国物理学家海森堡引入矩阵力学，从理论的角度来描述量子力学，这也是第一个描述微观世界的系统理论。同年，泡利提出描述微观粒子运动的泡利不相容原理。

1927 年，尚不满 26 周岁的海森堡提出"不确定性原理"，他认为一个粒子的位置和动量不可被同时确定。这个"不确定性"引申出许多颠覆性的结论，挑战着几个世纪以来科学家用于探索宇宙的普世方法论。

长久以来，科学家始终在与"不确定性"斗争，其主要任务就是在貌似扑朔迷离的"不确定性"中抽丝剥茧，寻找"确定性"的答案。

海森堡的"不确定性原理"一经提出，便引发轩然大波。此时，以反应迟钝，老成持重著称的玻尔却拥抱了"不确定性原理"，选择与海森堡站在一起，并成立哥本哈根学派，直面所有反对者，其中包括爱因斯坦。

爱因斯坦在提出光量子与光电效应方程之后，花费了大量的时间研究相对论，没有专注于微观世界，也没有形成解释微观世界的系统理论。在当时，许多科学家在反对海森堡那个前卫的"不确定性原理"时，自发团结在爱因斯坦周围，形成了另一种流派，其中坚力量是分别提出了物质波公式与薛定谔方程的德布罗意与薛定谔。

1923 年，法国物理学家德布罗意在光的波粒二象性的启发下，提出了物质波，将光的波粒二象性推广至整个微观世界。他认为这个世界的所有微观粒子，如电子也和光一样具有波动性。他创造了一个非常简单的公式 $\lambda = h/p$，其中 λ 为微观粒子的波长，h 为普朗克常数，而 p 为动量。

这个公式左边的 λ 与波相关，右边的动量 p 反映了粒子特性，将物质的波动性与粒子性紧密地联系在一起，被称为物质波公式[46]。不久之后，戴维森与革末的电子衍射实验为物质波假说提供了实验支撑[47]。

1926 年，薛定谔提出一套描述微观世界的理论，波动力学。波函数的出现使得量子力学领域的争议白热化，因为哥本哈根学派的玻恩，居然把薛定谔的这个波函数的"模平方"翻译成微观粒子出现的几率，即"波函数的统计解释"。

在这个大背景之下，1927 年 10 月 24 至 29 日，第五届索尔维会议在比利时的布鲁塞尔召开。会议的主题是"电子和光子"，当世最杰出的物理学家几乎云集于此。这次会议参与者的合影，被称为人类有史以来最具智慧的一张照片（见图 1-16）。

图 1-16　1927 年第五届索尔维会议合影

在这幅照片的 29 人中，有 17 位诺贝尔奖获得者，剩下的 12 位也在物理学界声名赫赫。第一排的 9 人，有 7 位诺贝尔奖获得者，分别是朗缪尔、普朗克、居里夫人、洛伦兹、爱因斯坦、威尔逊与理查森。他们的脸色有些暗淡无光，特别是坐在正中的爱因斯坦，他刚刚经历了一场沮丧的失败。

第二排的 9 人中，有 7 位诺贝尔奖获得者，包括德拜、布拉格、狄拉克、康普顿、德布罗意、玻恩与玻尔。第三排的 11 人中，薛定谔、泡利与海森堡获得了诺贝尔奖。

会议的主角爱因斯坦坐在最中央。另外一派的主角，在当时只能位于中后排，包括玻尔、海森堡、玻恩、狄拉克与泡利，他们不仅具有卓越的才华，还有神一般的运气，及时出现在经典物理塌陷重组时的最佳位置之上，最后大获全胜。

这次会议从布拉格介绍与 X 射线相关的报告开始，迅速切换到量子世界，是一部量子力学的浓缩史册，总结并争论着 1900～1927 年量子力学的成果。参与这场关于量子大讨论的科学家分为三大阵营。

一方是爱因斯坦、薛定谔和德布罗意，他们的目标是打败玻尔和海森堡；一方是玻尔、海森堡、玻恩与泡利，代表着年轻与叛逆的哥本哈根学派；一方是仅关心实验结果的布拉格与康普顿。还有许多诺贝尔物理学奖获得者在一旁专心地"打着酱油"[46]。

德高望重的洛伦兹担任这次会议的主席，他的要求很低，只要辩论双方不在现场打起来就行。论战异常激烈，正反两方从辩论电子的波动与粒子性开始，直到量子力学的几率解释，甚至还讨论上帝是否掷骰子。

争论双方都很清楚，宏观世界的经典理论无法解释微观世界的实验结果。他们争论的焦点，不是某项定理、某个猜想或是某条实验结果的对错，本质是建立量子力学的哲学观与方法论。这一层面上的矛盾注定不可调节。

量子力学诞生之前，因果论与决定论是科学家恪守的基本信念。万物演进有其因然后有其果，世界按照因果关系有序发展。科学家的任务是在因果之间，找到客观世界存在的规律，推测整个世界在未来的演进路径。

爱因斯坦与玻尔们争执的不是量子力学的对与错，而是对量子力学的解释。爱因斯坦坚守经典物理世界观，因果论与决定论，他相信"上帝不会掷骰子"，他坚定地认为哥本哈根学派的"不确定性原理"和"波函数的统计解释"是离经叛道，坚定地认为量子力学的不确定性只是表面现象，在背后必然有一个明确的因果关系。

在爱因斯坦眼中，哥本哈根学派的做法有如鸵鸟。这些人发现了不知对错的"不确定性原理"，却不准备去找"为什么不确定"的答案，也不准备去找"如何才能确定"的方法，就全盘接受了这些事实。先不说哥本哈根学派的量子力学理论存在的缺陷与不完备，这种科学态度就是爱因斯坦无法接受的。

爱因斯坦为量子力学的建立立下不朽功勋，他提出过光量子的概念。但在与哥本哈根学派的辩论中，爱因斯坦只能通过反例来质疑对方，没有建立出一套完整的理论框架。发生在第五届索尔维会议中的这次辩论，以爱因斯坦的惨败告终。

1930 年 10 月，在第六届索尔维会议上，理智的爱因斯坦承认了海森堡的不确定性原理，以及哥本哈根学派所提出理论在逻辑上的自洽。但是毕其一生，他不认可哥本哈根学派的完美。1935 年，他与波多尔斯基和罗森提出 EPR 悖论，挑战这个理论的完备性[48]。在这个挑战过程中，诞生了量子纠缠与量子比特这些概念。

在其后很长的一段时间，双方的争议仍在继续，直到爱因斯坦与哥本哈根教皇玻尔先后离世，这场关于量子的论战才告一段落。

在这场世纪辩论中，玻尔一方大获全胜。1955 年，海森堡使用哥本哈根诠释（Copenhagen Interpretation）这个词语，整理与归纳了量子力学的主要成果[49]。

诠释的核心使用薛定谔的波函数描述微观系统，包含玻恩对波函数的几率解释、海森堡的不确定性理论，以及玻尔的互补与对应原理[49]。哥本哈根诠释认为量子系统不可被测量仪器观察，因为仪器会影响微观系统，波函数因此将坍塌成为确认值。

哥本哈根诠释确立的量子力学的哲学观与方法论，相当于数学中的公理。哥本哈根诠释提出的观点与宏观世界的常识并不一致，但是除了实验结果之外，其对错不能被挑战。基于哥本哈根诠释，诞生了一种全新的原子结构模型，如图 1-17 所示。

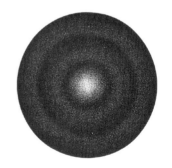

在这种模型下，原子依然由原子核与核外电子组成。电子作为微观粒子，其运行轨迹没有固定规律，电子状态用波函数 ψ 完全描述，按照薛定谔波动方程弥散，并在原子核外形成了一个呈概率分布的电子云结构。

图 1-17   原子的电子云模型

至此，原子结构模型在历经了实心球、葡萄干蛋糕、行星与波尔能级模型后，演化为今天的电子云模型。在这个模型中，电子可能出现在这个微观系统的任何位置，但是整体依然会呈现分层，因为在某些位置，电子出现的概率更大一些。

哥本哈根学派在合理解释了原子组成结构之后，进一步提出了电子双缝实验的设想。发明了路径积分的费曼对这个双缝实验情有独钟，他认为电子双缝实验包含着量子力学的唯一奥秘。

他的《物理学讲义》的第三卷以电子双缝实验为起点书写[50]。这本书籍在 1965 年出版，此时单电子双缝实验尚未进行，书中的实验是在费曼的脑海里完成的。费曼认为单个电子即可与自身发生干涉，这种干涉在外界系统观测时消失。

费曼的电子双缝实验重点考虑单个电子间发生的干涉，与宏观世界中的杨氏双缝干涉实验有一些区别。在杨氏双缝干涉实验中，当一束光通过两个缝隙之后，会分解成两个完全相同的光源，之后因为光源之间产生干涉，这两个光源在波峰波谷叠加，再投射到屏幕之后，会形成一系列明暗交替有如斑马线的干涉图案，如图 1-18 所示。

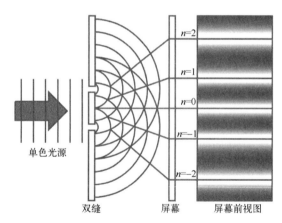

图 1-18　杨氏双缝干涉实验

这个实验说明了光具有波动性，随后的光电效应实验验证了光的粒子性。此后光的波粒二象性已家喻户晓。但是这个实验是将光作为整体发射，如果考虑将光分解为一个一个的光子，再进行这个实验，会得出什么样的结果？

1909 年，英国人 G. I. Taylor 进行了一次独特的光学双缝实验，试图模拟单个光子通过双缝的场景。在当时简陋的实验条件下，Taylor 使用非常暗淡的光源，透过重重烟熏的玻璃屏幕，并越过双缝，最后到达感光胶片。

实验进行得异常艰苦。Taylor 所使用光源的微弱程度，相当于一英里[⊖]开外的一根蜡烛，因为最后到达感光胶片上的光非常少，Taylor 需要将胶片连续曝光 3 个月左右的时间才能获得足够的显影，以检测这个微弱光源通过双缝后的结果[51]。Taylor 发现这个微弱的光源通过双缝后，在感光胶片上依然留下了干涉图案。

这个实验原本并不知名，Taylor 在当时使用的光源也不可能发送出单个光子，Taylor 在文章中甚至没有提及光量子的概念与爱因斯坦对光电效应的解释。这篇文章在发表后的很长一段时间内，没有受到太大的关注。

1930 年，狄拉克的《量子力学原理》一书出版。书中，狄拉克断言"光子仅和自身干涉，干涉不会发生在两个不同的光子间"[52]。狄拉克甚至懒得过多提及多个光子间如何发生干涉，因为单光子能和自身干涉，已经能够说明所有问题了。

狄拉克的这本书太过出名，流传得太过广泛。他的这条语录，在当时得到了许多人的追捧，也将 Taylor 实验激活，因为在狄拉克说这句话之时，只有这个实验与"光子仅和自身干涉"最有关联，虽然 Taylor 实验使用的绝对不是单个光子。

使用真正的单光子光源进行的双缝实验，直到 1986 年，才由 Grangier、Roger 与 Aspect 完成。Aspect 小组产生单光子的过程比 Taylor 实验严谨得不止一个数量级。这个小组使用单光子进行的双缝实验结果与 Taylor 一致，他们发现即便每一次仅发射一个光子，在检测屏上依然出现了干涉图案[53]。

1927 年，在戴维森与革末的电子衍射实验成功后，科学家立即想到使用单个电子重现双缝实验。但是在很长一段时间，人类没有制作出能够发射单个电子的设备。电子的波长小于光子，长度是埃米级别，这要求在实验中使用的狭缝要足够小。

直到 1961 年，德国物理学家 Claus Jönsson 在铜片上加工出一组 300nm 的狭缝，才完成了第一个基于电子的双缝实验，得到了与杨氏双缝干涉实验结果一致的干涉图案，验证了电子的波动性，但是他在实验中使用的是电子束而不是单个电子[54]。

1974 年，意大利物理学家 Merli、Missiroli 与 Pozzi 使用电子双棱镜模拟双缝干涉，发现即使在每次只发射一个电子的情况下，依然可以出现双缝干涉图案[55]。

⊖ 1 英里= 1609.344 米

在 21 世纪的今天，制造技术的进步使费曼设想的单电子双缝实验最终得以实现。2012 年，美国内布拉斯卡大学林肯分校的 Bach、Pope、Liou 与 Batelaanc 等完成了真正意义上的单电子双缝实验[56]。

在这次实验中，Bach 和同事们使用了 62nm 宽的狭缝，两个狭缝的中心间距为272nm，用能量仅为 600eV 的电子进行实验。对于电子而言，600eV 是一个较低的能量，电子的能量越低，波长越大，越利于实验的进行。

在实验中，Bach 团队使用探测器对单个电子进行计数，并降低了发射源的强度，使得每秒钟探测器仅能检测到一个电子，保证在任何时候发射源与探测器之间最多只有一个电子存在。这个"每次发射一个电子"的保证，是探测器所给出的概率意义上的保证。在实验中，"单个电子"产生的概率较大，约为 99.9999%。

在实验持续两个小时之后，随着检测到的电子数目越来越多时，Bach 小组在屏幕中发现了干涉图案。这是人类历史上第一次严格意义的单电子双缝实验。

单电子双缝实验的结果不符合大多数人的生活常识。假设一大堆粒子逐个通过双缝，按照常理，单个粒子在通过双缝时，不管这个粒子是否具有波的特性，只能从上方或者下方缝隙通过，在缝隙右侧的观测屏中会留下两堆粒子，如图 1-19 左图所示。

而单光子和单电子双缝实验的结果都表明，虽然在实验中每次只发射一个粒子，但在经过一段时间的积累之后，底片上还是出现了多道干涉条纹，见图 1-19 右图。另外一个奇妙的现象是实验中如果在双缝后出现观测行为，则干涉条纹消失，此时的实验结果与图 1-19 左图一致，即观测能够改变实验结果。

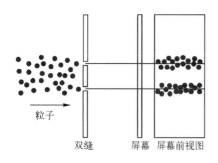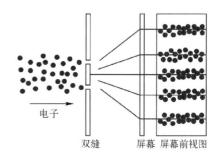

图 1-19　电子双缝干涉实验的示意

根据哥本哈根诠释，在微观世界观测行为能够影响实验结果是已知结论。现有仪器对于电子的影响较大，即便采用"散布光子，捕获光子"的方法测试微观系统，光子能量对电子的影响也不可忽略。当使用这些仪器对电子进行观测时，相当于一头大象一脚踩在了蚂蚁窝上，周边蚂蚁立即成为各式各样的标本，这些标本被量子力学称为本征态，或有限个具有相同本征值的本征态的线性组合。

单个粒子产生干涉似乎非常神奇，但这正是量子力学的精妙之处。这些单粒子似乎在接近缝隙时突然分成两半，分别从上下两个缝隙中穿越，其中的一半与自己的另一半发生干涉，并留下代表着发生了干涉的斑马条纹。这个说法超出了普通人的思维空间，却能够解释电子双缝实验的结果，也似乎证实了狄拉克在 1930 年所提出的断言，"单个粒子与自身发生了干涉"。

狄拉克的这种说法并不完全被后继的科学家所认可。格劳伯（Roy J. Glauber），这位 2005 年的诺贝尔物理学奖获得者，专门书写了一篇文章[57]纠正这个说法。

格劳伯认为，在微观世界，发生干涉的是电子或者光子吗？这些粒子在微观世界不过都是以几率幅（Probability Amplitude）的方式存在罢了。如果是这样，我们继续讨论"粒子与自身发生干涉"或者"相互之间发生干涉"这样的话题是否还有意义[57]？

当然格劳伯的这个对"电子双缝干涉"的说法，依然引发了一些争议，至今为止也不是所有人都认同这一说法。

在费曼眼中，这个包含了量子力学的唯一奥秘的电子双缝干涉实验，至今尚未有准确的解释。在微观世界中，单个电子或许是以叠加态的方式通过缝隙，单个电子不止分成两半，而是以各种可能的几率通过双缝。

费曼认为，"电子不单是波，也不单是粒子，不是我们在经典宏观世界看到的任何东西"。在微观世界，我们也从来没有真正地抓住过一个电子。微观世界的真正奥秘也许需要更加遥远的未来揭晓。

1.5　元素的奥秘

1789 年，拉瓦锡在历时四年写就的《化学概要》一书中整理出第一张元素表，归纳了之前出现的各类元素。1869 年，俄罗斯科学家门捷列夫（Dmitri Mendeleev）将 63 种元素按照相对原子质量排列，并将化学性质相同的元素放在同一列，形成了元素周期表的雏形[58]。门捷列夫还为尚未发现的元素预留了位置，此后新元素不断被发现，这张表在后人的修订下逐步完善，成为今天的元素周期表，如图 1-20 所示[59]。

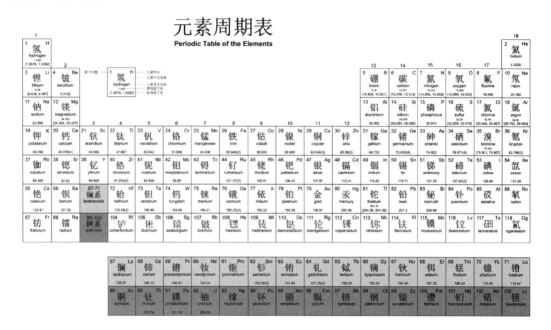

图 1-20　元素周期表○

元素的发现起源于炼金术。电的出现极大提高了提纯能力，戴维使用电解法发现了很多金属元素。19 世纪中叶，本生和基尔霍夫将金属或它们的化合物放在火中灼烧，通过棱镜将灼烧发出的焰光色散成谱线，创建了光谱分析法。借助这一方法，科学家发现了更多元素。

至今，科学家发现了 94 种天然元素，从第 1 号元素氢到第 94 号元素钚。20 世纪前叶，在回旋加速器的帮助下，科学家合成了 24 种人造元素。天然与人造元素合计 118 种，这百余种元素可以相互结合，组成约三千多万种物质，构成了千姿百态的世界。

今天的元素周期表由 7 行、18 列组成。其中每一行被称为一个元素周期，每一

○ 此图来源于中国化学会，并得到相应授权。在此感谢中国化学会对本书的支持。

列称为一个族。元素周期表将世界上已知的所有元素集合在一起，形成了一个完整的体系，蕴含着世间万物的秘密。

绝大多数读者在中学时代便已接触过这张元素周期表，但是中学教科书并未详细解释这张元素周期表的由来，只是简单描述着"在周期表中，元素的原子序数等于质子数，等于核电荷数，也等于核外电子数"。轻描淡写的这一句话，意味着无数科学家几十年，甚至几百年的努力。

汤姆逊发现电子之后，科学界对元素周期表的解释逐步进入正轨。随后他的学生卢瑟福发现原子由原子核与核外电子组成，因为原子是电中性的，卢瑟福认为原子核具有与电子截然相反的正电荷，即核电荷，其数量与电子中的负电荷数相等。

1913 年，英国的莫斯莱（Henry Moseley）使用 X 射线轰击不同元素时，发现所产生的谱线频率与该元素在元素周期表中的相对序号平方呈线性关系。这个规律被称为莫斯莱定律，初步确定了不同元素在周期表的排列顺序[60]。

1920 年，还在攻读博士学位的查德威克（Sir James Chadwick）通过 α 粒子的散射实验，测量出许多种元素的核电荷数，确定了周期表中的原子序数等于核电荷的数目。查德威克在 1935 年获得了诺贝尔奖，不过不是因为这个实验，而是因为他在 1932 年发现了在原子核中不带电的中子。在此之前，卢瑟福还发现了原子核中的质子。

在这些发现的基础上，科学家形成共识，原子由原子核与核外电子组成，原子核由质子与中子组成。其中质子带正电，中子不带电，电子带负电。一个电子所带电荷为一个单位电荷。原子是电中性的，一个原子的核电荷数是多少它就有多少个电子。

科学家在推算出核外电子的数目之后，需要进一步解决的就是这些核外电子的分布形态问题。量子力学理论认为，核外电子呈电子云状，以概率方式分布在原子核周围，但是整体依然为一个分层结构，如图 1-17 所示。

量子力学对核外电子分布的解释，涉及建立量子力学理论的一些关键假设。这些假设的建立过程与掷骰子有几分相似。与普通人掷骰子不同，科学家是用一只训练有素的手在掷，掷得次数足够多，足够专注。其中，薛定谔掷了最重要的一次骰子。

薛定谔"掷"的基础源于宏观世界的能量守恒。尽管宏观世界的许多理论不适用于微观世界，但是能量守恒基本适用。薛定谔以描述这种能量守恒的哈密顿-雅可比方程为框架，将德布罗意物质波公式多推导了几步，得到了式（1-3）。

薛定谔方程：
$$-\frac{\hbar^2}{2m}\frac{\partial^2 \Psi(x,t)}{\partial x^2}+U(x,t)\Psi(x,t)=i\hbar\frac{\partial \Psi(x,t)}{\partial t}$$
（1-3）

这个公式就是大名鼎鼎的薛定谔方程的一种特例，更为准确地说，是一维含时非相对论的薛定谔方程，描述的是微观系统中的能量守恒，即一个系统的动能与势能之和等于总动能，Ψ 是著名的波函数。

这个公式远不及牛顿描述什么是力的"$F = ma$"精炼，也无法与爱因斯坦的质能方程"$E=mc^2$"相比。即便我们将其化简为薛定谔墓碑上的表达式"$i\hbar\dot{\psi} = H\psi$"（见图1-21）恐怕多数人也无法理解薛定谔方程的简约之美。

图 1-21　薛定谔之墓

薛定谔方程的建立过程是不能认真推敲的，他所依靠的基础一个来自于经典力学，一个来自于微观世界，推导过程"连猜带蒙"。问题是这个方程居然被后世如此热捧。一定有人会问这种"猜出来"的方程能否建立一个量子世界？

提这个问题的人忽略了几乎所有物理学的基础定律都是建立在"猜"的基础之上的。牛顿的第二定律，物体加速度的大小与作用力成正比、与质量成反比，即 $F=ma$ 这个著名的公式，不依靠任何逻辑推理，完全是牛顿猜出来的。

既然牛顿在苹果树下发呆，猜出来的公式可以被承认，为什么薛定谔在阿尔卑斯山麓，人约黄昏后妙手偶得的公式就不行？或许依然有人会争辩，牛顿的 $F=ma$

是经过各种实践验证过的。那么我可以说牛顿的这条定律在微观系统就不成立，而薛定谔方程在微观系统中通过了所有已知实验的验证。

在微观系统中，承认薛定谔方程的正确性，相当于承认在经典世界中的牛顿三大定律。薛定谔方程是量子力学的一个重要基础假设，只有实验结果才能够将其证伪。在微观系统中，能够列出薛定谔方程，求解这个方程，并得到相应的波函数，是量子力学最本质的工作。

波函数 ψ 包含了微观系统的一切信息。一个微观系统的运动状态和由这些状态确定的物理特性，可以使用归一化的波函数 ψ 完全表示，这是量子力学的**波函数假设**。一个微观系统的波函数随时间的演化满足薛定谔方程，这是**演化假设**。

波函数可以告诉我们在微观系统中，粒子喜欢在哪个位置出现，波函数的模平方对应在空间中发现粒子的几率。这就是玻恩对波函数的几率解释，也是发明了波函数的薛定谔至死都不承认的解释。薛定谔去世前给玻恩写了封信，明确地告诉玻恩，他非常介意这种基于统计学的模糊解释。

在微观系统中，每一个可观测的物理量可由一个算符表示，这就是**算符假设**。算符可以理解为一台仪器，使用这台仪器对微观系统进行测量时，波函数会坍缩为一个确定值，从而得到一个力学量的测量结果。这个测量过程被形象地描述为算符作用于波函数。常用算符包括能量算符、动量算符和角动量算符等。

在量子力学中，波函数假设、演化假设与算符假设是最重要的三条假设，此外还有一个全同粒子假设。这些假设在量子力学中的意义，相当于牛顿三大定律之于经典宏观世界。

在这些假设之中，波函数与薛定谔方程是群星捧出的月亮。波函数具体表达式可以通过求解薛定谔方程获得。如式（1-3）所示的薛定谔方程是一个偏微分方程，可以使用分离变量法（Separation of Variables）求解这类方程，并获得波函数，通过波函数可以获得微观系统的状态信息。

基于量子力学的这些基本假设，可以计算得出在一个微观系统中，能量是非连续变化的，不能是任意值，而必须是某些离散的值。基于这些基本假设，可以解释在微观系统中目前出现的所有实验结果。

将量子力学的假设应用于氢原子结构时，可以计算出氢原子的许多信息。氢原子只有一个电子和一个质子，是一个双粒子结构，其薛定谔方程并不难列出，使用分离变量法可以求出其波函数 ψ。通过波函数 ψ，可获得这个微观系统的全部信息。

科学家在求解描述原子微观系统的薛定谔方程的过程中，发现了与原子轨道密切相关的三个参数，分别为主量子数 n、角量子数 l 和磁量子数 m。只有当这三个参数为某些特殊的值时，所求解出的波函数 ψ 才有物理意义。

主量子数 n 用来描述原子轨道的能层，是决定电子能量高低的主要因素，也是玻尔的原子结构模型中引入的唯一量子数，n 的取值只能是正整数。对于只有一个电子的氢原子，原子轨道能级 E_n 只与 n 相关，其结果如式（1-4）所示。

氢原子轨道能级 E_n 的计算：
$$E_n = -\frac{\mu e^4}{8\varepsilon_0^2 h^2}\frac{1}{n^2} = -13.595\frac{1}{n^2} \qquad (1\text{-}4)$$

对多电子原子，原子轨道能级不仅与主量子数 n 有关，还与角量子数 l 相关。角量子数决定原子轨道的角动量大小，用于描述在同一能层中的多个电子亚层，其取值与主量子数 n 有关，在 $0\sim n\text{-}1$ 之间，分别用 s、p、d、f 等表示。n 相同时，l 越大能量越高。举例说明，当主量子数 n 等于 3 时，l 将在 $0\sim 2$ 之间，可以对应三个电子亚层，分别是 3s、3p 与 3d。

磁量子数 m 描述原子轨道在空间中的伸展方向，取值与角量子数 l 有关，其值为 0，± 1，± 2，$\cdots$，$\pm l$，其中每一个值代表一种伸展方向。伸展方向不决定原子轨道的能量级别，能级仅与主量子数和角量子数有关。主量子数和角量子数相同而伸展方向不同的原子轨道被称为简并轨道。

除主量子数 n、角量子数 l 和磁量子数 m 之外，在原子轨道中，还有一个自旋磁量子数 m_s，这个参数不是根据理论，而是根据实验结果添加的。

1896 年，塞曼发现原子光谱在外加强磁场的作用下将发生分裂，这种现象被称为塞曼效应。洛伦兹认为产生这一现象是因为电子存在轨道磁矩，且磁矩方向的空间取向是量子化的。1902 年，塞曼和洛伦兹因为这一发现共同获得了诺贝尔物理学奖。

1921~1922 年，斯特恩与盖拉赫二人合作完成了一次实验，证实了角动量是量子化的，更为关键的是"自旋"也是量子化的，于是产生了第 4 个量子数，即自旋磁量子数 m_s。斯特恩因此获得了 1943 年诺贝尔物理学奖。

自旋磁量子数 m_s 可以理解为描述电子自旋的量子数。对于电子，其取值只能为 1/2 与-1/2，一个表示正方向旋转，另一个表示反方向旋转。这种自旋是一种量子效应，与宏观意义的旋转，如地球的自转没有任何联系。

在这些实验的基础上，科学家逐步确立了描述核外电子状态的 4 个量子数，分别是主量子数 n、角量子数 l、磁量子数 m 与自旋磁量子数 m_s，之后可以使用这 4 个量子数解释原子轨道与元素的奥秘。

原子的核外电子分布需要遵循三大规则。首先是**泡利不相容原理**，即在一个原子中，没有两个电子具有完全相同的 4 个量子数，因此在原子的每一个简并轨道中最多排放两个电子，这两个电子的自旋磁量子数一个为 1/2，另一个为-1/2。

其次是**能量最低原理**，即电子将优先占据能量较低的原子轨道，使整个原子体系能量最低，此时的状态被称为原子的基态，电子可能跃迁到高能级进入激发态，也可能远离原子核，进入电离态。

最后是**洪特规则**，即在能级相等的简并轨道中，电子将尽可能分占不同的轨道，且自旋方向相同。

以硅为例，在元素周期表中，硅的原子序数为 14，核外电子数目为 14，硅的核外电子的能级排列为 1s、2s、2p、3s 与 3p，按照能量最低原理依次排列时，使用这 5 个能级即可完全容纳硅的 14 个电子，排布方式为 $1s^22s^22px^2py^2pz^23s^23px^13py^1$。

主量子数 n 为 1 时，只有一个电子亚层 s，能级为 1s，延伸方向只有 0，这个能级只能存放 2 个电子。

主量子数 n 为 2 时，有两个电子亚层 2s 和 2p。2s 能级的延伸方向只有 0，可以存放 2 个电子；2p 能级的延伸方向有 0、-1 与 1 三种，此处用 x、y 与 z 替换，能级为 2px、2py 与 2pz，可以存放 6 个电子。因此 2s 和 2p 两个能级可以存放 8 个电子。

主量子数 n 为 3 时，电子亚层包括 3s、3p 和 3d，但硅只有 14 个电子，仅剩下 4 个电子需要排列，使用 3s 和 3p 即可，不需要能级更高的电子亚层 3d。其中 3s 存放 2 个电子，3p 有 3px、3py 和 3pz 三种延伸方向，根据洪特规则，可选用 3px 和 3py 各自存放一个电子。

硅原子的电子排列方式就是按照这种方法得出。硅、碳、锗等元素的最外层有 4 个电子，在元素周期表中排在第 14 列，属于第 14 族。在元素周期表中，与半导体相关的元素主要介于第 12～16 族，如图 1-22 所示。

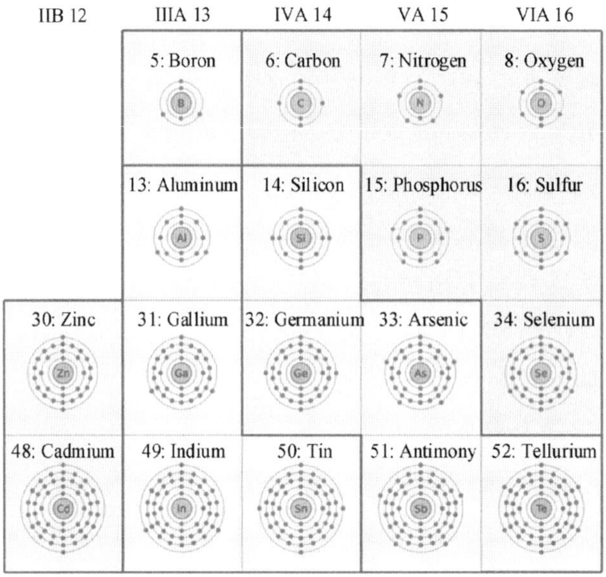

图 1-22　与半导体材料相关的主要元素

第 14 族的硅与锗是重要的半导体材料。单独使用硅与锗元素即可组成半导体材料，这类材料被称为元素半导体。半导体材料并不限于硅与锗，不同元素的组合也可以形成不同种类的半导体材料，这些半导体被称为化合物半导体。

在 20 世纪 80 年代，国际纯粹与应用化学联合会（International Union of Pure and Applied Chemistry，IUPAC）建议元素周期表中的族，直接用阿拉伯数字 1～18 表示，而不再使用主族与副族表示。但在半导体产业界，依然还在大量使用着主族与副族这种罗马数字的表示，因此图 1-22 将两种写法都列了出来。

由两种元素组成的半导体材料，如 GaN、SiC、ZnO 与 CdS，被称为二元系半导体材料；由三种元素组成的半导体材料被称为三元系半导体材料。化合物半导体还包括四元系与多元系。

在化合物半导体中，还有一类较为特殊的半导体材料，即有机半导体材料，这类材料由碳、氢、氧等元素组成。有机半导体材料的分子结构多样易变，可以实现柔性器件，工艺采用蒸镀甚至印刷即可。在手机显示领域大放异彩的有机发光二极管（Organic Light-Emitting Diode，OLED）使用的就是有机半导体材料。

这些元素与元素的组合，加大了半导体材料理论研究与实验验证的难度。此外，在半导体的制作过程中，不仅使用了半导体元素，还使用了金属元素与绝缘体材料，以及元素周期表中几乎所有元素之间的各种组合。

目前能够有效利用的半导体材料多为固体，固体由大量原子组成。原子在化学反应中不可再分，在物理状态下可以分解为原子核与绕核运动的电子。电子可以分为内层电子（Core Electron）与**价电子**（Valence Electron）。

内层电子不可离核随意运动，与原子核一起被统称为原子实；而价电子可以有条件地在整个固体内运动，可以和其他原子相互作用形成化学键。

半导体材料重点关注**价电子**的行为。在元素周期表中，第 1～2 与第 13～18 族元素的最外层电子就是价电子，如硅元素的 4 个最外层电子均为价电子；对于过渡元素如镧元素，除了其最外层和次外层的电子之外，倒数第三层的电子也是价电子；对于其他元素，最外层与次外层的电子为价电子，如锌的 $3d^{10}4s^2$ 均为价电子。

分析一个固体的属性可以视为求解一个"多价电子与多原子实"的多体问题，根据量子力学的基本原理，如果能够列出这个多体问题的薛定谔方程并进行求解获得波函数，即可了解这个固体的许多特性。

只是即便列出这个薛定谔方程的难度都异常巨大，更不用说求解。在一个体积并不太大的固体中，所含原子数量就已经过于庞大，例如硅在绝对温度为 300K 时，晶格常数为 5.43 埃米，此时每立方厘米所含有原子的数目约为 5×10^{22} 个。

单纯从量子力学的波函数假设出发求解薛定谔方程，将不可避免地出现"维数灾难"。维数灾难指随着维数的增加，计算量呈指数增长，从而在有效的时间内无法获得计算结果的一种现象。即便在计算能力获得极大提高的今天，求解多体薛定谔方程时，依然会发现现有算力与所需算力之间的巨大差异。我们或许可以通过各种简化与取舍勉强获得一个结果，但会发现计算结果与实验数据之间不可避免地存在差异。

半导体领域的大部分内容属于工程。仅在半导体产业链的最上游材料与设备中的最精华处，才会出现大量的理论推导，即便在这个最精华处，依然是实验重于理论。

毕业后参加工作的学生也将很快发现，他们在大学期间历经千辛万苦所习得的基础知识，与即将从事的具体工作存在很大的差异。教科书上"万能"的薛定谔方程，在解决实际问题时几乎是"万万不能"的。这些基础理论到底有什么用途？这个问题不仅困惑着普通人，也困扰着世界上顶级的科学家。

为此，海森堡与爱因斯坦曾经有一段发人深省的对话。海森堡在苦于无法解释一些实验现象的时候，曾向爱因斯坦请教，他认为"一个完善的理论必须以可观察量作为根据"。爱因斯坦的答复是"在原则上，试图单靠可观察量去建立理论，是完全错误的；事实上正好相反，是理论决定我们能够观察到什么东西"。

爱因斯坦认为没有理论的指导，实验结果将因为我们的无知而被轻易抛弃。在量子力学的发展初期，许多理论都是没有办法去直接验证的。科学家们只能越过很多环节，搭建若干个空中楼阁，然后等待着其后的实验验证。这些实验无论是证明还是证伪，都是在为这些楼阁添砖加瓦。

一个新事物兴起的初期，总是在理论与实践的多次反复中螺旋前进。至今量子力学的发展已过百年，基本理论已经逐步成型。年少时的大学生涯，正是学习这些基础理论的最好时光。

这些学生在工作一段时间后，也许终会领悟，"在大学校园里所进行的基础理论学习与相关的做题训练与考试，影响了自己的终生"。

这些在大学时代进行的基础理论学习，本就不完全是为了让学生掌握某一个专项的技能，而是学会系统的科学思考与看待这个世界的方式。

1.6　晶体的结构

物体有三种基本形态，气态、液态和固态。呈液态与固态的物质，其密度比气态大很多，液固两态也是凝聚态物体最基本的表现形式。呈凝聚态的物体可以组成各类晶体，包括金属晶体与半导体晶体。

晶体不是指能够闪闪发光的物体，而是指微观结构按一定规律周期性排列的物质。自然界富含各类天然晶体，包括金刚石、沙粒、食盐、明矾、糖、金属等固体，气体、液体与非晶体也可以转换为晶体。同一种半导体元素，其晶体的价值大于非晶体，同样是碳原子，无规则排列得到的是铅笔芯，有规则排列可以获得钻石。

晶体具有一个基本结构单元，被称为基元（Basis）。基元由一个原子、多个原子或者分子组成，反映晶体的基本形状。如图 1-23 左侧所示，呈平面的晶体结构（Crystal Structure）由黑灰两种粒子周期排列组成，基元至少需要包含一个灰色颗粒与黑色颗粒，才能反映这种晶体的基本形状。

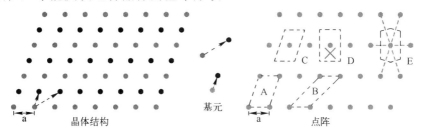

图 1-23　晶体结构、基元与点阵的关系

　　基元的选择并不唯一。在上图的平面晶体中，可以使用两种图案作为基元，如图 1-23 中部所示。为了对晶体的结构进行抽象，通常用一个格点代表基元的位置。如果我们选择基元的灰点作为格点，将整个基元凝缩在格点并用灰点表示时，图 1-23 左侧的晶体结构将转换为右侧的点阵（Lattice），这个点阵也被称为格子或者晶格。

　　不同物体的晶体结构各异，但经过抽象后得到的点阵类型却是有限的。点阵与晶体结构不同，只有几何意义没有物理意义，点阵与基元组合在一起才有物理意义。点阵相当于树坑，基元相当于树苗。以图 1-23 为例，将基元这些树苗都种到坑里，可还原其左侧的晶体结构。

　　使用平行四边形可以找到反映晶体周期性与对称性的最小单元，这个最小单元被称为原胞。图 1-23 中的 A、B、C 与 E 是适合的原胞。通常选择 A 作为原胞，在原胞 A 中只有顶点处的一个格点属于自己，其他格点属于相邻原胞。

　　在图 1-23 中，D 不是正确的原胞，因为该形状没有正确反映这个晶体的几何特性。还有一种较为特殊的原胞，是以某个格点为中心，向周围的格点做中垂线所围成的最小图形，就是图中的六边形结构 E。

　　晶体的实际结构为三维，其原胞的组成也较二维空间复杂一些，但获取方法类似。在二维平面结构上，再添加一个坐标系即可将其转变成三维，基元、点阵与原胞的生成方法与二维结构类似。在选择原胞时，将平行四边形转换为平行六面体即可。

　　1849 年，Auguste Bravais 按照晶体的周期性与对称性，将点阵划分为三斜、单斜、斜方、四方、三方、六方与等轴七大晶系，与原始、底心、体心与面心 4 种类型，他还证明了由七大晶系与 4 种类型只能组合成为 14 种结构，任何点阵都归属于其中的一种。后人为了纪念 Bravais，将这些结构称为 Bravais 点阵。

在这 14 种点阵中，硅晶体的点阵为立方晶系，面心类型，即面心立方点阵（Face-Centered Cubic，FCC），FCC 点阵由一个立方体组成，其 8 个顶点与 6 个面的中心各有一个格点，因此在立方体中共有 14 个格点。其结构如图 1-24 左侧所示。

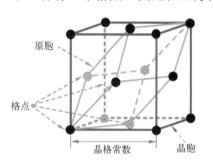

扫描二维码
查看彩图

图 1-24　硅的点阵与晶体结构

硅原子有 4 个价电子，需要以共价键方式与周边原子组合成硅晶体，需要两个硅原子作为基元，才能反映这种结构。其中一个原子在格点，另外一个在格点沿对角线方向的右上方，将这一基元放入点阵，可得到金刚石状的晶体结构，如图 1-24 右侧所示。

在 FCC 点阵中，含有一个晶胞（Unit Cell）。在一个晶体结构中，晶胞是考虑对称性后的最小重复单元。Bravais 划分的 14 种点阵也是考虑对称性后的最小重复单元。两者的区别在于 Bravais 点阵是几何概念，而晶胞是晶体结构的单元，是物理概念。以硅晶体为例，其晶胞相当于用 FCC 点阵切割晶体所得到的实物。

在 FCC 点阵中，有一个原胞。原胞与晶胞的区别在于不考虑对称性，在多数情况下体积小于晶胞，这个原胞由任一个格点与三个面心的格点构成的平行六面体组成。原胞中仅有一个格点属于自己，其他格点与其他原胞复用。

在半导体物理学中，最受关注的原胞是图 1-23 中的六边形结构 E。在考虑三维空间时，我们将其定义扩展为以某个格点为中心，向周围的格点做中垂面所围成的最小区域。这个最小区域就是维格纳-塞兹原胞（Wigner-Seitz Cell），简称为 W-S 原胞。

在晶体中除了基元、点阵、晶体结构、原胞与晶胞外，还有晶向与晶面指数这些概念。这些概念对于地质勘探，或者提炼单晶的厂商有较为重要的意义。

由密集的原子周期排列而成的晶体，原子间的距离仅有几埃米。在 Bravais 时代，没有工具可以透视硅晶体确定其组成。这种微观结构，在 Bravais 格子理论出现很久之后，随着光谱分析学的进一步深入，才被科学家了解与掌握。

德国科学家 Plücker 和 Hittorf 进行光谱分析时发现，在玻璃管中充入不同种类的气体，并在其两端施加强电场后，将发出不同颜色的光。这种放电管成为当时分析气体元素的主要工具。不久之后，英国化学家 Crookes 基于这一原理制作出阴极射线管。

阴极射线管有两个电极，分别为阴极与阳极，管内被抽成真空，在阴极射线管的两个电极间施加高电压后，两极间将形成强大的电场，此时阴极将向阳极发射带电粒子，这些粒子使涂在管壁上的荧光物质发出辉光。这就是阴极射线管发光的原理。

科学家发现阴极射线由带负电的粒子组成。这些粒子的组成结构引发了汤姆逊的思考，他发现电场或者磁场都能使这个粒子偏转，于是对这个粒子同时施加一个电场和一个磁场，并调整到电场与磁场对这个粒子的作用相互抵消，使粒子保持最初的运动形态。

1897 年，汤姆逊通过这个方法精确测试出这个带电粒子的速度，之后推算出这个粒子的电荷与质量的比值，即荷质比。最后汤姆逊通过计算得出这个粒子的质量是氢原子的二千分之一。这个带负电荷的粒子就是"电子"。

电子的发现是科技史册上的一个里程碑事件。科学家发现，正是元素中的电子决定了金属、绝缘体与半导体的区别，并开创了原子物理学、材料科学等一系列全新的领域。汤姆逊也因为发现电子获得了 1906 年的诺贝尔物理学奖。

与阴极射线管相关的另外一个里程碑事件是伦琴（Wilhelm Conrad Röntgen）发现的 X 射线。1895 年 11 月 8 日，伦琴在进行阴极射线管气体放电实验时，为了避免周边光源的影响，用黑纸将阴极射线管包了起来。在实验过程中，他发现在阴极射线管外的屏幕依然发出了荧光。伦琴意识到这可能是一种新型的射线导致。

1895 年 12 月 28 日，伦琴发表"一种新的射线"这篇震惊了后世的文章[65]。在这篇文章中，伦琴将这种射线称为 X 射线。伦琴因为这个成就，获得了 1901 年的诺贝尔物理学奖，也是第一个获得此奖项的科学家。

X 射线诞生之后，许多科学家认为这是一种粒子。如果 X 射线是一种波，那么应该可以使用光栅衍射实验来验证。但是 X 射线的波长太短了，以当时的技术条件很难制作出间距如此小的光栅。

1912 年，普朗克的一名学生劳厄（Max von Laue）提出使用晶体中整齐排列的原子作为光栅，进行 X 射线的衍射实验。随后劳厄和几个年轻人使用硫酸铜晶体，成功进行了这次衍射实验，证明了 X 射线具有波的性质，同时也开创了利用 X 射线照射晶体来研究其原子结构的方法，首次揭示了晶体中原子按空间点阵结构规则排列的图景。

这个实验被爱因斯坦称为"物理学最美的实验"，劳厄也因此获得了 1914 年度的诺贝尔物理学奖。

此后，劳厄开创了基于 X 射线干涉的几何理论，借助数学工具分析了更为复杂的晶体结构，开启了原子理论的新纪元。至此 Bravais 提出的晶体结构的假说，终于得到了实验证实，所有的人都承认晶体是原子按照一定的规则排列而得。晶体的原子结构从之前仅可从实验间接发现，正式进入了一个可被直接观察的时代。

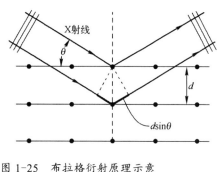

图 1-25　布拉格衍射原理示意

劳厄实验之后的一年，布拉格父子使用 X 射线分析了氯化钠（NaCl）、氯化钾（KCl）等晶体的组成结构，解释了劳厄实验的原理，提出了引发晶体 X 射线衍射的条件公式，即 $2d\sin\theta = n\lambda$，这个公式被称为布拉格方程。其中 d 为晶面间距，θ 为入射 X 射线与晶面的夹角，λ 为 X 射线的波长，n 为衍射级数，参数含义如图 1-25 所示。

布拉格方程是 X 射线在晶体产生衍射的必要条件。当 X 射线进入晶体中，将与晶体的原子核与电子相互作用，满足布拉格方程的射线，将有一定的几率被反射出去。晶体中的原子排列呈周期性，反射出去的射线具有完全一致的波形，从而产生衍射。

布拉格父子因为这个发现，共同获得了 1915 年的诺贝尔物理学奖。劳伦斯·布拉格还创下了诺贝尔科技奖项最年轻获得者的纪录，在当时他只有 25 岁。这个纪录前无古人，恐怕在将来也不会再有来者了。

布拉格方程是 X 射线光谱学和晶体衍射理论的重要基础。一个未知波长的射线，在通过已知结构晶体的某片区域之后，可以通过测量衍射角求出这个射线的波长和强度；另一方面，使用已知波长的 X 射线去照射未知结构的晶体，通过衍射角的测量可以求得晶面间距 d，进而揭示晶体的结构，X 射线衍射仪（X-Ray Diffraction，XRD）即采用这一原理实现。

除 X 射线衍射仪之外，电子显微镜也是测量晶体结构的常用仪器。电子显微镜的原理相比 X 射线衍射仪复杂一些。1931 年，卢斯卡制作出第一台透射电子显微镜（Transmission Electron Microscope，TEM）。这种显微镜使用波长远低于可见光的电子，检测待测晶体样品的结构，以获得远高于光学显微镜的分辨率。

与可见光通过透镜类似，高速运动的电子在电场或者磁场的作用下将发生折射并聚焦。透射电子显微镜的光学系统基于这一原理搭建，其成像过程如图 1-26 所示。

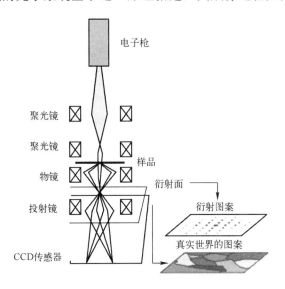

图 1-26　电子显微镜成像原理

透射电子显微镜首先使用电子枪加速并发射电子，并经过由电磁场构成的聚光镜抵达待测晶体样品的表面，之后通过物镜产生衍射图案。衍射图案通过投射镜之后，将还原为真实世界的图案，并在 CCD 传感器上显示待测晶体样品的组成结构。

其中，产生衍射图案的过程相当于进行一次傅里叶变换，将衍射图案还原为真实世界图案的过程相当于进行一次傅里叶逆变换。

傅里叶变换是处理数据的常用手段。熟悉通信原理的读者，一定熟悉傅里叶变换可以将复杂的时域信息，转换为便于分析处理的频域信息。

傅里叶变换的本质是空间变换，可以将其扩展为不局限于时域与频域间的变换，而上升到时空变换。从更高的层次，可以将时域信息理解为对事物的直观观察，频域信息是在其基础上的抽象总结。

如果读者之前没有接受过这方面的数学训练，可以用类比法描述什么是这种时空变换。例如，我们的孩子经常练习钢琴，从钢琴发出的音乐可以理解为"直接听到"的信息；孩子练习钢琴使用的五线谱，可以理解为"抽象总结"之后的内容。

五线谱静止不动便于演奏；钢琴声优美连续便于欣赏。乐谱与音乐互为一种时空变换。一个经过音乐训练的专业人士，可以将音乐还原为乐谱，相当于进行一次类傅里叶逆变换；也可以通过乐谱演奏成音乐，相当于类傅里叶变换。

除了通信领域，傅里叶变换还广泛应用于其他领域。在电子显微镜中，经过傅里叶变换获得的衍射图案组成了一个奇妙的空间，这个空间即研究半导体材料常用的倒格子空间，也被称为倒易空间。这种空间于 1921 年由德国科学家 Ewald 在处理晶体 X 射线衍射时引入。

1981 年，电子显微镜领域迎来一次重大突破。IBM 的罗雷尔和宾宁利用量子力学的隧道效应，发明了扫描隧道显微镜（Scanning Tunneling Microscope，STM）。STM 的原理是待测样品作为一个电极，并使用原子尺寸的探针作为另一极，之后在两极之间施加电场。因为电子呈云状概率分布，当探针与样品足够近时，两者的电子云将略有重叠，从而产生隧道电流穿越电极间的势垒。

探针沿待测金属表面移动时，如果样品表面平整，隧道电流保持不变，若表面即便只有一个原子大小的起伏，也会使隧道电流产生极大的变化。这种显微镜的横向分辨率可达 0.1nm，深度分辨率可达 0.01nm，足以分辨出单个原子[66]。

在 STM 显微镜出现之后，电子显微镜领域迎来了爆发期，先后出现了原子力显微镜、激光力显微镜、静电力显微镜、弹道电子发射显微镜、扫描隧道电位仪、扫描离子电导显微镜、扫描近场光学显微镜和光子扫描隧道显微镜等，将电子显微镜分辨率推至埃米级别，半导体材料的晶体结构大白于天下。

使用空间点阵结构可以清晰地描述晶体中原子的排列规则，但是这些在真实世界三维坐标系下的组成结构，不能解释金属与半导体为何同为晶体却存在巨大的差异。为了研究半导体材料的本质，科学家们必须另辟蹊径。

1.7　自由的电子

欧姆定律自 1826 年诞生以来，科学家常使用电阻率评估材料的导电特性。不同材料的电阻率有较大的差异，通常粗略将半导体材料定义为电阻率介于 $10^{-2} \sim 10^{9}$ 的物质，电阻率小于 10^{-2} 时为导体，大于 10^{9} 时为绝缘体。

汤姆逊发现电子之后，科学家们意识到物质的导电特性与电子相关，先后出现了一系列基于原子结构与电子的模型，用于解释包括金属电阻率等一系列特性。此时，半导体相关的概念并未成型，科学家们所搭建的模型重点关注与金属相关的特性。

这些模型在科学家们对原子结构的质疑中，不断优化，茁壮成长。在量子力学的逐步成型之后，**能带理论**剥茧而出，成为研究微观物质特性的重要基石。借助这一理论，人类最终合理解释了物质的导电、导热等特性。

其中，最先出现的是 Drude 于 1900 年提出的自由电子气模型，也被称为 **Drude 模型**。此时量子力学正处于萌芽期，原子结构理论并不成型。Drude 模型基于经典理论，研究由大量原子组成的金属晶体的导电与导热特性。这个模型第一次从微观角度解释固体的宏观性质，具有开拓性意义。

Drude 模型首先忽略了原子中电子与电子间的相互作用，并认为金属晶体的价电子，即外层电子，容易脱离原子核的束缚而成为**自由电子**，而失去外层电子的原子将成为金属阳离子，对于由大量原子组成的金属晶体，其金属阳离子将"浸泡"在大量自由电子组成的海洋中。

这个模型也因此被称为"自由电子气模型"。其中，这些自由电子可以被视为带电小球，其运动遵循牛顿第二定律，其碰撞遵循**泊松过程**。在忽略电子与电子，电子与离子之间的相互作用时，这些自由电子的运动**相互独立**。

Drude 模型将金属晶体中的自由电子类比为气体，并基于这个大胆而精炼的假设，获得了相应的动力学方程，相对合理地解释了金属中的直流和交流电阻率、磁电阻效应与霍尔效应系数等特性。

这个模型在发展过程中，借鉴了汤姆逊提出的葡萄干蛋糕原子结构模型，并在 1905 年洛伦兹引入麦克斯韦-玻尔兹曼分布之后，演进为一种可以定量分析金属导电与导热特性的重要模型，也被称为 **Drude-Lorentz 模型**。

Drude-Lorentz 模型假设电子在相互碰撞的过程中，最后将处于热平衡状态，其能量遵循麦克斯韦-玻尔兹曼分布。热平衡状态指同外界接触的物体，内部温度均匀且与外界温度相同，物体与外界不存在热量交换的状态。

麦克斯韦-玻尔兹曼分布源于气体分子热运动的研究。由大量理想气体分子组成的系统处于热平衡状态时，不同的分子将分布于由低到高的能级中，麦克斯韦-玻尔兹曼分布用于描述这些粒子能量的分布几率。

Drude-Lorentz 模型不仅合理解释了金属的导电与导热特性，而且可以定量计算金属的电导率与热导率，在当时获得了巨大成功。

但在计算金属晶体的比热容时，Drude-Lorentz 模型遭遇了严峻挑战。比热容是一个较为简单的概念，指物体的温度升高时，吸收的热量与其质量和升高温度的乘积之比。使用这个模型计算得出的金属比热容远远大于实际测量值，这个现象在西方科学界引发了一定关注，但直到量子力学建立之后，这个问题才得以解决。

1927 年，德国科学家索末菲使用了量子力学中的费米-狄拉克统计分布，替换了 Drude-Lorentz 模型中经典的麦克斯韦-玻尔兹曼分布，将其发展成为 Drude-Sommerfeld 模型，也被称为索末菲模型，解决了原模型在解释比热容中存在的问题[67]。

索末菲就是引入了原子轨道的角量子数与磁量子数，并将玻尔能级模型从圆形扩展为椭圆轨道的那位科学家。索末菲在量子力学领域具有非常突出的贡献。1917～1951 年，他前后获得了 84 次诺贝尔奖提名。他有 7 个获得诺贝尔奖的学生，包括前文提及的海森堡、泡利与劳厄等人，但是他本人没有获得过诺贝尔奖。

与 Drude-Lorentz 模型相比，索末菲模型最本质的变化是引入了量子力学理论。此时用于描述单原子微观系统的 4 个量子数逐步浮出水面，但是使用这 4 个量子数描述由大量原子组成的微观系统，将因为维数灾难而导致无法计算。

索末菲模型继承了 Drude-Lorentz 模型的自由电子等关键假设。在这种极简假设下，索末菲使用在微观世界里无所不能的薛定谔方程，并通过求解波函数，获取由大量原子组成的金属晶体的微观系统全貌。

自由电子假设条件下的薛定谔方程较易列出，之后使用分离变量法求解这个方程，可以获得描述自由电子状态的波函数 ψ。在求解这个方程的过程中，可获得用于描述金属晶体的微观系统的三个量子数，分别为 n_1、n_2 与 n_3。

索末菲认为电子为自旋数为 1/2 的费米（Fermi）子，遵循泡利不相容原理。在索末菲描述金属晶体的自由电子模型中，$\{n_1, n_2, n_3\}$这三个量子数确定了一个量子态，在这个量子态中只能存放一个电子。

索末菲做出的一个最关键的假设是金属晶体中的自由电子遵循费米-狄拉克分布。费米-狄拉克分布是量子力学的两大分布之一，描述费米子所遵循的统计规律。量子力学的另一个分布是波色-爱因斯坦分布，描述波色子所遵循的统计规律。

波色子与费米子均为微观粒子，其区别为自旋磁量子数不同，前者为整数，后者为±1/2。典型的波色子包括光子、声子等，而典型的费米子包括电子、中子与质子等。整体而言，物质的结构由费米子组成，物质间的相互作用由玻色子传递。

费米-狄拉克、波色-爱因斯坦分布与经典世界的麦克斯韦-玻尔兹曼分布一道构成了统计力学中的三大分布定律，均与温度和粒子能量有关。温度与能量也许较易理解，但在物理学家抽象之后，这些概念与日常生活并无直接联系。

在物理学家的眼中，温度是状态的函数，反映了系统中粒子无规则运动的激烈程度，并使用绝对温度来描述，其单位为 K 用来纪念开尔文勋爵。其中绝对温度 0K 为-273.15℃。在 Drude-Lorentz 模型中，当金属晶体所处温度为 0K 时，所有粒子的动能都为零，所有粒子将拥挤于最低能级。

但是在索末菲模型中，粒子能量的分布并非如此。通过大量计算，科学家基于索末菲模型，得出电子能级 $E_{n1,n2,n3} = (n_1^2 + n_2^2 + n_3^2)E_0$，其中 E_0 为与材料相关的常量，因此 $E_{n1,n2,n3}$ 仅与 n_1、n_2 与 n_3 这三个量子数相关。

在索末菲模型中，电子的能级只能为 $3E_0(n_1 = n_2 = n_3 = 1)$、$6E_0(n_1 = 2, n_2 = n_3 = 1)$、$9E_0(n_1 = 2, n_2 = 2, n_3 = 1)$、$11E_0$ 等，这些能级的能量是量子化的，是离散的。每个电子能级对应的量子态是有限的，因此每个能级所能够容纳的电子也是有限的。由此可见，即便在金属晶体所处温度为 0K 时，粒子也不会全部处于最低能级。

与原子轨道中电子的排列规则一致，金属晶体中的自由电子在排列时，除了遵循泡利不相容原理之外，还需要遵循能量最低原理，电子从最低的能级开始排列，逐次向上，并占满每一个低能级。在一个金属晶体中，有大量的电子，但终归是有限的，在绝对温度为 0K 时，最后一个电子所在的能级被称为费米能级。

索末菲模型认为金属中的自由电子遵循费米-狄拉克分布，如图 1-27 所示。在图中，k_B 为玻尔兹曼常数，T 为绝对温度，E_F 为费米能级，$F(E)$为绝对温度为 T 时，电子在能级 E 出现的概率。这个公式的推导过程需要凝聚态物理和统计力学的许多基础知识，书中仅介绍与其相关的主要结论。

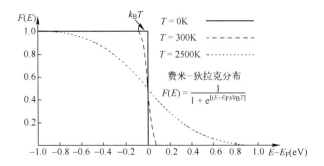

图 1-27　费米-狄拉克分布示意图

当绝对温度为 0K，而且自由电子能级小于费米能级 E_F 时，电子出现的概率为 1，当超过费米能级时，电子出现的概率为 0；绝对温度为 300K 的常温时，费米能级 E_F 远远大于 $k_B T$，此时只有少数价电子能够借助热能，超过费米能级；处于绝对温度为 2500K 的高温时，费米-狄拉克分布才等效于经典的麦克斯韦-玻尔兹曼分布。

索末菲模型合理解释了 Drude-Lorentz 模型中存在的"比热容问题"。在这种模型中，不是所有电子在温度升高后都会发生能级变迁，只有靠近费米能级的高层电子才能发生这种变迁，而底层的电子不会发生变化。因此使用索末菲模型计算出的比热容比 Drude-Lorentz 模型要低，与实验值更为吻合。

与费米-狄拉克分布相关的一个重要概念是量子态密度（Density of States）。从能级 $E_{n_1 n_2 n_3} = (n_1^2 + n_2^2 + n_3^2) E_0$ 这个公式中可以发现，能级越高时，对应的量子态越多，例如 $3E_0$ 能级只能对应一个量子态{1, 1, 1}，而 $14E_0$ 能级可以对应{3, 2, 1}、{2, 3, 1}、{2, 1, 3}、{1, 3, 2}、{3, 1, 2}与{1, 2, 3}这 6 个量子态。

量子态密度 $g(E)$ 的定义为能量在 $E \sim E+\Delta E$ 之间的量子态数与能量差 ΔE 之比。在费米-狄拉克分布与量子态密度的基础上，可以得出电子的能量分布 $N(E)$ 等于 $g(E)$ 与 $F(E)$ 的乘积。以上就是索末菲模型的主要内容。

索末菲模型引入了量子力学原理，合理解释了金属晶体的"比热容问题"，但是依然不够准确。索末菲模型建立在自由电子气的基础之上，并基于电子与电子之间，电子与原子实彼此之间没有任何作用力的假设。

在微观世界中，电子在晶体中的运动，将会受到原子实的周期作用力，而且周边电子对其也有作用力。在这种情况下，或许还可以利用"无所不能"的薛定谔方程，试图求解得出波函数 ψ。

但是在一个体积并不太大的固体中，所含原子数量过于庞大，列出这个薛定谔方程的难度都异常巨大，更不用说去求解，继续采用这种方法仅能定性地分析一些概念，而无助于任何实际问题的解决。

1927 年，在索末菲提出基于量子力学自由电子气理论的同年，布洛赫（Felix Bloch）同样借助量子力学原理分析晶体中外层电子的运动，并描述了周期场中运动的电子所具备的基本特征，为固体能带理论的出现奠定了基础，极大促进了半导体科学的发展。

在这一年，22 岁的布洛赫成为海森堡的开山弟子，当时海森堡年纪也不大，只有 26 岁。在海森堡的指导下，布洛赫在第二年获得了博士学位，他的论文研究的是电子如何在晶体中运动。

晶体不同于其他非晶体材料，具有完美的周期对称性，可以采用许多方法简化计算，例如不用考虑在晶体中的所有原子，也不用考虑一个原子中的所有电子，仅考虑价电子即可，因为理论与大量实验结果都证明内层电子不会离开原子核随意游动，只有外层的价电子可以进行有条件的运动。

布洛赫在博士论文中使用了三大近似方法，分别是绝热近似、单电子近似与周期性势场近似，简化了晶体中电子的运动。绝热近似将原子实与价电子的运动隔离，将多体问题简化为多电子问题；单电子近似假设将多电子问题简化为单电子问题；周期性势场近似认为电子在晶体中的状态，具有平移对称性[68]。

布洛赫进行这些化繁为简的操作后，得出晶体中电子的波函数必须为 $\psi(r)=e^{ik\cdot r}u(r)$ 这种形式，而且 $u(r)=u(r+d)$，d 为原子与原子的间距，因此这个函数是一个周期函数，反映了晶体的周期对称性；波矢 k 是一个重要的参数，后文将对此进行详细介绍。

这个公式被称为布洛赫定理，满足这个定理的电子也被称为布洛赫电子，在这种情况下，电子的出现概率将具有周期性。这个定律奠定了能带理论的基础。后来布洛赫获得了诺贝尔物理学奖，但他大概没有预料到，获得这个奖项是因为他在核磁共振上的成就，而不是因为开创了"能带理论"的这条定律。

在绝对温度为零时的热平衡状态中，假设一个碳晶体有 N 个原子，因为碳原子有 6 个电子，因此在这个微观系统中共有 $6N$ 个电子，并排列组合成若干条能带。

这些能带由碳原子的 1s、2s、2p 能级分裂而形成。电子在能带中的排列依然遵循能量最低原理，此时由 1s 能级对应的**允带**将完全充满电子，而被称为**满带**。在凝聚态物理中，将有能级存在的地带称为允带，否则称为**禁带**。

2s 与 2p 是碳原子的价电子，这两个能级形成的能带是先重叠，之后分成上下两个能带。这两个能带由处于 2s 和 2p 能级的电子混合形成，如图 1-28 所示。

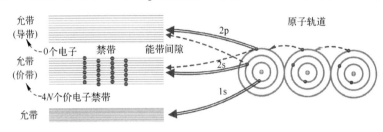

图 1-28　碳原子能级分裂示意[68]

在这两个能带中，处于下方的能带被称为价带，上方为导带。价带与导带之间的距离被称为能带间隙（Band Gap）。在碳晶体中，$4N$ 个价电子以共价键的形式分布在价带中。此时导带上没有电子，而价带完全充满电子。这种结构不适合电子的流动，碳晶体表现为绝缘体的特性，而非导体。

依据能带理论，绝缘体、导体与半导体的区别体现在能带结构中，这三种元素的能带示意如图 1-29 所示。从能带结构图上看，绝缘体的能带结构与半导体晶体类似，只是价带与导带之间的间隙更大一些。

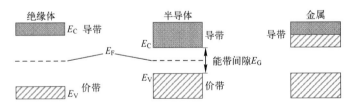

图 1-29　半导体、绝缘体与金属的能带结构

金属的能带结构与绝缘体和半导体晶体的区别较大，后两者的导带上没有自由电子；而金属晶体最上方的导带被电子部分填充，具有许多没有电子占据的量子

态，在外电场的作用下，导带中的电子容易做定向运动而形成电流，因此金属是良好的导体。

金属晶体的主要特性由费米面附近的电子决定。而半导体和绝缘体的费米能级，处于价带顶 E_V 与导带底 E_C 之间这段区间。这段区间为禁带，不存在电子，费米能级的意义不大。半导体晶体关注的重点不是费米能级，而是价带顶与导带底。

从图 1-29 可以发现，半导体的能带间隙小于绝缘体，这也是区分半导体与绝缘体的重要尺度，在多数情况下，半导体材料的能带间隙在 0～3eV 之间；能带间隙大于 3eV 的多数物质为绝缘体。金属的能带间隙为零。eV（Electron Volt）指电子伏特，1eV 指电子经过 1V 电势差时获得或者失去的能量，约为 1.6×10^{-19}J。

常见的半导体材料，如硅元素的能带间隙约为 1.12eV，锗元素的能带间隙约为 0.66eV，均在 0～3eV 之间；也有少许例外，如金刚石半导体的能带间隙约为 6eV，而 GaN 的能带间隙为 3.5eV。

在外电场作用、温度升高或者光照时，绝缘体和半导体在价带中的电子可以跃迁到导带，使导带部分被电子占满，因此可以参与导电。绝缘体的能带间隙大于半导体，在一般情况下，价带上的电子并不容易跃迁到导带，因此并不容易导电。半导体晶体的导电原理如图 1-30 所示。

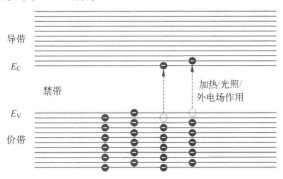

图 1-30　半导体晶体的导电原理示意

在半导体晶体中，不仅导带中电子的移动可以参与导电，价带也因为缺少了一些电子，其他电子在填充这个空位所造成的移动，也可以参与导电。这个因为缺少电子而引发的移动，被称为空穴的移动。但是在真实世界中，哪里有什么空穴，都是电子。所谓空穴移动的本质是"多个电子以接力的方式填充缺失的电子，形成的表现为正电荷的移动方式",当然使用这句话,远不如使用"空穴移动"明了。

为简便起见,科学家将空穴等效视为一种微观粒子,并将参与导电的电子与空穴统称为载流子。在半导体中,电子与空穴可以作为载流子参与导电;而金属只有一种载流子。这也是半导体与金属的重要区别。不过需要特别提醒,不是所有金属的载流子都是电子,Be、Zn、Cd 这三种金属,因为导带被电子填充得过满,载流子为空穴。

金属、半导体与绝缘体的区别并不绝对,在不同条件下可以相互转换。半导体和绝缘体可以转换为导体;金属在合适的条件下,也可以转换为半导体和绝缘体。这些转换关系也可以使用能带理论来解释。

基于能带理论,可以合理解释金属、半导体与绝缘体的许多特性。例如,使用能带间隙可以区分三者的导电特性,绝缘体的能带间隙最大,导电特性也最差;金属的能带间隙为 0,导电特性最好。因为温度的上升有利于价电子跃迁到导带,所以半导体的导电特性随着温度的上升而提高,而金属恰好相反。

能带理论认为,正是不同材料在能带结构上的差异,导致了不同的特性。图 1-29 只是定性描述半导体、金属以及绝缘体的能带结构,在实际使用具体的材料时,需要定量计算材料能带结构的具体参数,例如能带宽度与间隙等。

在一个实际的半导体晶体中,原子结构不同,点阵结构不同,晶格常数不同,其能带结构迥异。为了计算不同晶体的能带结构,需要搭建更为合理的模型。

1931 年,Ralph Kronig 与 William Penney 提出了一种解释晶体中电子运动的模型,即 Kronig-Penny 模型,这个模型建立在布洛赫定理的基础之上。不同于索末菲模型,Kronig-Penny 模型认为在晶体中的电子并不自由,而是受到晶体原子周期势场的作用。

Kronig 与 Penney 依然从万能的薛定谔方程入手,并基于布洛赫的三大假设进行简化,试图求解这个方程并获得有意义的波函数。上文曾简要描述,在原子轨道的计算中求解薛定谔方程获得了主量子数、角量子数与磁量子数;在索末菲模型中,求解薛定谔方程获得了 n_1、n_2 与 n_3 三个量子数。

而 Kronig 与 Penney 通过大量的计算发现,在晶体中能够获得有意义波函数 ψ 的前提,不是几个量子数在合适的取值范围之内,而是有一个公式必须成立,这个公式可以简写为 $E=f(k)$,其中 E 为电子的能量;k 等于 $2\pi/\lambda$,根据德布罗意物质波假设，微观粒子的动量 $p = h/\lambda = kh/(2\pi) = \hbar k$，其中 $\hbar$ 为简约普朗克常数，其值等于 $h/(2\pi)$。

这个公式将晶体中的电子的能量与动量联系在一起，$f(k)$ 函数也是半导体材料科学中重要的**能带色散关系函数**（Dispersion Relation）。这个能带色散关系包含了微观粒子的基本特性，包括能量、动量等，搭建了晶体的宏观特性与微观世界的桥梁。

在能带色散关系函数中，通过 $f(k)$ 函数可以找出对应的波函数 ψ_k，因为这个原因，参数 k 被称为波矢。找到波函数 ψ_k 之后，可以发现其对应微观系统的一切信息，包括位置、速度与等效质量等。

Kronig 与 Penney 在分析 $E=f(k)$ 函数时发现，当 k 等于某些特殊的值如 $n\pi/d$ 时，E 没有合理值，这就意味着此处的能级不存在，也就意味着此处不存在电子，因此为禁带。使用 Kronig-Penny 模型可以精确计算得出禁带与允带的宽度。在一个晶体中，能带色散关系的示意如图 1-31 所示。

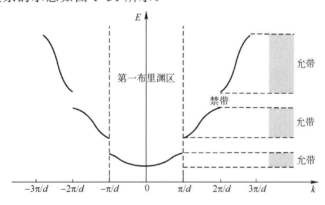

图 1-31　晶体中能带色散关系示意

由 Kronig-Penny 模型得出的这个色散关系，需要一些数学与凝聚态物理的基础知识，其推导过程并不算太过复杂。但是，根据这个模型获得的能带色散关系，与晶体材料的实际能带结构依然有较大区别。这个模型所基于的布洛赫假设也与实际有不小的差距。

Kronig-Penny 模型尽管有值得推敲之处，但还是将电子的动量与能量紧密地联系在一起，并将动量用波矢 k 简约地表示出来。

波矢 k 代表着波函数，依据量子力学的基本假设，波函数蕴含着这个材料在微观世界中的一切信息，也因为这个原因，在这个色散关系图中，包含了材料在微观世界中的所有信息。从这个角度上看，Kronig-Penny 模型堪称神奇。

这个神奇建立在已知实验的基础之上。在 Kronig-Penny 模型提出之前，科学家在进行晶体的布拉格反射实验时，发现在一个特别区域的界面处，会发生布拉格反射。这一反射使得能量在界面处产生不连续的变化。这个特别的区域就是 Léon Brillouin 在 1930 年提出的布里渊区。

布里渊区由倒易空间内的 W-S 原胞边界构成，通过布里渊区可以将倒易空间划分为一个个对称空间，其中距离原点最近的 W-S 原胞被称为第一布里渊区。

布里渊区的获取方法较为简单。以图 1-32 的在倒易空间中的平面结构为例，在该平面结构任取一个格点作为中心 Γ，之后分别向相邻的格点 $a1 \sim a4$，$b1 \sim b4$ 和 $c1 \sim c4$ 做垂直平分线。这些平分线将相交并组成不同的图案。其中第一布里渊区是中心 Γ 向 $a1 \sim a4$ 所做的垂直平分线所围成的图案。

第一布里渊区　　　　第二布里渊区　　　　第三布里渊区

扫描二维码
查看彩图

图 1-32　布里渊区的生成方法

第二布里渊区是中心 Γ 向 $b1 \sim b4$ 做的垂直平分线，与中心 Γ 向 $a1 \sim a4$ 所做的垂直平分线相交所围成的图案；第三布里渊区是中心 Γ 向 $c1 \sim c4$ 做的垂直平分线，与中心 Γ 向 $a1 \sim a4$、$b1 \sim b4$ 所做的垂直平分线相交所围成的图案。并以此类推，得出第四和第五布里渊区。在一个实际的呈三维空间结构的晶体倒易空间中，获得布里渊区的方法与此类似。因为晶体的周期对称，仅研究第一布里渊区能带色散关系即可。

前文曾经提及，倒易空间相当于实空间做了一次傅里叶变换所得到的空间。在经过这次变换后，倒易空间的量纲也出现了变化。在这个空间中的每一个点，对应实空间点阵中的一组平面，方向对应于这个平面的法线，大小由实空间晶面间距长

度 l 的倒数给出，其中长度的倒数与波矢 k 的量纲一致。

至此，由 Kronig 与 Penny 提出的理论与实践得到了一致的结果。理论与实践的一致，使其成为进行材料研究的立锥之地。

在材料科学中，描述波矢 k 与能量之间关系的能带色散关系处于核心地位。随后科学家基于 Kronig-Penny 模型与布里渊区，发现了一系列材料的能带色散关系。在半导体产业中，最重要的半导体元素硅的能带色散关系如图 1-33 所示。

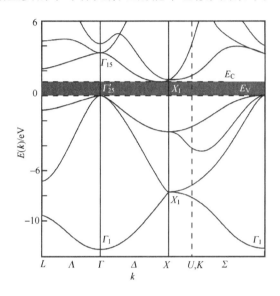

图 1-33　硅晶体的能带色散关系

这张图看起来天马行空，比 Kronig-Penny 模型使用的图 1-31 复杂许多，令许多半导体方向的从业者依然困惑，却是研究半导体材料科学的核心所在，包含了一种半导体材料的所有属性。半导体能带理论的主要内容就是在倒易空间中，发现 k 与 $E(k)$ 之间的关系，进而揭示半导体材料的所有秘密。

图 1-33 虽然以平面的方式展现，实质是一个三维立体图。也是因为这个原因，在这张图中的波矢 k 坐标上出现了一系列奇特的符号。在这些符号中，Γ 为中心，其他坐标围绕着 Γ 展开。

绝大多数材料的能带关系图并不是各向同性，而是各向异性，即沿着不同方向的波矢 k，$E(k)$ 函数并不相同，因此寻找正确的 $E(k)$ 函数需要使用三维空间，这也加大了能带色散关系的计算与实验难度。

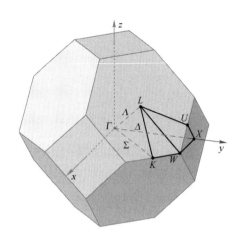

图 1-34　体心立方结构的第一布里渊区

硅晶体的点阵类型为面心立方，这种点阵结构经过傅里叶变换为倒易空间之后，平移对称性依旧存在，只是晶体结构转换为体心立方结构。将平面扩展到三维空间后，布里渊区的画法依然类似，只需要添加一个坐标，将平面结构中的垂直平分线改为垂直平分面即可。体心立方点阵结构的 W-S 原胞，即布里渊区如图 1-34 所示。

图 1-34 包含了图 1-33 硅的能带色散关系图中横坐标 k 使用的所有数值，包括 Γ、Δ、Λ、U、K 等高对称点的位置信息。之后通过计算与实验确定图中的各点能量，相关的计算非常复杂，实验数据也并不易获得。

对于一个实际的微观系统，基于 Kronig-Penny 模型可以列出薛定谔方程，但由此得到的能带色散关系与实际仍有较大差异。

此后，许多计算能带色散关系的方法被提出，如基于分子轨道理论的 HFR（Hartree-Fock-Roothaan）方法。HFR 方法对于分子体系非常成功，长期以来都是量子力学领域主要的计算方法。但是 HFR 方法对于固体能带性质的描述依然有许多不足，对于半导体晶体材料，使用 HFR 方法获得的理论值也远大于实际的测量值。

HFR 方法在物理上的主要失败源于对电子关联效应的忽略，仅适用于较为简单的系统。这使得 DFT（Density Functional Theory）的出现成为必然。DFT 理论建立在基于均匀电子气假设的 Thomas-Fermi 模型的基础之上，该理论基于电子的量子态密度而不是波函数，其核心是将多电子相互作用体系映射为具有相同电子态密度的非相互作用体系，将一个复杂的多体问题化简为单体问题。

在 20 世纪 60 年代，DFT 之父科恩与 Hohenberg 在这些理论的基础之上，提出第一性与第二性定理，此后经过沈吕九、帕尔等人二十余年的努力，DFT 成为与分子轨道理论并齐的量子理论构架[70]。

对于很多材料，DFT 算法可以给出较为完美的能带结构，但是对于一些简单的材料如 Si 和 GaAs，DFT 却给出了一个偏小的能带间隙，对于能带间隙较小的材料，如 Ge 和 InN，DFT 算法得出的结果也存在一些问题[71]。

科学家们一直寻找精确计算半导体材料能带结构的通用方法，均无功而返。实际测量结果与理论值经常出现偏差。而实验结果也未必完全可信，我们数不清历史上有多少从实践中得出的真知被后人颠覆。

有时，理论与实践是很难结合的。提出理论的人有可能没有实现什么，做成了某件事情的人可能推导不出合适的理论，在半导体的许多应用领域更加如此。半导体学科也正是在这种理论与实践的反复质疑中缓慢前行。

能带理论并不完美，因为计算能力，也因为无知，我们将许多模糊地带进行了简化处理，以便于计算求解。但是我们依然需要借此来研究新的材料。除此之外，我们更加一无所有。

近年来，集成电路的飞速发展使人类的计算能力得到了极大提高，各类基于人工智能（AI）的算法也在不断成型。国内外均有许多科学家试图将 AI 算法引入材料领域，也许在不久的将来，这个领域会迎来一次突破。

即便使用 AI 技术，在计算能带时，依然会遇到费曼提出的维数灾难问题。在一个实际的微观系统中，每增加一个粒子，计算复杂度呈指数上升，现有的基于传统方式实现的 CPU 与 GPU 的算力即使再提高几千万倍，也只是杯水车薪。

几十年前，费曼提出只有"量子计算"才能解决量子力学领域的计算问题，或许我们需要量子计算最终成立，或许我们需要更加漫长的等待。

参 考 文 献

[1] FOWLER M. Historical beginnings of theories of electricity and magnetism [EB/OL]. http://galileoandeinstein. physics. virginia. edu/more_stuff/E&M_Hist.html.

[2] COHEN I B. Benjamin Franklin's experiments: a new edition of Franklin's experiments and observations on electricity[J]. Chinese Journal of Applied Physiology, 1941, 30(2):156-158.

[3] WOLF A, WILLIAMSON C. A history of science, technology, and philosophy in the 18th century[J]. American Journal of Physics, 1939, 29(11):536-537.

第 1 章参考文献

本章完整参考文献可通过扫描二维码进行查看。

第 2 章 晶体管来了

在距离今天 70 年左右的时间里，出现了几个对半导体领域产生重大影响的公司与个人。公司而言，贝尔实验室、IBM 与 Intel 在推进半导体产业的一路前行中，战功赫赫。也有人说应该是仙童半导体，这个公司的成就在于其自身与派生出来的公司，奠定了整个硅谷与现代半导体产业的基础。

最有影响力的人选有诸多争议，有人说是 Intel 的诺伊斯，也有人说是德州仪器的基尔比，我以为只能是威廉·布拉德福德·肖克利（William Bradford Shockley）。每每阅读与肖克利有关的文献与史料，总是有种莫名的酸楚。他是硅谷的缔造者，也是硅谷的第一弃徒。整个硅谷，整个科技史册，再无一人如肖克利般誉满天下，谤满天下。

他的前半生幸运而辉煌；他的后半生在一意孤行的执着中慢慢凋零。

图 2-1 中从左至右，依次为约翰·巴丁（John Bardeen）、肖克利与沃尔特·布拉顿（Walter Brattain）。三人因为对半导体的研究和发现了晶体管效应，获得了 1956 年的诺贝尔物理学奖。

图 2-1 威廉·布拉德福德·肖克利（1910—1989）

2.1　接触的奥秘

20 世纪上半叶是一个科技爆发的时代，也是一个大战争时代。二战之前，量子力学的出现使人类具备了研究与分析微观世界的能力。伴随这一能力的提升，人类迎来了一次重大的材料进步，战争则进一步加快了这一进程。

在人类历史上，重大的科技进步与战争密切相关。青铜与铁器始于刀剑；战舰是蒸汽机的巅峰之作；诺贝尔发明的炸药用于枪炮；在二战期间，相对论与量子力学促进了中子物理学的发展，原子弹的出现震惊了整个世界。

二战之前，德国宣称制作了一种"死光"，扬言这种武器可以借用电磁波摧毁整个城市。1935 年 1 月，这个谣言引发了英国军方的注意。英国的科学家 Watson-Watt 在研究"死光"的过程中，发现使用电磁波可以定位飞行器。1935 年 2 月，他向英国军方展示了这一成果[1]，雷达从这一刻起正式诞生，并受到了极大的关注。

在第二次世界大战中，飞机而不再是坦克决定着一次战役的胜败。空战的关键在于谁能率先发现对方。空战从飞行员的较量，演变为电子设备的对抗；从雷达技术与无线通信的侦听破译开始，发展为全方位的信息战。

在这场战争中，两大技术取得突破，一个是基于电子管的计算机技术，计算能力决定了破译速度；另一个则是雷达技术。从战争阴影中诞生的雷达，在战争的过程中迅猛发展，成为具有重大军事用途的国之重器。伴随二战的深入，所有飞机与舰船都安装了雷达系统。决定这场战争胜负的天平逐渐向掌握更加先进的雷达技术的一方倾斜。需求是发现之母，在战争这种极端环境中，雷达技术的进展一日千里。

雷达的工作过程是发射电磁波并在空中传播，这些电磁波遇到目标，如飞机或者舰船之后，将重新辐射到多个方向，其中的一部分回波被雷达接收装置捕获，之后经过一系列复杂的信号处理，获得待测目标的距离、方位、速度等参数。雷达的性能与一系列参数有关，二战期间，探测距离与接收机灵敏度最受关注。

雷达的最大探测距离受诸多因素制约，其中电磁波的发射功率则与其直接相关。在二战期间，各国科学家将电子管演进到行波管、磁控管与线控管，极大增强了电磁波发射功率，使雷达的视野从几十英里延伸到几百英里。

电磁波的发射功率与波长相关。一般情况下，波长较长的电磁波更加容易获得较高的发射功率，同时所需要的天线尺寸也较大。

雷达也需要使用较短的电磁波，以便能够被更小的待测目标反射，从而获得更高的接收机灵敏度。在科学家的努力之下，电磁波的波长从米波、分米波、一直发展到厘米波。1939 年底，英国便具备了发射 10cm 波长电磁波的能力[2]。

电磁波的波长越短，发射功率越难提高，回波信号也越弱，波长较短的厘米波很难被基于电子管的接收机校准，此外，电子管的信噪比差，并不能长时间稳定工作。这些缺点在追求极致的战争场景中被充分放大，使用矿石检波器替换电子管的呼声渐高。

科研人员很快发现，矿石检波器自从 1907 年商用化以来，在 30 年左右的时间里，依然没有解决好一致性差这个致命弱点。此时，量子力学理论已经深入人心，但是科学家对矿石检波器的工作原理依然感到迷惑。

一些科学家认为矿石检波器使用的这种晶体，是一种介于导体与绝缘体之间的材料，即半导体材料，可是依然有更多的科学家，包括发现了"不相容原理"的物理学家泡利，坚持认为"人们不应该研究半导体，那是一个肮脏的烂摊子，有谁知道是否有半导体的存在"[3]。

19 世纪末至 20 世纪初，因为半导体材料的提纯工艺并不过关，也因为缺少必要的理论基础，大多数科学家认为所谓的半导体材料，只是在其中存在着一些导体杂质罢了，化学意义上的半导体材料并不存在。

1931 年，Alan Wilson 使用量子力学原理，解释了半导体材料的许多特性，出版了名为《半导体电子理论》的书籍，使用能带理论区分了半导体、导体与绝缘体，讨论了金属与半导体接触时产生的整流特性。这位对半导体理论理解得如此透彻的 Wilson，也怀疑半导体特性或许就是因为材料中掺杂了一些杂质[4]。此时，没有理论能够解释矿石检波器的工作原理，直到肖特基的出现。

肖特基曾就职于德国西门子，认为矿石检波器是由金属与晶体材料接触而形成的器件，在两者的接触点附近可能存在着势垒。势垒可以理解为电子前行的一个障碍，在某种条件下电子可以穿越这个势垒，从而实现单向导电性[5]。肖特基提出的势垒理论在当时没有引发足够的关注。

1938 年，肖特基与英国布里斯托大学的莫特，在能带理论的基础上，分别独立地提出电子如何以漂移和扩散两种不同的方式跨越势垒，进一步解释了金属与半导体接触时的"单向导电性"[6]。漂移和扩散是电子运动的两种方式，漂移指电子在电场作用下的定向运动，而扩散指电子根据周边情况而进行的随机运动。

肖特基和莫特定性分析了金属与半导体接触前后出现的能带结构，并使用了两个参数，一个是金属的功函数，另一个是半导体的电子亲和势，描述了金属与半导体接触时能带结构出现的变化，合理解释了势垒产生的原因。

金属的功函数（Work Function）W_m 为电子从金属体内移到表面所需要的最小能量，其值为 $E_0-(E_F)_m$，E_0 为真空中自由电子所处的能级，$(E_F)_m$ 为金属的费米能级。在绝对温度为 0K 时，金属中的电子将填满费米能级 E_F 之下的所有能级，而在费米能级之上没有电子，因此功函数可以理解为金属中能级最高的电子移到表面所需的能量。

功函数这个概念多用于金属，偶尔也可用于描述半导体，半导体功函数依然为 $W_s=E_0-(E_F)_s$。在半导体中，还有一个重要参数为电子亲和势 χ，其值为 E_0-E_C。

当金属与半导体没有接触时的能带结构如图 2-2 左侧所示。如果金属功函数 W_m 大于半导体的功函数 W_s，则半导体的费米能级$(E_F)_s$ 大于金属的费米能级$(E_F)_m$。当金属与半导体进行理想接触，即没有任何缝隙时，由于金属与半导体接触形成的系统具有统一的费米能级，平衡后的能带结构如图 2-2 右侧所示。

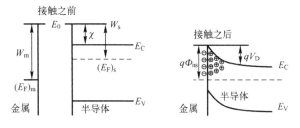

图 2-2　金属和半导体（N 型）接触能带图

在接触面的金属一侧负电荷密度较大，半导体一侧正电荷密度较大，从而形成空间电荷区，造成能带弯曲，并产生势垒。其中金属一侧的势垒高度 $q\Phi_{ns}$ 为 $W_m-\chi$，即金属功函数与半导体电子亲和势之差，而半导体一侧的势垒高度 qV_D 为 W_m-W_s，即金属与半导体功函数之差。

后人为了纪念肖特基的成就，将金属与半导体接触产生的势垒称为肖特基势垒。肖特基势垒揭开了这种接触方式的奥秘，也为半导体产业的后续突破，打下了坚实的基础，在这个理论成型不到 10 年的时间里，两位科学家采用金属与半导体的接触，取得了科技史册上一次至关重要的突破。

势垒理论的成型，使科学家意识到矿石检波器的神奇，是因为石头中的特殊材料与金属接触时产生的变化引发。化学工业的进步，使科学家能够提纯出石头中的特殊材料。他们很快发现材料的纯度越高，制作的检波器质量越高，矿石检波器之所以需要寻找到合适接触点，是因为在这个接触点上的材料纯度最高。

此后，硫化铅、硫化铜、氧化铜等一系列材料被持续提纯，用于优化矿石检波器。材料纯度越高，检波效果越好的事实使科学家信服，这些材料具有独特的半导体属性，不是绝缘体中掺杂了导体杂质，世界上存在化学意义上的半导体材料。此后，科学家形成共识，为了制作性能更加优良的检波器，必须提高半导体材料的提纯能力。在这些科学家中，贝尔实验室的罗素·奥尔（Russell Ohl）率先发现了硅的价值。

早在 20 世纪 30 年代中期，电子管大行其道时，Ohl 便坚定认为，使用晶体材料制作的检波器将会完全替换电子二极管。Ohl 检视了 Pickard 使用黄铜矿石晶体制作的矿石检波器，发现黄铜矿石虽然是一种非常精细的整流材料，但表面并不均匀[7]。他先后尝试了大约 100 多种材料之后，认为硅晶体是实现检波器的理想材料。按照今日的说法，硅晶体具有无定形结晶、多晶与单晶三种形态，三者的区别如图 2-3 所示。

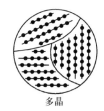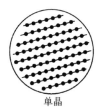

无定形结晶　　　　　　多晶　　　　　　单晶

图 2-3　无定形结晶、多晶与单晶的区别

无定形结晶，也被称为玻璃态晶体，在半导体产业中用途不广。多晶是由多个各不相同的小晶体组成。在半导体制作领域，多晶与单晶材料各有其用途。

基于多晶结构的硅，也被称为多晶硅，因为其更佳的高温稳定性与优良的导电性，在半导体制作中得到了广泛的应用。在晶体管的栅极制作中，在很长一段时间都以多晶硅为主。在 DRAM 中，电容的电极也采用多晶硅制作。

其中基于单晶结构的硅，也被称为单晶硅，是制作半导体芯片的基石。半导体领域重点关注的是整齐划一的单晶硅。

单晶硅具有非常强的点对称与平移对称特性，按照一定的规律周期排列形成。半导体器件，如二极管，其电学特性最终由能带结构决定。晶胞重复且长程有序的单晶硅，能带结构最为完整，最终成为半导体领域，特别是集成电路领域的产业支柱。

此时，Ohl 并不了解硅晶体的这些分类。虽然在他所处的时代，许多人曾经尝试过使用硅制作检波器，但效果不佳，不能稳定工作。Ohl 却认为，这种不稳定是硅晶体中的杂质过多造成，与硅晶体本身无关。他坚持认为，如果能够将硅充分提纯，必然能够制作出合格的检波器。

1937 年，Ohl 开始寻找高纯度的硅晶体，他自然会想到 Jack Scaff 这位贝尔实验室的同事。Scaff 拥有高温熔炉与各类坩埚设备，曾经成功提纯过许多金属晶体。虽然硅的熔点为 1410℃，提炼难度高于绝大多数金属，Scaff 还是竭尽所能为 Ohl 提供了一块硅晶体熔合体。这个熔合体勉强可算作一块多晶硅，但对于 Ohl 已经足够了。

此时贝尔实验室不具备切割硅晶体的能力，Ohl 将这块熔合体送至珠宝店，将其切割成各种尺寸不一的水晶状样品。1939 年 2 月 23 日，Ohl 发现其中的一块水晶在光线照射后一端表现为正极，另一端表现为负极，因此将其分别称为 P 区与 N 区。

3 月 6 日，Ohl 向时任贝尔实验室总监一职的默文·凯利（Mervin Kelly）展示了这一成果。凯利震惊，第一时间召集对光伏器件颇有研究的布拉顿和 Joseph Becker，让他们即刻放下所有工作，观摩 Ohl 的这一发现。

当 Ohl 使用光线照射这块晶体后，布拉顿目瞪口呆，不可思议地摇着头，他发现电压表的指针上升到几乎 1/2 伏特，比他和 Becker 研究过的任何一种器件通过光电转换获得的电压都高出 10 倍以上[8]。

布拉顿观察到这个水晶中间有一道清晰的横线，将底端与顶端分割开来，于是即兴发挥，认为电压一定是由这个横线所形成的"屏障"引发。他这个半开玩笑的说法，居然一语中的，距离事实的真相并不遥远。

这就是 Ohl 发明的世界上第一个半导体 PN 结（Positive-Negative Junction）[9]。

PN 结是半导体产业在二战期间出现的一次重大突破。Scaff 和 Ohl 在解释其工作原理时，认为 PN 结由 P 型与 N 型半导体材料结合产生，P 型与 N 型半导体是在纯净的半导体中掺杂了不同元素而获得。

这一想法源于 Scaff 研究氧化铜晶体的一段经历。此前，Scaff 曾经发现氧化铜晶体的半导体特性与其中的掺杂物有关，而且他通过提纯找到了这种掺杂物[9]。很快，两人发现这种水晶具有单向导电性，可以作为检波器。

掺杂技术极大促进了半导体材料的发展。以第 14 族、价电子数为 4 的硅元素为例，理想情况下，硅原子仅与周边 4 个硅原子以共价键的方式组成晶体，并无限延伸。这种纯净且没有晶格缺陷的材料被称为本征半导体。在这种半导体中，绝大多数价电子无法自由运动，仅含有少数因为热运动产生的电子或者空穴，导电性能并不高。

半导体因掺杂而神奇。在本征半导体中掺杂微量元素时，如果这些元素与半导体元素结合时，能够提供额外的电子或者空穴，将极大提高导电性能，如图 2-4 所示。

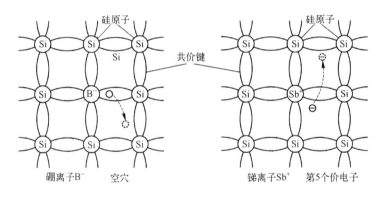

图 2-4　硅元素的 P 型掺杂（左）与 N 型掺杂（右）

以硅晶体掺杂 13 族的硼元素为例，硼只有 3 个价电子，与硅组成共价键时，因为缺少 1 个价电子，需要从其他硅原子中夺取 1 个，从而形成 1 个带负电的硼离子 B⁻，并多出 1 个带正电的空穴。这个空穴受硼离子的吸引，在其附近运动，但是这个吸引力较弱，仅需很少能量便可使其脱离束缚，成为硅晶体中自由运动的导电空穴。

因为硼元素能够接受电子而产生空穴，所以被称为 P 型杂质，也被称为受主杂质，这种掺杂方式被称为 P 型掺杂，掺杂后的半导体被称为 P 型半导体。

处于热平衡状态的半导体，电子与空穴的浓度是一定的。进行 P 型掺杂后也是如此，但是空穴浓度远远大于电子浓度，为多数载流子；与之对应，电子为少数载流子。掺杂硼元素后的 P 型半导体硅由硅原子、硼离子 B⁻、大量空穴与少数电子组成。

　　向硅晶体掺杂 15 族的锑元素，与此类似。锑元素具有 5 个价电子，与硅组成共价键时，将多出 1 个电子，从而形成 1 个带正电的锑离子 Sb⁺，与 1 个带负电的电子，这个电子将成为硅晶体中自由运动的导电电子。

　　因为锑元素能够释放电子而产生导电电子，所以被称为 N 型杂质，也被称为施主杂质，这种掺杂方式被称为 N 型掺杂，掺杂后的半导体被称为 N 型半导体。掺杂锑元素后的 N 型半导体硅由硅原子、锑离子 Sb⁺、大量电子与少数空穴组成。

　　P 型与 N 型掺杂与正负电没有关联。本征半导体硅与待掺杂元素硼与锑均为电中性，因此两者掺杂之后依然为电中性。随着掺杂浓度的提高，半导体材料的载流子数目增多，导电性能随之增强，但是这种提高具有上限，不能通过掺杂而无限增强。除了硅可以掺杂其他元素，化合物半导体 GaAs、GaN、InP 也可进行这种操作。

　　P 型与 N 型半导体接触时，将在其交界处产生奇妙的变化，如图 2-5 所示。

　　为简便起见，图 2-5 没有标出在 PN 结中占比最高的硅原子，图中 P 型半导体由硼离子 B⁻、大量自由的空穴与少数电子组成；N 型半导体由锑离子 Sb⁺、大量自由的电子与少数空穴组成。其中硼、锑离子相对于电子与空穴这两种载流子，处于相对静止状态。

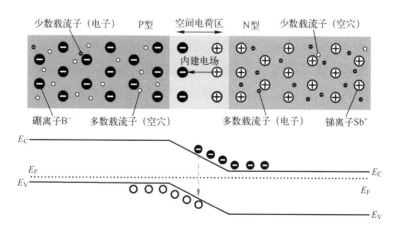

图 2-5　PN 结的形成原理

　　当 P 型与 N 型半导体接触后，因为载流子浓度梯度，导致空穴从 P 型半导体至 N 型，电子从 N 型半导体至 P 型进行扩散，并在接触面附近复合泯灭，在处于动态平衡状态后，接触面附近仅剩位置相对静止的硼、锑离子。

这段仅剩余硼、锑离子的区域被称为空间电荷区，也被称为耗尽区。同时，带正电的锑离子与带负电的硼离子将产生一个"内建电场"。

从第 1.7 节介绍的能带结构中可以发现，本征半导体的费米能级 E_F 处于导带能级底 E_C 与价带能级顶 E_V 中间。掺杂将改变费米能级，进行 P 型掺杂时，掺杂浓度越高，费米能级越接近 E_V；反之，进行 N 型掺杂时，浓度越高，费米能级越接近 E_C。当掺杂浓度到达某个阈值时，费米能级将不随着浓度增高而改变，这种现象也被称为费米钉扎效应。

P 型与 N 型半导体接触形成一个整体，且处于动态平衡状态时，费米能级将统一，交界处将出现能带弯曲并形成坡度，即 PN 结势垒，就是布拉顿即兴说出的"屏障"。PN 结接入与内建电场相反的正向电压时，N 区电子可以借势冲破由 PN 结形成的势垒，此时 PN 结导通；当接入反向电压时，电源电势与 PN 结内建电场一致，N 区电子与 P 区空穴更难穿越 PN 结，此时 PN 结截止。

PN 结的发明与掺杂技术在贝尔实验室高度保密。在整个二战期间，美国其他研究机构，没有从贝尔实验室获得这一信息。Ohl 本人也仅是在 1941 年，发表了一个与光伏效应相关的专利，没有提及与 PN 结相关的信息[12]。他也万万没有预料到，10 年之后，有一位科学家借助这种半导体与半导体的接触，开创了一个全新的时代。

二战结束后，Scaff 在学术交流中，发现掺杂技术还有几位共同发明者。一位是在 1944 年申请，并在 1950 年获得掺杂技术专利授权的 John Woodyard[13]，还有一位就是普渡大学的 Lark Horovitz 教授。二战期间，普渡大学是美国半导体材料研发的一支重要力量。普渡大学背后的美国正是在此期间，从欧洲手中接过了高科技旗帜。

二战爆发之前，欧洲山雨欲来风满楼。贝尔实验室、西方电气、麻省理工学院、普渡大学与英国的研究人员通力合作，开始研制基于半导体晶体的二极管检波器[14]。半导体在通信领域中的应用潜力也被逐步发掘出来。

1939 年 9 月，二战爆发。1940 年 6 月，法国战败。英国加快了与美国的技术分享。同年 11 月，麻省理工学院成立雷达研究所。美国以这个研究所为基础，陆续成立了 30 多个半导体研究机构与英国展开技术合作，并在雷达领域逐步超越了英国。

二战期间，PN 结与掺杂技术之外，半导体产业的另外一项重要成就是半导体的提纯。Horovitz 教授制作了高纯度的半导体材料锗；在宾夕法尼亚大学，发明了 W-S 原胞的 Seitz 与杜邦合作，使硅的提纯技术取得突破。

在这些科技人员的努力之下，半导体晶体的提纯能力达到 99.999%[15]。此时产业界提纯的是多晶半导体，不是单晶，但与 Pickard 时代相比已经获得质的飞跃。提纯后的半导体材料，解决了矿石检波器的一致性问题，使得更加小巧、故障率更低的硅晶体二极管逐步替换了中低功率的电子二极管，在雷达领域获得了广泛应用。

二战全面爆发后，AT&T 旗下的西方电气开始批量制作用于雷达的硅晶体二极管检波器，同为 AT&T 旗下的贝尔实验室为西方电气提供技术支持。在两者的通力配合下，硅晶体二极管的产量从 1942 年的每月 2000 只，提高到 1945 年的 50000 只，这种二极管的结构如图 2-6 所示。

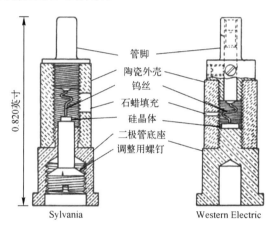

管脚
陶瓷外壳
钨丝
石蜡填充
硅晶体
二极管底座
调整用螺钉

0.820英寸

Sylvania　　　Western Electric

图 2-6　二战期间雷达使用的硅二极管[14, 15]

二战期间，硅始终作为半导体材料的首选，普渡大学却认为锗材料大有可为。在 Horovitz 教授的基础上，普渡大学的 Seymour Benzer 发现锗也适合制作点接触式二极管[16]。与硅相比，锗材料具有一定的优势，熔点低利于提纯；锗二极管可以反向承受 50V 的电压，而硅仅可承受 3～4V 的电压。

在 1947 年那段半导体产业的关键时期，普渡大学始终在为贝尔实验室提供锗晶体。这一年的年底，当制作出世界上第一个晶体管的巴丁与布拉顿在拜访普渡大学时，善良的 Horovitz 教授还在与两个人讨论，"一定可以使用锗材料制作出类似电子三极管的器件，你们都有什么建议？"[15]

2.2　最长的一个月

战后的世界一片废墟。美国本土没有受到重大创伤，但这个国家的崛起之路并非一帆风顺。苏联一旁虎视，英国人不甘心将领袖位置交与他人，欧洲渴望复苏。在这种环境下，美国能够突出重围，其根本原因是足以称为世界楷模的人才引入计划。

二战爆发前夜，纳粹的出现使被迫害的犹太人遍布整个世界。在这段时间，美国接纳了 1090 个科学家，其中包括爱因斯坦。美国凭借着这股力量，步入科技领域的世界之巅。二战期间，美国不抢钱也不抢地，只要欧洲顶级的科学家。美国先后制订了"云遮雾绕"与"曲别针"计划，仅从德国就引进了 457 名科学家。

这些科学家使发源于欧洲的量子力学，在美国落地生根。二战之后，日益强大的美国分别在 1952 年、1965 年与 1990 年颁布移民法持续完善制度，整个世界的人才流水般涌入。爱因斯坦之后，量子力学的顶级人才，玻尔、泡利、费米等人先后抵达，他们之后还有更多的年轻人。

伴随这些精英的加盟，量子力学的发展在美国突飞猛进，半导体产业在美国迅猛崛起，此后直到今天，科技始终是这个国家的立足之本。二战之后，美国的本土企业与人才逐步成长起来，创造了一个又一个的辉煌。贝尔实验室在这种背景下脱颖而出。

1940~1979 年，这近 40 年时间里，贝尔实验室是创新的代名词。在这段时间，贝尔实验室从雷达开始，引导着固体物理（今天被称为凝聚态物理）、晶体管、集成电路、光伏、激光、通信等诸多当时前沿科技的发展路线。贝尔实验室的第三位总裁默文·凯利在其中承前启后。

1925 年，AT&T 收购西方电气的研究部门，并以此为基础成立了贝尔实验室，年轻的凯利也因此从西方电气加入贝尔实验室。从 1944 年开始，凯利在贝尔实验室担任高管。1951 年，凯利担任总裁，并于 1959 年从贝尔实验室退休。在凯利时代，贝尔实验室在科技前沿获得了诸多重大突破。

从 20 世纪 30 年代开始，为了克服电子管的各类弊端，贝尔实验室始终在寻找能够完全替代电子管的方案。二战期间，先后出现了基于肖特基势垒与半导体 PN

结的二极管，但这些二极管无法替代电子三极管，因为无论使用多少个二极管，如何进行排列组合，也无法实现放大功能。

1936 年，凯利意识到固体物理的重要性，特意从麻省理工学院找到了刚刚完成博士论文的肖克利。凯利做事雷厉风行，连上下楼梯都是一路小跑，他没有花太长时间就说服了肖克利加入。

肖克利进入贝尔实验室后不久，便表现出与众不同的气质。有一次，贝尔实验室的某位以古板著称的老师向实验室人员讲授固体物理课程时，他专门找了只电动鸭子跟在这位老师身后，搅黄了整堂课。在这堂课中，学生们唯一能记住的就是这位老师铁青着脸离开教室的背影，以及肖克利的那只鸭子。

肖克利的大胆与想象力绝不仅限于此，他曾经徒手爬上贝尔实验室最高的一面石墙；他经常带枪出门，有一次因为非法持枪被警察拘留。不过在人才济济的贝尔实验室，还是有几个能让他服气之人，戴维森是其中之一。戴维森就是成功进行电子衍射实验，并在 1937 年获得了诺贝尔奖的那位科学家。

在戴维森的指导下，年轻的肖克利开始将其在麻省理工学院掌握的理论知识与实践结合。此时描述晶体中电子运动的 Kronig-Penny 模型已广为流传，这个模型太过理想，其中一个显见的不足就是假定晶体是无限大的，而一个实际的半导体材料总是有表面边界。这个表面上的能级如何计算不在这个模型的考虑范围之内。

1932 年，苏联物理学家塔姆（Igor Yevgenyevich Tamm）提出表面能级的概念，他认为晶体表面处有附加能级，塔姆通过大量的计算证明：在一定的条件约束下，处于表面的原子将在其禁带出现一个表面能级，这个能级也被称为塔姆能级。

1939 年，肖克利在塔姆能级的基础上发现，只有原子间距较小的晶体，才能形成表面能级。他认为由共价键组合形成的晶体，在其表面的原子，将失去能为其提供价电子的另一个原子，从而发生价键破裂形成悬挂键，此时晶体的表面将存在表面态，并形成表面能级[17]。这个表面态有别于塔姆能级，被称为肖克利态。塔姆与肖克利的贡献奠定了表面态的基础。

根据这个理论，肖克利发表了几篇颇有影响力的论文，申请了几项专利。这些纸上谈兵的工作，不是他加盟贝尔实验室的首要目的。1939 年，肖克利在肖特基和莫特势垒理论的启发下，结合表面态理论与一些实验数据，提出了一个与电子三极管工作原理类似的设想。他认为采用这种方法，可以借助半导体材料，实现"放大"功能。

有一天，他遇到了布拉顿这位能工巧匠。1902 年，布拉顿出生于中国的厦门，1929 年加入贝尔实验室。肖克利加入这里时，布拉顿已经成为世界上一流的实验物理学家。

肖克利很快就发现了布拉顿的价值，死命缠着他在氧化铜检波器的缝隙中植入一张金属网，并认为这种装置能够如电子三极管般，具有电流放大的功能。显然他这个思路来源于福雷斯特制作电子三极管所采用的栅极植入。布拉顿进行了一系列尝试，均无功而返，肖克利却更加坚定了使用半导体材料制作放大器的想法。

肖克利的这个想法因为二战而中断。从 1938 年开始，凯利领导的实验室开始与美国军方密切合作。1939 年，二战正式爆发。1940 年 8 月，丘吉尔派遣特使团访问美国，启动了英美两国在雷达技术上的合作[18]。

凯利决定派遣肖克利从事雷达方面的工作。肖克利关于半导体放大器的研究暂时告一段落，或许此时的布拉顿应该为摆脱了肖克利的纠缠，而有种如释重负的感觉。

1942 年，肖克利离开贝尔实验室，进入军队研究所工作。他解决了深水潜艇炸弹的精度问题；主持了雷达投弹瞄准器的训练计划；肖克利还做过一份关于进攻日本本土的伤亡评估报告，这个报告在一定程度上阻止了美军进攻日本本土的莽撞行为，最后美军以投掷两颗原子弹的方式结束了战事[19]。

二战期间，肖克利是为数不多的能够接触到美军最高机密的平民。战后，为了表彰肖克利的贡献，美军授予了肖克利"国家功勋奖章"。二战即将结束时，肖克利携一身荣誉，重返贝尔实验室[19]。

回到凯利身旁的肖克利，已不是那个刚刚加入贝尔实验室的顽皮少年。在美国军方的 3 年工作生涯，使肖克利建立了足够多的人脉。在战时和其后相当长的一段时间，军方的支持对于贝尔实验室相当重要。那时的美国军队，不仅有充足的资金，还拥有着许多围绕军事展开的科研项目，最重要的自然是雷达。

雷达工业极大促进了半导体晶体提纯技术的发展，半导体的掺杂与 PN 结技术也先后出现。美国包括贝尔实验室在内的许多研究所，在二战期间的不懈努力，为即将到来的半导体技术突破积累了深厚的底蕴。

二战之后，凯利敏锐地意识到，因为雷达的需求而在半导体材料上取得的成就，极有可能掀起一场革命，其中材料科学的突破必不可缺，贝尔实验室有必要恢复因为战争而中断的半导体材料研究工作。

1945 年 3 月，凯利带着他的得意门生肖克利，再次拜访贝尔实验室的 Ohl，希望肖克利能从 Ohl 处得到一些启发。Ohl 发明 PN 结时，凯利已经带着肖克利专程拜访过他了。此时，Ohl 依然在进行固态物理的研究，但没有几个人能够理解他的发明创造。他使用固态材料制作了一种支持"放大"功能的无线电接收机，这台机器工作得异常不稳定，没有人甚至包括 Ohl 在内，认为这个试验品会在将来有所作为。

与 Ohl 交流之后，肖克利重新梳理了战前的研究思路，系统考虑如何使用半导体材料全面替换电子管。肖克利根据能带理论，绘制了 P 型与 N 型半导体的能带图，并在此基础上提出了一种设想，即"场效应设想"。

肖克利假设硅晶片的内部电荷可以自由运动。如果硅晶片足够薄，在其上方施加电压后，硅片内的电子或者空穴会在电场的作用下，涌向硅晶片的表面，从而使硅晶片的导电能力大大提高，合理控制后即可实现放大，其原理如图 2-7 所示。

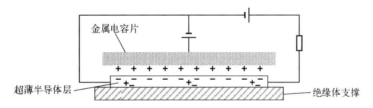

图 2-7　肖克利的场效应设想[20]

这个设想说服了凯利，或者说肖克利提出的任何设想，凯利都会选择相信。此时肖克利身上的自大与桀骜这些缺点已经充分暴露。但是凯利比任何人都清楚，在科技领域能有大作为的人，必是"伟大的优点与伟大的缺点"并存的天才；而不是像他这般综合素质优异，却无突出之项的管理人才。

1945 年，贝尔实验室成立半导体研究小组。凯利力排众议，认为才思敏捷、精力充沛的肖克利是负责这个项目的不二人选。这个小组一年的经费是 50 万美元。在当时，这是一个相当不菲的数字。

这个小组中，有肖克利的老熟人布拉顿、另外一位实验物理学家 Gerald Pearson、精通半导体材料制作的 Robert Gibney、电路专家 Hilbert Moore，还有一位是肖克利专门请来的理论物理大师巴丁。

半导体研究小组在成立之初，便确定了两大方向。一是集中力量研究锗与硅这两种半导体材料；另外一个是以肖克利提出的"场效应设想"为基础，制作出具有实用价值的半导体器件，并用于放大领域。

半导体研究小组的起步并不顺利，平淡的第一年很快过去，这个小组没有获得实质性突破。受限于制作水平，心灵手巧的布拉顿未能实现与肖克利的设想一致的器件。

1946 年，研究小组中的另外一位理论物理大师巴丁，重新审视了之前的半导体表面态理论。巴丁认为在外加电场的作用下，按照塔姆与肖克利之前提出的表面态理论，电子被吸收到半导体的表面后将被束缚，而形成屏蔽，阻止外加电场穿透到半导体内部。

他进一步通过计算得出，只要在材料表面有非常少的表面态存在，就可以避免半导体材料出现场效应现象，并解释了肖克利的设想不可能发生的原因[21]。此时的肖克利或许会哭笑不得，巴丁用源自于他的表面态理论打败了他的场效应假设。

1947 年 11 月中旬，在一次意外事故中，布拉顿发现硅晶体上有电解液时，光伏效应现象将加强，这个并不起眼的现象，被敏锐的研究小组捕捉，巴丁认为电解液中移动的离子可能会克服半导体的表面态。11 月 17 日，Gibney 建议布拉顿在 P 型硅晶圆与电解液两边施加偏置电压，并重新进行实验，如图 2-8 所示。

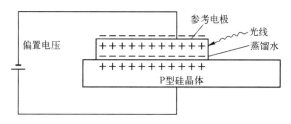

图 2-8　布拉顿进行的光伏效应实验[21]

布拉顿发现当调节偏置电压的大小与极性时，由光伏效应引发的电动势也在发生变化，而且可以从零到一个非常大的值。布拉顿尝试了各种电解液，包括乙醇、丙酮与甲苯，最后发现使用蒸馏水也可以取得同样的效果。

布拉顿当然明白这不是因为光伏效应突然增强了。巴丁猜测这是因为蒸馏水中的离子迁移到 P 型硅晶体，突破了表面态屏蔽，使载流子涌向硅晶片的表面，从而大大提高了硅晶片的导电能力，最后体现为光伏效应增强。

此时，肖克利也许是因为巴丁对场效应假设的重击而万念俱寂，在半导体小组中的表现极为反常，他比之前更加喜欢独处，虽然他还向巴丁与布拉顿提出一些建议，但将更多的时间投入到另外一种放大器的研究中，他没有将这个新的方向与小组成员分享。

巴丁与布拉顿丝毫没有觉察到肖克利的这些变化。1947 年 11 月 20 日，他们经过细致讨论，隐约感觉到距离成功只有一步之遥。这次实验的结果意味着只要他们找到一种方法，将光生电动势的变化，转换到另外一个电路，即可实现放大[21]。

11 月 21 日，巴丁重新设计了一套实验方案，转移"光生电动势的放大"。

巴丁准备尝试反转层（Inversion Layer）。二战期间，研究人员已经发现，在一定的条件下，半导体晶体的表面通过化学处理，可以制作出这个反转层。当衬底的多数载流子为空穴时，反转层的多数载流子为电子，反之亦然。

半导体小组在实现"场效应设想"的过程中，将反转层应用得炉火纯青，这个反转层正是肖克利所期望的"足够薄的硅晶片"，只是他们之前没有想过将实验装置浸泡在水中。布拉顿按照这个设想重新搭建实验环境，如图 2-9 所示。

只有布拉顿的双手，才能将巴丁的设想变为现实。布拉顿使用一个带有 N 型反转层的 P 型硅晶片，与两根金属探针为主体搭建实验。他将金属探针 2 的两边涂上一层薄薄的石蜡，使金属探针 2 与水绝缘，并将其尖峰与 N 型反转层直接连接；随后在这个连接点周边，小心地滴上一滴蒸馏水，并使用金属探针 1 插入水滴中。

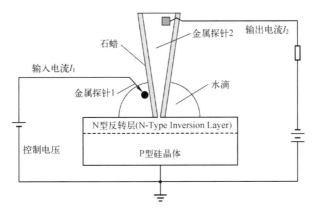

图 2-9　巴丁在 11 月 21 日构思的半导体放大器模型[20，21]

当接通电源的瞬间，布拉顿与巴丁惊奇地发现了一个非常微弱的、从硅晶片流向金属探针 2 的"放大"电流，11 月 23 日，巴丁和布拉顿在总结这次实验结果时，认为虽然这个实验装置没有放大电压，但放大了电流，是一种有效的"放大"[20, 21]。

他们发现在实验过程中，水滴容易被蒸发，难以持续突破半导体晶体的表面态屏蔽，所产生的放大增益并不明显，只能工作在 8Hz 以下的频率。这次实验没有取得理想的效果，但为随后的实验奠定了坚实的基础。

12 月 8 日，巴丁、布拉顿和肖克利在共进午餐时，对这次实验进行了系统总结，决定使用能带间隙更小的锗晶体替换硅，用电解液替换水。这一天的下午，巴丁和布拉顿重新进行实验，获得了约 330 倍的功率增益。12 月 10 日，巴丁与布拉顿成功地将电流功率的放大提高到了 6000 倍。令两人沮丧的是，这套实验装置依然只能放大低频信号，不能放大人耳可识别的音频。

两人意识到放大频率过低可能是因为电解液的离子移动过慢。在实验过程中，两人无意发现锗晶体表面出现了一层具有绝缘特性的氧化薄膜，其中的离子移动远高于电解液，亦可突破半导体晶体的表面态屏蔽，于是连饭都顾不上吃，构思了一套弃用电解液的实验模型，如图 2-10 所示。这一重大调整使晶体管最终得以出现。

在这次实验中，巴丁与布拉顿使用了一个 N 型锗晶体，并在氧化层之上蒸镀了 5 个金点作为电极，以便于金属探针与锗晶体通过这个金点直接接触。他们希望通过调整金属探针与锗晶体之间的电压，使载流子从 P 型的反转层中通过，从而在另外一根钨探针处得到放大的电流。

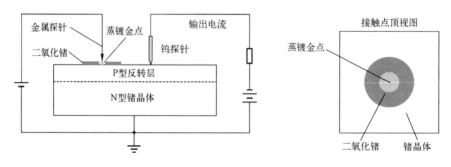

图 2-10　巴丁在 1947 年 12 月 11 日构思并于 15 日使用的半导体放大器模型[20, 21]

与之前的实验相比，这次的实验模型做出了非常大的调整，但这次实验仍然没有获得成功。当布拉顿使用金属探针在二氧化锗所在区域上施加负压时，发现与在锗晶体上并无区别，而且他还在无意中因为短路，将这个金点烧毁了。

12 月 12 日，布拉顿在分析实验失败原因时，认为二氧化锗微溶于水，因此这层氧化膜可能被洗掉了，没有起到绝缘的作用，从而产生了短路。布拉顿与巴丁迅速走出失败的阴影，从头再来。12 月 15 日，巴丁与布拉顿再次进行实验，原本有 5 个金点的锗晶体，现在还剩下 4 个，他们还有机会再错 4 次。布拉顿反复尝试对金点施加电压，并用另一个金属探针靠近这个金点，试图得到放大的电流。

在这段并不算太长的时间里，巴丁与布拉顿在反复尝试与反复失败的过程中煎熬着。在一次意外中，布拉顿为金点处施加了正向偏置电压，在金属探针处施加了负向偏置电压，却惊奇地发现在钨探针处出现了放大电流。虽然这次放大没有获得更大的功率增益，但是放大的频率可达 10000Hz。

巴丁与布拉顿意识到他们终于要成功了。他们明白产生放大现象的本质是金点与锗晶体的接触界面上出现了一个完全不同的物理现象，而与氧化层无关，巴丁认为是由锗晶体与金属点接触的表面所产生的空穴运动导致，如图 2-11 所示。

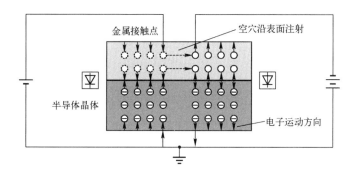

图 2-11　半导体晶体表面态的空穴运动

金属与半导体接触形成肖特基二极管，布拉顿的实验装置相当于两个二极管并联，在正常情况下，无法实现放大。这套装置的左侧施加正向偏置电压时，二极管导通，电子将从半导体晶体涌入金属接触点；在右侧施加反向偏置电压时，二极管截止，但因为蒸镀金点与金属钨探针间距很小，空穴有机会从左边注射到右边使其导通。

在这个电路中，如果左侧使用的电压较小，而右侧使用的电压较大时，左侧出现的微小电流波动，将在右侧引发较大的电流变化。这个实验装置能够进行放大的最重要的原因是晶体表面空穴的移动。

此时，巴丁与布拉顿却没有任何心思从理论上详细分析产生这种放大现象的本质原因。他们最需要做的事情是将两个金属探针的输入与输出点尽量接近，以便于空穴从一端穿越到另外一端。根据巴丁的理论计算，两个点的距离在 0.001in，即 2.54μm 左右时，才可以获得最理想的放大效果。在当时，这个距离远低于最细的金属探针的直径，几乎无法实现。

布拉顿想到了一个巧妙的方法，使用一个侧面贴有金箔的三角形塑料片，在塑料片的顶端将金箔分为两半，最后在塑料片的上方使用一根弹簧将其紧紧地压在锗晶片之上。此时两个金箔间隙约为 40μm，实验装置如图 2-12 所示。

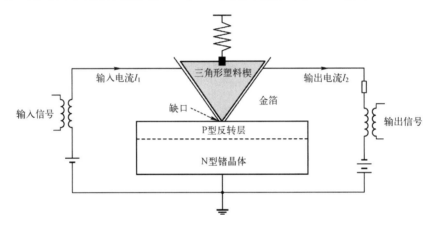

图 2-12　布拉顿在 12 月 16 日实验使用的半导体放大器模型[21, 22]

12 月 16 日下午，巴丁与布拉顿使用这个装置再次进行实验。在布拉顿接通电源的瞬间，奇迹降临。在这一次实验中，他们获得了 1.3 倍的功率增益，15 倍的电压增益，放大频率为 10kHz，实现了音乐的放大[21]。

这是人类历史上第一个使用半导体材料，将高频微弱信号放大的装置。从这一刻起，半导体材料不仅可以制作具有整流功能的二极管，也可以将信号放大。从这一刻起，半导体材料越过蛮荒，步入辉煌，被再次发现。

巴丁与布拉顿勉强抑制住心中的激动，说了一句，"应该是时候给肖克利打一个电话了"。从 1947 年 11 月 17 日到 1947 年 12 月 16 日，这整整一个月的时间，对于他们两个人而言，太过漫长了。

1947 年 12 月 23 日，再过一天就是圣诞前夜，天阴沉着，贝尔实验室提前给所有员工放假。肖克利没有离开,巴丁也没有。布拉顿在忙碌地调试着各类设备,他在准备着一个重要的实验。这一天下午,大雪如约而至,贝尔实验室的所有高管齐聚肖克利的实验室。

布拉顿向在场的所有高管简单介绍了一个即将永载史册的实验装置,如图 2-13 所示。布拉顿使用这个简陋的装置,进行了两次实验,一次是将音频信号放大;另外一次是进行了信号的振荡实验。

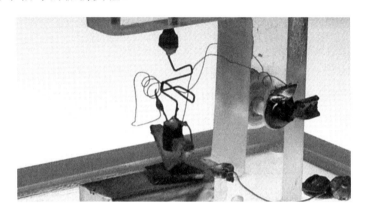

图 2-13 人类历史上的第一个晶体管

巴丁与布拉顿认为,这个装置能够放大信号的本质原因在于电阻变换,即信号从低电阻的输入到高电阻的输出,于是将其命名为 Trans-Resistor,缩写为 Transistor。多年之后,钱学森将 Transistor 的中文名确定为晶体管。因为这种晶体管呈点状与半导体晶体连接,也被称为点接触式晶体管。

晶体管的出现改变了人类历史的发展轨迹,电子信息产业呼之欲出。与电子管相比,晶体管优势巨大。电子管的全部缺点,如体积大、能耗高、放大倍数小、有效工作时间短、制造成本高,均可以被晶体管有效克服。

在无线电领域,从电磁波的发射、检波直到信号放大这三大应用场景,晶体管可以全面替代电子管。在数字电路领域,晶体管可以更加方便地实现"与非门",亦可全面替换电子管。

如果以 1904~1906 年弗莱明与福雷斯特发明真空电子管与三极管,作为电子信息产业的开端,那么直到 1947 年晶体管的出现,电子信息产业才进入新的纪元。

晶体管的出现,极大促进了电子信息产业的发展。至 20 世纪 60 年代,集成电路脱颖而出。不久之后，半导体产业从美国的硅谷，蔓延到欧洲与日韩，直到世界的每一个角落。以半导体产业为基础，人类正式进入电子信息时代。

这是一个无数科学家向着广袤而未知的领域挑战的时代，是给全世界带来新的发现与希望的时代。如果说电磁学是将全世界联系在一起的开始，晶体管的出现则揭开了人类现代文明的序幕。

2.3 肖克利的救赎

晶体管的诞生是肖克利领导的半导体研究小组取得的一次关键突破，贝尔实验室为此欢欣鼓舞，肖克利却另有一番滋味，他倍感失落，也倍感压力。在绝大多数人的眼中，肖克利是晶体管概念的提出者，却没有坚持到最后一刻，他有再大的功劳，也不是临门一脚把球踢进去的那个人。

半导体研究小组中的绝大多数人不认为肖克利与点接触式晶体管的发明有太多直接关系。肖克利希望实现的是场效应晶体管，并不是巴丁与布拉顿发明的点接触式晶体管。在点接触式晶体管诞生之前那个最漫长的一个月，肖克利几乎无所作为。

1948 年 2 月 26 日，贝尔实验室申报了 4 项与晶体管相关的专利，其中前 3 项如表 2-1 所示，这 3 项专利只是同时提交的 US2524035A 专利的铺垫[23]。

—— 表 2-1　贝尔实验室在 1948 年 2 月 26 日提交的前 3 项与晶体管相关的专利[19] ——

专利名称	发明人	描述
US2560792A	Gibney	使用电解液处理锗晶体表面
US2524033A	巴丁	晶体管使用的半导体材料反转层
US2524034A	布拉顿与 Gibney	晶体管使用的电路设计

最后也是最重要的这项专利，是关于点接触式晶体管的发明。这项专利的申请材料并不难写，律师们所面对的最大困难是能否满足团队成员提出的一个特别请求，即"如何才能把肖克利排斥在外"。

功夫不负苦心人。团队发现一个名为 Julius Lilienfeld 的可怜虫居然在 1925 年，就提出了场效应的概念[24]。团队如获至宝，既然有人在肖克利之前提出了场效应，肖克利的价值就更小了。团队花费了很长时间，反复确认 Lilienfeld 不会对点接触式晶体管产生任何威胁后，抛弃了肖克利。肖克利是半导体研究小组的负责人，但是这里大多数人，却如此坚决排斥肖克利。只有上帝才知道肖克利如何把这些人得罪了。

对于有些人来说，天下最悲哀的事情，莫过于进入决赛却拿了亚军。在肖克利的心里，是他系统规整了晶体的表面态理论，是他从提出场效应设想开始并筹建团队，是他一路摸爬滚打含辛茹苦指导并激励着整个团队，倘若没有他，不可能有今天这个点接触式晶体管的一切。

肖克利甚至认为，即便这个晶体管的专利只写上他一个人的名字，也不是什么太过分的要求。肖克利还真为此付出了不小的努力，也是因为这个努力，他平生第一次收到了来自贝尔实验室高层的警告。这个当头棒喝使肖克利冷静下来，他接受了点接触式晶体管专利与他无关的事实。

在晶体管发明之后的那个圣诞节，肖克利没有去度假，而是把自己关进了书房。在此后，在他的天地之中，只能容纳下晶体管。肖克利的天分与能力不容置疑，他的骄傲与执着不容挑战。

此时的肖克利，除了证明自己之外，已无路可走。前方虽千万难，他愿一人独往。点接触式晶体管问世后的一个月时间，是他在科技生涯之中最勤奋的一个月，也是他在半导体领域中最具创造力的一个月。点接触式晶体管问世之后的两年时间，更是他一生之中最辉煌的两年。

在科技史册中，许多重大发明起源于一些并不科学的因素，比说仇恨、嫉妒或者愤怒。肖克利的这次发明过程正是如此。肖克利很幸运或者说整个人类都很幸运，他最后成功了。这次的成功只与肖克利一人有关，而与他人无关。

肖克利从头到尾都知道，与电子管相比，点接触式晶体管有许多优点，但也有几个致命缺点。点接触式晶体管的制作过程苛刻，不具备大规模生产的可能；这种晶体管的结构非常脆弱，连关一下实验室的大门都能对这种晶体管的工作产生较大影响。

巴丁和布拉顿制作的点接触式晶体管，其原理是基于空穴沿着半导体表面的反转层流动，但是他们两人并不清楚电子与空穴是否可以在半导体内部流动，肖克利也并不完全认可巴丁对点接触式晶体管工作原理的解释。

肖克利以 Ohl 发明的 PN 结为基础，说明带正电的空穴可以在锗晶体内部穿行，不是如巴丁理解的只能活动于晶体的表面。他很快完善了这个想法，将其称为"少数载流子注入"。受限于当时的实验条件，肖克利只能从理论上得出这个想法。

1948 年 1 月 23 日，在连续奋战了一个月之后，肖克利建立了一种新型的晶体管实现模型。他在一个笔记本中写道，这种晶体管应该具有三层结构，中间一层使用 P 型半导体，外部的两层使用 N 型半导体。

肖克利认为这种晶体管结构可以使用蒸镀方式实现，并通过欧姆接触的方式，使用金属引线分别与三个半导体层相连，其示意见图 2-14 的中部。

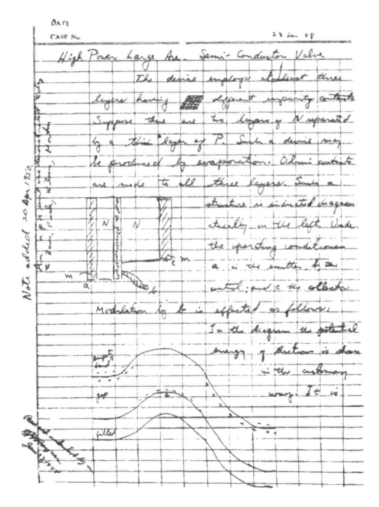

图 2-14　肖克利关于结型晶体管结构的草稿[25]

欧姆接触是金属与半导体接触的另一种方式，相当于金属与半导体材料之间建立直接的导电关系。欧姆接触不同于肖特基接触，两者接触时不会产生肖特基势垒。重度掺杂的半导体与金属接触时有机会出现这种情况。

肖克利将这三条金属线对应的引脚命名为发射极（Emitter）、集电极（Collector）与控制极（Control），这个控制极后来被改名为基极（Base）。其中基极类似于阀门控制器，用于调整电流的放大能力。

他简单绘制了这种晶体管的能带结构图，进一步说明了这种晶体管的放大原理，并将其称为结型晶体管（Junction Transistor），以区别巴丁和布拉顿发明的点接触式晶体管。结型晶体管工作原理如图 2-15 所示，其中发射极与集电极所在区域均为 N 区，基极所在区域为 P 区，而且发射极区域的电子掺杂浓度远大于集电极区域。

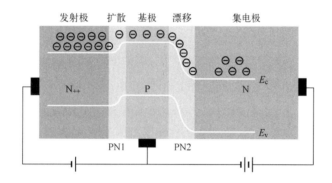

图 2-15　结型晶体管工作原理

结型晶体管工作时，电子首先以扩散的方式爬坡穿越 PN1。当 PN1 施加正向偏置电压时，这个坡度进一步变缓，利于电子扩散到基极所在区域。在结型晶体管中，基极非常窄，所在区域的载流子以空穴为主，由发射极注入的电子在此区域为少数载流子。在基极与集电极之间施加反向电压时，扩散到基极的电子来不及停留，便顺着在 PN2 中的斜坡漂移到集电极。

在集电极两边的反向偏置电压高于发射极的正向偏置电压，因此发射极电流的微小改变，将引发集电极电流较大的变化，从而实现放大作用。基极相当于阀门，加在这个阀门上的正向偏置电压越大，从发射极流向基极的电子越多，从而从基极流向集电极的电子将相应更多一些，放大倍数越高；反之亦然。

在当时，肖克利提出的这种晶体管模型，遭到了严厉挑战。研究人员质疑，从发射极漂移过来的电子，可能会无法穿越基极所在的 P 区，便被这个区域中的空穴中和。另外一个问题是，来自发射极的电子如何穿越基极，研究人员认为电子或者空穴沿着半导体材料的表面运动，不是发生在体内，因为点接触式晶体管就是这样工作的。

更为重要的是，这种完全由肖克利设想出来的结型晶体管，并没有得到实验验证。肖克利正无言以对时，贝尔实验室的 John Shive 及时出现。肖克利提出结型晶体管之后不久，Shive 实验证明了电子并不限于在半导体材料的表面运动，也可以发生在体内[21]。此时肖克利所提出的结型晶体管，虽然没有获得实验上的成功，但是已经不耽误他申请一个专利了。

1948 年 6 月 17 日，贝尔实验室提交了巴丁与布拉顿一篇关于点接触式晶体管专利的补充申请[22]；9 天之后，肖克利的结型晶体管专利，即 US2569347A 也获得提交[26]，这个专利只有肖克利一个人的名字，肖克利获得了初步的成功。

肖克利的下一步计划是制作这种停留在设想阶段的结型晶体管。虽然布拉顿不会继续配合他，但肖克利的身边并不缺乏天才。1948 年春，Morgan Sparks 加入了半导体研究小组，帮助肖克利解决这一问题。Sparks 和肖克利相处得非常融洽，当然他和肖克利的秘书 Bette 相处得更为融洽。第二年，肖克利就参加了他们两个人的婚礼。

肖克利的另外一个救星是即将在半导体史册中留下深深足迹的 Gordon Kidd Teal。1930 年，Teal 加入贝尔实验室，并在这里工作了 22 年。在人才济济的贝尔实验室，Teal 在初期并未表现出惊人的才华。他默默无闻，异常专注地进行着半导体锗与硅材料相关的基础研究工作。

在肖克利半导体小组发明了晶体管之后，Teal 认为如果使用单晶半导体材料替换多晶，点接触式晶体管将得到非常可观的性能提升。他的观点没有引发太多的关注。Teal 选择了坚持，他的坚持取得了回报。1948 年底，在 Teal 加入贝尔实验室 18 年之后，他在 John Little 的协助下成功地制作出单晶锗[27, 28]。

Teal 使用的方法为 1916 年波兰科学家 Czochralski 发明的用于材料提纯的直拉法，也被称为 CZ 直拉法。有一天，Czochralski 准备蘸墨水书写材料时，没有把钢笔放入墨水瓶，而是放入融化的锡水中，当他拔出钢笔时，拉出了一根锡丝。之后他发现这根锡丝居然是单晶结构[29]。CZ 直拉法诞生后，率先用于提纯金属单晶。

之后的几年时间，单晶材料的提纯突飞猛进。1950 年，Teal 基于直拉法制作出单晶硅，并持续优化制作工艺，奠定了今天单晶硅的提炼标准[30, 31]。Teal 这种提纯单晶的方法被肖克利称为"半导体领域最重要的科学发明"。

20 世纪 50 年代上半段，在 Teal 的基础上，产业界逐步确立了直拉法制作单晶硅的标准流程：在拉制单晶硅之前，首先将高纯多晶硅熔融在坩埚中，之后将一颗"纯度极高的硅种子"近距离与之接触，呈液体的多晶硅将围绕这个种子生长形成单晶，随后再将这个单晶缓缓拉出，形成单晶硅锭[28]。

这种单晶制作方法在今天依然处于主导地位。单晶半导体硅材料的出现为进一步提高晶体管性能奠定了坚实的基础。

在 Teal 直拉单晶法的基础上，Sparks 使用"生长结法"成功制作出基于单晶锗的 PN 结，这种 PN 结的性能和稳定性，与 Ohl 最初制作的那个最多也只能称为多晶硅的 PN 结不可同日而语。

采用生长结法制作的 PN 结由 CZ 直拉法生成。Sparks 首先使用 P 型锗半导体溶液，用直拉法获得 P 型锗单晶，并在生长过程中的某一个时刻，将溶液的掺杂类型切换为 N 型，之后继续使用直拉法获得 N 型锗单晶。在生长完成之后，将晶体切割成 PN 结，其过程如图 2-16 所示。

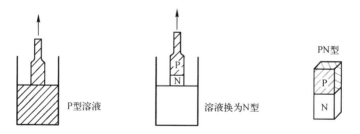

图 2-16 Sparks 制作 PN 结的方法

从大批量生产的角度看，采用这种方法制作 PN 结并不经济，但是在晶体管发展的初期阶段，这个方法极其重要，特别是在实验场景。

1950 年 4 月，Sparks 与 Teal 通力合作，以 N 型溶液为基础，在直拉单晶的过程中，依次进行 P 型与 N 型掺杂。两人经历一系列艰苦卓绝的尝试，最后成功使用直拉法制作出 NPN 型晶体管。两人发现这种晶体管具有信号放大功能，而且工作原理与肖克利的理论预期几乎完全一致。

起初，结型晶体管支持的放大频率低于点接触式晶体管。肖克利、Sparks 和 Teal 三人经过仔细分析，发现是因为基极过厚造成的。但是他们将基极做薄之后，又发现金属导线极难焊接上去。尽管存在这些问题，肖克利依然为已经取得的成就兴奋不已。

至 1951 年初，除了放大频率这一个指标之外，结型晶体管的每一项性能都超过了点接触式晶体管。随后的几个月时间，在 Sparks 的持续努力下，结型晶体管在放大频率这个关键指标上，也超过了点接触式晶体管。更为重要的是，这种晶体管的稳定性和可生产性是点接触式晶体管无法比拟的[32]。

1951 年 7 月 4 日，贝尔实验室在美国独立日这天，为肖克利团队准备了一场非常特别的新闻发布会。新闻发言人这样评价结型晶体管："这种只有豆粒大的器件，是绝对意义上的一种新型晶体管，与之前的晶体管相比，其拥有的各种性能也必将是绝后的"[33]。

成功制造出结型晶体管的肖克利志得意满，长达两年多的奋斗历程，至此画上了一个圆满的句号。在研制结型晶体管的过程中，他还编写了一本名为《半导体中的电子与空穴》的书籍。在书中，他整理了多年以来晶体管的工作成果，介绍了半导体材料性质、能带理论与量子力学这些基础知识。

在当时，这是为数不多的一本系统介绍半导体材料的书籍，并在相当长的一段时间成为经典。肖克利还陆续发表了一系列文章，归纳总结了半导体材料与结型晶体管的工作原理。

此时的贝尔实验室，在半导体产业界一花独放。除了肖克利领导的半导体小组之外，其他科学家在这个领域也有许多重大突破。

1950 年，贝尔实验室的 William Pfann 发明了另外一种提纯半导体材料的区熔法（Zone Refining）[34]，利用这种方法能够获得比直拉法纯度更高的晶体，缺点是很难生产出大尺寸的半导体晶体。区熔法的雏形由英国科学家 John Bernal 于 1929 年提出，在当时他提炼出的高纯晶体不是半导体材料，而是用于研究 X 射线特征谱线的金属晶体。

1954 年，贝尔实验室的 Calvin Fuller 发明了制作 P 型与 N 型半导体的扩散法（Diffusion Process），替换了之前所有掺杂方法。

早在二战时期，科学家便能将硼或者磷元素掺入锗或者硅晶体中，生成 P 或者 N 型半导体。当时采用的方法较为简单，是在高温提炼多晶硅的过程中，将其与待掺杂元素融合在一起。Sparks 用直拉法制作的基于单晶的 PN 结，也可以视为一种掺杂方法，但是这些方法并不适用于大规模生产。

Fuller 的杂质扩散法，是将半导体晶体放入高温石英管炉中，之后与待扩散杂质的气体，在一定温度环境下加热一段时间，将杂质掺杂入半导体晶体。Fuller 使用这种方法重新制作了肖克利的结型晶体管，获得了更加理想的效果。

1955 年，贝尔实验室再接再厉，尝试使用光刻技术生产晶体管，与这种光刻技术配套出现的是光刻胶、蚀刻技术（Etching）与光罩（Photomask）。这一年，贝尔实验室还发现了二氧化硅在半导体产业中的价值。此后氧与硅这两个在地壳中含量最多的元素，在半导体的生产制作中水乳交融在一起。

此时已经没有任何科技力量能够撼动贝尔实验室在半导体产业中一览众山的地位。但在美国反垄断法的阴影下，高处不胜寒的贝尔实验室，最终将半导体专利主动授权给其他厂商。

20 世纪 50 年代，贝尔实验室举办了三次技术研讨会，分享最先进的半导体材料技术与晶体管的制作流程。贝尔实验室所分享的技术资料，被后人称为"贝尔妈妈的食谱"（Ma Bell's Cookbook）。

第一次技术研讨会举办于 1951 年 9 月，参加会议的厂商主要与美国的国防工业相关。1952 年 4 月，贝尔实验室举办了盛大的第二次研讨会，全世界有 40 家公司，一共派出了 100 名代表，参加了为期 9 天的晶体管技术研讨会，并参观了 AT&T 旗下西方电气生产晶体管的工厂。

参加第二次会议的公司包括通用电气和 RCA 这些大公司，还有许多有志于进军这个产业的小公司，如德州仪器。日本的索尼也参加了这次会议[35]，这次会议之后，西方电气向北约国家授权了晶体管的制作许可。

1956 年 1 月，贝尔实验室举办第三次研讨会，分享了最先进的半导体扩散与光刻技术。在贝尔实验室毫无保留的帮助下，半导体在欧洲与日本逐步兴起。在美国本土，IBM 进军半导体产业；摩托罗拉半导体事业部以汽车电子为基石逐步发展起来。

伴随着贝尔实验室技术分享的是人才的逐步流失。1952 年，为结型晶体管的发明立下汗马功劳的 Teal，回到了他的家乡得克萨斯，加入了德州仪器。在 Teal 的帮助下，德州仪器成长为今天的模拟巨人。

IBM、摩托罗拉与德州仪器这三个公司，在各自发展的过程中形成了美国半导体的三大派系，即 IBM 系、摩托系与德仪系。除此之外，在美国的半导体产业，还有一个代表着叛逆与创新的硅谷系。这个派系始于肖克利。

在这段贝尔实验室的分享时光中，肖克利因为在结型晶体管的理论与实践两个领域大获全胜，生活得较为轻松。他终于回想起到底是什么支撑着他如此忘我的工作，这当然是因为仇恨。

此后的时间，肖克利除了进行半导体的研究之外，更为重要的事情是尽一切可能打压巴丁与布拉顿。肖克利的冷嘲热讽伴随着结型晶体管的接连突破，使得巴丁与布拉顿甚至怀疑，他们发明的点接触式晶体管是不是反而影响了半导体产业的进步。

面对着持续的打压，布拉顿虽然没有离开贝尔实验室，但做出了坚决不与肖克利共处的选择，去了其他研究小组。1951 年，巴丁远走伊利诺伊大学，成为一名教授，他后来因为在超导领域的成就，第二次获得了诺贝尔奖。

成功击败了两位宿敌的肖克利，恍然若失。他不会相信，巴丁与布拉顿没有贝尔实验室某些高层的背后支持，就敢冒然挑战他。当时，贝尔实验室的许多高层都认为，肖克利是一个不错的学科带头人，却不是一个合格的行政管理者。许多人都不愿意与他共事，巴丁与布拉顿的离去，更让贝尔实验室坚定了这个观点。

贝尔实验室进行大规模部门重组时，肖克利没有被委以重任，他过去的部下，甚至成为他的领导。为晶体管做出巨大贡献的他，依然还只是一个研究小组的负责人。

1954 年 2 月，因为一系列原因而心灰意冷的肖克利，去加州理工学院兼任了客座教授，之后还去美国国防部闲逛了一段时间。肖克利逐步游离于贝尔实验室之外。

也许是因为看到 Teal 在德州仪器风生水起般的生活，也许是因为思乡心切，肖克利准备去美国西部创建公司。在加州理工学院的校友阿诺德·奥威尔·贝克曼（Arnold Orville Beckman）和硅谷之父弗雷德·埃蒙斯·特曼（Frederick Emmons Terman）的邀请下，肖克利回到了家乡，回到了加州。

2.4　硅谷之父

一捧碧蓝的海水，从太平洋西部的迷雾海岸登陆，在加利福尼亚炙热的阳光下，化作薄雾，弥漫着整个海滩。一缕凉风，徐徐而过，托起这薄雾扶摇直上，化作一朵朵云彩，越过三藩的金门大桥。云彩不迷恋北方纳帕山谷的酒香，反是一路向南，沿着湾区干冷的海岸线，缓缓溢来。云彩不在意南方美丽的 17 英里海岸线，待到湾区尽头，散作雨露，飘荡在天地之间。

这里是山景之城。

有一天，这里来了一位中年人，他在一个仓库旁边徘徊了很久，准备将这里改造成为一个实验室，他的名字叫作肖克利。1955 年，他远离美国东部的喧嚣，沿着西部牛仔的拓荒之路，来到加州，来到山景之城。这片美国最晚迎来阳光的大地，因为他的到来，即将升起第一面迎接电子信息时代的旗帜。

在山景之城附近，有一座名为 Palo Alto 的小城市，这座城市是肖克利西行的重要原因，他的老母亲居住在这里。在这座城市，还有一个在未来非常有名的公司，就是以 Bill Hewlett 和 David Packard 两个人名字命名的惠普。

1930 年，Hewlett 与 Packard 相识于斯坦福大学，共同度过了大学生涯。在这里，志同道合的 Hewlett 与 Packard 成为好朋友，他们的友谊延续了一辈子。毕业后他们准备创业，两人的想法得到了特曼的支持，当时特曼担任斯坦福大学电子通信实验室的主任。这一次特曼押对了宝。

1939 年 1 月 1 日，Packard 在猜硬币正反面的游戏中输给了 Hewlett，这就是惠普这家公司，叫作 Hewlett-Packard，而不是 Packard-Hewlett 的原因[36]。

他们的公司从一个车库开始。此后相当长的一段时间，在 Palo Alto，在加州，甚至在整个美国，即便是一开始就正儿八经租用了办公室的公司，也总是标榜自己最早起源于车库。这个车库不仅代表着坚韧与执着，更代表了一种精神。

Hewlett 和 Packard 的惠普，从上市到成为世界五百强，一路顺风顺水。特曼教授对此非常满意，他习惯性地激励着后续创业者成为第二个惠普。1945 年，特曼成为斯坦福大学工学院的系主任，6 年之后主导成立了斯坦福研究园区，起初只有几家公司安家于此，后来落户于此的公司越来越多，特曼因此成为创业者心目中的硅谷之父。

在这个大背景下，肖克利只身来到加州。

起初，肖克利来到这里的目的，不是创建一个半导体公司。如果仅是为了半导体，在当时没有任何地方能够提供比贝尔实验室更多的资源。他来到这里是为了实现他另外一个梦想。

1948 年 2 月，点接触式晶体管专利所引起的纠纷，是肖克利在贝尔实验室遭受的第一次打击。在肖克利以结型晶体管的专利完成"救赎"之后，他有了一个新的研究方向，机器人与自动化，这起先可能只是肖克利借此陶醉自己的一个依托，但是他后来全身心地投入到这个领域，还提出了几个不错的想法。

1948 年，贝尔实验室帮助肖克利申请了一项和半导体风马牛不相及的专利，"Radiant energy control system"。这项专利描述了一种基于视觉传感器的反馈控制系统，可以用于导弹的自动制导。这种专利自然会触发军方的专利保密条款，直到1959 年，美国专利局才将这项专利授权给肖克利[37]。

机器人与自动化领域点燃了肖克利的热情。他对这个领域如此热情，甚至要求贝尔实验室将这个自动化专利归于自己名下。1952 年 12 月，肖克利经过周密的考虑，申请了另外一项与机器人相关的专利。在肖克利的描述中，这个机器人有手、有感知器官、有记忆功能、有大脑，还有眼睛[38]。

肖克利满心欢喜地准备进军机器人这个领域时，被凯利的回信泼了一盆凉水。凯利告诉他，贝尔实验室不会支持他的这个想法。此时，凯利已经成为贝尔实验室的总裁，他的回答是最高级别的答复。

肖克利离开了贝尔实验室。他先是去了加州理工学院，之后又去了五角大楼。直到在 1955 年的某一天，他在洛杉矶遇到了贝克曼[39]。

贝克曼曾在加州理工学院做过教授，还给在这里就读本科的肖克利上过课。贝克曼是 pH 检测仪的发明者，凭借这个检测仪，他在 1934 年创建了"贝克曼仪器公司"。与肖克利见面时，贝克曼已经是一个成功的商人，碰巧他也很喜欢自动化，也相信机器最终能够替代人。

两人一见如故。当肖克利准备用他的机器人专利与贝克曼合作时，作为一个精明的商人，贝克曼让团队仔细评估了肖克利的发明之后，婉转拒绝了肖克利。又过了一段时间，肖克利打电话给贝克曼，这一次他想把贝尔实验室刚发明的晶体管投入市场。贝克曼立即做出回应，第一时间安排了两个人的会面。

此时贝尔实验室已将持有的晶体管制作专利，以非常低的价格对外授权。任何一个公司在支付这个授权费用后，就具备了制作晶体管的权利。晶体管的发明人肖克利自然具备更多的先发优势。经过仔细探讨，贝克曼与肖克利达成协议，决定成立"肖克利半导体实验室"。这个实验室作为贝克曼仪器的子公司，由肖克利全权负责[40]。

1956 年 1 月 1 日，肖克利半导体实验室正式成立。筹建公司是一件非常烦琐的工作，开门的第一件事情是招聘员工。肖克利的初始团队是 4 个工程师，外加一个处理日常杂事的秘书。

在很长一段时间，肖克利半导体实验室并无销售人员。肖克利顶着总监的头衔，从人力资源、后勤一直做到工程师。凭借自己在电子信息产业的声望，肖克利从美国各地招聘了一批学徒，包括金·赫尔尼（Jean Hoerni）、谢尔顿·罗伯茨（Sheldon Roberts）、罗伯特·诺伊斯（Robert Noyce）与戈登·摩尔（Gordon Moore）等人。

待到贝克曼从贝尔实验室购买完毕晶体管相关的专利授权，肖克利从他的老东家获得了单晶硅之后，这个半导体实验室终于可以着手研制晶体管。在那个年代，研制晶体管的一个重大挑战是准备制作设备与材料。

没有公司出售这些设备，肖克利虽然能够在贝尔实验室的支持下，获取所有技术文档，但是他招聘的学徒还是太过年轻，需要他手把手地一个个教出来。这几乎耗尽了肖克利的全部精力。

肖克利很幸运，也可以说他其实很不幸运，在他忙得不可开交的 1956 年，他居然获得了诺贝尔奖。天下很少有人能够看轻这个奖项，肖克利也不例外。获奖消息传来，各种活动与采访如潮水般涌来，肖克利疲于奔命，无法将精力集中于公司的运营，他至少需要去一趟斯德哥尔摩，领取这一年 11 月 1 日颁发的奖金。

在当时，半导体制作刚刚起步，组建一个半导体公司的难度远超过今天。半导体制作需要不同学科的工程师，而且人才极度匮乏。这些以稀为贵的人才自然桀骜不驯，将这些不同类型且桀骜不驯的人聚沙成塔，并非易事。肖克利显然不是处理这些琐事的最佳人选，他的身边缺少一个"凯利"，为他处理这些后顾之忧。

作为一个公司，合理的结构呈金字塔型排列，顶级的人才也需要许多普通工程师予以支撑。肖克利却并不这样认为，他不屑于招聘普通的工程人员，他认为他挑选的这些有潜力成为科学家的天才，绝不至于连普通工程师的事情都做不了，他也没有考虑过为这些科学家所支付的不菲薪资。

肖克利没有在商场上摸爬滚打的经历，虽然偶遇挫折，但基本上一帆风顺的职业生涯，使他很难理解"妥协"的价值。他对完美的苛求，体现在每一个细节上，他要开发出最好的设备，再使用这个最好的设备制作出最好的晶体管。肖克利却经常忽略着一个事实，他的这帮学徒至少在现阶段还不是最好的。

从斯德哥尔摩领奖归来后，肖克利原本就自大的性格，更加无法控制，他变得多疑与专横。团队很尊敬他，也有相当多的人很畏惧他。人多之处必有政治，团队间的矛盾从小开始逐步扩大。肖克利面对这些矛盾的选择是将自己封闭起来，此时代替肖克利化解矛盾并与员工沟通的人，是罗伯特·诺伊斯。

肖克利非常欣赏诺伊斯，除了诺伊斯之外，肖克利还欣赏另外的两个人，其中一个人是谢尔顿·罗伯茨。罗伯茨在不到半年的时间，重新设计了贝尔实验室的单晶炉，改进了加工硅晶片的操作台。但肖克利总是喜欢与罗伯茨喋喋不休地讨论那些他并不擅长的机械知识。

肖克利最欣赏的人是金·赫尔尼。从性格上看，赫尔尼与肖克利有几分相似，但是肖克利与赫尔尼也产生了不小的矛盾。肖克利始终认为赫尔尼最有可能成为他的半导体理论的继承人，从一开始就把赫尔尼定义为纯粹的科学家。赫尔尼却并不这么认为，他希望多做一些与实验相关的工作，不喜欢坐在办公室里推导公式。

肖克利与团队的矛盾在逐渐扩大。但是这个矛盾被公司恶化的经营状况所掩盖。截止到1957年1月，公司在成立一年不到的时间里，一共花费了100万美金。这个在今天不值一提的数字，在当时令人生畏。

从研发的角度看，肖克利在第一年的进展实际上相当不错。他招聘了一大批有才华的年轻人，这些人搭建出了制作晶体管的主要设备，而且在某些领域青出于蓝，完全可以与他的老东家贝尔实验室相提并论。

只是从公司运营的角度看，肖克利的公司居然在这个时候，还没有想过要确立一个产品方向。此时，肖克利最应该做的事情，就是关注贝尔实验室哪个产品距离实用最近，他就去模仿，并在微创新领域，利用小公司灵活的机制，取得商业上的成功，而不是在科研领域与贝尔实验室一较高下。

但是肖克利的实验室，第一不灵活，第二野心还很大。尽管贝克曼和肖克利得到了贝尔实验室的所有产品授权，但是他们却从来没有想过去复制其中的任何一个产品，包括已经基本成型的两种晶体管，扩散晶体管与台式晶体管。

肖克利的骄傲决定了这个公司的命运，在他获得诺贝尔奖的瞬间，决定了这个公司的最后结局。在这个世界上，有许多与肖克利相似的人，他们只能为第一而活着，即便是世界第二这个对于常人而言可望而不可及的目标，对于他们也只是极大的侮辱。他们或者取得一次大的成功，或者泯然于众人。

肖克利不屑于复制贝尔实验室发明的那些晶体管，也不屑于去重复自己成功的过去。他力排众议将他的另外一项发明，一个由 "4 层结构所组成的二极管"，即Four-Layer Diode[40]，作为公司的产品方向。这种二极管也被称为肖克利二极管。1957 年 1 月，他与贝克曼达成一致，大规模生产这种特殊的二极管。

这种 "4 层二极管" 实际上由两个晶体管、两个电阻和一个二极管组成，肖克利准备在单个硅片上实现这种二极管。这种二极管的工作原理与今天在电力系统中使用的晶闸管较为类似。在当时的条件下，制作这种产品并不容易。如果肖克利能将这款产品制作出来，他会成为发明集成电路的第一人。

肖克利有两个研发利器，一个是从贝尔实验室引入的光刻技术，另外一个是二氧化硅在晶体管中的应用，肖克利非常清楚这两个技术的威力，并准备尝试使用。但在肖克利实验室的学徒们逐步意识到了这两个利器的价值，并接受了这些新观点之后，肖克利却莫名其妙地放弃了这两大利器。

在没有这两个研发利器的前提下，制作出肖克利设想的这种新型二极管，其难度无疑加大了很多。肖克利实验室的学徒们，没有信心能够做成这种二极管。肖克利在没有做好充分动员的前提下，启动了这个项目。

正在此时，肖克利又有了一个全新的想法。1957 年初，他与诺伊斯发明了一种新型的结型晶体管，并申请了专利[41]。肖克利准备把这个产品也作为公司的主营方向。在肖克利巨大的光环之下，这两个项目全力前行。

有肖克利这样的好老师，学徒们成长得非常快，这个老师在研发层面的容忍度非常大，给予了他们足够的试错空间。这些学徒逐步展现出极高的潜质，但是这一切很快与肖克利没有丝毫关系。

伴随学徒们一道成长的是他们之间的矛盾，以及他们与肖克利之间的矛盾。敏感的肖克利，非常清楚这些矛盾，却不知道这些矛盾因何而来，更不清楚应该如何处理，他像鸵鸟一般将头深深地埋入沙堆。肖克利的实验室，在商务上经营得一直不算太好，多重重压之下的肖克利患上了失眠症。这使得肖克利变得更加多疑。

一个偶然的事故，成为压垮肖克利实验室的最后一根稻草。有一天，肖克利的秘书在去办公室的路上，不小心被金属割破了手指。这本是很普通的一件小事，在肖克利眼中却不可饶恕。他居然认为这个事件一定是罗伯茨背后的阴谋。罗伯茨是肖克利曾经非常欣赏的天才，他用显微镜研究了这个金属长达半个下午之后，得出结论这只不过是一个丢失了帽子的图钉。

肖克利不相信这个事实，反而怀疑每一个人都在说谎，甚至想使用测谎仪识别每一个人的真假。肖克利的这次小题大做，与他自己的性格有关，也因为这个实验室已经陆续出现了多起技术泄密事件。

1957 年 5 月，他的学徒们选择了反抗，推举摩尔为代表，越过肖克利，直接与贝克曼对话。摩尔认为"没有有效的解决方案，这些人也许会集体辞职"。当时，摩尔的要求是让肖克利专心指导科研，而请一位职业管理者运营公司。

贝克曼当然清楚，答应摩尔的这个要求也意味着肖克利的离职，他不可能以开除肖克利为代价，化解这场危机。在回忆这段往事时，贝克曼非常痛心地认为，他应该在公司成立的第一天，就请人分担肖克利在管理上的一些工作。

面对着"摩尔"们的逼宫，贝克曼做出了一些让步，专门找了一个管理人员夹在肖克利与团队之间作为缓冲。这一安排没有化解肖克利实验室的信任危机。这个以肖克利名字命名的实验室，无法避免分崩离析的结局。"摩尔"们去意已决。

1957 年 6 月，诺伊斯向肖克利提议，是否可以为这些准备集体辞职的人员，成立一个相对独立的晶体管研发小组。此时，一切的努力为时已晚，世界上最难修补的就是人心的裂痕。

"摩尔"们没有回头路，他们开始寻找投资。此时恰逢硅谷风险投资的高峰，但是这几个年轻人的独立之路，并不顺利。没有几个投资人愿意冒着得罪肖克利与贝克曼的风险，帮助几个前途未卜的年轻人。

诺伊斯的处境最为尴尬，一边是兄弟，另一边是他尊敬的师长。最后罗伯茨用了整整一个晚上才说服了诺伊斯的加盟。在一定程度上，诺伊斯的加入使他们获得了希尔曼·费而柴尔德（Sherman Fairchild）的投资承诺。

希尔曼的父亲 George Fairchild 是 IBM 的前身 CTR 公司的董事长,拥有 IBM 大量的股权。希尔曼是家中唯一的孩子,George 去世后,希尔曼成为 IBM 最大的个人股东。希尔曼不担心肖克利与贝克曼的报复,最多不过是这笔投资打了水漂。

希尔曼认为在这几个叛逆中,诺伊斯最具领导才能,让他负责公司的运营。他的这个看法并不准确,从摩尔成立反叛大军的经历看,他的领导才华绝不亚于诺伊斯,摩尔后来的成就也证实了这一点。

1957 年 9 月 18 日,诺伊斯、赫尔尼、罗伯茨、摩尔、Julius Blank、Victor Grinich、Eugene Kleiner 与 Jay Last 集体向肖克利提交了辞职申请。在这八个人中,有三个是肖克利最欣赏的天才,诺伊斯、罗伯茨与赫尔尼,还有一个是肖克利最不喜欢的摩尔。这些人的组合使肖克利怒不可遏,将他们统称为"八叛逆"(见图 2-17)。

图 2-17 "八叛逆"的合影

摩尔造反成功,"八叛逆"一道创建的仙童半导体比肖克利半导体实验室辉煌许多。他与诺伊斯后来成立的 Intel,引领了一个时代。肖克利和他的实验室再也没有从这八个人的离职中恢复过来。此时的贝克曼比肖克利果断得多,准备第一时刻起诉刚刚成立的仙童半导体。肖克利选择沉默,虽然他完全有能力将年轻的仙童扼杀于摇篮之中。1960 年,沮丧的贝克曼出售了肖克利半导体实验室的全部股份。

发明了晶体管的肖克利,注定不能批量制造出晶体管。面对着即将到来的电子信息时代,肖克利黯然离去,他最终加入了斯坦福大学,成为一名教授。

在斯坦福大学，肖克利的老朋友，也是他在贝尔实验室领导的半导体小组成员 Gerald Pearson，从贝尔实验室退休后，来到这里研究光伏电池。他的另一个老朋友，被称为硅谷之父的特曼，已经成为这所大学的教务长。两位老朋友张开双臂，欢迎他的到来。

也许是因为肖克利过于孤独，也许是因为他希望被人再次关注，20 世纪 70 年代，他发表了可以让他在耻辱架上停留相当长一段时间的文章，黑人的智商低于白种人。没有人能够证明他的这个观点是错误的，但更加没有人愿意与他一道同往。这是原本可以与特曼一同被称为硅谷之父的肖克利，最后的绝唱。

1989 年 8 月 12 日，肖克利在孤独中离开这个世界，他的孩子只是在报纸中得知他的死讯。他启动了一个时代，却未能创造这个时代最辉煌的一刻；他启动了一个时代，却只是这个时代的匆匆过客。

缓缓前行的历史车轮抛弃了肖克利。曾经在肖克利实验室工作过的"叛逆"们习惯性地认为，肖克利不是一个好的管理者，除了科研才华之外，几乎一无是处的肖克利的最大优点就是善于发现人才。当然这与他们就是肖克利发现的人才有最直接的关系。

"八叛逆"的成功，使"叛逆"作为硅谷的象征而广为传颂。在此之后，这片能够诞生任何奇迹的大地，充斥着才华与梦想、无情与背叛。源源不绝的后浪吞没着前浪。丛林法则，适者生存。这片大地回归于西部狂野，骑着最烈的马相互追杀的时代。这片大地，因为这一狂野而生机勃勃。

岁月匆匆，不知过了多少年。有一个小伙子来到了山景之城，他穿着牛仔裤，捧着他刚刚制作的电脑，他的名字叫史蒂夫·乔布斯（Steve Jobs），很快他就被自己创建的公司开除了。

又过了一些年，有几个人在这里创建了一个名字叫"网景"的公司。

不久之后，两个刚拿到博士学位的年轻人来到了这里，他们是拉里·佩奇（Lawrence Edward Page）和谢尔盖·布林（Sergey Brin），他们准备成立一家名为"谷歌"的公司，他们将总部选在山景之城。

若干年后，乔布斯再次回到了这里。这一次他手中握着一部手机，准备开一场发布会。

肖克利半导体实验室却永远消失在人们的记忆中。肖克利与"八叛逆"办公的仓库，被一个名为 WeWork 的公司租用，这个公司的主业是为初创公司提供共享办公服务。

昔日的喧嚣已成往事，只有门旁一处的牌匾，记载着这里的过去。

该牌匾现悬挂于肖克利半导体实验室原址，如图 2-18 所示。

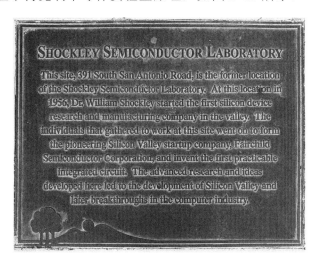

图 2-18　肖克利半导体实验室牌匾

2.5　集成电路的诞生

1923 年 11 月 8 日，杰克·基尔比（Jack Kilby）生于美国堪萨斯州。他的父亲是一位电气工程师。受其影响，基尔比从小便立志做一名电气工程师。14 岁时，他便能搭建天线，进行无线电收发实验。

少年时，他的成绩并不出众，高考时因为数学成绩的 3 分之差与麻省理工学院失之交臂，最后选择伊利诺伊大学厄巴纳-香槟分校（UIUC）就读。多年以后，基尔比因为发明集成电路而声名赫赫时，依然对此事耿耿于怀[61]。

基尔比入学后不久，珍珠港事件爆发。基尔比加入美军，成为一名无线电通信设备的维修员，并辗转于印缅战场。

二战结束后，基尔比重返 UIUC，并于 1947 年获得学士学位，之后进入 Globe Union 公司的中央实验室。Globe Union 公司曾经是美国最大的汽车蓄电池生产厂商，但这家公司的最大名声依然是曾经拥有过杰克·基尔比。

基尔比加入这里时，中央实验室已经开发出在今天被称为"厚膜电路"的产品。这个产品使用陶瓷衬底，基于电子管技术，将电阻、电容等元器件集成在一起[62]。晶体管出现后，中央实验室准备将"厚膜电路"中的体型庞大的电子管替换，以实现"电路微型化"。基尔比参与了这项工作，并对晶体管技术产生了浓厚的兴趣。

在 1947～1958 年这段长达十多年的中央实验室的职业生涯中，基尔比阅读了大量与"电路微型化"相关的论文，并于 1952 年参加了贝尔实验室组织的研讨会。在这次研讨会中，基尔比因为接近两米的身高而鹤立鸡群，在不久的将来，他将因为对半导体产业的贡献，再次鹤立鸡群。

完成培训的基尔比，很快复制出制作晶体管所需的必要设备与材料。1957 年，在基尔比的努力下，中央实验室推出用于助听设备的放大器[62]。此时，基尔比却发现中央实验室无力也没有意愿在半导体行业投入重金，更不用说他最感兴趣的"电路微型化"领域，于是准备开始新的旅程。

起初，他考虑过 IBM，这家公司也准备制作"厚膜电路"，与基尔比在中央实验室的工作类似。他还认真考虑过摩托罗拉，这家公司允许基尔比留出部分时间研究"电路微型化"。他最后选择了德州仪器，因为这家公司能够提供基尔比所需的一切[62]。

1958 年 5 月，基尔比加入德州仪器。

此时，德州仪器在半导体领域已崭露头角。1930 年，德州仪器成立于美国的得克萨斯州，距离盛产石油的墨西哥湾很近，起初以制作石油钻探设备作为主业。二战期间，德州仪器开始制作军用电子设备。

1952 年，德州仪器获得制作晶体管的授权之后招兵买马，邀请到使用直拉法制作出单晶锗，协助 Sparks 制作出结型晶体管的 Gordon Teal 加盟。

Teal 的到来使德州仪器掌握了半导体材料的提纯工艺，更为重要的是因为他的加盟，更多的人才选择了德州仪器，其中包括 Willis Adcock。1954 年，Teal 和 Adcock 联手制作了基于硅的商用化结型晶体管[42]。虽然事实上，第一个制作出硅晶体管的依然是贝尔实验室，但是为了保密，这个实验室没有对外宣布这一消息。

Teal 为了展示硅晶体管的优点，特意将基于硅与锗的两种晶体管，放入高温的油锅中。不耐高温的锗晶体管显然不能正常工作，而基于硅的晶体管完全不受影响。这次展示获得了意想不到的广告效应，也使德州仪器这个半导体产业的后起之秀，迅速成为产业界关注的焦点。

此时，晶体管使用台型工艺（Mesa Structure）制作，也因此被称为"台型晶体管"。台型晶体管是结型晶体管的一种，基于贝尔实验室发明的扩散技术制作。这种晶体管因为其横截面类似于大峡谷的风向角，由一个台面接着一个台面组成而得名。

1955 年，贝尔实验室将台型晶体管技术对外授权之后，德州仪器与仙童分别在 1957 年与 1958 年将这种产品推向市场[43]。德州仪器还在一篇专利中描述了这种晶体管的制作方法[44]。

台型晶体管由基极、集电极与发射极组成，结构如图 2-19 所示，其制作方法如下。

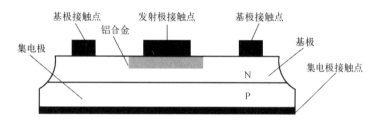

图 2-19　台型晶体管的结构示意

- 将 P 型锗晶片的底部抛光，并沉积金属层，这个金属层将作为集电极的接触点，同时也是这个台型晶体管的底部。
- 使用扩散法在 P 型锗晶片的顶部生成 N 型半导体区域，即基极所在的区域。
- 在基极所在的 N 区之上蒸镀一层铝合金，铝合金将与基极通过肖特基接触融合在一起，并形成一个 PN 结，在其上再制作一个发射极接触点。这种制作 PN 结的方法也被称为合金结制作法，其制作过程如图 2-20 所示。

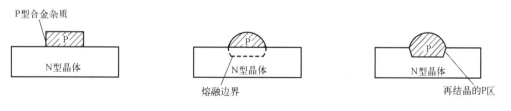

图 2-20　合金结制方法示意

- 在 N 型区域蒸镀基极与发射极接触点。蒸镀金属的过程需要较高的温度，保证半导体与金属形成微合金化的结构。
- 最后将基极与发射极的区域进行蚀刻，分离基极与发射极接触点。

这种制作方法有一个不算太小的问题，即基极与发射极之间的 PN 结暴露在外部，极易受到干扰。除此之外，这种台面工艺还具有另外两个主要缺点：一是台面容易受到物理伤害和污染；二是这种工艺不适合制造电阻。

台型制作工艺尽管具有上述缺点，但与 Sparks 时代使用生长结法直接制作出来的结型晶体管相比，依然是一次巨大的飞跃。

待到基尔比加入德州仪器时，这家公司已经具备大规模制作晶体管、二极管、电阻与电容等器件的能力。同时在 Willis Adcock 的带领下，德州仪器的半导体团队提出了三种方案，试图将电路进一步"微型化"。

基尔比非常幸运，或者说整个人类非常幸运。基尔比的主管 Adcock，这位在德州仪器以严谨著称的工程师，告诉他可以使用第四种方法将"电路微型化"。德州仪器在半导体领域的技术储备，以及这种对待创新的宽容，为基尔比发明世界上第一个集成电路铺平了道路。

基尔比审视了德州仪器已知的三种"电路微型化"策略，发现了其中共同的问题，这三种方法均需要使用不同的材料与工艺制作晶体管、电阻、电容等器件。这些"微型化"策略均治标不治本，本质都是以晶体管为基础搭建电路。采用这种电路搭建的大型计算设备甚至需要长达几英里的连线与多达几百万个焊点，才能完成组装。

此时，使用半导体材料制作晶体管与二极管的工艺已然成熟；也出现了基于半导体材料的电容与电阻的制作工艺，这种阻容制作工艺虽然不如传统工艺成熟，如使用氮化钛制作电阻，聚四氟乙烯制作电容。

但基尔比却坚定地认为这是可以在同一种材料上制作"单片电路"[45]，将"电路微型化"的最佳方案，并因此提出了一个大胆的设想，"将晶体管、电阻、电容等器件集成在同一片半导体材料中。

1958 年 7 月 24 日，基尔比在他的工作日志中草拟了一份制作这种"单片电路"的方案，并利用其他同事放暑假的时间，完善这一方案，并成功地将基于硅材料制作的晶体管、电阻与电容组装在一起，制作出一个由多片硅晶体组成的

"触发器"[45]。

8 月 28 日，基尔比向休假归来的 Adcock 展示了这一成果。Adcock 震惊并质疑当"多片硅晶体"合并为单片时，基尔比的这一电路是否能够正常工作，但他依然发动了几乎整个德州仪器的半导体事业部全力以赴配合基尔比。

使他更为震惊的是，在不到两周的时间之内，基尔比取得了一次彪炳科技史册的重大突破。9 月 12 日，基尔比成功地将之前使用"多片硅晶体"组成的电路，缩减为"单片"，将晶体管、电阻与电容集成到同一个锗晶片之上，搭建出移相振荡器（Phase-Shift Oscillator）电路。这就是人类历史上第一个集成电路，如图 2-21 所示。

图 2-21 人类历史上的第一个集成电路[45]

基尔比向同事们展示这一成果时，没有多少人意识到这一发明的光辉前景。

许多人质疑这种单片集成电路在大规模生产时的良率，毕竟在当时晶体管的制作良率依然在 10%之下。而且集成电路中的电阻与电容在性能上无法与传统工艺相媲美。

还有一派反对者不肯接受集成电路的理由令人啼笑皆非，他们居然不能容忍"优雅的晶体管"与"粗俗的电阻电容"共存于同一片半导体晶体之上。

这些质疑与反对最终伴随着集成电路的发展而烟消云散。集成电路最终取代晶体管出现在电子产品中，使得大型机、PC、智能手机等一切电子产品的出现成为可能。

2000 年，77 岁的基尔比因为发明集成电路获得诺贝尔物理学奖。评审委员会认为"他为现代信息技术奠定了基础"。而在颁奖时,这位被产业界称为"温和的巨人"的基尔比,想到的却是"如果诺伊斯依然在世,应该与他共享这一奖项"。

2.6 "八叛逆"与平面工艺

罗伯特·诺伊斯与基尔比一道被誉为集成电路之父。1957 年,作为"八叛逆"之首的诺伊斯离开肖克利半导体实验室,创建了仙童半导体。这是"八叛逆"的新生,也是一段非常艰难的旅程。

为数不多的几个年轻人除了才华,只有梦想。才华与梦想恰能改变整个世界。"诺伊斯"们清楚仙童的首要任务不是关起门来搞研发而是先活下来,需要尽快做出产品,并将其推向市场。他们的产品不仅要比大公司推出得更早,而且需要更低的成本。

仙童的运气不错。20 世纪 60 年代,在美国出现了两次"风险资本"高潮,第一次发生在 1961~1962 年,第二次发生于 1968~1969 年。年轻的仙童在第一次投资高潮中茁壮成长。

1957 年 10 月 4 日,苏联将第一颗人造卫星送入太空近地轨道。此后美国做出了一系列回应,包括制订了对未来影响深远的阿波罗计划。20 世纪 60 年代,硅谷的半导体产业因为美国与苏联的军备竞赛和宇航产业对晶体管的庞大需求,迅速发展起来。

此时,晶体管制作方法已不是巴丁与布拉顿发明点接触式晶体管那个连剪刀都要上阵的时代。经过十余年的积累,制作半导体的主要设备与材料,已经基本准备就绪,共同迎接半导体制作的一个最为关键的拼图——光刻。

光刻技术最早源自于印刷术。早在中国的唐代,古人便可以熟练地使用水墨,将雕版上的佛经图案拓印在纸张上。这种雕版也是印刷术的雏形。

1852 年,英国科学家 Henry Talbot 发现用重铬酸钾处理过的明胶,在光照之后将硬化。不久之后法国科学家 Alphonse Poitevin 在此基础上,发明"珂罗版"平版印刷,也标志着照相制版技术的诞生[46]。珂罗版以玻璃为基板,并在其上涂敷明胶,之后通过光线将胶卷底片上的图案转移到明胶。明胶被光照射后，其硬化部分产生的皱褶将吸收油墨，未硬化部分润湿后可排斥油墨，之后进行印刷操作。

在此后百年的时光飞逝中，印刷业的照相制版技术进展迅猛，半导体光刻技术在此基础上应际而生。半导体光刻技术从诞生之日起至今，其实现的关键之处与珂罗版一致，即"将图案转移到明胶"的过程。半导体产业中使用的光罩等效于照相制版技术的胶卷底片，而光刻胶的作用与明胶相当。

光刻胶与光罩配合可以实现半导体光刻，光线照射在光罩之后，将穿过其透明部分，并在光刻胶上成像。光刻胶被光线照射后将发生变化很容易被去除，从而将光罩中的图案转移到光刻胶之上。

在半导体制作中，光罩图案转移到光刻胶之后，需要使用强酸进行刻蚀，照相制版技术使用的明胶容易被强酸溶解，因此无法用于半导体制作，直到 1952 年，伊士曼柯达发明聚乙烯醇肉桂酸酯光刻胶。

这种光刻胶是一种负胶，被紫外光照射后将聚合。与此相对，光照之后易于溶解的光刻胶被称为正胶。聚乙烯醇肉桂酸酯不溶于多数强酸，光敏特性优良，分辨率高，在早期半导体制作中获得广泛应用，但其最大缺点是在硅晶片上的附着力不足。

1957 年，伊士曼柯达发明环化橡胶系光刻胶，解决了附着力不足这一问题，并使用自己的名字，将其命名为 KTFR（Kodak Thin Film Resist）。这种光刻胶还具有耐强酸能力，对光敏感，易于被有机溶剂溶解，为光刻技术的出现立下了汗马功劳。

早在 1955 年，贝尔实验室的 Jules Andrews 与 Walter Bond 基于光刻胶，使用照相制版技术，制作印制电路板（Printed Circuit Board，PCB），并将这种技术引入晶体管与集成电路的制作，逐步发展成为半导体光刻技术。

光刻技术原本是材料加工的辅助设备，与墨斗在制作家具中的作用相当。这个原本用于打线测量的工具，因为半导体产业对制作精度的无限需求，逐步成为核心。

半导体芯片的制作，大可与规划城市相提，小可与打造家具并论。对于搭建城市与打造家具的泥水工与木匠而言，这些"大小"之间具有共性，均依照设计图纸处理并加工材料，并将其聚沙成塔后完整呈现。半导体的制作亦是如此，以硅为主材料，反复经由材料处理、材料加工等步骤之后，逐级实现。

20 世纪 50 年代末，半导体主材料硅的提纯出现了直拉与区熔两种方法；基于强酸的刻蚀方法已逐步成型；用于材料掺杂的扩散技术开始大规模应用；半导体光刻技术也初现雏形。

在这些设备与材料的基础之上，现代半导体制作的标准流程已呼之欲出，这一步留给了幸运的仙童们。第一个站出来的仙童，是肖克利最欣赏的金·赫尔尼。"八叛逆"从肖克利实验室中吸取了足够多的教训，他们不再将精力投入只有研发价值而无法商业化的产品中，而是直接复制贝尔实验室已经验证过的产品，如台型晶体管。

在制作台型晶体管时，仙童继承了肖克利实验室中最先进的半导体制造理念，并做出了有效调整，他们放弃了肖克利使用的基于石蜡的模具，而采用光刻技术进行半导体制作。这个改变使得仙童制作的台型晶体管在技术层面领先所有竞争对手。

台型晶体管分 NPN 与 PNP 两种类型。统管研发团队的摩尔聚焦于 NPN 项目，而赫尔尼负责开发 PNP 型晶体管。在这一次竞争中，摩尔率先完成任务，推出 NPN 型晶体管，并将其作为仙童的第一款晶体管产品。

借助于台型晶体管，1957 年 9 月 18 日成立的仙童公司，在 1958 年 8 月便取得了 65000 美元的销售收入。不久之后，他们收到了波音公司百万美元级别的订单，仙童站稳了脚跟，之后一发不可收拾。

台型晶体管的成功使摩尔更加习惯地将赫尔尼称为"我们那位科学家"，而不是他的名字。摩尔的这种态度，为赫尔尼即将的离开埋下了种子。摩尔在 NPN 台型晶体管的胜利，无法让赫尔尼心服口服，因为 NPN 晶体管的制作难度低于 PNP 晶体管。

在仙童时代，摩尔只赢了赫尔尼这一次。此后的仙童是赫尔尼的舞台。赫尔尼的个性与肖克利有七分相似，自负、骄傲和永不放弃。他不仅在半导体物理理论上排在"八叛逆"之首，而且还有着最强的实验能力，他是肖克利与布拉顿的合体。与摩尔的初战失利，激发了赫尔尼的斗志，愤怒与不满是对他最好的激励。

1957 年底，赫尔尼萌生了一个绝妙的想法[47]，他想尽快将其付诸实现。从 1958 年 4 月开始，他只为自己的这个想法而战，在第二年 1 月 14 日，他将这个想法整理成型，寄给了仙童的律师，准备申请专利[47]。作为研发部门的负责人摩尔，非但没有支持而且反对赫尔尼的这个想法。整个仙童也没有谁支持赫尔尼，他只能独自奋战，每天加班到很晚，利用空余时间将他的想法转变为现实。

1959 年 3 月的第一周，当赫尔尼宣告成果时，所有人都哑口无言，虽然此时还没有太多的人意识到，他发明的这种晶体管制作方法，在未来改变了整个半导体制作的格局[48]。这一次，他居然发明了晶体管的平面制作工艺（Planar Process）。这种工艺有别于之前流行的台式工艺，使半导体制作工艺迈上了一个新的台阶。

1959 年 5 月，仙童为这种制作工艺提交专利申请[49]。这种设计思路为诺伊斯提出平面集成电路铺平了道路。这种晶体管的平面制作工艺，是今天微电子专业本科生的一门实验课程，其实现原理并不复杂，在当时却需要顶级的工程人员才能实现。

在半导体制程逐步超越 7nm 的今天，半导体设备和材料与赫尔尼时代不可同日而语，但是基本制作思想没有发生重大改变，依然是赫尔尼发明的平面制作工艺。

采用平面制作工艺时，半导体工厂将晶体管的制作分解为不同平面进行，从硅晶圆衬底开始直到加工完毕传递给封测厂，其中的每一个完整制作环节均保持在一个平面上。

平面制作工艺围绕光刻展开，其制作被分解为多层子平面展开。子平面的制作使用不同光罩，每处理完当前平面之后，将更换光罩并曝光下一层图案。其中，每层图案必须和上一层已完成的图案精准套叠在一起，也被称为套刻；保存每层图案的光罩集合被称为一套掩模版。

下文以 NPN 型硅晶体管为例，简要说明平面制作工艺的主要过程。此处描述没有采用赫尔尼时代的方式，但大体原理类似。NPN 型晶体管由集电极、基极与发射极所对应的 3 个区域组成。这 3 个区域分别为 N 型、P 型与 N 型，简称为集电区、基区与发射区，组成一个三明治夹层结构。

采用平面制作工艺，从硅晶圆衬底开始，逐个平面制作集电区、基区，最后制作发射区，在 3 个区域制作完毕之后，制作集电极、基极与发射极 3 个引脚，最后进行封装测试，完成 NPN 型晶体管的制作。整个制作过程由多个环节构成，其中无论制作 3 个区域，还是制作引脚，每一个完整环节都是在一个平面之上完成。

1．集电区的制作

集电区的制作较为简单，如图 2-22 所示。

图 2-22　集电区制作示意图

- 准备 N+型硅衬底，之后外延生长一层 N-型硅层，这个 N-型硅层即为**集电区**。N+与 N-都是在本征半导体中掺杂 N 型材料获得，区别在于 N+的掺杂浓度大于 N-。
- 在 N-外延层之上沉积二氧化硅。这层二氧化硅有两大作用：屏蔽杂质与绝缘保护。

在这个准备工作完成之后，即可开始最为重要的光刻环节。

2．基区光刻胶成型

集电区制作完毕后，开始制作基区。基区制作的第一步为光刻胶成型，如图 2-23 所示。

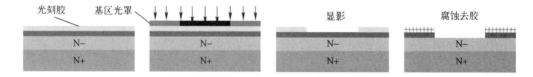

图 2-23　基区光刻胶成型示意图

- **光刻胶涂敷**。在二氧化硅上涂敷一层光刻胶。
- **曝光**。在光刻胶上放置基区光罩，之后与硅晶圆**对准**后，使光线穿透光罩的透明区域，即图中黑色区域，抵达光刻胶，进行曝光。

在赫尔尼时代，光罩与衬底大小相同，而且密切接触，这种光刻技术也是半导体制作最先开始使用的"接触式"光刻。曝光完毕后移出光罩。

- **显影**。将被曝光的光刻胶溶解于有机溶剂，并清洗。显影结束后，光刻胶成型告一段落，基区光罩图案完全转移到光刻胶。
- **腐蚀**与去胶。使用氢氟酸进行腐蚀操作，显影后剩余的光刻胶将作为阻挡层，保护其下的二氧化硅不被腐蚀。之后去除光刻胶，将基区所在硅晶圆完全暴露。这种使用酸性溶剂进行的腐蚀操作，也被称为湿法刻蚀。

二氧化硅不溶于强酸，却溶于氢氟酸。在所有的酸中，氢氟酸最为神奇，这种酸不是强酸，但偏偏能够溶解几乎所有强酸都不能溶解的二氧化硅。

3．基区制作

基区是在集电区之上，通过 P 型掺杂实现的，如图 2-24 所示。

- 进行扩散与预沉积操作，将 13 族元素硼沉积在 N−层之上。硼在二氧化硅中的扩散速度远低于硅，因此二氧化硅可以作为阻挡层，阻止硼扩散到其下的硅中。

图 2-24　基区制作示意图

- 扩散后的再分布操作，将硼元素向 N−层深处扩散，并形成基区（P 区）。这个操作在有氧环境下进行，因此该操作完成后，其上将自动形成一层二氧化硅。

4．发射区制作

发射区与基区的制作过程几乎一致，依然是围绕光刻进行，之后进行掺杂操作，如图 2-25 所示。

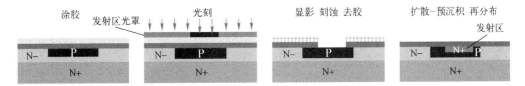

图 2-25　发射区制作示意图

- 发射区的制作同样需要使用涂胶、曝光、显影几个环节进行光刻胶成型，与制作基区的主要区别是使用发射区的光罩。显影后依然是氢氟酸刻蚀与去胶。
- 最后使用 15 族元素磷进行扩散操作，并得到灰色的发射区（N+）。

5．引脚制作

本制作环节的作用是在基区、发射区与集电区之上打孔，并为制作引脚做准备，制作引脚孔与制作发射区的制作过程几乎一致，如图 2-26 和图 2-27 所示。

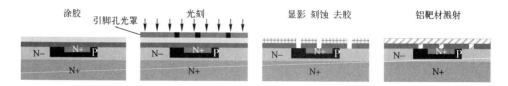

图 2-26　引脚制作示意图 1

- 通过涂胶、光刻、显影，并使用引脚孔光罩进行光刻胶成型，以获得引脚孔的图案与位置。
- 进行显影、腐蚀与去胶。
- 最后一步是使用靶材溅射的方法沉积铝金属，将铝沉积在引脚孔和二氧化硅层。

这些操作准备就绪后，开始正式制作引脚。

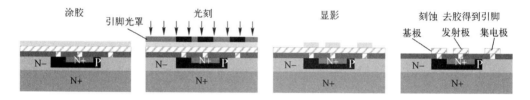

图 2-27　引脚制作示意图 2

- 通过涂胶、光刻、显影，并使用引脚光罩进行光刻胶成型。此时的光刻胶与之前使用的不同，常使用反胶。
- 腐蚀去胶后得到最后的引脚，基极、发射极与集电极。

以上就是半导体工厂使用平面工艺制作 NPN 型晶体管的主要过程，之后这些加工过的晶圆将被移交至封装测试厂，制作出最终的产品。

赫尔尼发明的这个平面制作工艺，改变了其后半导体制作工艺的演进路线。摩尔或者说整个仙童，在这一次完败给了赫尔尼，而且输得体无完肤。在那个时代，怕是全天下人都会输给这个赫尔尼。

在赫尔尼之后，半导体制作工艺多是基于平面工艺的微创新。随着这些微创新的逐步积累，半导体的制作工艺发展到今日已翻天覆地。

1959 年 7 月 30 日，诺伊斯在平面工艺的基础上，提出了一种不同于基尔比的集成电路制作思路，并申请了一个重要专利"半导体与互连结构"[51]，后世将这一天命名为平面集成电路的发明之日。

有时候，人们习惯性地把某一段历史凝缩为一个瞬间，并把这一瞬间的关键人物定格放大，将所有荣誉归其一身，这就是英雄的诞生。

1959 年 10 月，在赫尔尼发明的平面工艺逐步完善、良率逐步稳定之后，诺伊斯宣布，未来仙童的所有晶体管制造都使用平面工艺，他给这种工艺取了一个非常有力量的宣传口号："像印刷邮票一样生产集成电路"。

不久之后，"八叛逆"中的 Jay Last，也是赫尔尼的好朋友，带领 10 多个工程师，经过艰苦卓绝的努力，基于平面工艺，制作了由 4 个晶体管组成的"双稳态 RS 触发器"。这也是仙童的第一个集成电路，如图 2-28 所示。

在这个集成电路开发过程中，Jay Last 与诺伊斯设计了一种被称为"Step-and-Repeat"的照相机辅助光刻，使用这种相机可以重复相同的步骤，在一个晶圆上制作出完全一样的晶体管[52]。在当时，这是一个了不起的创新。

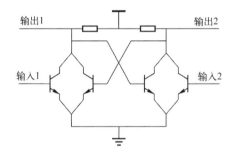

图 2-28　仙童的第一个集成电路

至此，集成电路的制作进入新的篇章。在其后的演进中，由诺伊斯主导的集成电路制作方法在平面工艺的帮助下取得完胜，成为今天制作集成电路的标准方法。诺伊斯也因此与发明了第一个集成电路的基尔比，一道被后人称为集成电路之父。

集成电路诞生的历史大体如此。基尔比发明的集成电路站在了台型晶体管的基础之上，而没有赫尔尼的平面晶体管，哪里有诺伊斯的平面集成电路。

一项伟大的发明通常在初期饱经磨难，因为这些创新通常与绝大多数人的直觉相悖。电磁学与量子力学的发展历程如此，肖克利的结型晶体管如此，赫尔尼的平面晶体管也是如此。给予这些发明一个宽容的环境，是何其之难。

1961 年 1 月，赫尔尼事了拂衣去，别人帮他深藏了身与名。同赫尔尼一同离去的还有"八叛逆"中的 Jay Last 和罗伯茨，他们一道成立了 Amelco 公司，后来赫尔尼又单独创建了 Intersil 公司。

1968 年，Victor Grinich 也离开仙童，先后加入加州大学伯克利分校与斯坦福大学教书育人。同年，诺伊斯与摩尔离开了仙童。此时，二人已名满天下，他们没有花费太大精力，便获得了足够的投资，他们一道成立的公司叫作 Intel。在 Intel 工作期间，摩尔还提出了一个以自己名字命名的，对后世影响深远的摩尔定律，即今天众所周知的"集成电路上可容纳的晶体管数目每 18 个月翻一番"。

Eugene Kleiner 转行做了风险投资，并与 Tom Perkins 成立了大名鼎鼎的创投 Kleiner Perkins，即凯鹏华盈（Kleiner Perkins Caufield & Byers，KPCB）的前身，他还投资了诺伊斯和摩尔成立的在未来非常有名的 Intel。

1969 年，"八叛逆"的 Julius Blank 最后一个离开仙童，他成立了一家名为 Xicor 的公司，这个公司最后被 Intersil 收购。

此后，以制作晶体管为核心的半导体生产，逐步切换为以集成电路为核心的晶圆制作。起源于通信的半导体产业，随着制作工艺的逐步成熟，从其内部开始进行了剧烈的繁殖，在这种自身能够推进自身发展的过程中，半导体产业在已有的通信产业之外，派生出两大新的应用领域，一个是计算，另外一个是存储。

在当时绝大多数的欧美半导体公司都是从存储产业起步，包括年轻的 Intel。也正是在此时，这些欧美公司遭遇了严峻的挑战。

2.7　强大的近邻

半导体存储产业兴起于美国。晶体管诞生之后，迅速出现了静态随机存储器（Static Random Access Memory，SRAM）。1966 年，IBM 的 Robert Dennard 发明动态随机存储器（Dynamic Random Access Memory，DRAM）[53]。

DRAM 的出现是半导体存储世界的重大里程碑，与使用 6～8 个晶体管才能搭建一个 SRAM 单元相比，DRAM 单元仅需使用一个晶体管。DRAM 与 SRAM 基本单元的比较如图 2-29 所示。

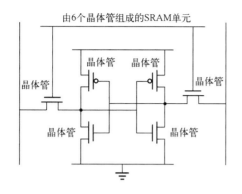
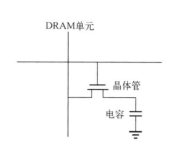

图 2-29　SRAM 与 DRAM 基本单元的组成

在 DRAM 发明之后的相当长一段时间里，半导体存储行业几乎等同于 DRAM 行业。在美国，DRAM 行业发展的动力来自于 IBM 的推动。IBM 从贝尔实验室获得晶体管相关专利之后，强势进军半导体产业。

IBM 的加入为这个行业带来了巨大压力，也提供了更多的机会。1964 年，IBM 推出 System/360 处理器系统，开创了大型机时代，将电子信息领域推向第一个高潮。大型机对半导体器件的需求，极大推动了 DRAM 行业在内的半导体全行业的飞速发展。

DRAM 诞生不久后，开始大规模普及。Intel 抓住了这次机会。1970 年，成立两年后的 Intel 推出容量为 1KB 的 DRAM，将成本控制在每字节 1 美分之内，在大型机中逐步取代磁存储器。从那时起直到今天，存储行业始终是半导体产业的最大分支。

不久之后，美国几家半导体公司，包括德州仪器与 Mostek 等公司，强势进军这一领域。欧洲的两大国有企业，意大利的 SGS 和法国的 Thomson 也是 DRAM 行业的重要参与者。1987 年，这两个公司合并为意法半导体。德国的西门子半导体事业部，就是今天的英飞凌，也曾经是 DRAM 产业的巨头。

在 DRAM 行业处于 1KB 时代时，Intel 处于霸主地位。在 4KB 和 16KB 时代，德州仪器和 Mostek 公司成为最大的供应商。在 DRAM 产业的驱动下，美国的风险资本持续涌入硅谷，在制造泡沫的同时，加剧了半导体产业的竞争。

为此，美国政府在 1969 年，颁布了税收改革法，将资本增值税从 25%逐步提高到 49%。此时的半导体产业与 20 年前相比有了质的进步，却依然处于早期的阶段。

美国新政为硅谷的进一步繁荣制造了障碍，资本市场随之萧条。

在一个行业兴起的初期，泡沫的产生是必不可少的环节。中小公司会在这种泡沫之中茁壮成长，并有机会与大型公司展开竞争。通常说来，一个伟大行业的兴起，需要历经一次泡沫的洗礼。美国的自毁长城给其他国家带来了机会。

以追求更高利润为立足点的美国企业，将利润不高的封测厂、低端半导体厂转移到人力成本更低的国家与地区，与此相关的材料工厂也逐步转移到海外。从欧洲至日本，到整个东南亚，遍布着美国半导体企业的各类工厂。这些工厂为本土带来更多利润的同时，挑战着美国的半导体产业。

1978 年，美国政府在世界经济竞争的压力下，重新制定了有利于本土工业发展的税收改革法，决定将公司资本收益的税率从 49%压低到 28%。风险资本重新起步，但是对于美国的集成电路产业而言，已经太迟了。

欧洲、日本、包括后来的韩国等逐步兴起。不久之后，日本为美国半导体产业制造了巨大的麻烦。日本的半导体产业从 20 世纪 60 年代开始起步，至八九十年代，以 DRAM 存储产品为核心，曾经占据了全球半导体行业的半壁江山。

日本并不是一个小国，由本土四岛与周边 7000 多个小岛屿组成，面积小于法国，大于德国与英国，只是因为这个国家距离中俄太近，使其领土显得狭小。日本人口众多，今天还有 1.27 亿人，人口数量排在世界第 11 位（截至 2020 年 10 月 1 日）。

二战重创日本。这个国家的多个城市受到致命打击，无数厂房与机器被摧毁，青壮年人口损失惨重，美军还在广岛和长崎投下两颗原子弹。战后，这个国家百废待兴，拥有着强烈的意愿重建家园。

日本在战前积累的技术与管理层面的无形资产，依然完好无损，但是这个国家的起步依然非常艰难。因为在二战中犯下的罪行，整个世界都在极力遏制日本再次工业化，防止日本再次发动战争。

二战之后，盟军占领日本，麦克阿瑟要求东芝、日立这些公司大量生产收音机，保证每一个日本家庭都能够听到盟军的广播，试图从精神层面控制日本。在当时，日本公司制作的收音机，仅有 10%的良率。为此麦克阿瑟设置了一个为期八天的质量管理课程，让当时著名的戴明博士传授日本人，如何才能制作出合格的产品。

战胜国的权威，使得所有日本企业家俯首帖耳，日本顶级企业的总经理全部参加了这次培训。这些即将在未来重新塑造日本的企业家，在上课的时候一定不会想到，这位戴明去美国的汽车巨头福特解决质量问题，将是 30 年之后的故事了。

戴明的一个关键的质量理念，是在产品生产过程中尽量避免瑕疵，而非在产品完成时发现问题，这与今日的质量管理体系较为一致，在当时却没有得到美国本土厂商的认可。这个理念却在日本受到热捧。

1950 年，戴明关于质量管理的培训稿在日本出版，并成为畅销书籍。1951 年，日本使用销售这本书籍所获得的资金建立了戴明奖。直到今天，戴明奖仍是质量管理领域的最高荣誉之一。

日本人从戴明手中获得了制作产品的理念，也将质量优先于技术的生产哲学，生根发芽。麦克阿瑟的无心插柳，给予了日本进军电子信息产业的可能，另外一件发生在日本周边的大事件则给予了这个国家千载难逢的机遇。

二战之后，同盟国迅速瓦解，美苏冷战的序幕徐徐揭开，冷战引发了局部的热战。1950 年 6 月 25 日，朝鲜战争爆发。从此时起，美国的对日政策发生了巨大转变，开始全力支持日本的发展。美国视日本为一艘永不沉没的航空母舰，将其作为重要的工业产品供应地，服务于军事目的。

这一政策改变了日本经济复苏的轨迹。在那个政治与军事的大碰撞年代，来自美军的战争订单，极大促进了日本经济的增长，制造业在日本全面复苏。在朝鲜战争结束不到 5 年的时间，美国的多个产业受到了这个国家的直面挑战。

日本人口众多，自然资源却极度匮乏。日本从这个国情出发，制定了一系列产业政策，最终使其成为世界工厂。日本为了禁止其他国家加工品的输入，大幅提高了关税；以世界市场为目标，全方位建设工业能力；鼓励政府与私人进行工业相关的投资，并由政府主导"见效慢，需求资金巨大"的高技术工业投资[54]。

在这一系列政策的支持下，日本制造输出全球。1955 年，日本从收音机开始，借助物美价廉的产品横扫北美。1961 年开始生产的电视机，很快便走出国门，风靡全球。不久之后，日本厂商将黑白电视机升级到彩色电视机，并制作出性价比最优的磁带录像机。在那个年代，日本制造的民用电子设备，遍布整个世界。

收音机、电视机与磁带录像机的迅猛发展，将日本电子信息产业推向第一个高峰。至 20 世纪 70 年代，日本在消费类电子领域一骑绝尘，这个国家不甘心停留在产业链的下游，很快向上游的半导体产业发起冲击。

1955 年，索尼公司创始人盛田昭夫和井深大，从贝尔实验室获得了制作晶体管的专利许可之后，开始制造半导体收音机，日本的半导体产业由此起步，迅猛发展。

在日本迅猛发展的 20 世纪 50～70 年代，美国深陷越战泥潭，无暇顾及日本。至 60 年代末期，美国逐步从越南撤军，揭开了美日贸易战的帷幕。这场贸易战从纺织品、钢铁、家电产业开始，至 80 年代，美国将主战场转移到了半导体与集成电路产业，却发现日本半导体产业已非"吴下阿蒙"。

在日本半导体的发展初期，美国处于绝对的领先地位。日本，作为一个后来者通过引进、跟随并选择前人走过的道路，具备了一定的后发优势。从全局观之，后发者的位置不可能好于先行者。如果存在后发优势，弯道超车，大家都不发展一起比谁落后不是更加舒服一些。后发者能够挑战前发者优势地位的大前提是，有一群不甘心落后的人，愿意拼命来改变落后的现状。

二战之后的日本人具备了这种素质。他们不贪心，不像美国厂商那样追逐高额的利润，能够存活下来他们就已经心满意足。他们很谨慎，在没有确保度过生存危机之前，选择韬光养晦。在半导体产业发展初期，日本采用的战术简单实用，专门从美国淘汰的技术中捡漏，这种战术即为"长尾收割"。

在当时，日本没有足够的研发能力引导半导体产业的时代潮流，采用长尾收割这种做法，更加务实，也避免了日本半导体产业与美国直接竞争，美国半导体产业在不知不觉中被切断了后路。

在半导体产业中，有两种产品最容易获取利润。一种是风口浪尖的高技术产品，这种产品的盈利之道非常简单，制作出他人无法抄袭的垄断产品。这个简单的盈利之道，需要强大的科技支撑。

另一种是处于产业中后期，却依然具有超长生命周期的长尾产品。这类产品证明过自身价值，不存在试错风险，也不需要投入大量研发资源，竞争格局已然确定，既有厂商生活在不求有功但求无过的惯性中，对后入者的警惕性不高。日本厂商耐心收割着各种长尾，在韬光养晦中坚实向前。

收割长尾的过程貌似简单，却需要背后各个层面的纵深做支撑。此时的日本恢复了重工业与轻工业，逐步掌握了下游电子产品的话语权，需要做的只是将来自美国的产品做进口替代，并不需要冒着风险寻找新的应用场景。国家在背后提供了有力的产业政策与资金，可以保证这些企业的基本生存。

日本企业在进军半导体的路途中，将"收割长尾"这个有效手段发挥得淋漓尽致。

当锗晶体管不耐高温的弱点被充分暴露，美国半导体企业准备将其淘汰切换到硅晶体管时，日本生产了大批用于收音机的锗晶体管。尽管锗晶体管有不耐高温的弱点，但是依然适用于许多应用场景，而且锗的熔点相对较低，利于提纯，在当时相比硅晶体管这个新鲜事物，具有价格优势。

当美国半导体产业准备逐步放弃硅晶体管，而全力发展集成电路时，日本开始发力于硅晶体管产业，等待前卫的美国企业主动放弃这块领地。

这些貌似即将被淘汰的产品，有着彗星一般的长尾，足够支撑当时依然弱小的日本半导体企业能够很好地活下去。此时，日本在安然收割半导体产业的长尾时，美国正忙于应对苏联在军事与航天领域的挑战。

在当时，美国半导体企业的主要客户是军事与航天领域。1962 年，美国国防部几乎购买了本土半导体产业的全部集成电路；1965 年，国防采购依然占半导体总产值的 72%；1968 年，下降到 37%后，虽然逐步减少，却没有引发美国企业的警惕，他们依然陶醉于辉煌的过去之中。

在此期间，日本的半导体产业持续取得进步，在晶体管制作领域，逐步超越了美国，在电子产品领域，继续横扫千军。这段美好的时光没有维系过久。一个偶然的事件，使日本半导体产业界意识到集成电路的重要性。日本无法继续韬光养晦，只能选择背水一战，直面美国。

1967 年，德州仪器的基尔比，也是那位制作出第一个集成电路的工程师，发明了手持式计算器[55]，这个产品在全球范围内迅速普及。日本企业不会放过这种电子产品中的商机，不久之后，日本企业仿制的计算器青出于蓝而胜于蓝，不仅率先形成了生产能力，而且在质量与价格两个方面，同时超过了美国的同类厂商。

美国厂商在总结失败教训时发现，日本厂商只是购买了美国生产的集成电路芯片，进行了更为精巧的设计与组装，更加重视细节罢了。他们认为，日本人除了比他们工作得更加拼命之外，没有神奇之处，于是祭出尚方宝剑。他们没有选择与日本人比拼谁更加勤奋，而是停止为日本厂商提供芯片。日本厂商面临灭顶之灾。

日本始终明白与美国正面冲突意味着什么，也只能做出一个不得已的选择，进军集成电路产业。此时摩尔定律成立在即，集成电路日新月异，落后几个月便有目测可辨的差距。蹒跚学步的日本集成电路产业必须迎接这个挑战。

1962 年，NEC（日本电气公司）从仙童半导体手中获得平面制作工艺的专利授权，并在两年后开始生产集成电路，此后日本许多公司纷纷效仿。他们采用的策略依然是收割长尾，从集成电路的最低端处入手。国家为这些企业提供了一张保护伞，实行了非常严格的集成电路保护政策，几乎不允许进口自己能够生产的芯片。

这个举动激怒了大洋彼岸的美国厂商。在晶体管战场上惨败于日本的经历，使得美国无法忽视这个对手。德州仪器率先出手，要求在日本设立独资子公司，否则不向日本授权他们手中的"基尔比专利"。

当时，集成电路领域有两个无法绕开的核心专利，一个是日本已经从仙童获得的"平面制作工艺"专利，另一个就是德州仪器的"基尔比专利"。根据当时的规定，一个企业如果没有同时获得这两项专利授权，所生产的集成电路无法对外销售。

在这种不利局面之下，日本政府在仙童与德州仪器之间左右逢源，成功利用了这两个美国公司的矛盾，使日本半导体企业在夹缝中，顽强地活到了 20 世纪 70 年代。正是从这个时间开始，日本在集成电路领域突飞猛进，直接威胁到美国的霸主地位。

在集成电路的发展过程中，日本选择了一条正确的方向，率先进军存储领域。DRAM 在大型机产业取得成功后，伴随着半导体计算领域的逐步推进，应用场景被无限打开，DRAM 产品遍及每一个电子设备，成为电子信息产业的血液。

半导体存储芯片是一个标准产品，主要包括 DRAM 与 Flash。这两类产品的电气特征、操作方式、测试方法、生产支持、产品质量、可靠性，甚至机械外形都有标准的定义。

这种标准产品具有大宗商品属性，类似于工业中的铜与铝，在其周边很难形成强大的生态。这种貌似谁都可做的产品，比的是参与者的技术、商业与制造等多方面能力，比的是参与者"金刚而不可夺其志"的韧度，比的是这个厂商背后所属国家的综合实力。

20 世纪 70 年代，美国半导体企业是 DRAM 产业的绝对霸主。Intel 成立后的第一桶金就是来自 DRAM，这个公司率先研制成功了 1000bit 大小的 DRAM 芯片。Intel 之后，是德州仪器的几个工程师离职后成立的 Mostek 公司。在 70 年代中后期，这个公司在 DRAM 领域击败了 Intel，一骑绝尘。

在美国的半导体存储领域，还有一个重量级的美光科技。这个公司由 Mostek 公司离职的几个员工在 1978 年创建。直到今日，美光科技依然活跃在半导体存储舞台，也是目前整个欧美，在 DRAM 领域硕果仅存的企业。

日本厂商切入的半导体存储领域，属于被动增长行业，跟随来自计算或者通信领域的需求而增长。1964 年，IBM 推出 System/360 系统，计算领域进入大型机时代；1965 年，美国的西方电气制作出第一台商用程控交换机，通信领域全面进入电子时代。

程控交换机与大型机属于高端产品，造价不菲而且生命周期较长，需要价格合理而且能够稳定运行 10 年以上的 DRAM 芯片。日本厂商的运气好得惊人，这些需求正是戴明为日本企业植入的"质量优先于技术"的用武之地。

在当时，DRAM 行业的技术门槛并不算是很高，即便放到今日，这个行业的技术门槛依然不算是不可逾越。但是存储领域更加关注产品长期的稳定性，以及持续不断进行微创新的能力。这些微创新的集合，最终构建了存储企业的立身之本。这是一个与时间做朋友的行业，也是一个极度比拼韧性的行业。

伴随着日本的 NEC、东芝、日立、三菱与富士通这五大厂商的介入，半导体存储行业腥风血雨。工匠精神使日本 DRAM 芯片的可靠性远胜于美国的同类产品，而比拼价格从来就不是美国企业的优势。无论是价格还是质量，Mostek 与 Intel 都无法与日本企业竞争。美国开始质疑日本，认为"便宜没好货"，后来却不得不全面认输。

在 1983 年，PC 时代来临，引发了北美游戏机市场的崩盘。在当时，DRAM 的一个重要应用领域就是游戏机，这使得 DRAM 需求量大减，行业利润跌至冰点。这本是 DRAM 市场出现的一次结构变迁的大机会，而绝大多数厂商看到的却是恐惧。

在这种恐惧的阴影下，欧美厂商忽略了与即将到来的 PC 时代相比，游戏机市场对 DRAM 的需求仅是沧海一粟，以最快的速度抛弃了 DRAM 产业。1985 年，美国昔日的存储行业霸主 Mostek 公司被迫廉价出售给法国的 Thomson，后来随着 Thomson 和 SGS 的合并，成为意法半导体的资产。

Mostek 败退之后，美国存储厂商集体坍塌，Intel、德州仪器、摩托罗拉相继退出 DRAM 行业。

美国这些标志性企业在存储领域的败北，引发了一系列连锁反应。一时间美国半导体产业溃不成军，并将失败的恐惧逐步扩展到欧洲。欧美与日本在质量、成本与效率三方面的较量中，毫无悬念地败下阵来。美国最后仅留下一个 DRAM 厂商美光科技，在远离尘嚣的山沟之中勉力生存。

从 1985 年开始，日本半导体借助存储产业的垄断地位，占据了半导体产业的半壁江山。NEC 在此后很长的一段时间里，保持着半导体厂商排名第一的位置，东芝、日立、富士通与松下始终在排名前十的名单中；至 1995 年，半导体产业排名前 10 的厂商，日本依然占据 3 席。

日本企业在半导体存储领域大获全胜的同时，在半导体各条产业链取得全面突破。在半导体产业中，设备与材料处于上游，半导体设计领域处于下游，半导体工厂使用上游厂商提供的设备与材料，根据下游厂商的需求，制作出一颗颗芯片。

其中，设备与材料的研制技术壁垒高，试错机会匮乏，试错时间较长，而且多数半导体设备与材料提供商并不具备完整的生产环境。新产品的研发与试错，通常需要拥有全套设备的半导体工厂，协调其他材料与设备共同参与，历经漫长岁月，水乳交融，方能打磨成型。

半导体工厂选用新设备与材料时，不仅关注技术，而且考虑与以往设备和材料厂商在漫长岁月的并肩作战中，所建立的友情与信任。这增加了新的半导体材料与设备的导入难度，使得日本半导体设备与材料的起步异常艰难，也使得日本有机会向世人展现这个"菊与刀"浑然一体的民族的坚忍与执着。

20 世纪 50 年代末期，日本半导体产业刚刚起步，便立志将引进的设备国产化，从合资建厂开始引进技术，从低端的扩散炉与靶材溅射设备开始，直到制作出离子注入与化学气相沉积设备，最后攻克了光刻机。

至 70 年代末期，日本的武田理研排名半导体设备厂商的第十，此前排在前十的都是美国公司。至 90 年代，日本的东京电子、尼康、Advantest、佳能与日立制作所进入了前十的名单，其中 Advantest 是 1985 年由武田理研更名而得。此后直到今天，日本厂商始终在半导体设备领域占据一席之地。

半导体材料是化学的世界，日本厂商在这个领域绝对强势。信越化学和 SUMCO 是最大的两家硅晶圆提供商；在光刻胶领域，日本合成橡胶、东京应化、住友化学处于垄断地位。在几乎所有与半导体材料相关的领域，日本厂商打遍天下无敌手。

至 20 世纪 80 年代，日本半导体产业非但不是"吴下阿蒙"，反而具备全方位挑战美国的能力。美国在丢失存储阵地之后，而 PC 产业尚未兴起的这段时间，面对上游并无短板，制造业无懈可击的日本厂商，无力与日本在半导体领域一较高低。硅谷危矣。

在这个大背景之下，美国被迫将战火引入政治、军事、科技与文化等多个层面，向纵深发展，向比拼国家综合实力的方向发展，日美贸易战进入高潮。

1985 年 9 月 22 日，美、日、英、德、法五国财政部长签署广场协议，美国将贸易战火引入货币领域。这场战争重创了日本，在此后短短两年时间，美元对日元汇率从 240 骤降为 120[56]。日元的升值，遏制了日本半导体厂商的上升势头。

此时，日本半导体厂商在世界范围内仍然占据技术优势，却颓态尽显。1986 年，美国与日本签署针对半导体产业的协议，将美国半导体产品在日本的市场份额强行提升至 20%～30%，并建立价格监督机制，限制日本厂商的廉价销售行为。1989 年，美国继续加码，迫使日本签订《日美半导体保障协定》。

然则日本之地有限，美国之欲无厌，奉之弥繁，侵之愈急。故不战而强弱胜负已判矣。日本半导体产业对美国的一味退让，使其从巅峰滑落。不平等的条约能签第一次，就会有第二次。当美国开始为第三次不平等条约做准备时，却发现日本半导体产业已跌落神坛。

以事后之悟，破临境之谜。打败日本半导体产业的不是美国的政客，不是他们发起的贸易战，不是日本房地产泡沫破裂引发的一系列连锁反应，更不是经济学家在事后总结的所有原因。

在这场没有硝烟的战争中，打败日本的，是今天仍驻扎在他们本土的美国大兵。弱国无外交。一个国家，没有强大的军队，剩下的选择，无非是什么时候输，以什么样的方式输，最后输给谁罢了。

即便我们仅停留在科技层面，日本半导体的衰落也是必然的。

强极则辱，命运很难连续垂青一个民族。纵观史册，很难有一个民族能够保持长盛不衰。日本的半导体产业，依靠大型机与程控交换机这两大应用，在存储器领域独占鳌头，却在接下来的 PC 与智能手机时代中，几乎一无所获。

在 PC 与智能手机时代，半导体产业的主战场围绕计算展开。在计算领域，比拼的不是半导体的制造业，而是能够支撑起这两个时代的生态系统。在这个生态的背后除了半导体硬件之外，还有操作系统和其上的应用软件。

日本没有能力引领这两个时代，但这两个时代的兴起却给予了半导体全产业链更多的机会。此时依然占据半导体产业半壁江山的日本，只要能在这两个时代，获得少数机会，也绝不应该是今天的这副模样。

成也戴明，败也戴明。日本的失败，居然是因为把产品做得太好，以至于把自己做崩溃了。20 世纪 80 年代，日本的 DRAM 芯片，被产业界视为低价倾销的代名词，然而在短短几年之后，居然因为价格太高而无法销售。

PC 兴起后，市场对 DRAM 的质量需求从 10 年降低为 5 年，从 PC 年代开始直到今天，很少有人连续 5 年使用同一台 PC。对于这个产业，日本厂商提供的长寿且高质的 DRAM 过于奢侈了。

始于 PC 时代，日本半导体产业全线溃退，这是因为美国人背后的无形之手在推动，也因为美国半导体产业借助 PC 重新崛起带来的此消彼长。而这一切都不是击溃日本半导体产业的决定性因素，直接打败日本这个产业的不是美国人。

在日本的西北方，一个半导体强国在此时冉冉升起。

2.8　逆风飞扬

半导体存储行业最美好的岁月始于大型机时代，1964 年，IBM 推出 System/360 大型机，打开了半导体存储行业的市场空间。美国厂商凭借先发优势占据了这块阵地，却好景不长，日本存储厂商介入之后，腥风与血雨始终是这个行业的主旋律。

从技术层面上看，这个行业始终沿着摩尔定律的道路前行。从销售数字上看，存储行业每隔 4～5 年会出现一次波浪，其产值始终在波浪之中，从起点到达顶峰，之后从顶峰滑落，回落到一个更高的起点之后，再次螺旋向前。该行业在 1977～1997 年的销售额统计如图 2-30 所示。

半导体存储行业呈波浪前行有其必然性，与半导体工厂的建设周期强相关。长久以来，我们习惯了在产业高峰时筹划工厂的扩建，在产业低谷时减产，以维护供需平衡。依照这一规律增减产能，存储世界原本可以沿着一条较为平滑的曲线稳步推进。

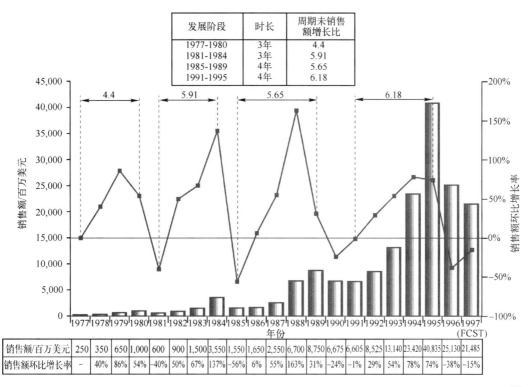

发展阶段	时长	周期末销售额增长比
1977-1980	3年	4.4
1981-1984	3年	5.91
1985-1989	4年	5.65
1991-1995	4年	6.18

销售额/百万美元	250	350	650	1,000	600	900	1,500	3,550	1,550	1,650	2,550	6,700	8,750	6,675	6,605	8,525	13,140	23,420	40,835	25,130	21,485
销售额环比增长率	–	40%	86%	54%	-40%	50%	67%	137%	-56%	6%	55%	163%	31%	-24%	-1%	29%	54%	78%	74%	-38%	-15%

图 2-30   1977～1997 年的 DRAM 产值[57]

从 20 世纪 60 年代开始的大型机时代，在 80 年代中期抵达高潮。通信行业也在此阶段兴起。来自大型机与程控交换机对 DRAM 需求，极大推进了电子信息产业的发展，也引发了 DRAM 行业的两次波峰，这两次波峰分别来自 1979 年和 1984 年。

至 20 世纪 80 年代末期，DRAM 行业约有百亿美金左右的产值。全球有 40 多家专门从事 DRAM 研制的厂商，散布在欧洲、美国与日本。来自大型机与通信领域的需求，为这些厂商提供了足够的养分。

大型机与程控交换机属于 2B 产品，造价不菲，对质量的要求很高，需要能够稳定运行至少 10 年时间。这要求与其配套的集成电路，包括 DRAM 在内，有较长的生命周期。这也是当时的电子产品对集成电路的主流需求。

日本 DRAM 厂商对这个需求的坚守从顽固转为迂腐，当大型机时代切换到 PC 时代，对这个产品生命周期的需求发生变化时，没有做出及时调整。在 20 世纪八九十年代，日本半导体厂商的强势地位，决定了这种调整的困难，来自韩国的半导体厂商把握住了这次机会，DRAM 行业因为这个国家的进入而血流成河。

韩国的起步比日本艰难许多。二战期间，日本人统治下的朝鲜，重工业集中在北方，南方负责农业。朝鲜战争结束之后，韩国一穷二白，几乎没有任何工业基础，拥有的资源只有民众的凝聚力。

20 世纪 50 年代，韩国人识字率不足一半。当时，韩国人从铺设公路、搭建电厂开始修复战争创伤。为了给这个国家换取外汇，青年男女们远赴欧洲，因为教育水平极低，只能从事矿工与医护这些最低端的职业。他们的生活条件异常艰苦，时任总统朴正熙在他乡遇见这些故人时，被感动得痛哭流涕。

从那时起甚至直到今天，韩国就是建立在这些为了国家，不怕牺牲，无所畏惧的韩国人的肩膀之上。万众一心形成的合力，使韩国铸造了举世震惊的汉江奇迹。韩国从 1953 年的一片废墟起步，至 1996 年汉江奇迹步入尾声时，跃居为世界第 11 大经济体。

韩国的半导体产业始于 1965 年，美国的几个半导体公司在这个国家建立了一些最低端的封装工厂。在 60 年代末期，韩国金星社，即 LG 的前身，组装出韩国第一台真空管收音机。这个在当时算不上任何成就的产品，被视为韩国电子信息产业的开端。

1969 年，三星集团成立子公司三星电子。三星集团历史悠久，于 1938 年由李秉喆创建。起初，三星电子聚焦于家电产业，进军半导体产业是因为一个人的坚持。这个人是李秉喆的第三子李健熙。1965 年，李健熙从日本早稻田大学毕业后加入三星集团旗下的子公司，并展现出惊人的才华。

1974 年，李健熙在一片质疑声中，以 50000 美金的个人积蓄，收购了濒临破产的韩国半导体公司（Korea Semiconductor Company）一半的股权，当时这家半导体公司的主业是制作硅晶圆[58]。所有人都不看好这次交易。韩国的财阀更愿意投资他们认为更加安全的重工业，而李健熙以为资源匮乏的韩国，必须发展附加值更高的尖端产品。

此时，三星电子依靠劳动密集型的生产线，从国外进口半导体芯片，组装低端电子产品。李健熙志不止于此，准备整合三星电子与所收购的半导体公司，左手做电子产品，右手做半导体芯片。他很快付诸行动，将这个公司开发的第一款芯片用于电子表的制作。

1981 年，李健熙说服了他的父亲，建立三星半导体研究中心，投资 1300 万美元进一步改造收购的韩国半导体公司，主攻 DRAM 方向。此时的李健熙，做好了在半导体产业孤注一掷的准备，压上了整个三星。

不久，韩国政府制订"超大规模集成电路技术共同开发计划"，以国家电子研究所为主，三星、现代、LG 和大宇共同参与，集中整个韩国的人力、物力与资金，攻关 DRAM 的核心技术，史称源泉计划。

在这个计划中，1～16Mbit 的 DRAM 科研投入约 879 亿韩元，政府负担其中的500 亿韩元；16～64Mbit 的 DRAM 科研投入约 900 亿韩元，政府投入 750 亿韩元。韩国政府孤注一掷，压上了整个国家。

半导体产业是一个吞金行业。在今天建设一个中型半导体工厂需要几十亿美金。一个工厂从开始运营到产品上市之间，还伴随着许多不能用金钱解决的风险。欧美日韩在半导体产业的起步之初，都用全力在其背后狠命地推了一把。

三星进入半导体存储行业时，具备了初创企业应该有的所有劣势，技术人员稚嫩、生产工艺落后、良品率低。李健熙所依靠的只有这个民族的坚忍不拔。

李健熙与勤奋的韩国人，创造的第一个奇迹是建设半导体工厂的速度。在 20 世纪80 年代，搭建一个大型半导体工厂大约需要 18 个月，三星只用了 6 个月时间。三星并无神奇之处，不过是别人一周工作 40 个小时，他们一周轮班工作 168 个小时而已。

几乎在整个 80 年代，与 DRAM 产业相关的三星员工，工作时间就是从星期一到星期"七"。李健熙一刻不曾停息，多次远赴硅谷，尽一切可能获得最新的半导体技术，以及硅谷背后这个强大国家的支持，尽一切可能邀请日本专家赴韩交流技术。

三星的努力得到了回报。1983 年，这家公司已经可以大规模量产 64kbit 的DRAM 产品，并于 1984 年开发出 256kbit 的产品，正式进入 DRAM 领域一线阵容。其后在与日本 DRAM 厂商的较量中，韩国的 DRAM 产业勉强存活了下来。

三星并不幸运，李健熙的半导体之路异常艰辛。在他耗尽最后一丝力气，挤入DRAM 行业时，这个行业却在 1985 年，遭遇了创建以来最严重的一次下滑周期。在美国，包括 Intel 在内的厂商，纷纷被日本厂商赶出了半导体存储行业。此时，李健熙没有退路，三星没有退路，韩国没有退路。此时，他并没有彻底领悟后来屡试不爽的"逆周期大法"，只是做出了一个没有其他选择的选择。

在 DRAM 产业陷入谷底时，李健熙决定迎着巨额亏损，逆周期布局，继续加大DRAM 产业的投入。李健熙并非未卜先知，三星这一次逆周期布局只是歪打正着，赌对了PC 产业链，也使弱小的三星电子站稳了脚跟。

1985 年，三星在研制出 1Mbit DRAM 的同时，取得了 Intel "微处理器技术"的许可协议，这为三星电子的 DRAM 产品进入即将来临的 PC 时代，打下了坚实基础。

1986 年，Intel 全线放弃半导体存储产业，正式将微处理器确定为公司未来的方向，做好了迎接 PC 时代的准备。美国人明白在比拼细节、追求完美的半导体存储制造业中，只有东亚人能够打败东亚人，他们希望三星电子能够在 DRAM 领域拖住日本。

此时，韩国半导体产业在美国的扶植下，倾举国之力，迅速崛起。美国早已做好了拉偏架的准备。在一次贸易纠纷中，当日本厂商指责三星依赖国家资本，倾销 DRAM 产品时，作为裁判的美国，将日本产品的进口关税提高了一倍，对韩国产品的关税只是象征性地加了几个点。

半导体存储产业的下游是电子类产品，美国拥有世界上最大的消费市场；这个产业的上游，设备与材料，依然把持在美国手中。在上下游产业的夹击下，日本半导体存储产业未能适应 PC 时代的新需求，兵败如山倒。

韩国半导体在日美贸易战的夹缝中，获得了足够的生存空间，韩国政府推进的基于大财团的经济发展模式，给予了资金密集型的 DRAM 产业足够的支撑。此后韩国乘 PC 时代之风，确立了在 DRAM 行业的优势，并将优势不断转化为胜势。

韩国存储产业很幸运，在起步时遇见并拥抱了 PC 时代。在这个时代，电子信息产业迎来了第一次真正意义上的爆发。昔日的高科技产品开始飞入寻常百姓家，整个产业也随着摩尔定律在快速迭代。PC 产业的飞速发展，为三星相对低端、但是价格低廉的 DRAM 产品，找到了立足之本。

在大型机的高端 DRAM 市场中，日本企业曾经大获成功。但是在个人计算机的低端 DRAM 市场，韩国迅速完成了反超。大型机时代日本厂商的大获成功，限制了他们在 PC 时代的想象力。也许恰是因为过去的辉煌，使得日本人的严谨向顽固演化，抑制了创新。伴随着日本存储产业的衰退，韩国半导体产业逐渐崛起。

1995 年，DRAM 产业抵达 422 亿美元这个前所未有的高峰，但在 1996 年从高峰处开始如自由落体般下落。一时间，半导体存储产业再一次腥风血雨。

此时，三星再次祭出逆周期布局的法宝，这一次逆周期叠加着 1997 年的亚洲金融危机，三星亦九死一生。在危机中，李健熙率先向自身动刀，同时将全行业带入死地，他明白在一场残酷的战争中，与对手最终较量的不是技术，而是在绝境中最后的坚持。

日本半导体企业在 DRAM 市场上开始全面败退，昔日辉煌的 DRAM 业务成为日本企业的负担。东芝、富士通与三菱逐步退出 DRAM 行业。1999 年，NEC 与日立的 DRAM 业务合并，成立尔必达，后来三菱电机的 DRAM 业务也合并到尔必达中。

美国人没有放过节节败退中的日本半导体存储厂商，借助三星之势，狠命地向这个昔日竞争对手补了一刀。2001 年，东芝将 DRAM 业务出售给美光科技；2002 年，尔必达被美光科技收购，至此日本再无 DRAM 产业。

2001 年，互联网泡沫坍塌，半导体产业在其后的十几年时间里萎靡不振。2010 年，全球 DRAM 产值仅为 395 亿美元，还不如 1995 年时的产值。三星在 1996 年的逆周期布局，使包括三星在内的 DRAM 厂商元气大伤。恰在此时，半导体存储产业在 DRAM 之外的 Flash 存储器行业开辟出一片新的蓝海，即闪存行业。

Flash 存储器的历史可追溯至 Floating-Gate 晶体管的出现。1959 年，美籍韩国人 Dawon Kahng 与美籍华人施敏合作，在贝尔实验室发明了这种晶体管[59]。在这种晶体管内部，漂浮着一个多晶硅，这个多晶硅也被称为浮栅（Floating-Gate，FG）。

通过对晶体管的三个引脚施加不同的电压，可以将电子注入浮栅中，即对浮栅进行编程/写入操作；也可以将浮栅中电子去除，即对浮栅进行擦除操作。保存在浮栅的电子，在晶体管不加电的情况之下也不会流失，因此具有永久保存数据的功能。

1980 年，东芝半导体的 Fujio Masuoka 基于浮栅技术，发明了 Flash Memory（闪存）[60]。Masuoka 后来还发明了一种新型的 GAA（Gate-All-Around）MOSFET 晶体管，这种晶体管在今天被视为能够继续推动摩尔定律前行几步的希望。

Masuoka 发明的闪存包括 NAND 与 NOR 两种类型。NAND 与 NOR Flash 的连续读取速度相差无几，但是 NAND Flash 的容量更大，擦除与写入速度快于 NOR Flash，更重要的是集成度高于 NOR Flash，这使其在大容量存储领域中，持续替换着之前大规模使用的基于磁介质的硬盘。

1995 年，第一个基于 NAND Flash 的存储器卡 SmartMedia 问世，从这时起 NAND Flash 开始大规模商用。NAND Flash 与 DRAM 产品的用途不同。DRAM 的主要用途是作为处理器系统的内存，而 NAND Flash 可以替换磁盘。

NAND Flash 的出现是半导体存储行业的一个里程碑，其重要性超过许多人的想象。如果没有这种大容量而且超低功耗的存储介质，今天的智能手机产业将不会存在。

从 20 世纪 90 年代起，Flash 行业从最初 NOR Flash 的 3500 万美元产值起步，伴随着 NAND Flash 的出现而爆发式增长，至 2006 年，Flash 存储器行业的总产值已达 200 亿美元，如表 2-2 所示。在半导体存储器行业中，NAND Flash 在出现后长达 20 余年的时间里，始终保持高速增长。

——————— 表 2-2　Flash 行业 1990～2006 年的发展趋势 ———————

	市场规模/百万美元	年增长	半导体市场占比	存储市场占比
1990 年	35	—	0.1%	0.3%
1991 年	135	286%	0.3%	1.0%
1992 年	270	130%	0.5%	1.8%
1993 年	640	106%	0.8%	3.0%
1994 年	865	35%	0.9%	2.7%
1995 年	1860	115%	1.3%	3.5%
1996 年	2611	40%	2.0%	9.2%
1997 年	2702	3%	2.0%	9.2%
1998 年	2493	-8%	2.0%	10.8%
1999 年	4561	83%	3.1%	14.1%
2000 年	10637	133%	5.2%	21.6%
2001 年	7595	-29%	5.5%	28.7%
2002 年	7767	2%	5.5%	28.7%
2003 年	11739	51%	7.1%	36.1%
2004 年	15611	33%	7.3%	33.1%
2005 年	18569	19%	8.2%	38.3%
2006 年	20275	9%	8.1%	34.4%

NAND Flash 的加入，为之前因为三星采取逆周期布局而元气大伤的半导体存储行业带来一丝希望。但好景不长，这片蓝海迅速演变为血海，包括三星在内的几乎所有 DRAM 厂商全部杀入了这一领域。

2007 年，三星再一次逆周期布局，全行业再一次腥风血雨。半导体存储行业非常不幸，三星的这次布局与 2008 年的金融危机不期而遇。存储芯片价格在此期间雪崩，最低时跌到高峰时期的 1/10 左右，此时李健熙决定继续增产，扩大全行业的亏损。三星未雨绸缪，早有准备，却导致欧洲最后一个半导体存储厂商，德国的奇梦达破产。

这一次逆周期布局确立了今日半导体存储器市场的产业格局。在 DRAM 行业中，韩国有两大厂商：三星与海力士，美国有一家美光科技，这三家所占的市场份额约为 90%，还有几个中国台湾小厂商不愠不火地生存在行业边缘；从事 Flash 行业的厂商略微多一些，包括三星、铠侠、西数、美光与海力士等一些小厂商。

无论是在 DRAM 还是 Flash 行业，三星无疑都是最具影响力的半导体存储厂商，一举一动决定着全行业的走势。三星能够取得这一地位的重要原因是这个公司生命不息、折腾不止的斗志。这一斗志体现在三星勇于向自己用"刀"的逆周期布局中，这是三星半导体得以长盛不衰的基石。

在这段因为三星的奋战向前而伤痕累累的岁月，其他半导体存储厂商除了要应对摩尔定律，不断进行半导体制作工艺的升级之外，还要时刻提防着三星的逆周期布局。自从 20 世纪 80 年代，韩国三星进入半导体存储市场之后，这个行业没有经历过哪怕是一天的好日子。

DRAM 行业在 1995 年便到达 400 多亿美金的产值，至 2020 年，这个行业的产值也不过 640 亿美金左右。在长达 25 年的时间里，这个行业的增长速度远低于广义货币的增长速度。从投资的角度看，这个行业只有在惨烈的竞争下，资源持续地向巨头不断地集中，这一个逻辑成立。

从产业的角度看，没有人比李健熙更懂存储，他始终明白在这个重资产强周期的行业，只有破釜沉舟做到行业第一，才有资格生存。这个行业的价值不是实现自身增长，而是滋养其他相关行业。

这个行业的背后，是国与国资源的竞争，合作与竞争同在，联盟与背叛同在，活下来的意义超过发展。三星电子在这几次"逆周期布局"中大获全胜，成为半导体存储行业的霸主，并延续至今。

三星敢于多次进行"逆周期布局"，是因为韩国在当时相较其他国家的宏观优势，即底蕴、政策、人力与市场。

这个公司敢于"逆周期布局"的重要原因，是对未来趋势的精准预判。始于 1985 年的逆周期被即将兴起的 PC 时代所拯救；1996 年的逆周期后，PC 时代开始进入高潮，微软的 Windows 与 Office 联手吃掉了更多的内存；2007 年的逆周期迎来了智能手机产业的爆发。

这不是巧合，是三星早有准备；这也不太算是阴谋，三星的这个行为完全可以在事后放在阳光之下讨论。三星依靠杀敌一千自损八百的做法，没有使存储行业呈爆发式发展，客观上却使依赖着"这一血液"的电子信息产业受益。

这个公司敢于"逆周期布局"一个最为重要的底气，来自于这个公司的灵魂——

李健熙。信奉德川家康那句"人生如负重致远，不可急躁"的李健熙，始终"呆如木鸡"般地深度思考着沧浪环宇，偏执地活在天地之间。

李健熙对待自己苛刻，对待产品质量更加苛刻。他曾经用推土机把上万部劣质电话当众碾压，并命令相关负责人必须到场观看，他曾经用大锤把价值 5000 万美金的劣质手机砸成碎片并用大火焚烧。

他不仅使用逆周期对付竞争对手，也用这个手段对付三星。他首创 7-4 工作制，每天上午 7 点上班，下午 4 点下班，采用这种工作制可以错开堵车高峰，以提高效率。李健熙制定这项制度时，一定非常明白，在任何一个繁华的都市，还有一个更加不堵车的时段，就是夜深人静时。

三星借助"逆周期布局"，与对自己的"狠"，进一步稳固了在半导体存储产业中的地位，也使得三星电子的所有相关产品，在半导体产业的庇护之下，茁壮成长，并拥簇着三星成长为今日的帝国。

在半导体存储行业中，DRAM 行业在未来的几年将波澜不惊，NAND Flash 行业始终在一路前行，度过了 2008 年的金融危机，至今依然保持着两位数的增长。如图 2-31 所示，2017 年，NAND Flash 行业迎来巅峰，并延续至 2018 年第 3 季度。

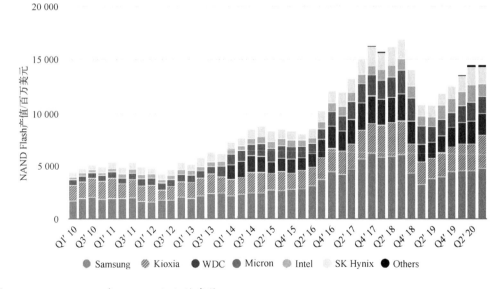

图 2-31　2010～2020 年 NAND Flash 的产值

NAND Flash 的需求爆发起因于三星 2016 年 Galaxy Note7 手机的折戟沉沙。因为电池问题，这款手机被迫下架。三星为这款旗舰机预留了大量 NAND 颗粒，这些 NAND 颗粒封装与标准产品并不一致，无法用于其他手机和电子产品中，占据了相当大的产能，间接降低了市场上 NAND 闪存的供应。

全球手机销量没有因为三星的事故受到影响，销售额依然在上涨，从而产生了微弱的供需失衡。此时 iPhone 开始大规模扩充存储容量，iPhone6 的 Nand Flash 的配置是 16GB/64GB/128GB，2016 年底发布的 iPhone7 容量是 32GB/128GB/256GB，iPhone 之后，Android 手机纷纷效仿。至 2017 年，手机存储容量全面提升。

NAND Flash 需求的爆发出乎存储厂商意料，也令存储厂商措手不及。同时，NAND 的制造工艺从二维切换到三维，其过程并不顺利。这一系列事件的叠加使得 NAND 行业的供需严重失衡，最后导致存储产品的价格飞涨，库存持续紧张。三星电子从半导体存储产业中获得的额外收益，完全弥补了手机产业的亏损。

在 NAND 产业向三维立体空间切换的过程中，一项古老的存储技术被重新激活。在 2D 时代，Flash 存储器使用浮栅（Floating Gate）方式制作。随着摩尔定律的推进，当同一个集成电路中容纳的晶体管数目增多时，浮栅方式遭遇瓶颈，采用 CT（Charge Trap）技术制作基本存储单位逐步得到了产业界的重视。

浮栅与 CT 技术均出现在 1967 年。浮栅方式使用在晶体管中漂浮着的"多晶硅"这种导体保存电子；CT 技术使用在晶体管中漂浮着"氮化硅"这种绝缘体保存电子。两者的区别是一个使用半导体包围导体，另一个是使用半导体包围绝缘体。严格说来 CT 技术也是一种浮栅方式。

由于电子更容易在绝缘体中积累，在高温时极易导致数据失效，这导致 CT 技术在长期以来，没有受到产业界太大关注。

但 CT 技术具有浮栅方式无法比拟的优点。这种优点在晶体管尺寸随着摩尔定律的持续推进逐步缩小的过程中逐渐体现出来。使用 CT 技术的 Flash Memory 的功耗更低，最重要的是基于 CT 技术的存储器单元，其物理尺寸更小，也更易向三维空间扩展。2002 年，CT 技术逐步引起产业界的重视。

新技术的引进，使 NAND 存储器行业继续前进，并逐步向三维空间延伸。2020 年，三星已经开始量产 128 层的基于 CT 技术的 NAND Flash。

三星在取得技术优势，完全确立存储行业的地位之后，逆周期布局仍没有结束。2019 年，DRAM 与 NAND 行业在高点回落，三星再次开启"逆周期布局"。此时在半导体存储世界，出现了中国厂商的身影，与这一次"逆周期布局"叠加，使半导体存储的未来愈发扑朔迷离。

参 考 文 献

[1] BROWN H R. Robert alexander watson-watt, the father of radar[J]. Engineering Science and Education Journal, 1994, 3(1):31-40.

[2] HANDEL K. The uses and limits of theory: from radar research to the invention of the transistor [C]//The Annual Meeting of the History of Science Society. 1998.

[3] KOENRAAD P M, FLATTE M E. Single dopants in semiconductors[J]. Nature Materials, 2011, 10(2):91.

[4] WILSON A H. The theory of electronic semi-conductors. II [J]. Butsuri, 1931, 5(4):575-584.

[5] SCHOTTKY W, STRÖMER R, WAIBEL F. Hochfrequenztechnik[J].

本章完整参考文献可通过扫描二维码进行查看。

第 2 章参考文献

第3章 计算世界

    1965 年，摩尔提出一个集成电路可容纳的晶体管数目，大约每年增加一倍；1975 年，摩尔将每年修订为每 24 个月；很快，产业界又将其修订为每 18 个月翻一番。此后，摩尔定律在相当长的时间内持续正确，指引并激励着一代又一代工程师奋勇向前。

    集成电路领域主要包括三大应用，计算、通信与第 2 章讲述过的存储。计算相关的半导体领域包罗万象，PC、智能手机处理器，基于 ARM 架构的各类嵌入式处理器，人工智能相关的 GPU 与可编程逻辑器件，都属于这个领域。

    半导体产业以计算为中心，电子信息世界也以计算为中心。绝大多数科技公司，从 Google、Apple、Intel、微软，到大家耳熟能详的科技公司，甚至一些以通信为主业的公司，在电子信息世界也属于计算领域。这些公司的研发人员多为软件工程师，书写的程序在处理器中运行。

    通信与存储系统是电子信息产业基础设施重要的组成部分，其主要任务是搭建舞台，而真正上台表演的是计算。

    1937 年开始设计的 ABC （Atanasoff-Berry Computer）计算设备，揭开了计算时代的序幕。二战时期，因为密码破译的驱动，出现了一系列用于解密的专用设备，创建了现代计算系统的雏形。

    二战之后，伴随晶体管与集成电路的出现，计算领域出现了三次浪潮，分别是大型机时代、PC 时代与智能手机时代。在三次浪潮中，计算世界围绕算法与体系结构展开，算法与体系结构的世界围绕阿兰·麦席森·图灵与约翰·冯·诺依曼展开（见图 3-1）。

图 3-1　图灵（1912 年 6 月—1954 年 6 月）与冯·诺依曼（1903 年 12 月—1957 年 2 月）

3.1　绝代双骄

1912 年 6 月 23 日，图灵生于英国伦敦。

图灵的一生注定是孤独的。这种孤独从年少时便与他如影随形。中学时代的图灵，可以轻易在任何学校与团体中制造出各种问题。他可以无视所有人的目光，坦然地在冬天游泳，可以在夏季穿着大衣参加军训。

1926 年，图灵被英国公立学校舍伯恩录取。上学的第一天，他引起了整个城市的关注，因为一场罢工的原因，图灵无法乘坐火车，于是这个 14 岁的男孩骑车 60 余英里来到学校。这个壮举在很长一段时间里被人们津津乐道。

在舍伯恩学校读书期间，图灵没有几个伙伴，他总是害羞而孤独地躲在角落，专注于自己的兴趣，他在 16 岁时便自学了爱因斯坦的相对论。图灵不是刻意特立独行，只是不经意间忽略了周边的一切。他从不循规蹈矩，他的行为也不会影响到他人。中学时代的图灵展现出异于常人的天分，与异于常人的孤独。

1931 年，图灵考入剑桥大学。此时量子力学兴起，图灵准备进军这一领域。他不关心光芒四射的量子力学的理论与实践，更加专注于量子力学的数学基础，并在基础理论书籍中，发现了冯·诺依曼的名字。

冯·诺依曼比图灵年长几岁，从 1927 年开始，发表了一系列与量子力学有关的文章，其中包括一本专著《量子力学的数学基础》[1]。在图灵拿起这本书的一刻，已经注定了他的未来必将与冯·诺依曼产生交集。

1903 年，冯·诺依曼出生于匈牙利的一个犹太家庭。15 岁时，匈牙利著名数学家 Gábor Szegő 为他讲解高等微积分课程时，竟被这个男孩异乎常人的天分震惊得痛哭流涕。19 岁时，这个男孩已在顶级数学刊物上发表了两篇文章[2]。

大学时代，冯·诺依曼依照父亲的建议，在柏林大学与苏黎世大学进修化学，同时依照自己的兴趣，在布达佩斯大学专研数学。冯·诺依曼认为自己更有化学天赋，但在苏黎世大学的这段求学经历，他唯一能给人留下印象的是摔坏的实验器皿不计其数。

在数学领域，冯·诺依曼展现出惊天的才华，非常轻松地拿到数学博士学位，于 1926 年进入哥廷根大学，跟随希尔伯特从事数学研究。当时，哥廷根大学是世界上最著名的学府，在此就读的学生与工作的学者这样描述这所院校，"哥廷根之外没有生活。即便有生活，亦非这般的生活"。

19 世纪至二战前这段时间，哥廷根大学如神话般存在。伟大数学家高斯的一生都在这所大学度过。高斯的学生，就是被后世称为数学之神的黎曼，也在这所大学工作。爱因斯坦的广义相对论，正是以黎曼几何为数学基础创建的。

1929 年，哥廷根数学研究所成立，并很快地成为各国数学家心目中的圣地。这个研究所聚集了一大批才华横溢的科学家，着手系统梳理量子力学的数学基础。他们组成了一个星光灿烂的阵容，包括分别将相对论与群论引入量子力学的保罗·狄拉克和赫尔曼·外尔，对薛定谔方程进行几率解释的马克斯·玻恩，原子弹之父罗伯特·奥本海默，以及被称为"数学世界亚历山大"的希尔伯特等人。

冯·诺依曼在这样一个氛围中，展开与量子力学相关的数学研究。1929 年，冯·诺依曼在一篇著作中，将希尔伯特提出的一种空间，命名为"希尔伯特空间"[3]。这个空间的发明者希尔伯特对此毫不知情，当有人向他请教"希尔伯特空间"的相关问题时，他反问对方什么是希尔伯特空间？

在量子力学发展史中，重要的研究工具一是薛定谔方程；二则是希尔伯特空间与算符理论。冯·诺依曼最早认识到希尔伯特空间的重要性，并借助这个空间对量子力学进行了一系列基础且极具创造性的研究工作。维格纳曾经对冯·诺依曼的工作做出这样的评价，"对量子力学的贡献，足以确保冯·诺依曼在当代物理学的特殊地位"。

此时，量子力学领域的果实，大多已被哥本哈根学派摘取。冯·诺依曼在数学层面的查漏补缺，没有使他在数学界或者物理界获得足够声望。年轻的冯·诺依曼，在星光灿烂且按部就班的欧洲大陆，甚至无法谋得一个副教授职位。

1929 年，美国的普林斯顿大学需要开设与量子力学相关的数学基础课程，冯·诺依曼收到邀请后欣然前往。他幸运地躲过了纳粹德国即将开始的对犹太科学家的排挤，来到这个处于上升期的国家。在这个国家，没有论资排辈，只有唯才是举。1931 年，27 岁的冯·诺依曼成为普林斯顿大学的教授。

几年以后，因为纳粹德国对犹太人的排挤，大批学者抵达美国。美国为此专门在普林斯顿大学成立高等研究院。在这个研究院中，第一批终身教授有 6 名，其中一名是爱因斯坦，最年轻的是年仅 30 岁的冯·诺依曼。

此时，冯·诺依曼已经在普林斯顿大学站稳脚跟，等待着图灵的到来。两个人的第一次会面也许出现在 1935 年，在这一年夏季，冯·诺依曼利用假期来到英国，在剑桥大学进行过一次演讲。

图灵非常熟悉这次演讲的内容，他几乎阅读过冯·诺依曼发表的所有文章，并在这些文章的基础上有所创新[4]。历史没有留下这两个人是否在剑桥会面的记载。此时，图灵是一个学生，冯·诺依曼也没有今天的地位。

1936 年 4 月，图灵提交了一篇对后世影响深远的文章《论可计算数及其在判定问题上的应用》[5]。在文章中，他提出"理想计算机"的概念，后人将之称为图灵机。图灵机由三大部分组成，一台控制器、一条两端无限长的工作带和一个可以将工作带上的数据传送给控制器的读写头，组成原理如图 3-2 所示。

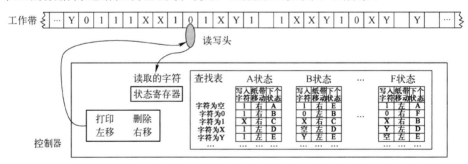

图 3-2　图灵机模型

工作带上有若干个小格子，其中每个小格可以存储一个符号。读写头可以沿着工作带左右移动，读取工作带上的内容并传送给控制器。在控制器中，有一张存放控制规则的查找表和一个状态寄存器。

读写头获得格子中的内容之后，将其传送给控制器中的查找表；之后根据所获得内容与状态寄存器，在查找表中找到对应操作，如将读写头进行左移、右移，以及删除、打印等将结果记录在纸带上的操作，并改变内部状态寄存器。

在这个控制器中，查找表长度有限，但是工作带可以无限长。图灵认为通过这台机器，能够模拟人类所能进行的任何计算操作。

建议对图灵机有兴趣的读者，可以在 https://turingmachinesimulator.com 网站找到更多可视化的实例，以深入理解图灵机的原理。

图灵机可以解决所有可以用状态机描述的问题。如果一个问题无法用图灵机来完成，意味着没有任何算法能够解决这个问题，也意味着凡是能用算法求解的问题，就一定可以使用图灵机完成。

这篇文章没有引起太多关注，欧美主流的数学家对这种数理逻辑模型并不太感兴趣。还有一位与图灵同时研究这种计算模型，也有着相同兴趣的科学家，是远在美国普林斯顿大学的 Alonzo Church 教授。

剑桥毕业后，图灵没有选择名师如云的欧洲攻读博士学位，而是远离了这片伤心之地，来到了普林斯顿。在剑桥时期，图灵一生中最好的朋友因病离世，孤独再次笼罩图灵。剑桥的几位教授甚至担心起图灵只身一人时的安危，鼓励他远赴美国，师从 Church 教授，至少这位教授的研究方向与他一致。

1936 年 9 月，图灵开始在 Church 教授的指导下攻读博士学位。乐观而开朗的冯·诺依曼见到了孤僻而紧张的图灵。同年 11 月，图灵那篇在未来被称为图灵机模型的论文，在伦敦数学学会发表。

他在普林斯顿大学介绍了这篇在后世声名赫赫的文章，却没有引发其他研究学者的共鸣。在这所大学，除了 Church 教授和为数不多的几人之外，图灵的知音恐怕也只剩下冯·诺依曼了。

图灵在逻辑学、代数学与数论等领域迅速展现出惊人的才华。在 Church 教授的指导下，图灵完成了与可计算理论相关的毕业论文。1938 年 6 月，图灵获得博士学位，结束了枯燥乏味的两年时光。孤独而自闭的图灵在这里没有几个朋友，他厌倦了美国的生活方式，或者说他厌倦了几乎所有生活方式，准备返回伦敦。

冯·诺依曼极力挽留，甚至给他安排了一个担任其助理的临时职位。图灵最终选择回到剑桥，从事与可计算理论相关的研究。此后，两个人没有留下是否会晤的历史记载，但是两个人的命运，却在即将到来的大战争时代，联系得更加紧密。

图灵回到英国后不久，二战正式爆发。英德两国在伦敦上空展开了规模庞大的空战。这场空战的角逐，不限于飞行员的勇猛与战机的性能，背后还有两国之间全方位科技实力的较量。

在二战中，破译对手在无线通信中使用的密码，提前知晓对手的作战意图，决定了多场重大战役的成败。在密码破译的背后，比拼的是交战国之间计算能力的高下。

这个计算能力由人与机器组成。在英国，图灵是那个人，机器是图灵设计的机器。

此时，英国全民皆兵，图灵并不例外。图灵的工作地点设在布莱奇利庄园，别名 X 站。在这所特殊的庄园，图灵开始了一生中最重要的一段历程。图灵在这里的主要工作是发现密码算法中的漏洞，进行破译。

他是密码破译行业的天选之子。逻辑学、数论与可计算理论是密码破译最重要的数学基础。基于图灵机模型能够设计出强大的计算设备，加速密码破译进程。即便如此，完成这项工作依然需要星辰之外的神奇。图灵正是来自星辰之外。

当时，德军设计了一种名为 Enigma 的密码机，从外观上看，这台机器类似一个普通箱子，如图 3-3 所示。Enigma 密码机可以同时完成加密与解密功能，由若干转子、插接板、键盘与灯盘组成，其安全性主要依赖于密钥的安全性。

转子
灯盘
键盘
插接板

图 3-3　德国的 Enigma 密码机

以二战之前，包含 3 个转子，插接板具有 6 根连接线的 Enigma 密码机为例，密钥变化量已可达 10^{16} 量级。根据应用场景不同，德军可以将密钥每隔一段时间更新一次。这意味着，即使缴获了 Enigma 密码机，如果不知道当时的密钥，也无法得知德军传递的消息。

Enigma 密码机内部构造非常复杂，操作方式却很简单。德国普通士兵按照密码本以一定顺序放入选择好的各个转子，设置各个转子的初始状态与插接板中连接线的位置，即配置好密钥后，使用键盘输入明文，对应密文字母在灯盘位置被点亮，使用键盘输入密文，则明文字母在相应位置被点亮，从而完成加解密操作。当时，Enigma 密码机被认为是世界上最先进的密码机，德军自然认为他们的密码坚不可破。

二战之前，波兰科学家仔细研究了 Enigma 密码机，发现了德军在设计和使用这台机器时的漏洞。波兰人经过非常艰苦卓绝的工作，掌握了破解 Enigma 密码机的方法，借助他们所制作的 Bomba 机器，破译了德军相当多的军事情报。

二战爆发前夕，德军加强了 Enigma 密码机的加密能力，添加了两个辅助转子，转子数由 3 个变为 5 个，实际采用 5 选 3 方式；插接板连接线数也由 6 根增加到 10 根，将 Enigma 密码机的密钥变化量提高了 15000 多倍，而且德军还可以每隔一个月更换一次密码本，每天更换一次密钥，甚至可以做到每一封电报使用不同的密钥。盟军对这种新型 Enigma 密码机和使用方式无计可施，直到图灵的出现。

按照 Enigma 密码机设计者的思路，这台增强后的设备能够产生 10^{20} 量级的加密组合。采用暴力穷举法，所需算力是一个天文数字，恐怕到二战结束时，这些加密信息也无法破解。但很不幸他们的对手是天才图灵。图灵仔细分析了 Enigma 密码机的工作原理，并敏锐发现了密码设计存在的重大缺陷。

图灵带领十几位数学家，4 位语言学家，还有 100 名从事机械操作的女员工，利用 Enigma 的设计缺陷，并结合语言及战争规律，将解密难度降低到只需要约 100 万次的穷举操作[6]。

采用手工计算进行这一级别的穷举依然并不可行。1939 年，图灵设计了一台巨大的机器，后世将之称为"图灵 Bombe"密码破译机，取名 Bombe 主要是为了纪念波兰人的 Bomba 密码破译机。1940 年，这台机器被另一个密码破译专家 Gordon Welchman 改进，如图 3-4 所示[7]。这台机器在工作时噪声很大，到处都咔咔作响，却可以在约 20 分钟内完成密码破译。

图 3-4　改进后的图灵 Bombe 密码破译机

在所有人的努力下，第一台改进后的 Bombe 破译机于 1940 年 8 月搭建完成，并迅速投入使用。这台机器很快被美国引入，为此图灵在 1942 年 11 月专门访问美国，并于第二年 3 月返回英国。根据公开记载，图灵此行的目的是帮助美国搭建 Bombe 破译机。在此期间，他还参观了俄亥俄州的计算机实验室，顺道拜访了贝尔实验室[9]。

英美两国没有留下图灵与冯•诺依曼是否在此时会面的记载，但是我们很难想象，在这样一个特殊的时期，他没有去拜访与他同在普林斯顿共事，同处于一个阵营，同样进行密码破译，同样才华横溢的冯•诺依曼。

Bombe 破译机传入美国后，许多公司开始复制这一产品，其中一家从事制表机和穿孔卡片机的公司，也开始生产这种机器，这个公司就是号称"蓝色巨人"的 IBM（International Business Machines）。Bombe 破译机后来被美军改进，产生了一系列变型机。

二战期间，Bombe 破译机左右了战争的进程。在北非战场，蒙哥马利凭借破译带来的信息优势，击败了"沙漠之狐"隆美尔；又在大西洋海战中，帮助皇家海军击溃德国潜艇编队。

虽然目前世界上公认的第一台电子计算设备是 ABC，但我们更应该称呼 Bombe 破译机是人类历史上的第一台电子计算机。ABC 计算设备的原型设计于 1939 年 11 月，直到 1942 年才搭建出完整机型[12]。在战争期间，Bombe 破译机的意义也远非 ABC 计算设备所能比拟。

1941 年起，德军研制出与 Enigma 密码机完全不同的，更加先进的电传打字机加密系统，即 Lorenz 密码，用于加密希特勒在内的德军高级将领之间的通信。1943

年，为破译 Lorenz 密码，盟军启动了代号为 Colossus 的密码破译机项目并于第二年研制成功，这台设备使用了近 2000 个电子管，由 Thomas H. Flowers 主导设计，其部分设计思想来自图灵 Bombe 破译机[8]。

Colossus 破译机具备运行不同程序的能力，但是每次更换程序时，需要手工调整这台机器电子管间的连接拓扑，耗时长达几个月。二战之后，科学家在解决这个问题的过程中，确立了现代计算机的组成结构。

Colossus 破译机在诺曼底登陆中大放异彩，之前需要几天甚至十几天时间还要加上点好运气才能被破解的德军高阶加密信息，在这台计算机的帮助下，几个小时之内便转换为明文，传送至盟军的最高指挥部。

战争结束后，这场情报战的亲历者，在陆续解密的资料中透露，通过破译德国的密码，盟军提前获知德军的全部作战意图，左右了这场战争的走势，加速了在欧洲战场的胜利，为夺取二战的最后胜利立下不世之功。

二战之后，英国政府拆解了所有破译机，封锁了与这些破译机相关的一切信息，使得图灵、Bombe 和 Colossus 计算机的功绩在相当长的一段时间内，不为外人所知，这些秘密直到 20 世纪 70 年代中期才逐步揭晓。

密码破译在战争时期的成就，使其在战后跃上神坛。算法之外，密码破译需要比拼计算能力。计算能力决定了密码破译的效率，被视为一个国家军力的象征。从这时起，各国军方围绕计算，展开了一场旷日持久的竞赛。这场军备竞赛为晶体管的诞生提供了肥沃的土壤，揭开了现代计算机发展的帷幕。

二战之后，英美两国进一步加快计算机的研究步伐，图灵借鉴 Colossus 的思想，设计了 ACE（Automatic Computing Engine）计算机，在这台机器中已经出现了程序存储（Store-Program）的概念，并于 1950 年完成样机[10]。在这一年，图灵发表了另外一篇对后世影响深远的论文《计算机与智能》[11]。

这篇文章中，图灵提出了著名的图灵测试理论。图灵测试的基本原理是分别让人与机器位于不同房间，测试者向人与机器提问并由人或机器作答，如果测试者根据回答不能区分机器与人，则认为机器具备了人工智能，通过了图灵测试。

图灵机、Bombe 破译机和人工智能，是图灵留给后世的重大贡献。1954 年 6 月 8 日，图灵在他 42 岁的时候，却使用一个毒苹果离开了这个世界。为了纪念图灵，计算机科学界以他的名字命名这个领域的最高奖项。

图灵去世后三年，冯·诺依曼也因癌症病故。在离世之前，冯·诺依曼认为他对这个世界的最大贡献是量子力学的数学基础，而不是 1945～1946 年提出的奠定了现代计算机体系结构基础的"冯·诺依曼体系"。如果他能够再活 20 年，一定会认为他在无意中发明的这一体系，才是一生中最伟大的成就。

图灵与冯·诺依曼的光辉岁月均出现于二战前后，他们在计算领域的贡献，一直等到集成电路产业突飞猛进之后才充分展现。但是由他们引导的计算机算法与体系结构，改变了其后的电子信息世界。今天，在计算机算法领域，有位"神"一般的图灵；在计算机体系结构领域，冯·诺依曼的贡献前无古人，后无来者。

在计算机领域，两个人并称绝代双骄。图灵的贡献是清晰定义了什么是计算，并设计了图灵机，证明了计算模型之间的等价，以及计算模型的极限。而冯·诺依曼的成就在于提出搭建通用计算机体系的有效方法。

与图灵的经历类似，冯·诺依曼的计算生涯起源于二战。1941 年 12 月，在爱因斯坦的建议下，美国制订曼哈顿计划。这个计划的终极目标是在战争结束之前，利用核裂变反应，制造出原子弹。

十几万人参与了这一计划，其中最重要的自然是被后世称为原子弹之父的奥本海默。冯·诺依曼在众多参与者中，默默无闻。对于这个计划而言，冯·诺依曼甚至可有可无。在此期间，他取得的成绩也不在这个项目的计划之内。

曼哈顿计划在实施过程中，面临着一大难题。这道难题不是如何制作原子弹，而是如何有效控制核裂变的威力。因为曼哈顿计划的高度机密性与核试验高昂的成本，通过引爆原子弹获取实验数据的方式并不可行，在当时的条件下，使用手工方式计算原子弹的冲击波能量也并不现实。

宾夕法尼亚大学此时正在研制一台计算机，即 ENIAC（Electronic Numerical Integrator And Computer），用于测算导弹的运行轨迹。冯·诺依曼意识到，这台计算机可以协助计算原子弹的冲击波能量。此时，ENIAC 计算机已搭建过半。冯·诺依曼仔细研究了这台计算机的设计原理，提出了几个建设性意见。

1945 年春，ENIAC 成功搭建之后，帮助曼哈顿计划运行了核弹模拟程序。这台仍显稚嫩的机器将之前需要几个月的运算时间缩短到几天。随后冯·诺依曼在 ENIAC 的设计者 Mauchly 和 Eckert 的陪同下，参观了这个占地达 167 平方米，由 18000 个电子管组成的庞然怪兽。

见识了 ENIAC 的威力之后，冯·诺依曼决定作为顾问，参与研制下一代机型 EDVAC（Electronic Discrete Variable Automatic Computer）。1945 年 6 月 30 日，冯·诺依曼的一份关于如何搭建 EDVAC 的手写草稿，即"First Draft of a Report on the EDVAC"正式发表，简称为"First Draft"[13]。

第二年，冯·诺依曼与其他人一道，完善并总结了"First Draft"，发表了一篇名为"Preliminary discussion of the logical design of an electronic computing instrument"的论文[14]。这两篇文章阐述的思想被后人称为冯·诺依曼体系。

冯·诺依曼体系诞生之前，世界上只有一些执行固定任务的计算设备，包括进行加减乘除与求解微积分的专用设备、用于解密的 Bombe 和 Colossus、模拟核试验与导弹轨迹计算的 ENIAC 等。这些设备只能执行固定算法，当计算新的任务时，工程人员需要花费数月时间调整机器的连线结构，其难度几乎与重新制作一台计算设备相当。

1949 年交付，并于 1951 年投入使用的 EDVAC，改变了这一现状。这台计算机运行新的程序，不需要重构计算机硬件，仅需提供不同的程序代码即可。EDVAC 因此被称为人类历史上第一台通用电子计算机。

历史上第一台电子计算机的归属曾经引发异常激烈的争论。在很长的一段时间里，Mauchly 和 Eckert 设计的 ENIAC 被称为第一台电子计算机，直到 1973 年，美国联邦地方法院判决撤销 ENIAC 的专利，认为 ENIAC 发明者从 ABC 计算设备中获得了设计构想。至此，ABC 被裁定为世界上第一台计算机。

但从纯科技的视角看，ABC 与 ENIAC 计算机的区别甚至肉眼可辨（见图 3-5）。ENIAC 是第一台可编程、图灵完备[⊖]的计算机。而 ABC、Bombe 和 Colossus 计算机类似，仅能执行固定任务，依然是一种专用计算设备。

只有 EDVAC 作为第一台通用电子计算机没有丝毫争议，因为这台计算机所基于的冯·诺依曼体系与二进制运算，是毫无疑问的通用电子计算机的标志。这台计算机的设计基石——冯·诺依曼体系，重构了其后的计算世界。

冯·诺依曼体系引入了"存储程序"理论，其中心思想是，将需要执行的程序存储在某处，运行这段程序时再读取出来执行。采用这种方法实现新的算法时，只

⊖ 依照可计算理论，如果操作数据的规则可以模拟图灵机，即为图灵完备。

需要更换计算机所运行的程序，而无须重新搭建电路。

图 3-5　ABC 计算设备（左）与 ENIAC 计算机（右）

冯·诺依曼体系，确定了在计算机体系结构中的五大基本组成部件，包括控制单元（Control Unit）、算术逻辑单元（Arithmetic Logic Unit，ALU）、寄存器（Processor Registers）、内存单元（Memory Unit）与输入/输出设备（Input/Output Device），如图 3-6 所示。其中控制单元、算术逻辑单元与寄存器合称为中央处理器（Central Processing Unit，CPU）。

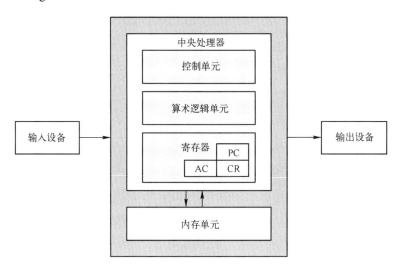

图 3-6　冯·诺依曼体系的组成结构

此后直到今天，所有计算机，从大型机、PC 到手机处理器，全部基于这种架构实现。我们使用智能手机拨打电话时，电话程序从外部存储空间（NAND Flash），通过输入设备接口加载到内存，之后控制单元从内存中读取程序，通过指令译码等操作转换为机器指令，并传送到算术逻辑单元中执行。

算术逻辑单元在执行指令的过程中，语音数据由输入设备提前加载到内存。因为内存速度较慢，如果每次都从内存读取数据，将极大降低运行速度，因此引入寄存器作为缓冲。算术逻辑单元可以从寄存器中获得数据，进行语音处理后将结果回写入内存，最后由输出设备将语言数据传递出去。寄存器的另外一项重要功能是控制中央处理器的运行方式，并记录其运行状态。

从这个例子中不难发现，在冯·诺依曼体系中，无论程序还是数据，或者来自外部输入/输出设备的请求，均需要经由内存后才能参与计算，内存因此成为整个系统的中心。这种以内存为中心的理念，正是冯·诺依曼体系的基石。

冯·诺依曼体系极大化简了在计算机设计中存在的冗余，将绝大多数应用场景规约于一个统一模型，奠定了现代计算机体系结构的基础。至此，计算机的历史进入新的篇章。这套体系诞生至今，在持续发展的几十年时间以来，始终占据主导地位，没有任何理论能够将其颠覆。

如果我们进一步抽象与提炼冯·诺依曼体系，可以清晰地梳理出这套体系是冯·诺依曼在当时那个年代，面对计算机这一新生事物，提出如何搭建一个合理计算体系的问题，以 ENIAC 计算机为基础系统分析这一问题，并在 EDVAC 计算机中解决这一问题的过程中，自然产生的结果。冯·诺依曼体系的诞生过程，依然沿着"提出问题""分析问题"与"解决问题"的轨迹。

后人在冯·诺依曼体系的基础上，进一步对计算领域面临的问题高度抽象与提炼，产生了计算机体系结构这门学科，这门学科与图灵机一道成为计算机科学的重要基础。

此后，集成电路的发展重心由通信与存储领域，逐步转移到计算领域，并持续至今。摩尔定律的持续正确极大促进了集成电路的进步，为冯·诺依曼体系插上翅膀，此后计算机技术迅猛发展。计算机的核心处理器愈发强大，愈发廉价，逐步进入千家万户。

冯·诺依曼体系并不完美。以存储器为中心意味着存储器必然成为瓶颈，这个瓶颈被称为冯·诺依曼瓶颈，始终伴随着冯·诺依曼体系，目前尚无有效的方法消除。

后人对冯·诺依曼体系进行了一系列修补，缓解了存储器瓶颈，却没有根本解决这一问题。在现代处理器中，寄存器与内存之间设置了非常复杂的缓冲结构，这种缓冲结构也被称为 Cache 层次结构。引入 Cache 层次结构的目的是缓解冯·诺依曼瓶颈，但是瓶颈依然存在。

首先是一位数学家的冯·诺依曼，从事"计算科学"的出发点是进行导弹轨迹计算、核弹模拟这些高端应用。他没有预料到处理器在一路前行、席卷天下的过程中，应用边界在不断扩张，从国家、军队、企业直到个人。他没有预料到在 21 世纪的今天，地球上几乎所有人都在使用不同种类的计算机。在这样一个年代，计算机的主要作用并不是科学计算。

3.2 大型机时代

二战之后，美苏冷战大幕徐徐揭开。在这段时间里，局部战争时有发生，而双方对等的核威慑，使世界大战渐行渐远。美国军方不必在航母、战机与坦克等领域维持高昂的经费，将更多的资金用于科技。

最受军方宠爱的科技，当属在二战中战功赫赫的密码破译、核弹模拟与导弹轨迹推演等需要强大计算能力作为支撑的领域。在这种背景之下，许多企业投身于计算领域，包括雷明顿兰德公司（Remington-Rand）与 IBM。

雷明顿公司创建于 19 世纪，从枪支制作开始，白手起家。1873 年，雷明顿收购基于"QWERTY"键盘的打字机专利，并在这项专利的基础上，增加了一个非常重要的功能键"Shift"。今天使用的键盘依然基于"QWERTY"与各类功能键的组合。

1927 年，雷明顿公司与 Rand Kardex 合并为雷明顿兰德公司，准备与 IBM 联手进入企业办公市场，二战期间，这家公司重操旧业，为美军制作枪支。二战之后，雷明顿兰德发力于计算机领域，然后很不幸地成为了 IBM 的竞争对手。

IBM 的历史可追溯至 ITR（International Time Recording Company）时代。1900 年，乔治·费而柴尔德将多个企业合并重组，创建 ITR 公司[14]。乔治就是那位投资了"八叛逆"的谢尔曼·费而柴尔德的父亲。1911 年，ITR 与其他公司合并为 CTR（Computing-Tabulating-Recording），一个以记账为主业的公司。乔治担任第一任总裁。

CTR 公司运营多项业务，与现代电子信息行业最有关系的是打孔卡（Punched Card）。20 世纪 50~70 年代，打孔卡用于保存各类企业信息，风靡于计算机系统。

在计算机发展初期，程序代码与处理完毕的数据均由打孔卡保存。不过今天，打孔卡的身影只能在博物馆中才能够找到。

1914 年，老沃森（Thomas J. Watson）加入 CTR 公司[14]，他的加入成为这个公司的转折点。当时，无论老沃森加入哪家公司，都将会成为这个公司转折点。1924 年，老沃森将公司更名为国际商用机器公司，即 IBM[17]。

IBM 与雷明顿公司共同经历了 1929～1933 年的美国经济大萧条，一道迎来二战的爆发。在这段时间，个体与公司在几个国家机器的剧烈对抗中显得如此渺小，他们每天所思考的不过是活下去与如何活下去。在二战期间，同为美国军火供应商的雷明顿兰德与 IBM，伴随着盟军的节节胜利，一路高歌猛进，并对"计算"产生了浓厚兴趣。

战争结束后，IBM 研制出一款基于电子管的计算机[18]，并以惨败告终。老沃森很酸楚地认为，也许 IBM 的基因不适合做计算机这种新鲜玩意，也许这个世界只需要几台计算机便已足够，也许 IBM 做不出来这种产品，损失也不会很大。

雷明顿兰德公司显然不这样认为。1949 年，雷明顿兰德公司发布 RAND 409 计算机，并以收购 Mauchly 和 Eckert 创办的公司为代价，强势进入计算领域。作为 ENIAC 的设计者，Mauchly 和 Eckert 是当时有限几个能够设计大型计算系统的工程师。

1951 年 6 月 14 日，Mauchly 和 Eckert 不负众望，发布 UNIVAC（UNIVersal Automatic Computer）计算机。这台计算机的主体使用了 5000 多个电子管搭建，部分电子器件尝试使用了晶体管，占地 35.5 平方米，重约 7.6 吨，如图 3-7 所示。

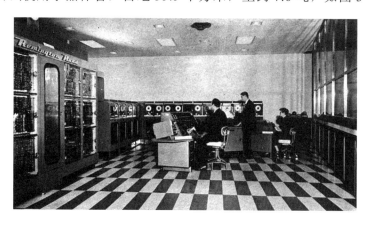

图 3-7　第一台商用计算机 UNIVAC

雷明顿兰德公司凭借着这台机器，成为计算机市场上最为重要的公司。这台计算机的第一个用户是美国商务部，用于人口普查而不是军事，标志着计算机正式进入商用领域[19]。1952年，这台计算机因为成功预测出艾森豪威尔当选美国的第34任总统而一举成名[20]。

老沃森的IBM依然非常盈利，但在代表未来发展趋势的计算机领域，完全落了下风。老沃森没有失败，因为他还有一个儿子，小沃森。小沃森生于1914年，二战时成为一名飞行员，二战后回到IBM，并成为二号人物。在产业界，小沃森这个称呼实在是太有名了，以至于在他80多岁的时候，大家还管他叫小沃森。

与父亲相比，小沃森充分预见到了计算机的辉煌未来，也非常清楚雷明顿兰德公司在计算机领域的成功，不过是因为雇用了Mauchly和Eckert。1951年，小沃森一步到位，聘请当时在计算机领域最具影响力的冯·诺依曼担任技术顾问，重回这一领域。

在冯·诺依曼的帮助之下，IBM取得突破。1952年4月29日，小沃森在年会上通知公司的所有股东，他们正在制造一台"世界上最先进、最灵活的高速计算机"。第二年的4月7日，这台被称为IBM701的机器正式对外发布[21]。

这一天，以"原子弹之父"奥本海默为首的150位嘉宾，莅临IBM701揭幕仪式。此后，IBM在计算领域大显身手，在IBM701的基础上不断推陈出新，陆续发布IBM702、IBM704与IBM705计算机，并于20世纪60年代初期推出IBM 7000系列计算机。

1956年，IBM在全美计算机领域所占份额高达70%，将昔日的对手雷明顿兰德公司远远甩开。这一年，老沃森病逝，小沃森执掌IBM的最高权力。不久之后，小沃森集中IBM所有力量，全力进军电子信息领域，在不算太长的时间里，改变了IBM，也改变了其后的计算世界。

二战期间的五年军旅生涯，锻造了小沃森勇于冒险且坚韧不拔的性格，使得小沃森将军队的集权管理思想嫁接给了IBM。小沃森旗下的IBM是一个高效的IBM。在1956~1972年的小沃森时代，这个公司取得的成就令世人瞩目。

在小沃森时代，IBM发明了DRAM内存、电动打字机、Fortune语言、用于信用卡的磁条，当然最为重要的成就来自于半导体与计算领域。依托这些成就所取得的商业成功，小沃森将IBM塑造为蓝色巨人。

这个巨人的崛起之路并非一帆风顺。此时电子信息产业处于早期，新技术层出不穷。一次重大的失误足以葬送公司，一个伟大的天才足以扭转乾坤。

1957 年，从雷明顿兰德离职的几个员工成立了 CDC（Control Data Corporation）公司，成立后的第一年，公司以代理存储产品为生；第二年，西蒙·克雷（Seymour Cray）加盟，CDC 公司开始切入计算机领域。不久之后，克雷基于晶体管技术，研制出 CDC1604。随后美国海军开始购买这种计算机，年轻的 CDC 公司逐步站稳脚跟。

CDC 之外，小沃森的 IBM 还有一个韧性十足的对手，就是即将成为处理器产业一代传奇的 DEC（Digital Equipment Corporation）。DEC 成立于 1957 年，这家公司的设计理念与 IBM 不同，认为更加小型化的机器才是计算的未来。

1959 年，DEC 推出 PDP-1 小型机，这台机器侧重于人机交互，而不是计算速度。PDP-1 的售价为 12 万美金，而 IBM701 一个月的租金是 1.2 万美金。PDP-1 小型机凭借价格优势，迅速占领低端市场。

20 世纪 60 年代初，CDC 与 DEC 在低端领域的突起引起了 IBM 的注意，同时在中端领域，IBM 还受到霍尼韦尔、通用电气与 RCA 的联合阻击。这些公司制作的计算机较为低端，销售额全部累加在一起也并不高。IBM 远远谈不上面临危机。

小沃森断然不会将这些公司视为竞争对手。20 世纪 60 年代初，IBM 的 700/7000 系列计算机，在商业应用与科学计算领域如日中天，占据北美 2/3 的市场份额。在小沃森的心目中，只有 IBM 才有资格与 IBM 竞争。

1959 年 10 月，IBM 1401 正式发布，其设计初衷是辅助 7000 系列计算机处理外部请求，如磁性存储介质与打孔卡等。这台机器在发布后受到市场热捧。IBM 在 5 周之内收到 5200 份订单，至 60 年代中期，世界上有一半计算机系统在使用 IBM 1401，而不是 IBM 投入重金的 7000 系列[22]。

IBM 1401 设备不具备强大的计算能力，也无法进一步扩展与升级，却满足了更多企业客户的需求。多数企业不需要进行大量计算，7000 系列提供的强大计算能力不是刚性需求；这些企业却有大量数据需要处理，而这些正是 1401 的用武之地。

许多客户希望 IBM 能够略微提高 1401 设备的计算能力，并具备一定的兼容性。对于客户而言，IBM 仅需做出少量调整即可满足这一小小需求，但小沃森面临的问题并非如此简单。

摆在小沃森面前的是两个成功的产品线，一个是 IBM 1401，另一个是 7000 系列。这两个产品由两个不同的团队研发。IBM 1401 的成功使得 7000 系列的开发团队倍感压力。1960 年 9 月，这台机器的升级版 IBM 1410 正式发布，依然大获成功，严重威胁了 7000 系列计算机在 IBM 的地位，亦关乎后续 8000 系列的生死。

IBM 1410 的成功，使得抵制研发更为庞大的 8000 系列计算机的呼声愈来愈高，8000 系列的研发团队不会坐以待毙。两个团队的竞争日趋白热，其激烈程度甚至远远超过他们与 IBM 外部对手之间的竞争。

小沃森有两种选择，一种是在 IBM 1410 的基础上提高计算能力；另一种是增强 7000 系列的数据处理能力。小沃森无论做出哪种选择，都将在 IBM 内部引发轩然大波。这意味着这两个开发团队，不是西风压倒东风，就是东风压倒西风。

20 世纪 60 年代初，小沃森执掌 IBM 尚不足 5 年。作为二代接班人，他父亲那帮老部下称呼他为小沃森，是在内心深处认为他确实很"小"。此时，IBM 已经存在了大半个世纪，各个部门之间形成了难以逾越的鸿沟。这些因素夹杂在一起，足以使小沃森的任何决策均无法贯彻执行。

时光已经无法回拨到 1961 年，小沃森做出那个重要决定的时刻。我们很难揣度当时到底发生了什么，使得小沃森在并未受到致命威胁的情况下，便孤注一掷，将整个 IBM 压上了赌桌。也许这是因为小沃森已经预测到了计算机的辉煌未来。

1961 年 12 月 28 日，小沃森力排众议，决定开发一种全新的计算机，并在合适的时间替换 IBM 1401 与整个 7000 系列。这台计算机就是在未来响彻大型机世界的 System/360[23]。

这个决定需要 IBM 在 4 年之内，为这个新项目招聘 6 万名员工，建立 5 个新工厂，支付高达 50 亿美金的费用。而 1961 年，IBM 的全年营收不过 22 亿美金，净利润仅为 2.54 亿美金[24]。

从财务数据上看，反对这个疯狂的项目不需要其他理由。这个几乎要透支 IBM 20 年净利润的 System/360 大型机，即便对于 IBM 这样一个庞然大物，依然是一场巨大的赌博。对于小沃森，这却是一次不能错失的良机。

他非常清楚，IBM 之忧，不在外患，而在萧墙之内。他需要一场大胜，不仅要打败所有潜在的竞争对手，更为重要的是击碎 IBM 内部的寒冰，一举收获 IBM 上下之心，使这个庞大的机器形成合力，走向世界，成为真正的国际商业机器。

小沃森对 System/360 寄予厚望，他以 360 为后缀命名这台机器，希望这台机器 360 度无死角，能够在所有领域击败一切竞争对手。这一理念贯穿 System/360 大型机开发始终。

小沃森的第一步是将几乎处于对立的 1401 与 7000 系列的开发团队融合。这种融合必然带来阵痛。项目初启时，没有人对 System/360 的进展满意。小沃森处于一个幸运的时代。在这个时代，美国人可以每周工作 100 多个小时；工程师可以把行军床搬进办公室；项目危机时，总会有人挺身而出，扶大厦之将倾。

在当时的美国，小沃森必然会完成这项任务。这个处于上升期的国度可以在世界范围内为 IBM 提供充足的人力与物力。在小沃森的强势整合下，IBM 将相同心，三军用命。小沃森选择了一个在趋势之上的方向，只要做到坚持，成功只是时间问题。

1964 年 4 月 7 日，System/360 大型机正式发布[25]，计算领域的第一次浪潮，大型机时代正式降临。此后，在电子信息产业中，"计算"始终为最重要的方向。System/360 大型机的组成如图 3-8 所示。

图 3-8　IBM System/360 大型机系统

System/360 大型机具有划时代的意义。其中一个关键的改变是从 System/360 大型机开始，一直延续到今天的处理器设计理念，将计算机的架构与实现完全分离，使用同一套架构适应不同的应用领域。

采用这种方法，IBM 可以在核心架构不做重大调整的前提下，通过改变实现方式，即可以最小代价，制作出适用于不同领域的计算机，以 360 度无死角地覆盖从高端到低端的所有应用场景。依据这一设计理念，System/360 大型机由一个统一的核心，以及围绕其所派生出的多个型号组成。

System/360 大型机最先发布的型号是 Model 30，每秒只能执行 34.5k 条指令，内存为 8～64KB[25]。在 1967 年发布的 Model 91，每秒钟可以执行 16.6M 条指令，最大内存为 8MB[26]。这些指标远比不过今天可以每秒执行数十亿条指令、轻松支持几 GB 内存的手机处理器，但在当时已经是一个非常高的数字了。

System/360 大型机发布之后，CDC 的克雷在计算机领域做出重大突破。1964 年 9 月，克雷凭借仙童使用平面工艺制作的硅晶体管，发布了一款史诗级的作品，CDC6600，如图 3-9 所示。

图 3-9   第一台超级计算机 CDC6600

这台计算机比当时性能第二高的计算机快了 3 倍有余。因此计算机产业界只能将 CDC6600 称为超级计算机以示区别[27]。这台计算机使 IBM 倍感压力，因为 CDC6600 超过的前世界第一，正是自己家里的那台 IBM7030 Stretch[28]。

虽然 CDC 没有与 IBM 在其如日中天的商业领域竞争，而是专注于科学计算，IBM 依然为丢掉这个第一如鲠在喉。在与 CDC6600 的计算性能的竞争中，IBM 的计算机全部败下阵来。虽然 CDC 公司只有 30 多名员工，但是却有一位西蒙·克雷。这位被后人称为超级计算机之父的克雷，一人足以抵挡千军万马。

IBM 没有自乱阵脚。System/360 大型机与超级计算机的设计理念不同，这是大型机能够引领一个时代的重要原因。小沃森定义的大型机，其主要用户是企业，不是国家机器。企业购买大型机的原因，不是从事密码破译、核弹模拟与导弹轨迹的计算，而是需要解决更为实际的问题，这些问题与数据处理直接相关。

小沃森充分理解了这一需求。System/360 大型机在设计之初，重点关注的性能指标，是每秒钟进行的"数据交易"次数。这里的"数据交易"指数据从外部设备导入处理器进行计算，之后再将处理过的数据送还给同一个或者其他外部设备的一次完整过程。System/360 的设计聚焦于这个交易数，而不是每秒钟运行的指令数目。

这种重视"数据交易"的设计理念，与 CDC6600 这种超级计算机有较大的差别。国防工业的需求，强调计算机的运算性能，特别是每秒钟进行的浮点运算的能力，这也是衡量超级计算机的重要指标。

20 世纪 70 年代，克雷从 CDC 公司离职后，创建了以自己名字命名的公司。从那时起直到 20 世纪末，克雷公司在超级计算机领域始终一枝独秀，所发布的任何一个产品，都是竞争对手研究与模仿的对象。

克雷的技术天分没能阻止公司的最终失败。超级计算机很快遭遇危机。越南战争使美国陷入泥潭。在有限的经费中，美军需要兼顾航母、飞机、导弹、核武器，与遍及全球的军事基地，剩余的资金无法支撑超级计算机的迅猛发展。

国防支出的锐减，使克雷公司难以维系制作超级计算机的所需巨额支出。1992 年，克雷公司破产，其资产被其他公司收购。

作为国家计算实力的象征，超级计算机至今没有退出历史舞台。美国、欧洲、日本与中国，仍然在进行相关研究。在不计成本的搭建过程中，超级计算机极大促进了计算机体系结构的进展。从处理器性能的优化，处理器之间的连接拓扑，到大规模并行处理的许多创新理念，最初都是在超级计算机上率先应用并逐步普及的。

大型机与超级计算机在设计理念上的差异，决定了这两种计算机的命运。依靠国防工业的超级计算机没有形成大型产业；围绕企业应用服务展开的大型机，具有更为广阔的空间，这种计算机迅速席卷天下，开启了一个长达 40 余年的时代。

围绕 System/360 大型机，IBM 开发了许多硬件设备，包括穿孔机、穿孔卡、存储、打印设备等。在一切涉及企业办公的领域，做到了 360 度无死角的覆盖，使得 System/360 不只是一台机器，而是被周边生态包围得密不透风的系统。

后人总结了 System/360 大型机的一系列优点。这台机器第一次提出并解决了兼容性问题，直到今天，为 System/360 开发的程序还可以在现代的 IBM 服务器上运行。解决这一问题除了需要指令集兼容之外，还需要 OS/360 操作系统的支持。

OS/360 操作系统明确了应用编程接口（Application Programming Interface，API）的概念，使用相同 API 的程序可在不同机器上运行。OS/360 操作系统支持多个程序同时运行，确立了分时操作系统的雏形。

围绕 OS/360 操作系统，IBM 开发了许多应用软件。这些应用软件的数量多到了使 IBM 这个传统硬件提供商，在后期顺利转型为软件服务公司。在企业办公软件上，IBM 也做到了 360 度无死角的覆盖。

伴随 System/360 的成功，事务处理系统（Transaction Processing System）崭露头角，这种系统就是今天数据库的雏形。数据库的出现使企业处理日常事务时，产生的数据以表格的方式有序存放，提高了工作效率。在今天的移动互联网世界，交易处理系统依然是核心所在。

在中国，每年的双十一购物狂欢节，几大电商在技术环节上所比拼的就是两种交易数据，一种是交易数，另外一种是成交数。电商们使用了一个更加直观的词汇 GMV（Gross Merchandise Volume）掩盖了交易数这个词汇，GMV 指成交金额，由付款和未付款两部分交易数据组成。

在支撑 System/360 处理器众多成功要素中，最重要的一条依然是以"数据交易"为核心。在距今约 60 年之前，小沃森便预测出这个"数据交易"是企业应用的关键，这种对未来神奇的穿透力以 IBM 拥有的科技为本。

在大型机时代，甚至直到今日，蓝色巨人是仅有的一家能够将电子信息产业全线打通的公司。蓝色巨人从最基础的数学、物理、化学到与材料相关的科学，从半导体的设备、材料、制造到集成电路设计，从大型计算机的主机设备、操作系统、数据库到企业级应用，几乎无处不在。

在 System/360 大型机的搭建过程中，IBM 使用了介于晶体管与集成电路之间的一种技术 SLT（Solid Logic Technology）。在研制 SLT 的过程中，IBM 的物理与化学家整合了源于贝尔实验室的晶体管技术与仙童提出的集成电路制作工艺，并在此基础之上更进一步，系统而科学地规划了集成电路制作过程中的每一处细节，使集成电路正式成为大型产业。

不久之后，IBM 从贝尔实验室手中，接过推动半导体科学持续发展的接力棒，在此后 30 多年的时间里，引领着半导体设备、材料与制作工艺的全面发展。

从 System/360 大型机系列开始，处理器体系结构、操作系统雏形初现。至此，以硬件与操作系统为中心，周边应用软件为生态的模型在计算领域逐步确立。IBM 因为兼容与开放，引领了处理器与操作系统行业长达 30 年之久。

IBM 之后，还有许多公司也开始进入大型机领域，包括 Burroughs、UNIVAC、

NCR、Control Data、Honeywell、GE 和 RCA 七家公司。产业界将大型机领域这种群雄逐鹿的格局，戏称为"白雪公主与七个小矮人"。

这位"白雪公主"太强大了，不仅在技术领域，在销售领域小沃森也在尝试新的策略，进行 360 度无死角覆盖，连口汤都没准备给"七个小矮人"剩下。"七个小矮人"决定联合起来，奋起反抗，痛打"白雪公主"。

IBM 太成功了，以至于成为全民公敌。此时，能够制约小沃森的只剩下美国的反垄断法。从 1969 年开始，美国司法部对 IBM 正式提起反垄断诉讼，控告 IBM 公司"不仅企图垄断，而且已经做到了垄断"。这场诉讼持续了 13 年之久，直到 1982 年才告一段落。

美国是反垄断法的创始国。这个国家诞生之初，没有世袭贵族，巨型公司的势力代替了世袭贵族。从欧洲抵达美洲的清教徒，因为对世袭贵族制度的厌恶，本能地相信"公司大者必为恶"。

这个国家很快健全了反垄断法，肢解了 AT&T，间接打败了贝尔实验室。只是这些反垄断法的捍卫者，究竟有几人能够洞察到即将蓬勃而出的电子信息时代的未来，有几人具有小沃森这样对未来的穿透力。

面对反垄断官司，IBM 奋起反抗，认为政府在制裁"成功者"，在制裁"因为自己的努力，技术上的投入，对未来的精准预判"而获得成功的公司。这场官司最后不了了之，IBM 没有如 AT&T 一般被彻底分解。

在此期间，IBM 付出了惨痛代价。小沃森熬到油尽灯枯，在 1971 年，因病卸任 CEO 职位。历经十余年的垄断官司，IBM 已不再是小沃森旗下的那个阳光少年。这个少年在长大后，愈发谨小慎微。虽然 IBM 始终强调着，世界上唯一不变的就是变化，但是让这个公司尝试新的变化却无比艰难。

万生皆有一死，再辉煌的公司也终为土灰。贝尔实验室是这样，IBM 也是这样，世界上没有任何一个公司能够摆脱这一宿命。美国的反垄断法，却时常加快着一个科技公司的生老病死。

在反垄断法的压力下，IBM 无法在大型机市场上一家独大，美国政府虽然没有肢解 IBM，却为其他大型机厂商争取到了足够的生存空间。大型机市场之外，还陆续出现了不同类型的中小型机。

这些大中小型机面临着一个同样的问题，即封闭式开发环境带来的软件兼容性。这些机器不仅指令集不同，所使用的操作系统与应用程序接口也并不相同。编程人员在开发应用软件时，需要适配不同的操作系统与应用程序接口，极大影响了大中小型机前行的步伐，一统操作系统与应用程序接口已势在必行。

1972 年，贝尔实验室的一名软件工程师 Ken Thompson，在 DEC 的 PDP-7 计算机上开发了一个简单的操作系统，为了书写这个操作系统，Ken 发明了一种新型程序设计语言，即 B 语言。这种操作系统与程序设计语言，没有在贝尔实验室引起关注。

此前，贝尔实验室从一个代号为"Multics"的操作系统项目中撤退，研发团队还笼罩在失败的阴影之中。

Ken 是 Multics 操作系统项目组成员，利用业余时间书写了一款游戏"Star Travel"。这款游戏只能运行在 Multics 操作系统中，在贝尔实验室放弃这个项目后，Ken 再也没有机会，趁着同事下班，偷玩这款游戏了。于是 Ken 用了一个多月的时间，找了台老旧的 PDP-7 计算机，重新书写了一个操作系统，继续偷玩这款游戏。

这个操作系统，引起了贝尔实验室另外一个工程师 Dennis Ritchie 的注意，他与 Ken 一道完善了这个操作系统，将其命名为 UNIX。1973 年，Dennis 和 Ken 发表了关于 UNIX 的一篇文章[33]，轰动了整个计算机产业，开启了 UNIX 操作系统的传奇生涯。

Ken 与 Dennis 的成功，使整个产业界都在质疑，贝尔实验室在开发 Multics 操作系统时，到底采用了什么样的管理机制才导致项目失败，明明开发这一操作系统，只需要 Ken 与 Dennis 两个人就足够了，连第三个人都不需要。

第一版的 UNIX 操作系统以 B 语言为基础书写，具有不少与计算机硬件指令紧耦合的汇编代码。Dennis 在 B 语言的基础上，发明了大名鼎鼎的 C 语言[34]，重新书写了这款操作系统。UNIX 操作系统与 C 语言的出现，改变了其后软件行业的格局。而由此，Ken 与 Dennis 这两个人也成为所有老一辈程序员心中不死的传奇。

他们所发明的 C 语言，奠定了其后所有程序设计语言的基础。连这本主体是半导体的书籍，也不得不出现他们的名字，因为半导体设计所使用的硬件描述语言，依然基于 C 语言定义的框架与语法结构。

他们所设计的 UNIX，奠定了今天依然在服务器领域使用的 Linux、在 PC 上使用的 Windows 和 MacOS，以及在智能手机上使用的 iOS 和 Android 等所有操作系统的基础。从技术的角度看，今天这些操作系统的设计理念没有跳出 UNIX 的框架。

许多公司在获取 UNIX 相应授权后，开发出各自的专属操作系统，如 IBM 的 AIX、SUN 的 Solaris、惠普的 HPUX、SGI 的 IRIX、DEC 的 Tru64 等。这些操作系统基于 UNIX，但依然与各自的主机有一定的耦合关系，也对应着不同的封闭开发环境。这种封闭式的开发环境，一定程度上制约了大型机的进一步发展，也引发了产业界的深度思考。

为此，产业界制定 POSIX（Portable Operating System Interface）规范，解决不同操作系统的兼容性问题。在解决这些兼容性问题的过程中，中小型机层出不穷。许多公司认为现有的大中小型机，除了需要满足中大型企业需求之外，还应该深度化简以供小企业使用，甚至小企业内部的小部门也应该拥有一台小机器。

有一家公司将这个理念延伸了一步，认为不只是小企业，甚至个人也应该拥有一台计算设备。凭借这一理念，这家公司开创了一个全新的时代。

3.3　Wintel 帝国

1971 年 11 月 15 日，Intel 4004 正式发布[35]。这款处理器由 2300 多个晶体管组成，尺寸为 $12mm^2$，性能却与 ENIAC 计算机相当。因为这款处理器可以在同一片集成电路中实现，而被称为微处理器。

1978 年 6 月 8 日，Intel 发布 16 位的 8086 微处理器。没有人会认为，这将是一个全新时代的开始。因为日本半导体厂商的强势崛起，此时的 Intel 是一个危机重重的半导体存储制造商。

一年之后，Intel 推出更为廉价的 8088 微处理器。IBM 使用这款处理器，制作出第一代个人计算机（Personal Computer，PC），如图 3-10 所示，PC 产业正式诞生。

图 3-10　IBM 的第一代 PC

在 PC 产业兴起之初，IBM 展现出惊人的控制欲。蓝色巨人深知占领产业制高点最廉价的方法，莫过于控制产业标准。1981 年，在其发布第一代 PC 之后的第二年，IBM 几乎公开了制作 PC 的全部技术资料，明确了 PC 的设计标准，将自己生产的 PC 称为原装机，将其他厂商制作的机器称为兼容机。

IBM 不认为基于微处理器制作的 PC，能够挑战大型机。20 世纪 70 年代，IBM 提出 RISC（Reduced Instruction Set Computing）设计理念，对应的处理器架构被称为 RISC 架构，即精简指令集架构，与之相对的是 CISC（Complex Instruction Set Computer），即复杂指令集架构。在计算机发展初期，绝大多数公司选用 CISC 架构，包括 Intel。

RISC 理念的雏形，最早出现于图灵在 1946 年设计的 ACE 计算机[29]。将 RISC 理念付诸实践并打磨成型的是 IBM 的 John Cocke，他设计了第一台具有 RISC 架构的处理器——IBM 801，为此产业界将 Cocke 称为 RISC 之父。

Cocke 在设计 IBM 801 处理器之前，经过大量统计，发现处理器在运行时，约一半以上的时间仅使用 5 条指令，包括"读取存储器""写入存储器""整数比较""整数相加"与"分支判断"[30]。Cocke 认为，如果将这几条指令调整为等长，而且执行时间也尽可能一致，将有利于指令在 CPU 中流水执行，其效率明显高于指令不等长、运行时间不一致的 CISC 架构，而且功耗也将明显下降。

1980 年，16 位的 IBM 801 处理器正式发布，并大获成功。在 15.15MHz 的主频下，其执行效率可达 15MIPS（Million Instructions Per Second），即每秒 1500 万条指令[31]，此时，Intel 的 8086 处理器在 10MHz 的主频下，执行效率仅为 0.75MIPS[32]。

两种处理器性能间的巨大差距，使 IBM 可身处云端，俯视 Intel 设计的所有微处理器。在 IBM 这个巨人的心中，所谓微处理器，不过是几个微小企业之间的游戏罢了。在这种微处理器之上搭建的一切均不足为虑，包括操作系统。

当时，在 Intel 开发的 x86 微处理器中，最为流行的操作系统是 Gary Kildal 开发的 CP/M。IBM 有意收购这款操作系统用于 PC。令这位巨人惊讶的是，对于这种恩赐，Kildal 居然还敢讨价还价。

在 IBM 管理层的心中，任凭谁都能做成这种简单的操作系统，于是不假思索地选中了微软这个在当时非常弱小的公司，放弃了 CP/M 操作系统。这一异常在产业界引发了不小争议，也留下了一段有趣的往事，据说创建微软的比尔·盖茨的母亲在 IBM 董事会中有不小的影响力。

微软此时的主业是 BASIC 语言解释器，并无操作系统相关经验。但这难不住比尔·盖茨，他花费了 7.5 万美金，从一个小公司手中购买了 QDOS（Quick and Dirty Operating System），将其改名为 MS-DOS，转手授权给了 IBM[36]。IBM 在这个操作系统的基础上，开发出具有字符界面的 PC-DOS。

QDOS 的设计思想源于 CP/M 操作系统，这使得 Gary Kildal 坚持认为微软的 DOS 抄袭了 CP/M[37]，甚至准备起诉微软与 IBM。但是 QDOS 并不等同于 CP/M，后人通过对两者在源代码级别上的比较，验证了这个事实[39]。以比尔·盖茨的精明，想必在购买 QDOS 之前，便已得悉了这些信息。

在轻易解决了 MS-DOS 与 CP/M 之间的法律纠纷之后，比尔·盖茨试图说服 IBM 让微软保留 MS-DOS 操作系统，与 IBM PC 独立销售而无须捆绑。IBM 不假思索，便批准了这一请求。

IBM 没有忽视即将来临的 PC 时代，只是严重误判了 PC 行业在未来的演进趋势，认为掌控住 PC 的设计标准，便把握住了这个产业的命脉。IBM 没有预料到，他们制定的标准过于庞大。在他们设计的大房子之中，有人又盖了两所小房子，微处理器和操作系统。这两所小房子才是 PC 时代最后的标准。

大型机时代的成功，使 IBM 惯性地认为，在一个计算机的硬件组成中，最关键的是主机本身；在软件系统中，最重要的是深度捆绑企业客户的应用程序。而实际上，在即将来临的 PC 时代，主机与应用程序不过是处理器与操作系统的周边生态罢了，蓝色巨人进行的这些努力，不过是在不停地为他人做嫁衣裳。

IBM 不认为 Intel 的 80x86 系列处理器能对 IBM 801 带来任何威胁，也不认为微软在操作系统领域能有多大作为。无论是 DOS 还是后来出现的 Windows，在技术层面上甚至无法与苹果推出的 Macintosh 操作系统相比，更不用说在大型机中已经非常成熟的 UNIX 操作系统。

IBM 没有因为 Intel 与微软在此时的弱小而掉以轻心。在这个公司，一群聪明人在想尽办法，试图掌控用于 PC 的微处理器与操作系统。IBM 先是扶植 AMD 制约 Intel，之后与微软联合开发 OS2 操作系统，试图在成熟时，将 DOS 替换。

IBM 对微软与 Intel 所进行的一系列掣肘行为，使两者走得更加紧密，在某种程度上促使双方建立了事实上的联盟。IBM 的这一系列操作，似乎无懈可击，却只能守成，无助于帮助自己开创一个新的时代。

在 PC 时代兴起前夜，IBM 进退维谷，无论将来会成就谁，都无法成就自己。制作出第一台 PC 的 IBM，没有获得最后的成功。这不完全是因为自身失误，这个公司很不走运，在 PC 时代中，遇见了 IT 史册上最大的两个机会分子，微软的比尔·盖茨与 Intel 的安迪·格鲁夫。这两个机会分子当然不会放过任何机会。

在微软获得独立销售操作系统权力的瞬间，世间没有任何力量，能够阻碍这个公司的未来。比尔·盖茨将命运牢牢地把握在了自己手中。此时，微软不受任何约束，仅需等待 PC 成为一个伟大的产业，即可一骑绝尘。比尔·盖茨的运气非常好，他即将与一个在 IT 史册中特立独行的企业家安迪·格鲁夫合作。

Intel 的创始人是八叛逆中的诺伊斯与摩尔。诺伊斯凭借发明集成电路，即可青史留名，20 世纪 70 年代末，已游离公司之外，摩尔与安迪·格鲁夫一道肩负公司重担。安迪·格鲁夫是 Intel 的第一个员工，此时已成为 Intel 的第二号人物。Intel 的历史上，还有一位名为安迪·布莱恩特的董事长，为此下文将安迪·格鲁夫尊称为老安迪。图 3-11 为格鲁夫、诺伊斯、摩尔在 1978 年的合影。

图 3-11　格鲁夫（左）诺伊斯（中）摩尔（右）在 1978 年

1978 年，当 23 岁的比尔与 42 岁的老安迪第一次见面时，微软刚刚成立三年，仅有 11 名员工，还没有开发出操作系统；而 Intel 已在半导体存储行业确立了地位，推出了多款微处理器，员工过万。公司间的不对等很难给比尔·盖茨带来任何自信，两个人相同的骄傲使得争吵时有发生。

据说在某个晚宴上，两个人的争吵引起了周边所有人的关注。老安迪还能有条不紊地尽享美餐，比尔却吃饱了一肚子气。微软与 Intel 没有因为两人的见面立即展开全面合作，PC 产业在当时刚刚起步，并不成熟。

1979 年，Intel 任命老安迪为公司总裁，摩尔依然担任 CEO，却将更多的管理职能移交给了老安迪。Intel 此时的处境异常艰难，老安迪内忧外患，或许已经将年轻气盛的比尔·盖茨遗忘。在与日本半导体存储厂商的竞争中，Intel 尽落下风，全公司的员工士气低落，老安迪经常守在公司门口，从抓员工考勤开始，重整旗鼓。

这种行为显然治标不治本。20 世纪 80 年代，日本半导体产业如日中天。1984 年，Intel 的存储器芯片在库房中堆积如山，面临创建以来的第一次危机。

1985 年，老安迪在一次公司会议中问摩尔："如果董事会决定从外部招聘新的 CEO，这个新的 CEO 将怎么做？"

摩尔回答着，"他将抛弃存储器业务。"

老安迪很坚定地反问摩尔，"那么我们为什么不自己动手？"

也许老安迪在科技层面上，无法与 Intel 两位创始人相媲美，但是他如岩石的执着，如烈火的果敢，化解了 Intel 面临的危机。

Intel 最终抛弃了存储器业务，进军处理器领域。从今天 Intel 在处理器领域的领袖地位上看，老安迪这个决策似乎顺理成章。而只有将时针回拨到 1985 年时，我们才能体会到老安迪的艰难与不得已。

彼时，大型机时代尚未结束，中小型机大行其道。Intel 全面放弃存储器业务，专注正处于萌芽期的 PC 产业，全力以赴于自己并不擅长的处理器领域，是一个没有回头路的选择。

在老安迪做出这个决定之前，Intel 并不重视微处理器。4004、8008、8080 微处理器的产品负责人 Federico Faggin 于 1974 年便已离开，创建了 Zilog 公司，并开发出兼容 8080 指令集的 Z80 微处理器[40]。这颗芯片支持 CP/M 操作系统，成为 Intel x86 微处理器在低端应用领域的主要竞争对手。

彼时，Intel 的主流产品是 1982 年便已发布的 80286 微处理器，不仅在技术上远远落后于在大型机中使用的处理器，甚至不能与摩托罗拉设计的 68K 系列处理器一较高下。在那个年代，Intel 推出的每款处理器都是学术界奚落的对象，在很长一段时间里，技术都不是 x86 系列处理器的优势。

　　Intel 最大的优势是老安迪虽百折而不挠、我行我素、笼罩当世的大气魄。1987年，老安迪正式成为 Intel 的第三任 CEO，完全抛下了半导体存储这个巨大的包袱，带领 Intel 的处理器步入 80386 时代。

　　在此之前，Intel 刚与 IBM 完成一次旷日持久的交锋。IBM 要求 Intel 必须扶植另外一个能够生产 x86 系列处理器的公司，与其展开竞争，以保证 IBM 生产的 PC 有两个不同的处理器厂商。

　　IBM 给 Intel 树立的对手叫作 AMD。AMD 的起家也是制作半导体存储器。1975年，这家公司通过逆向工程的方法，复制了 Intel 8080 微处理器，还在名字上压了 Intel 一头叫作 AM9080[38]。在微处理器领域，AMD 在很长的一段时间都在采用跟随战术，Intel 做什么 AMD 就复制什么。

　　Intel 的所有人包括老安迪，估计在心里曾无数次咒骂 AMD。无奈此时 IBM 在 PC 产业的话语权显然比天还大。1982 年，Intel 被迫与 AMD 签订了"关于 iAPX86 系列微机处理器的技术交换协议"，其中 iAPX86 是 8086 处理器的正式名称[39]。

　　Intel 没有因为竞争而消亡。此时曾经拥抱开放、提倡革新的 IBM 却与 Intel 开了一个大玩笑。1982 年，Intel 推出 80286 处理器时，IBM 却有相当多的人坚决反对从 8086 切换到性能更好的 80286 处理器。

　　此时，集成电路沿着摩尔定律的道路持续前行，在相同尺寸的芯片中，每 18 个月集成度提高一倍。与 8086 相比，80286 微处理器集成了更多的晶体管，但价格并没有大幅提高。价格与性能不是 IBM 做出这一选择的原因。

　　也许是因为在大型机领域的成功，遮蔽了 IBM 的双眼。大型机的使用者是企业客户，更加关注应用系统的稳定性，而不刻意追求性能。这与 PC 的设计理念有较大差异。在 Intel 推出 80286 很长的一段时间，IBM 还在重点销售基于 8088 的 PC。1985 年，Intel 发布 80386 时，IBM 依然选择等待。

　　Intel 无法等待，整个世界不再等待。康柏快速推出基于 80286 与 80386 处理器的 PC 兼容机，在 PC 销售份额上一举超过 IBM。在巨大的性能差异面前，哪个老百姓会关心兼容机与原装机的血统谁更为纯正？

　　事实证明，在一个大型科技浪潮面前，即便是蓝色巨人这样的庞然大物所制造的阻碍，也不过是螳臂挡车，以卵击石。IBM 逐步沦为 PC 的一个普通生产厂商，最后黯然退出了这一领域。

摆脱 IBM 束缚之后，Intel 和微软奋力向前。1989 年，Intel 推出 80486 处理器；第二年微软发布 Windows 3.0 操作系统。80486 处理器与 Windows 3.0 的组合堪称完美，Windows 与 Intel 的名字因此紧密联系在一起，形成了一个专门的词汇"Wintel"。

Wintel 泛指使用 x86 处理器并运行 Windows 的生态环境，同时也是微软与 Intel 这一联盟的简称。在 PC 领域中，Wintel 组合打遍天下无敌手，创建了令所有对手望而生畏的时代，一个只属于他们的时代，Wintel 帝国时代。

无论是 Intel 还是微软都没有公开承认过 Wintel 联盟的存在，却无法否认这个词汇在整个行业制造的恐慌。在那个时代，对于在帝国之外，妄图涉足 PC 领域的厂商，Wintel 这个词汇是一个魔咒，使之望而却步。

在联盟中，Intel 负责底层硬件平台的搭建；微软提供操作系统和上层软件。Intel 的外围有许多 PC 制造商，微软的周边也有许多应用程序提供商，这些厂商以 Wintel 为中心，组成了 PC 的生态环境。这是一段属于 PC 的美好时光。Wintel 联盟相互间存在的依赖，相互成就了对方的事实，维持着 Wintel 帝国的稳定。

帝国具有严明的纪律，其组成部分各司其职，没有衰退的前兆，也没有太多不和谐的声音。在帝国中，Intel 是 PC 处理器最重要的供货商，AMD 占据着一些市场份额。PC 处理器主要使用 Windows 操作系统，1994 年出现的 Linux 操作系统没有给帝国制造过多的麻烦。

帝国的问题，总是从内部开始。如同所有联盟，合作和冲突始终并存。只有面对强敌时，两个弱者间的联盟才较为可靠。伴随 Wintel 帝国的成长，之前威胁帝国生存的 IBM 逐步式微，微软与 Intel 成长为巨人，使得帝国内部的冲突愈发频繁。

1993 年，Intel 发布了没有按照 80x86 进行命名的 Pentium 处理器。在拉丁文中，Penta 代表 5；"ium"后缀通常出现在元素周期表中。Intel 对这款处理器寄予厚望，将其比喻为一种新的化学元素。微软却给了 Intel 一记响亮的耳光。

1985 年，IBM 要求微软与其一道开发 OS2 操作系统。此时，PC 产业处于起步阶段，IBM 正着手布局未来，牵制日益强大的微软与 Intel，并试图将两者一举击溃。OS2 操作系统，是完成 IBM 这一布局的重要环节。

IBM 设计这款操作系统的初衷，自然是为了找到合适时机，替换掉 DOS。从设计这款操作系统的第一天，IBM 就将这一层含义清晰无误地转达给了微软。在强大的 IBM 的面前，微软没有反抗能力，同意了这一要求。

OS2 操作系统源于 UNIX。微软很清楚这种操作系统的设计框架强于 DOS，在偷师成功后，一脚就踢开了 IBM。1993 年 7 月，微软发布 Windows NT。Windows NT 与 OS2 操作系统源出同门，但从命名上与 IBM 完全厘清了界限。

在设计 OS2 操作系统时，IBM 时刻惦记着 Intel。这款操作系统在设计之初，已准备支持 x86 处理器的所有竞争对手。主体源于 OS2 的 Windows NT，自然也可以运行在与 x86 竞争的处理器中。Intel 迎来了自创建以来的第二次危机。

此时，DEC 的 Alpha 处理器，Apple、IBM 与摩托罗拉联合开发的 PowerPC 处理器，SUN 的 UltraSPARC 处理器和 MIPS 处理器组成了一个强大的微处理器联盟。这个联盟的处理器全部基于 RISC 架构，因此也被称为 RISC 联盟。

Intel 即将迎接来自这个联盟的挑战。在技术层面，Intel 没有任何与其抗衡的优势。Intel 是复杂指令集架构 CISC 的拥护者，始终坚守着指令集向后兼容（Backward-Compatibility）的理念，很难立即掉头加入 RISC 阵营。

RISC 与 CISC 架构各有千秋，但 RISC 架构在执行效率上无疑更胜一筹。今天，我们几乎在任何应用场景中，都找不到基于 CISC 架构的处理器，即便是 Intel 的 x86 处理器最终也被 RISC 架构同化，今天的 x86 处理器虽然披着"CISC 指令集"的外衣，但其内部实现已经完全 RISC 化。

CISC 架构的先天不足，使 Intel 的处理器在性能上落后于 RISC 联盟。Intel 在处理器上的积累，远远不能与大中小型计算机使用的 RISC 处理器相比。Intel 开发的第一代 Pentium 处理器，甚至不具备高端 RISC 处理器早已支持的"乱序执行"。

微软开始犹豫，多次在公开场合下断言 RISC 处理器替代 Intel 的 x86 是大势所趋[41]。Intel 没有动摇，至少老安迪没有动摇。Intel 没有退路，其背后只有万丈深渊。此时，老安迪麾下的 Intel 是"连说句不会都无比自信"的 Intel。

在技术上处于优势，垄断着大中小型各类服务器的 RISC 联盟，面对着一道几乎无解的难题。当时，除了 Window NT 的原生程序之外，没有多少应用程序能够运行在 RISC 处理器环境中，特别是老百姓经常使用的应用，比如游戏与聊天软件等。

此时，PC 世界创建十年有余，人们习惯了这里的一切，不在乎 RISC 处理器的性能，只关心在这种处理器中能否重现他们熟知的一切。应用软件的开发商，不会因为 RISC 处理器的性能，便将此前十年积累的应用完全移植，他们即便有心，亦感无力，书写这些应用的程序员，怕早已不知踪影。

这使得 RISC 联盟，在 Windows NT 环境中，始终无法凑齐足够多的应用程序，以进入 PC 世界击败 Intel，无法进入 PC 世界意味着无法进一步获得应用。面对这个已构筑好的 PC 生态，作为 Wintel 联盟一方的微软亦无法化解。这是一个由天下民众组成的生态力量。

面对这种力量，技术上领先的 RISC 联盟，没有任何机会在 PC 市场中战胜 Intel，只能在服务器市场中苟存，然后眼睁睁地看着 Intel 在 PC 生态的保护伞下，逐步完善处理器技术，渗入服务器市场，最后战胜他们。

1995 年 11 月，Intel 历史上具有里程碑意义的 Pentium Pro 处理器发布。这颗处理器将程序中的 CISC 指令，翻译为被称为 µops 的 RISC 指令，之后进入流水线执行。这种实现方式，使得 x86 处理器在外面虽然使用 CISC 指令，但在内部执行时，完全基于 RISC 架构。Intel 完成了蜕变，具备了挑战 RISC 联盟的技术资本。

Windows NT 与 RISC 联盟，依然无法击败 x86 处理器的事实，使 PC 帝国的两个成员重回蜜月。1995 年，微软发布了一个划时代的产品 Windows 95，这个产品仅支持 x86 处理器。1996 年，比尔·盖茨在公开场合承认，"最近的两年内，Intel 与微软在合作方面所花的时间比前十年加在一起还要多"。

但是在不久之后，微软的一个高层提出应该收购 AMD 或者 Cyrix 以对抗 Intel[42]。老安迪卸任 CEO 职位时，也承认自己犯下的最大错误是使 Intel 过度依赖微软[43]。

在电子信息领域，没有永远的合作，也没有永远的联盟。Intel 与微软也许早已厌倦了 Wintel 这个词汇，只是这个词汇背后的生态依然将两个公司紧密联系在一起。微软陆续发布的 Windows 98、Windows 2000、Windows XP、Windows 7、包括今日正在使用的 Windows 10 操作系统，与 x86 处理器依然不离不弃。

当一切成为往事，这段历史依旧令人回味无穷。

面对这个由芸芸众生共同维护的 Wintel 生态，SUN、DEC 无能为力，Apple、IBM 与摩托罗拉的联盟也无能为力，处理器世界的一代传奇 DEC 第一个倒下。当时的 DEC 在技术层面如此强大，在轰然倒塌后并不太长的几年时间内，投靠 AMD 的几个工程师研制的 K7 和 K8 处理器，几乎给 Intel 带来灭顶之灾。

AMD 在 Intel 的强势之下，能够生存下来就足以令人尊敬。1969 年 5 月 1 日，Sanders 与其他 7 位来自仙童的员工创建 AMD。与 Intel 的两位创始人不同，Sanders 是被仙童解雇被迫离开的。

Sanders 总是习惯性地将 AMD 与 Intel 对比，总是自嘲"Intel 只花了 5 分钟就筹集了 500 万美元，而我花了 500 万分钟只筹集到 5 万美元"。成立之后，AMD 采用跟随 Intel 的战略，几乎是 Intel 做什么，AMD 也做什么。

Intel 显然不会放过这样的对手，只是在美国反垄断法的阴影之下，Intel 始终留给 AMD 一丝喘息之机。在这线生机中，Sanders 和 AMD 奋力向前的故事愈显悲壮。

1982 年，AMD 在 IBM 的强力干预下，从 Intel 手中获得 x86 指令集的授权，Intel 对此始终如芒在背。1984 年，Intel 设计 80386 处理器时，准备抛弃 AMD。这一举动揭开了两个公司长达十年之久的诉讼，主要事件如表 3-1 所示。

———————— 表 3-1　Intel 与 AMD 十年的诉讼历程[44, 45] ————————

时间	事件描述
1985 年	Intel 正式发布 80386 处理器时，没有将相关专利授权给 AMD
1987 年	AMD 起诉 Intel 垄断
1991 年	AMD 推出的 AM386 处理器性能超越 Intel 的 80386；Intel 反诉 AMD
1992 年	Intel 败诉，法院授权 AM386 处理器可以免费使用 Intel 的相关专利
1993 年	AMD 推出 AM486 处理器
1994 年	法院裁定 AMD486 处理器可以使用 Intel 80486 处理器的微代码

这是一场 AMD 必须坚持的诉讼，也是 Intel 无论输赢都是胜利的诉讼。对于 Intel，只要这场诉讼没有结束，AMD 就不能顺畅地生产 x86 处理器。在漫长的诉讼过程中，Sanders 从逆向工程开始，一路披荆斩棘，陆续推出 AM386 与 AM486 处理器，与 Intel 同类芯片相比，性能不完全落于下风，价格却低出许多。

这场旷日持久的诉讼于 1995 年 1 月结束，AMD 大获全胜[46]。对于 AMD 来说，最大的胜利不是获得了 x86 指令的使用权，而是每天都在死亡线边缘徘徊的绝境中，终于明白了求人不如求己。

AMD 发起诉讼的初衷是希望获得 x86 产品的授权，在诉讼结束后，AMD 通过自身努力，独立开发出基于 x86 指令的处理器，不再需要依赖 Intel。从这一刻起，PC 处理器的历史，伴随着 Intel 与 AMD 的竞争奋然而向前。

此后，AMD 陆续开发出 K6、K7 与 K8 处理器，这给 Intel 的 Pentium 系列处理器制造了不小的麻烦。曾经有一段时间，Intel 的主流处理器 Pentium 4，在技术层面落后于 K7 处理器，导致 Intel 在 2006 年迎来了一个糟糕的财年。

这一年，Intel 的销售额与 2005 年相比下降了 11.1%，市场份额被大幅蚕食，昔日的铁杆盟友纷纷叛逃，Intel 步入寒冬。

困境中的 Intel，对 AMD 进行全方位反击。在 PC 行业中，最主要的用户是技术辨别能力不强的老百姓。在 Intel 强大的市场营销能力与产品长期处于优势的巨大惯性的作用下，多数用户认为 Intel 的处理器可能并不完美，但至少不会比 AMD 的更差。AMD 在无奈中选择等待。

在 AMD 的强大攻势面前，Intel 认识到自身在处理器架构中的短板。从 Intel 发布 4004 微处理器的 1971 年，到推出 Core 2 处理器的 2006 年，在这 30 多年时间里，Intel 在处理器架构领域，从未领先过 IBM、SUN 等公司研制的 RISC 处理器。

2001 年，IBM 的 Power 4 处理器已经支持双核结构。2006 年，SUN 发布的 UltraSPARC T1 处理器可支持 8 个核，而这一年 Intel 的处理器依然在两个核上挣扎，还经常被 AMD 奚落为"假双核"。

在半导体制作领域，Intel 与其他制造商，包括 AMD、英飞凌、德州仪器、IBM 与台积电同时处于 90nm 工艺制程的起跑线上，并无明显优势。

在此期间，Intel 制定了一个影响自身，乃至整个半导体产业界长达十年之久的战略，凭借在半导体产业积累的强大底蕴，发力于半导体制作工艺，并以此为基石，向处理器体系结构领域全力发起进攻。

在处理器体系结构中，最重要的组成模块为处理器微架构（Microarchitecture），也简称为微架构。微架构不等同于处理器，一颗处理器，除了包含微架构之外，还需要内存、网络、硬盘、声卡、显示控制器等与外部设备相关的控制逻辑。

而微架构仅包含处理器中的指令流水线与存储器层次结构（Memory Hierarchy）这些最为精华的组成部分。

此时，Intel 交替打出了两张牌，一张叫作 Tick，即引入新的半导体工艺制程；另一张叫作 Tock，指微架构的升级。Intel 将这两张牌组合在一起，称为 Tick-Tock。

3.4　Tick-Tock

2006 年初，Intel 发布 Pentium M 处理器，借助笔记本市场重整旗鼓，并实施

"Tick-Tock 战略"，向 AMD 展开反击。Tick-Tock 是英文中的拟声词，相当于中文中的"滴"与"答"。Tick-Tock 战略的核心是 Tick，是驱动 Tock 前行的源动力。这一战略的时间表见表 3-2。

—————— 表 3-2   Intel 的 Tick-Tock 计划 ——————

	工艺制程	微架构	处理器型号	发布时间
Tick	65nm	Pentium M	Yonah	2006 年 1 月
Tock	65nm	Core	Merom	2006 年 1 月
Tick	45nm	Core	Penryn	2007 年 11 月
Tock	45nm	Nehalem	Nehalem	2008 年 11 月
Tick	32nm	Nehalem	Westmere	2010 年 1 月
Tock	32nm	Sandy Bridge	Sandy Bridge	2011 年 1 月
Tick	22nm	Sandy Bridge	Ivy Bridge	2012 年 4 月
Tock	22nm	Haswell	Haswell	2013 年 6 月
Tick	14nm	Haswell	Broadwell	2014 年 9 月
Tock	14nm	Skylake	Skylake	2015 年 8 月

始于 2006 年的 Tick-Tock 计划实施得较为顺利。Intel 借助之前在半导体上游产业积累的强大底蕴，每两年升级一次半导体工艺制程，即进行一次 Tick，一路将半导体工艺制程从 65nm 推进到 14nm 节点。

每次工艺制程的提升，使得相同面积的芯片能够多容纳一倍的晶体管数目，为处理器微架构的升级奠定了基础，从而让 Intel 每两年就能完成一次微架构的升级，即进行一次 Tock。其中相邻的 Tock 与 Tick 采用相同的微架构，如 2008 年与 2010 年的 Tock 与 Tick，使用的微架构均为 Nehalem。

在 Tick-Tock 战略顺利实施的这段时间里，Intel 在处理器微架构与半导体工艺制程两个领域，打遍天下无敌手，引领 PC 产业快速更迭，直至一骑绝尘。

处理器微架构主要由指令流水线与存储器层次结构（Memory Hierarchy）两大部分组成，如图 3-12 所示，图中左侧为指令流水线部分，右侧为存储器层次结构的主体。

指令流水线包括冯·诺依曼体系定义的算术逻辑单元、寄存器与控制单元，其主要功能是将程序中的指令分解为多个步骤，如指令预取、译码、执行与回写等，以流水方式快速执行，是以"运算速度"为中心的处理器所需优化的重点区域。

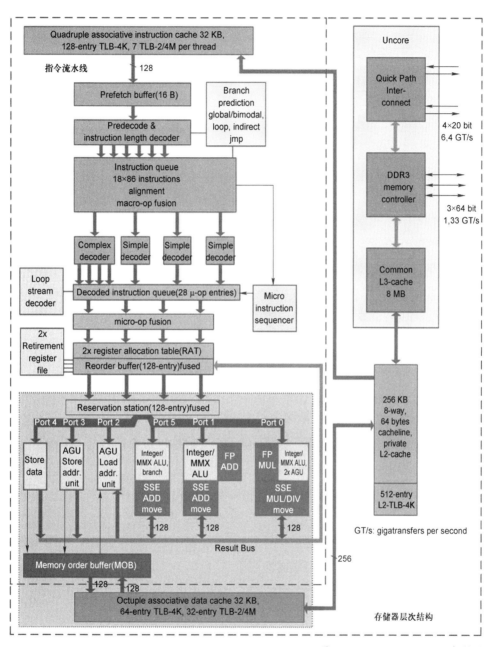

图 3-12　Intel Nehalem 微架构的组成

存储器层次结构包含内存管理单元、多级 Cache 与内存控制器等逻辑，是以"交易次数"为核心的处理器进行性能调优的关键。

指令流水线的性能，在很大程度上决定了微架构的运算速度。评价指令流水线的标准为每秒钟执行指令的数目。提高主频是提升微架构性能的直接手段。Intel 从 8086 处理器 4.77MHz 的主频开始起步，至 Pentium IV 处理器时曾经抵达 4GHz，之后在相当长的时间内无法更进一步。直到在半导体制程超越 7nm 工艺节点的今天，商用环境下使用的处理器主频才逐步超过 4GHz。

片面提高主频并不可取。指令流水线的主要任务是执行两大类指令，一类是算术与逻辑运算指令，另一类是存储器访问指令。提高主频可以正比加速运算类指令的执行效率，但不能有效缩短执行存储器访问指令所需时间。

指令流水线与汽车装配线类似。制作一辆汽车，需要通过上万次操作；执行一条指令，也需要几十级步骤。制作汽车时，假如由一个工人从头至尾做起，需要 1 年时间，那么 365 个工人，每人做这个汽车的一部分，一个工人做完后移交给下一个工人，在流水线搭建完成后，生产效率将得到极大提升。

其中，第一台车从上线到下线，将逐级通过流水，依然需要 1 年时间才能制作完毕，这是这条流水线的建立时间；在流水线建立完毕后，365 个人以全流水并行工作，此后每天都可以制作出一辆汽车。微架构中的指令流水线的概念与其类似，假设一条指令全部执行过程需要 16ns，且分为 16 个步骤完成，那么在理想情况下，当流水线建立完毕后，每 1ns 便可完成一条指令的执行。其中 1ns 与 1GHz 主频对应。

以此类推，如果可以将这条指令的执行分解为 32 个步骤，流水线搭建完成后，将具备每 500ps 执行一条指令的可能性，对应 2GHz 主频；分解为 64 个步骤，每 250ps 执行一条指令，对应 4GHz 主频。

细分流水线的执行步骤有助于提高主频，提升指令流水线性能。采用这种方法似乎可以将指令流水线的主频，一直提高到半导体材料的极限。但是与汽车装配线调试完毕后，数年如一日般重复不同，指令流水线容易被异常、外部中断与转移指令等操作打断而重新建立。流水线越长，恢复的代价越高，从而降低性能。

片面提高主频非但不能提高流水线的执行效率，有时反而适得其反。Intel 制作的主频接近 4GHz 的 Pentium IV 处理器，在一些存储与 I/O 访问密集的应用场景下，执行效率尚不及 2GHz 主频的 Pentium M。

另一个制约主频提升的是功耗。功耗与主频的提升成正比，主频越高功耗越大，而一个集成电路能支撑的最大功耗有限。功耗问题的解决，已经超出计算机体系结构的能力范围，是半导体材料与制作工艺的用武之地。

在指令流水线优化中，一个非常关键的策略是乱序执行（Out-of-order execution）。现代处理器乱序执行的完整概念由 IBM 的 Tomasulo，于 1966 年在 System/360 大型机的设计过程中提出，并于 1990 年在 IBM 的 Power1 处理器中实现[47]。

高端处理器的指令流水线具有多个执行单元，如图 3-12 所示的 Store Data、AGU、Integer/MMX ALU 等，可以容纳 100 多条指令，不同指令的执行速度不同，使用的执行单元不同，执行路径不同。其中没有依赖关系的指令，将不以进入流水线的先后顺序执行，而是准备就绪的指令率先执行。

现代计算机体系结构中，乱序执行的要点是"执行过程乱序"，在执行完毕后依然"顺序退出流水线"。图 3-12 中的 RAT（Register Allocation Table）、保留站（Reservation Station）、ROB（Reorder Buffer）单元与乱序执行逻辑相关。

主流处理器在实现"乱序执行"的过程中，不断提升指令并行度，即在一个时钟周期内，可以同时完成多条指令的执行。这种流水线也被称为超标量流水线。目前主流处理器微架构，如 x86 与 ARM 均采用了乱序执行与超标量流水线方式。

因为程序的相关性，指令的并行度具有上限，超标量流水线的优化终有尽时，处理器厂商在指令流水线层面的竞争愈发无趣，因为无论如何优化流水线，如何堆砌运算单元，也不过是尺有所短，寸有所长，适用于不同的应用场景罢了。

此时，提高指令流水线效率的关键，集中体现为提升存储器指令的执行速度。冯·诺依曼体系以存储器为中心，程序进行运算时，需要通过存储器指令与内存交换数据。微架构主频的提高，使内存瓶颈更加明显，对处理器微架构的优化，从进一步提高指令流水线的效率，逐步转移到如何缓解内存瓶颈。

冯·诺依曼体系以存储器为中心，在发展过程中，将"存储器"升级为"存储器层次结构"。在存储器层次结构中，设计起点为指令流水线的存储器访问指令，其间历经多级 Cache，终点为 DDR 存储器。

2008 年 11 月，Tick-Tock 战略实施到第二轮时，Intel 发布基于 Nehalem 微架构的处理器，即第一代 Core i7，转变了微架构设计思路，重点优化存储器层次结构，将其他公司的同类产品远远甩开。

Nehalem 微架构的大获全胜，一是因为"Tick"，二是因为"Tock"。2007 年，Intel 将半导体工艺制程升级到 45nm，领先当时所有集成电路制作厂商，工艺的升级使芯片得以集成更多的晶体管。Intel 将这些晶体管用在了刀刃上。

Intel 进一步强化从 System/360 大型机时代开始的，以"每秒钟数据交易次数"为核心的设计思想，并不片面追求"每秒钟执行指令的数目"，这一思路更加贴近当时的用户需求，也使得存储器层次结构成为 x86 处理器的设计重心。

台式机、笔记本、服务器及智能手机处理器的设计起点，基于这种"数据交易"模型，并将"交易"的数据从传统的输入/输出设备，如内存、网络与硬盘等，扩展到摄像头、触摸屏与各类传感器等设备。

与之前的微架构相比，Nehalem 略微优化了指令流水线，却对存储器层次结构进行了一次体系变革，加快内部 Cache 的读取速度，扩展外部 Cache 的容量，此外还引入了 QPI（Quick Path Interconnection）总线。产业界通常将微架构内部的 Cache 称为内部 Cache（Inner Cache），而将微架构之外的 Cache 称为外部 Cache（Outer Cache）。

基于 Nehalem 微架构制作的 Nehalem-EX 处理器，最多可以集成 8 个微架构，这 8 个微架构可以共享同一个外部 Cache，并保证 Cache 的共享一致。使用 QPI 总线可以连接 8 个 Nehalem-EX 处理器，组成最多可以容纳 64 个微架构的多核处理器系统。这个处理器系统，放在今天虽不值一提，但在当时是一个了不起的成就。

在处理器系统中，DDR 存储器的随机读写速度较慢，与微架构的速度不匹配。为此微架构设置读写速度较高的 Cache 作为 DDR 的数据副本，以提高执行效率，并极大降低了微架构访问 DDR 芯片的次数，全面提高了微架构的综合性能。

微架构在执行程序的过程中，如果需要访问数据，首先在本地 Cache 中进行查找，如果数据没有命中 Cache，将在多核处理器系统中的所有 Cache 与存储器中查找，并最终将数据导入本地 Cache 供下次数据访问使用；再次访问相同的数据时，将会在本地 Cache 中命中，在理想情况下，微架构将反复使用本地 Cache 中的数据，甚至不用再次访问存储器。

其中，Cache 越大命中率越高，对微架构性能提升越明显。假如多核处理器系统中所有 Cache 均能共享，将有效增加 Cache 总容量，利于提高 Cache 的使用效率。长久以来，存储器层次结构的优化，围绕 Cache 访问的延时、带宽与命中率展开，并过渡到由本地 Cache 与外部 Cache 组成的共享一致结构。

不同层次的 Cache 之间，进行数据淘汰时涉及许多算法；微架构进行中断与异常处理时，需要保证 Cache 数据的有效性；多核处理器系统中的内外部 Cache 与 DDR 存储器在共享一致的同时，需要保证数据的完整性；多核处理器系统的乱序执行流水线在执行存储器指令时需要考虑访存序列的合理性。

伴随着处理器系统需要保持 Cache 一致性的微架构数量逐步增多，多个微架构间进行高效互连的难度剧增，加大了 Cache 层次结构的设计难度。如果说处理器是数字集成电路的皇冠，那么微架构的 Cache 层次结构及其互连结构就是其中的冠上明珠。在高端处理器中，其设计难度远远超过了超标量流水线。

Intel 在 Nehalem 微架构中，极大优化了 Cache 层次结构，提升了微架构的整体性能。以 Nehalem 微架构为基石搭建的多核处理器系统大获成功。

Nehalem 微架构之后，Intel 进行了多轮 Tick-Tock 迭代，以半导体制作工艺的提升为基础，进一步优化存储器层次结构设计，极大提高了"数据交易"效率，将源于 System/360 时代的设计思想，延续到 PC 与智能手机时代的服务器中，使得 Intel 在服务器领域，逐步战胜了 IBM、SUN 等厂商。

Intel 强化了 System/360 大型机时代提出的，将架构与实现分离的成功经验。Intel 的 PC 与服务器处理器的应用场景相近，均以"数据交易"为核心。服务器的"数据交易"性能高于 PC，运算能力却与 PC 处理器接近。

这些相似之处使 Intel 可以在微架构层面，一统台式机、笔记本与服务器处理器的实现，以最大化节省设计成本。服务器的市场规模小于笔记本与台式机，利润却更高。直到今天，服务器产品依然是 Intel 的重要利润来源。

Tick-Tock 的顺利实施，建立在 Intel 强大的技术储备与财力的基础之上。Intel 可以让两支团队同时进行不同的 Tick 与 Tock，全力前行，所有处理器厂商都无法与 Intel 抗衡，最终败下阵来。

Intel 的 Tick-Tock 大获成功，也为这个成功付出了不小的代价。为了集中足够的人力与物力，Intel 几乎放弃了所有嵌入式领域，包括通信、存储，以及后来体量超过了 PC 与服务器的智能手机处理器。

2006 年 6 月 27 日，Intel 将手机处理器产品，作价 6 亿美金出售给了 Marvell[48]。几年过去，Intel 在 PC 与服务器领域大获全胜之后，即使付出 10 倍以上的代价，也无法重回这一领域。

也许这就是美国企业的宿命，再伟大的公司也不能同时跨越两个时代之巅，大型机时代的 IBM 是这样，PC 时代的 Intel 也是这样。大型机之王没能在 PC 时代继续称王，PC 之王亦没能在智能手机时代继续称霸。

2015 年，Intel 发布基于 14nm 工艺制程的 Skylake 微架构后，Tick-Tock 战略的执行步伐近乎陷于停滞。此后这家公司虽然陆续发布过一些依然基于 14nm 工艺制程的微架构，但是这些架构再也没有了"Tick"的前行作为支撑，获得的成就乏善可陈。

2021 年，Intel 终于攻克 10nm 工艺制程，进展之慢甚至令竞争对手震惊。尽管 Intel 的 10nm 与台积电的 7nm 性能相当，但是此时台积电 5nm 工艺制程已经准备量产。昔日的对手 AMD 凭借与台积电的合作，再次挑战 Intel。

Intel 遭遇成立以来的第三次危机。

此时，这个公司不仅在半导体工艺制程上落后台积电；在 x86 处理器微架构层面也逐步被 AMD 赶超；以"每秒钟交易次数"为核心的设计思想，与人工智能时代倡导的"每秒钟运算次数"为中心的设计理念格格不入。

2021 年 1 月 13 日，Pat Gelsinger 回归 Intel，成为 Intel 第 8 任 CEO。Pat 是 80486 处理器的架构师，2001 年出任 Intel 成立 33 年之后的第一任 CTO。Intel 的前三任 CEO，诺伊斯、摩尔与格鲁夫均出身于技术，也许他们认为自己能够顺便兼任 CTO，这个以技术为本的公司，长期以来没有设置 CTO 这个职位。

Pat 就任 CTO 职位期间，力推 Tick-Tock 战略；将 USB 与 Wi-Fi 技术大规模应用；长期主持 Intel 的 IDF（Intel Developer Forum）会议，在这个会议上，Intel 向全世界分享半导体制作与 x86 处理器的顶级技术。

回归之后，Pat 将昔日的 Tick-Tock 战略调整为 IDM 2.0。此时，Intel 的竞争者，除了 Tick 层面的台积电，Tock 层面的 AMD、英伟达，还有一个永远的对手——ARM。

3.5 ARM 的崛起

1979 年，撒切尔夫人出任英国首相。此时，英国经济陷入两难，如果采取紧缩措施压低通货膨胀，将使经济增长缓慢，失业率高企；若为了挽救失业率和经济增长而采用宽松政策，则将推高通货膨胀率。

撒切尔夫人开始变革，旗帜鲜明地反对"大政府、小社会"这种凯恩斯主义。剑锋所指，巨型公司纷纷解体，中小企业如雨后春笋，生意盎然。撒切尔夫人推出私有化、货币控制、削减福利与抑制工党四项举措，在给既得利益者带来了不小伤害的同时，某种程度上化解了英国经济的两难。

1978 年，Acorn Computers 公司（下文将其简称为 Acorn）在这样的政治背景之下，成立于英国的剑桥。这使得 Acorn 在成立之初，便没有创建一个商业帝国的野心。公司的三个联合创始人，Herman Hauser、Chris Curry 和 Andy Hopper 异常低调，当公司已经赫赫有名之时，他们依然在产业界默默无闻。

Acorn 从制作个人计算机起步，在 20 世纪 80 年代至 90 年代，其设计的 BBC Micro 计算机主宰英国教育市场。在美国，也有一个公司针对教育系统，开发了一款计算机，就是苹果公司的 Apple II。从这时起，Acorn 和苹果，这两个设计理念、产品形态相似的公司结下了不解之缘。当时，很多人将 Acorn 公司称呼为英国的苹果。

一次偶然的机会使 Acorn 的几个创始人意识到处理器的重要性。Acorn 在制作 BBC Micro 计算机时，积累了丰富的使用处理器的经验。他们认真评估了 Intel 的 80286 处理器，并请求 Intel 对这款处理器进行一些定制修改，以便进一步提升 BBC Mirco 的性能。Intel 礼貌地拒绝了这个请求[49]。

几个创始人考虑研制一颗属于自己的处理器。为数不多的几个工程师，开始梳理已知的处理器流派，并在无意中发现了加州大学伯克利分校正在进行的 RISC 项目。

在当时，处理器的组成结构并不复杂。即便在 Intel，设计一代处理器的团队也不过 50 余人。对于年轻的 Acorn，50 却是一个不小的数字。RISC 架构因为结构精简，成为 Acorn 的首选。

今天，几乎所有处理器都基于 RISC 架构实现。但在 20 世纪 80 年代，RISC 与 CISC 架构孰优孰劣尚无定论。当时，采用 RISC 技术的最大优势是可以使用更少的芯片资源和更少的开发人员实现一个性能相对较高的处理器芯片。

Acorn 在决定制作处理器之后，派 Sophie Wilson 和 Steve Furber 专程来到美国的菲尼克斯，拜访了一个名为 WDC 的处理器公司。当时，苹果的 Apple II 与 Acorn 的 BBC Micro 正在使用这家公司设计的 6502 微处理器。

令 Acorn 的两位工程师震惊的是，这款在当时大名鼎鼎的 6502 微处理器，是由这个公司的创始人一个人开发的，这个公司通过 IP（Intellectual Property）方式，将产品授权给其他大型公司，发展得异常健康。

Wilson 和 Furber 欣喜如狂，这一次美国之行，他们取得的最大收获是信心，因为他们能够投入处理器设计的工程师至少有两个人，足足比 WDC 公司多了一倍。他们可以照搬 WDC 的模式，只进行处理器的设计，使用 IP 授权这种商务模式。他们还有 BBC Micro 计算机做后盾，与 WDC 公司相比更具优势[50]。

1983 年 10 月，Acorn 决定将 RISC 技术作为主攻方向，启动了一个名为 "Acorn RISC Machine" 的处理器研制计划，这颗处理器简称为 ARM。此时，BBC Micro 计算机在英国如日中天，在这一年的圣诞季，拿下了 30 万份订单，也开启了 Acorn 的灾难之旅。因为工厂产能的原因，Acorn 只生产了其中的 3 万台，大量订单被用户取消。

1984 年，工厂产能提升，PC 市场的风向却发生突变，陆续生产出的计算机成为库存，至 1985 年初，Acorn 的现金流捉襟见肘，危机终于降临。1985 年 2 月，意大利的 Olivetti 出资 1000 多万英镑收购了 Acorn 49.3% 的股份[51]。在此后相当长的一段时间，Acorn 成为 Olivetti 的一个子公司。

Olivetti 创建于 20 世纪初，对智慧与品质苛刻的执着，使他们的打印机与 PC 产品，陈列在纽约的现代艺术博物馆中，出现在许多经典的影片中，这却没有改变这个公司在 PC 产业中的命运，Olivetti 毫无悬念地输给了效率更高、更会节约成本的亚洲厂商。

Acorn 被 Olivetti 并购后，Andy Hopper 和 Herman Hauser 继续留任，为此 Olivetti 专门成立了一个实验室，由这两个联合创始人负责管理；另外一位联合创始人 Chris Curry 早在 1983 年之前便已离开。

此时，作为一个公司的 Acorn 已经不复存在，作为一个处理器的 ARM 在 Olivetti 旗下的这段时光，成长得异常缓慢。

1985 年 4 月 26 日，第一颗 ARM 处理器，即 ARM1，千呼万唤始出来。ARM1 由 25000 个晶体管组成，结构非常简单[50]，甚至不支持硬件乘法指令。这颗芯片并未引发产业界的太多关注。1985 年 10 月，Intel 发布 80386 处理器。没有人会认为 ARM1 会给 80386 处理器带来任何冲击，甚至包括研发这颗芯片的工程师。

作为处理器厂商，与 Intel 生活在同一个时代是一场悲剧。此时 Intel 在微处理器领域风头无二，并将与微软创建 Wintel 联盟，借助 PC 产业链所蕴含的能量，Intel 将处理器的故事演绎到极致，他们的竞争对手因此步入地狱。

1986 年发布的 ARM2 没有激起波澜。1989 年发布的 ARM3 更加如此，没有公司使用 ARM3 开发产品；一些公司持观望态度将 ARM3 交与研发人员评估；更多的公司甚至不知道 ARM3 的存在。仅能用于研发而不能产品化的 ARM3，无法使 Acorn 摆脱困境。无论在财务还是在技术上，Acorn 均遭遇瓶颈。这段时间是 Acorn 自创建以来，最艰难的一段时光。

1988 年，Acorn 的联合创始人 Hermann Hauser 离开了 Olivetti，Andy Hopper 比他更早一段时间离开[52]。此后的一段时间，Olivetti 的财务状况并不乐观，无法承担研制处理器的资本开支。在权衡利弊之后，Olivetti 决定让 Acorn 独立。

1990 年 11 月，Olivetti 旗下的 Acorn Computers、苹果和 VLSI 公司联合重组 ARM。其中 VLSI 是 ARM 处理器的半导体制作公司，苹果入股 ARM 则基于一个战略考虑。

苹果正在为一个代号为 Newton 的项目寻找低功耗处理器，该项目终极目标是推出地球上第一台平板电脑。苹果认为平板电脑是能够与 Wintel 联盟抗衡的终极武器，对其前景寄予厚望。在这种背景下，ARM 处理器成为苹果的选择。

重组后的公司继续沿用 ARM 作为简称，但已不再是 Acorn RISC Machine，而是 Advanced RISC Machine，这个名称一直沿用至今。至此，Acorn 这个前缀彻底消失，据说这是因为苹果不允许在新公司中继续存在 Acorn 这个昔日竞争对手的影子。

1996 年，Olivetti 在最困难的时候将持有的 14.7%的 ARM 股份，出售给雷曼兄弟[53]，不久之后，Olivetti 从 ARM 公司全面退出，与 ARM 再无关系。仅用 300 万美元便拥有了 ARM 公司 43%股份的苹果，也并没有把宝完全押在 ARM 身上。

苹果的重心是在 1991 年，与 IBM 和 Motorola 共同组建的 AIM 联盟。苹果的前几代 Macbook 使用这个联盟开发的 PowerPC 处理器，并非 ARM。1998 年，ARM 公司在英国和美国上市后，苹果逐步卖出了所持有的 ARM 股份。后来，Macbook 拥抱了 x86 处理器，待到 Macbook 再次选择 ARM 架构，已是 20 年之后的故事了。

20 世纪 90 年代初，独立后的 ARM 公司在财务上始终拮据，仅有的 12 名员工挤在谷仓中办公。几次重组后，ARM 已没有了创始人的身影，ARM 架构的设计者 Sophie Wilson 和 Steve Furber 相继离开，基于 IP 授权的商业模式也并不被人看好。

在苹果的协助下，ARM6 微架构问世，IP 授权模式在此阶段逐步成型。这个准备用于 Newton 项目的 ARM6，没有改变苹果和 ARM 的命运。此时，ARM6 微架构被 Intel 的 x86 处理器笼罩，无所作为。苹果的 Newton 项目本应该属于 21 世纪，在当时的条件下，平板电脑过于超前，始终无法将性能功耗比控制在合理的水平。

更加糟糕的是，在此之前苹果董事会还将乔布斯请了出去。1996 年 12 月，乔布斯再次回到苹果，所做的第一件事情就是取消了这个并不成熟的项目，等到他再次推出平板电脑时，已是苹果发布 iPhone 手机，涅槃重生之后的故事了。

1993 年，ARM 迎来重大转机，德州仪器和 Cirrus Logic 先后加入 ARM 阵营[54]。德州仪器给予了 ARM 雪中送炭的帮助。当时，德州仪器正在说服一家不算太知名的芬兰公司诺基亚，一同进入移动通信市场。

诺基亚从伐木起家，20 世纪 60 年代进入电子信息产业；80 年代进入电视、PC 与 GSM 手机市场；90 年代，诺基亚切入通信领域，从 GSM 基站开始，逐步渗透到手持终端领域，准备与美国通信巨头摩托罗拉一较高下。

此时，德州仪器已经成长为巨人，在 DSP（Digital Signal Processing）数字信号处理领域处于领袖地位。与手机基带信号处理相关的应用，几乎都在使用这家公司的 DSP 芯片，但是德州仪器没有制作处理器的经验。

DSP 芯片与处理器的区别很大，更加关注纯计算，特别是一些相对复杂的矩阵与浮点类运算。通用处理器在兼顾计算之外，更加重视"数据交易"次数，与在"数据交易"过程中的中断与异常处理，调度与管理在其上运行的应用软件。同等规模条件下，通用处理器的设计难度要高于 DSP。

德州仪器没有选择 Intel 或其他强大的 RISC 厂商，与他们合作更似与虎谋皮。此时 ARM 被发掘出来。这个一无实力，二无野心，三无实际控制人的公司，成为德州仪器和诺基亚的选择。

ARM 迎来了上天赐予的机会，通过与诺基亚和德州仪器的密切合作，ARM 完全确立了基于微架构授权的商业模式。更为重要的是，这家公司无意中进入了在不久的将来，光芒四射的智能手机产业。

借助德州仪器与诺基亚的支持，ARM 逐渐摆脱了财务危机，业务也在不断扩大。至 1993 年年底，ARM 已有 50 个员工，销售额达到 1000 万英镑，实现了自组建以来的第一次盈利。同年，ARM 迎来了公司成立以来，最为重要的 ARM7 微架构。

基于 ARM7 微架构的芯片，晶圆尺寸不到 80486 处理器的十分之一，售价为 50 美金左右[55]，约为同时期 80486 处理器的三分之一。ARM7 微架构较小的尺寸，使其获得了较低的功耗与价格，适合手持式设备的应用场景。此后，德州仪器基于 ARM7 微架构制作了一系列处理器。1997 年，Nokia 正式发布使用 ARM7 架构的 6110 手机。

此后，德州仪器、Nokia 与 ARM 的组合一路高歌猛进。诺基亚陆续制作出 8110 与 8810 手机，其中 8110 是诺基亚第一款滑盖手机，而诺基亚 8810 是第一款内置天线的手机，如图 3-13 所示。8810 手机的这种外观极大提高了手机的结构强度，使得这款手机具备了一个其他手机都没有的功能，比如"砸核桃"。

图 3-13　诺基亚 8110（左）和 8810 手机（右）

诺基亚凭借这一系列手机，击败了如日中天的摩托罗拉，最后使得这家公司放弃了自行研发的 68K 处理器，加入 ARM 阵营。此后，几乎所有手机都开始使用 ARM 处理器，ARM 的崛起已势不可当。

当时，手机的功能主要是通话与短信，还未演进成为智能手机，总体量并不算很大。20 世纪 90 年代依然属于 PC。AMD 的异军突起，及其与 Intel 的竞争，构建了处理器领域一道最炫目的风景线，而高端服务器领域则属于 DEC。

1992 年 2 月 25 日，DEC 发布 Alpha21064 处理器。这款 64 位处理器的主频达到 150MHz，而 Intel 在第二年发布的 Pentium 处理器，主频仅有 66MHz，而且停留在 32 位时代。同时期其他 RISC 厂商推出的处理器与 Alpha21064 处理器也相差甚远。

20 世纪 90 年代，处理器世界惊叹着 Alpha 创造的奇迹。DEC 发布的 Alpha 系列处理器，即便放到 21 世纪，设计理念依然并不落后。DEC 本就是为 21 世纪设计处理器，在 Alpha21x64 的编号中，"21"代表的是 21 世纪，而"64"指 64 位处理器。

上帝并不青睐 DEC，科技与商业的严重背离酿成了巨大灾难。Alpha 处理器的技术尚未抵达巅峰，DEC 的财务已入不敷出。1994～1998 年，DEC 开始向世界各地兜售资产。1998 年 1 月，DEC 被收购，在其解体的最后一段日子里 ARM 受益匪浅。

ARM7 微架构引发了 DEC 的关注。1995 年，这家公司在获得 ARM 架构的完整授权后，将其升级为 StrongARM 微架构，并于第二年发布了基于 StrongARM 微架构的 SA-110 处理器。DEC 公司的帮助使 ARM 架构抵达前所未有的高度。此后，许多公司开始使用 SA-110 处理器制作手持式设备。之后，DEC 陆续开发出基于这一架构的系列处理器，将 ARM 架构推向第一个高峰。

1996 年，ARM8 正式发布，与 ARM7 微架构相比，在没有显著提高功耗的前提下，性能提高接近一倍，却依然无法和 DEC 的 StrongARM 微架构抗衡。使用 ARM8 微架构的厂商屈指可数，多数厂商信任 DEC 改进的 StrongARM。ARM8 与 StrongARM 微架构的竞争属于 ARM 体系的同门内战，并未削弱 ARM 阵营的实力。

1997 年，具有里程碑意义的 ARM9 微架构正式发布。ARM9 具有非常漫长的生命期，在 2022 年的今天，依然有不少公司，基于 ARM9 微架构设计嵌入式处理器。

DEC 公司没有因为 StrongARM 微架构的成功而摆脱财务危机。1997 年，DEC 公司最终将 StrongARM 微架构出售给了 Intel。Intel 如获至宝，投入大量人力，将 StrongARM 微架构升级为 XScale 微架构，强势进军所有嵌入式领域。

在 XScale 微架构一路高歌时，ARM10 微架构不合时宜地推出。这个微架构完全被强势的 XScale 微架构笼罩而无所作为。ARM 公司似乎有一个宿命，几乎所有以偶数结尾的微架构，其结局都不算太好。

ARM10 微架构的失利，没有使 ARM 公司大伤元气，XScale 归根结底基于 ARM 体系，与 ARM 指令集兼容，能够运行在 XScale 微架构的程序可以轻易移植到其他 ARM 微架构中。Intel 每出售一片基于 XScale 微架构的处理器，需要向 ARM 支付费用。XScale 微架构的成功使得更多的应用程序向 ARM 生态集中，使其进一步壮大。

当时，Intel 不认为 XScale 微架构是在为 ARM 生态作嫁衣，却认为 x86 与 XScale 微架构的组合，可以使其产品遍及任何需要处理器的领域。在 Intel 的推动下，XScale 微架构广泛应用于嵌入式领域，包括用于手持终端的 PXA 处理器、网络通信的 IXP 处理器与存储领域的 IOP 处理器。Intel 的强势出击，愈发扩大了 ARM 阵营的势力范围。

借用 PC 帝国的生态，基于 XScale 微架构的处理器从生产工艺到设计能力，一步领先所有竞争者。摩托罗拉的 68K、AIM 的 PowerPC、MIPS 等嵌入式处理器，一个接着一个败下阵来，为 ARM 微架构未来的腾飞扫平了障碍。

在 XScale 微架构高歌猛进时，ARM 迎来了一个战略级的客户。2002 年 9 月，ARM 与三星签订了一项合作协议，允许三星完全访问当前与未来 ARM 开发的所有 IP，而且未限定期限[56]。这项史无前例的协议，将三星从 ARM 的一个客户，提升为能够左右 ARM 微架构发展方向的全天候合作伙伴。

同年 10 月，ARM11 微架构发布。此时，世界上所有主流处理器厂商拥抱了 ARM 微架构。以 XScale 微架构为首的处理器，占据着 ARM 微架构的高端应用领域，其中最为重要的自然是手机处理器，而三星以低价策略横扫低端微控制器市场。

正当 XScale 微架构向着更加宏伟的目标迈进时，Intel 的大本营 x86 处理器遭受 AMD 的强力阻击。从 2005 年开始，AMD 推出双核处理器。第二年，在 AMD 的步步紧逼之下，Intel 迎来了 20 年以来最糟糕的一季财务报表，开始了有史以来最大规模的裁员。这一年的 9 月，Intel 宣布裁员 10%。

为确保 x86 战场的胜利，Intel 即便清楚处于上升期的产业在初期很难盈利，仍忍痛对外出售处于亏损状态的 XScale 系列产品，将用于手持终端的 PXA 处理器，作价六亿美元出售给 Marvell；将用于网络通信的 IXP 处理器，转让于一个初创公司；用于存储领域的 IOP 处理器则无疾而终。

Intel 最后放弃了所有基于 XScale 微架构的产品线。此时，ARM 生态已经从 XScale 微架构中获得了足够的能量，不再依赖任何厂商，他们的命运牢牢掌握在自己手中。即便是强如 Intel 这样的个别厂商的加入或者离开，亦无法动摇这个生态的根基。

从技术的角度看，ARM 微架构的优势依然是性能功耗比。此时最新的 ARM11 采用了在现代处理器中常用的优化方法，如指令的动态分支预测，对存储器层次结构的改进等。这些功能增强，相对于 ARM7 与 ARM9 是一个不小的技术飞跃。但是与其他处于同一时代的 x86、PowerPC 和 MIPS 处理器相比，仍然有不小的差距。

而从全局看，从 ARM7 开始，历经 StrongARM、ARM9 与 XScale 之后，ARM 的生态已不可撼动，并且无孔不入，从玩具车使用的智能控制器到手机、汽车领域的高端应用，都在使用 ARM 微架构。ARM 生态已基本搭建完毕，没有任何力量能够制约 ARM 微架构的进一步发展。

基于 ARM11 微架构的处理器始终在稳步推进，伴随半导体制作工艺的提升，性能逐步提高，功耗逐步下降。量变的积累引发了质变，一个轰轰烈烈的时代即将降临。2007 年 6 月 29 日，乔布斯发布 iPhone1 手机（见图 3-14），使用基于 ARM11

微架构的处理器，开启了一个属于智能手机的时代。

图 3-14　乔布斯发布第一代 iPhone

在此之前，基于 ARM9 或者 XScale 微架构的手机，在通话与短信的基础上，添加了少许智能部件，并不是真正意义上的智能手机。

iPhone1 重新定义了手机。此后出现的智能手机不再是移动版的小型 PC，具备了 PC 没有的独立特征，如地理位置定位、传感器等。iPhone 的出现，可视为一次时代变迁，是由计算、存储与通信三大领域的逐步积累引发的一次重大变革。

在 iPhone1 出现前夕，ARM11 微架构使用的主频已超过 500MHz。在半导体存储领域，NAND Flash 的快速更新迭代，使智能手机获得了足够大的存储容量，能够容纳更多的应用程序与数据。在无线通信领域，3G 时代降临，使用手机通过无线而不是 PC 通过有线访问互联网已深入人心。手机使用的传感器也在逐步微型化与模块化。

厚积薄发的基础产业为 iPhone1 的出现奠定了基础。乔布斯抓住了这个稍瞬即逝的机会，开启了一个新的时代——智能手机时代。

ARM 公司伴随着智能手机时代迅猛发展。在 ARM11 微架构之后，ARM 公司使用新的命名方式，将 ARM 微架构替换为 Cortex 微架构。Cortex 微架构分为三大系列：用于微控制器领域的 M 系列、用于实时系统领域的 R 系列、用于高端应用领域的 A 系列。这三个系列的首字母合起来依然为"ARM"。

更替前缀后的 Cortex 微架构，愈发不可阻挡。Cortex 微架构陆续实现了"超标量"与"乱序执行"这些对指令流水线的常见优化手段，极大提高了存储器访问效率，逐步向高端应用领域渗透。

Cortex 微架构推出之后，ARM 迎来了最好的一段时光。Cortex 微架构与苹果 iOS 以及谷歌的 Android 操作系统，组成了一个属于智能手机的生态环境。这个生态环境先后抵御了来自 Intel 的挑战。

ARM 紧紧抓住了智能手机时代给予的机会，在这个领域一统江湖。多年之后，当 Intel 凭借 Tick-Tock 模式战胜 AMD，准备重新进入手持类市场时，却发现智能手机生态已经完全被 ARM 掌控。

Intel 坚持使用 x86 架构，进军智能手机领域。因为这个公司很清楚，借用 ARM 架构，即便销售再多的芯片，也不过是再为 ARM 生态添砖加瓦，这绝不是 Intel 这个霸主所追求的目标。

Intel 清楚自身将会遭遇当年 RISC 联盟进入 PC 领域时，所遇到的应用匮乏问题，却没有想到这个生态的坚固程度远远超过他们的想象。

Intel 和 ARM 两个公司本身并不具备可比性。从财力上看，即便在 20 世纪，Intel 一年的销售额也是百亿美元级别，而即便在 2020 年，ARM 的营收也不过 20 亿美元左右。Intel 有近 10 万名员工，ARM 的员工最多时也不过 6000 余人。

自 1992 年起，Intel 一直在半导体厂商的排名中位列前茅，ARM 公司从来没有进入过半导体厂商的正式排名，甚至可以说 ARM 不是一个半导体厂商，因为这个公司从来没有对外销售过一颗商用处理器。单独的 ARM 没有办法与 Intel 较量，但是 ARM 阵营蕴含的能量足以与 Intel 抗衡。

几乎所有的半导体厂商，都在使用 ARM 架构进行设计。智能手机的制造商，苹果、三星也生产基于 ARM 架构的处理器。诸多形态各异厂商的参与使 ARM 阵营更加立体化。

与 Intel 直接竞争的不是 ARM，而是组成 ARM 阵营的半导体公司，Intel 无力与全天下的半导体厂商同时竞争。这个公司做出了许多尝试，最终没能进入智能手机领域，更加没有能力击破以 ARM 架构为基础的智能手机生态。

ARM 阵营却在逐步侵蚀 x86 处理器的生存空间，基于 ARM 微架构的 PC 层出不穷，服务器产品也正在逐步成型。

作为一个公司的 ARM，依然没有笑到最后。2016 年 7 月 18 日，这个具备搭建帝国潜质的公司，最终被软银收购，落入资本手中[58]。也许这个公司在创建之初，命运已经注定。也许这个公司与伟大之间，只相差了一个安迪·格鲁夫。

3.6 谈设计

1958 年，基尔比制作出第一个集成电路，不久之后诺伊斯主推的平面制作工艺逐步普及。摩尔定律持续正确，集成电路中容纳晶体管的数目呈指数增长，这极大拓宽了其应用领域，半导体产业迎来春天。

集成电路分为数字电路与模拟电路两大类，其中模拟电路的产值远小于数字电路。半导体的三大应用领域中，计算与存储属于数字集成电路，而通信领域的核心在于模拟电路。在三大领域之外，具有一定产值的电源和传感器也与模拟相关。

数字集成电路的生产由设计与制造两部分组成。集成电路出现后相当长的一段时间里，不存在设计行业。基尔比在制作第一个集成电路时，直接在晶圆上将晶体管、电阻、电容等器件组合在一起。随后不久，工程师开始使用绘制原理图的方式设计集成电路。一个简单的四位同步计数器的原理如图 3-15 所示。

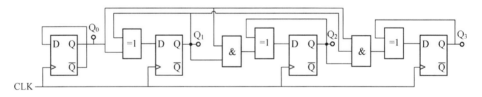

图 3-15　四位同步计数器的原理图

起初，工程师使用逻辑门绘制原理图而不是晶体管，以简化设计。最常用的逻辑门为与非门和触发器（Flip-Flop），两者均由多个晶体管组成。最简单的两输入与非门由 4 个晶体管搭建；最常用的触发器，如 D 触发器，使用 20 个左右的晶体管实现。

20 世纪六七十年代，半导体产业界对于集成电路的发展规模严重缺乏想象力，按照当时的定义，小型集成电路包含的逻辑门在 10 个之内；中型集成电路包含的逻辑门在 10～100 个之间；大规模集成电路包含的逻辑门数在 100～9999 之间；即便是超大规模集成电路也没有包含太多的门电路。

逻辑门电路与晶体管存在直观的对应关系，原理图可以简练地转换为由晶体管与连接拓扑构成的网表文件，之后进行布局布线，得到半导体工厂制作集成电路所需要的版图。半导体工厂根据版图制作掩模版后，即可开始集成电路的制作。

摩尔定律的持续正确，使得一个集成电路所能容纳的晶体管数目迅速突破千万、亿甚至百亿大关。至今，一颗规模庞大的处理器芯片中，可以轻易包含几十亿个晶体管，如基于 Skylake 架构的服务器芯片，其版图如图 3-16 所示。

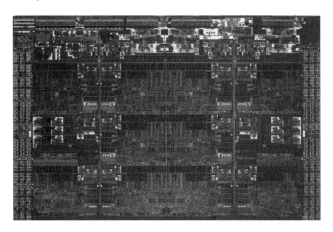

图 3-16　基于 Skylake 微架构处理器的版图布局

对于这一级别的集成电路，不存在使用原理图进行设计的可能；也不存在使用纯手工的方式，将几十亿个晶体管按照一定的拓扑，连接在一起进行门电路布局布线的可能。这种级别的集成电路设计，必须要在计算机的辅助之下才能完成。

计算机辅助半导体设计，可追溯至遥远的大型机时代。1964 年，System/360 大型机正式发布后不久，IBM 的工程师 James Koford 便开始使用大型机辅助半导体芯片的设计与掩模版的制作[60]。

1967 年，Koford 加入仙童半导体，在集成电路领域引入计算机辅助设计。当时，仙童陆续开发了 FAIRSIM 仿真器、测试程序生成器、布局布线等一系列 CAD（Computer Aided Design，计算机辅助设计）工具。

20 世纪 60 年代末，从仙童加入加州大学伯克利分校的 Ronald Rohrer 教授，带领 7 个顽皮的学生，在 CAD 领域取得了令人难以置信的成就。Rohrer 是一位创新型教师，认为通过实践可以获取更多的知识，于是决定在他的“电路模拟”课程中，设置一个开发项目，让 7 个学生动手设计一款电路模拟软件[59]。

Rohrer 这一大胆的想法，得到了时任主管教学的系主任 Donald Pederson 的支持。Pederson 同意只要这 7 个学生的设计，最后能够得到他的认可，就算通过这门课程。

其中最顽皮的一个学生 Laurence Nagel，将项目命名为"CANCER"。这里的 CANCER 不是指癌症，而是"Computer Analysis of Nonlinear Circuits, Excluding Radiation"这一长串英文的简称[61]。Nagel 特别强调这个"Excluding Radiation"的重要原因，是因为美国国防部主导了许多 CAD 项目，要求这些软件具备分析电路抗辐射的能力。顽皮而反战的 Nagel，特意与其背道而行。

CANCER 项目大获成功之后，Pederson 与 Rohrer 教授，在决定 CANCER 项目归宿的问题上，产生了巨大分歧。看到了这个项目巨大商业价值的 Rohrer，被 Pederson 教授坚持将源代码开源的想法激怒，最后一走了之。

后来，Nagel 继续在伯克利攻读博士学位，Pederson 教授成为他的论文导师。在 Pederson 教授的要求下，Nagel 将"CANCER"项目改名为 SPICE（Simulation Program with Integrated Circuit Emphasis），并将"CANCER"项目不利于开源的代码全部移除。1972 年 5 月，SPICE1 正式发布，并成为一款开源软件。1975 年，Nagel 以 SPICE2 版本为主线，完成了他在加州大学伯克利分校的博士毕业论文[62]。

SPICE 因为这次开源，获得了更加顽强的生命力。基于 SPICE 的软件层出不穷，陆续出现了一系列名为"X-SPICE"的软件，这个"X"从字母 A 一直排到 Z。这些源于 SPICE 的软件奠定了电路仿真程序的基石。

至 20 世纪 70 年代末期，伴随计算机产业的迅猛发展，CAD 软件进一步成熟，极大降低了使用门槛，使得一些大型半导体设计公司，如 IBM 与 Intel 等，可全面使用计算机进行集成电路的辅助设计。

1978 年，加州理工学院的米德教授与 IBM 的 Lynn Conway 合作发表了一篇名为"Introduction to VLSI systems"的文章，系统阐述了超大规模集成电路的设计与计算机技术相结合的方法，指明其发展趋势，并将集成电路中使用的计算机辅助工具，明确为电子设计自动化（Electronic Design Automation，EDA）[63]。

此后，EDA 公司的出现如雨后春笋。1981 年，米德教授成立了一家专门从事 EDA 的公司。之后 EDA 产业三巨头 Mentor Graphics、Synopsys 与 Cadence 分别在 1981 年、1986 年与 1988 年成立。数字集成电路的设计流程逐步统一，如图 3-17 所示。

这一流程整体由前端与后端设计组成。前端从产品定义开始，经由数字逻辑设计、仿真检查，最后生成网表文件；后端与生产制造环节相关，需要与晶圆厂确定制作工艺，并获得相关的数据，即进行"数据准备"，在此阶段可大致确定芯片尺寸，之后进行布图规划、单元摆放、构建时钟网络、自动布线、时序收敛、验证等操作后，生成标准的 GDSII 文件。2004 年，还出现了另外一种交付文件格式，即 OASIS 格式。

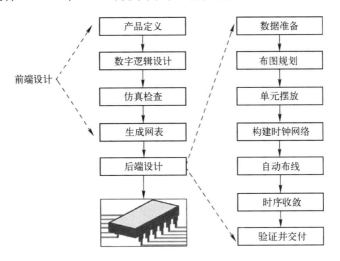

图 3-17　集成电路设计流程

在 GDSII 与 OASIS 文件中，包含了集成电路生产制作所需的一切信息，如芯片版图等。这个文件相对较大，历史上，集成电路设计完毕后，将相关信息首先记录到磁带（Magnetic Tapes）上，再将实体磁带递交给晶圆厂。从那时起直到今天，生成这个文件并提交的过程，被称为 Tape-out。

晶圆厂在拿到最终交付文件之后，根据芯片版图制作掩模版，然后通过近百机台、数千步骤，加工出一颗颗集成电路芯片。在晶圆厂中，也有非常多的步骤需要 EDA 软件的深度参与。

伴随 EDA 软件的兴起，Verilog 和 VHDL 这两种硬件描述语言随之而来。这两种语言出现在程序设计中鼎鼎大名的 C 语言之后，借用了一些 C 语言的语法结构，因此与 C 语言程序较为相近，其中 Verilog 与 C 语言实现的加法器程序如图 3-18 所示。

硬件行为级描述语言 Verilog 与程序设计语言 C，最本质的区别源于所描述底层对象间的差异。Verilog 语言描述的是电路逻辑，经过逻辑综合后，由一个个晶体管实现，C 语言所书写的程序，通过编译后由一条条处理器指令组成。

集成电路加电之后，所有晶体管处于同时工作状态，而处理器指令不管使用何种方式并行工作，本质还是串行执行。这种全并发状态与串行执行的区别使得

Verilog 与 C 语言具有较大的差异。C 语言的设计人员可以很快掌握 Verilog 的语法结构，而深入理解则需要充分领悟硬件底层的全并发思想。

Verilog 程序	C 程序
moduleadder（	
input a,	int adder (int a, int b)
input b,	｛
output out	return a + b;
）；	｝
assign out = a + b;	
endmodule	

图 3-18　Verilog 与 C 程序的比较

硬件描述语言的出现填平了软件与硬件之间的鸿沟，使电子信息产业几乎所有从业人员都被同化为"码农"。不同之处在于传统软件的开发，采用 C 语言或者 Python 类脚本语言，数字电路设计采用 Verilog 等硬件行为级描述语言，即便曾是套路迥异的模拟电路设计，也有诸如 Verilog-A 之类的语言，取代传统的原理图设计方式。

Verilog 类语言与 EDA 工具的出现，完成了半导体设计最重要的一块拼图，提高了程序员的设计效率，使得集成电路设计可以追随摩尔定律的脚步，将非常复杂的数字逻辑、上亿颗甚至百亿颗晶体管，放置在一个集成电路的芯片版图中。

数字集成电路的设计与城市规划有七分相似之处。每种数字电路有自己的用途，每个城市有各自的特色。在城市规划中，以道路修建为基础。在一个大型城市中，有快速路、主干路、支路。道路的流畅程度很大程度上决定了城市的运转效率。

数字集成电路包含用途不同的功能单元，如运算、信息处理与存储等，并由不同宽度和速度的通路连接，与城市规划具有类似之处。不同的逻辑单元，运行的速度并不一致，需要使用数据缓存连接，数据缓存可以类比为十字路口前的缓冲带。

数字集成电路除了功能单元、数据通路之外，还包含协调两者工作的控制逻辑。功能单元内部如果继续细分，最终依然由数据通路、控制逻辑，以及无法继续细分的标准单元（Standard Cells）组成。

这些标准单元由半导体工厂提供，包括门电路、触发器、存储单元与时钟驱动等最为基础的组成单元，数字集成电路的设计基于这些标准单元搭建，所有数据通路与控制逻辑最终均由这些标准单元实现。

在数字集成电路制作社会分工日趋合理的今天，大多数从业者很难有机会使用标准单元直接进行设计。现代的大规模数字集成电路，除了 DDR 与 NAND 这类存储产品之外，基本可以归为片上系统（System on Chip, SoC）芯片。SoC 芯片指集成了多个组成模块，用于实现不同功能的集成电路芯片，其中至少包含一种处理器微架构，是今天数字集成电路的最大分类。手机、玩具车、汽车使用的微控制器都属于 SoC 芯片。

SoC 芯片中使用的微架构，无论是最为流行的 ARM，还是风头正劲的 RISC-V，均基于冯·诺依曼体系，由中央处理器、内存单元、输入/输出接口组成。微架构通过外部总线与输入/输出设备，包括网络、存储与显示等连接在一起。

外部设备发展到今天，也具备了极强的处理能力。以网络控制器为例，其组成结构依然基于冯·诺依曼体系，由中央处理器、内存单元与输入/输出接口组成。目前复杂的网络控制器甚至包括由多个微架构组成的处理器系统。

由基于冯·诺依曼体系的微架构与各个组成模块搭建而成 SoC 芯片，自然也遵循这一体系的设计思想，从更高的层次看，依然由可以统筹全局的中央处理架构、存储层次结构与输入/输出系统组成。

长久以来，SoC 的整体设计，甚至子模块的设计，始终可以使用冯·诺依曼体系高度概括，其内部的控制逻辑可由"图灵状态机"完全描述。

SoC 之外，其他数字集成电路也可以借鉴冯·诺依曼体系与图灵状态机的思想实现。冯·诺依曼体系抽象出的功能单元与数据通路这些思想，放之数字领域而皆准；天下数字控制逻辑亦可归于图灵状态机模型。因此一个 SoC 无论多么复杂，也仅需要掌握冯·诺依曼体系与图灵状态机即可整体驾驭。

此外，数字集成电路的设计多采用同步设计方式，使用大量的寄存器，这些寄存器需要使用种类繁多的时钟信号同步，不同的逻辑单元可以使用不同频率的时钟。这些时钟组成了一个较为复杂的网络。在设计中，需要重点考虑时钟的分配网络。

集成电路对低功耗与高性能无止境的追求，使电源网络的设计陷入两难。高性能以高主频为基础，要求更高的供电电压；而低功耗要求更低的供电电压。这一矛盾的需求加大了电源网络的设计复杂度。为了保证集成电路获得较好的电源分配，需要对电源网络进行统筹分析。

EDA 软件会辅助完成时钟与电源网络的布局与分配，但这些软件并非万能。

在数字集成电路中，还有一个关键所在，即与外部引脚相关的电路，包括 PCIe 总线与以太网接口使用的 Serdes（Serializer/Deserializer）模块、DDR 接口的高速差分信号等。这些模块与模拟电路紧密相关，其实现难度甚至超过了绝大多数的纯数字逻辑。

在大型数字集成电路中，相对较难实现的依然为控制逻辑的搭建，尤其是状态机数量较多时，比如包含近百个状态的多级 Cache 共享一致性协议。在这种协议中，每增加一个状态，设计与测试的复杂度都将呈指数级增长，从而出现"状态机爆炸"，极大增加了数字电路的设计难度。

进行这类数字电路的逻辑设计时，不需要设计人员掌握半导体设备、材料与制造的细节知识，只需要具备清晰的数理逻辑基础便已足够。而数理逻辑是大学中不需要任何数学基础，就能直接学习的一门课程。这使得程序员需要具备的数学基础极低。

近些年，随着程序开发的普及，一些孩子在小学毕业时，已经能够书写出规整漂亮的程序。如果这些孩子，愿意做一辈子"纯逻辑推导"类型的工作，上大学可能是多余的。只是任何一个大型设计都不仅由逻辑构成，逻辑之外还有对系统的整体理解，以及对整个行业的认知，这一切不能仅通过"纯逻辑推导"掌握。

在今天的数字集成电路的应用领域中，通过"纯逻辑推导"书写程序已不是产业界关注的重点。大多数程序员很难有机会从头至尾地书写一个复杂的数字集成电路。

多数通用模块，包括 GPU 与 DSP 这些较为复杂的模块，可以通过购买 IP 获得。最复杂的微架构被 ARM 提前准备好，RISC-V 甚至将微架构开源。在今天的数字集成电路领域，设计者的主要工作为适配各种应用场景，排列组合各类 IP 模块，制作 SoC。

集成电路设计领域的合理分工，降低了设计 SoC 芯片的入门门槛，无形中却提升了 SoC 芯片的出门高度。因为参与者众多而带来的激烈竞争中，一颗 SoC 芯片取得商业利润的难度急剧提高，初创者获得最后成功的概率愈发渺茫。

初创企业多使用三大 EDA 厂商的一些 IP 模块。这些模块不是免费的午餐，每一次芯片升级与工艺更换，都需要重新购买这些模块。从中长期看，如果这类公司没有积累足够多的 IP 模块，将无法进行产品的有效拓展，进而成为一个平台型设计公司。

IP 模块的积累，不完全为了节省费用。通常来说，来自欧美 EDA 厂商的模块，可以复用到许多不同的应用场景，属于通用模块。这种通用模块，对于一个专属设计而言，有时意味着巨大的资源浪费，导致设计出的 SoC 性能价格比并非最优。积累

IP 模块另外一个更为重要的原因是，做出更加贴近于应用场景的差异化产品。

这是苹果不断积累 IP 模块，并以此为基石自研手机处理器的重要原因。苹果选择了一条最艰难的路线制作 iPhone 系列智能手机，是因为在 SoC 芯片制作更加容易的今天，数字芯片的价值愈发低微。根据应用场景对 SoC 芯片进行差异化与定制化，搭建 SoC 芯片背后的生态环境愈发重要。

至今，传统数字集成电路设计产业遭遇瓶颈。在应用时代到来的今天，代表着"通用"的冯·诺依曼体系的潜力，已被充分挖掘。半导体工艺正在抵达极限，集成电路已无法容纳更多的晶体管，使得根据应用场景进行取舍，对已有模块重新进行排列组合，成为设计重点。

这使得数字集成电路的设计愈发无聊。若没有一个因为全新科技出现而在制作层面引发的剧烈变化，集成电路的设计也许将长期生活在一个由应用场景主导的时代，一个属于定制化与差异化的时代。

3.7　应用时代

1993 年，Marc Andreessen 编写了一款图形浏览器 Mosaic，将互联网上的数据以图形的方式展现。这一发明也许永远无法与人类历史上，任何一次在自然科学领域的重大进步相提并论，却因为互联网世界的力量而光华万丈。

一年之后，Andreessen 成立网景公司，将 Mosaic 升级为 Navigator 浏览器；次年网景公司首次公开募股，在开盘的当日，这个公司获得了 27 亿美元的市值。继甘地之后，Andreessen 成为光着脚登上时代杂志封面的第二人。互联网时代如一夜春风忽然而至，这个几乎不需要任何技术门槛的行业，疯狂地野蛮生长。

在电子信息领域，此时出现了程控交换机、以太网与路由器。在这些设备的帮助下，互联网产业迅猛发展。日益壮大的产业需要更多的服务器与网络设备，需要大量的半导体芯片。半导体产业在这一需求的刺激下，迅猛发展也孕育着泡沫。这个泡沫很快与互联网泡沫融合在一起，相互借力，相互配合，搭建了一个巨大的空中楼阁。

在这个楼阁之中，几乎所有公司都意识到门户网站的重要性。更有甚者，许多人认为一个公司可以一无所有，也必须要有一个门户网站。整个世界上演着买椟还珠的故事。贪婪无时不在，恐惧却只发生在一剑封喉的瞬间。

当所有人意识到互联网产业是一场巨大的泡沫之时，已无人能力挽狂澜。2000年3月10日，纳斯达克指数在达到5048的高点后，呈断崖式下跌，至2002年9月9日仅剩1114点，约五万亿美元的市值蒸发。

互联网泡沫坍塌之前，抛弃在大公司体内不盈利的半导体部门已经成为华尔街的主旋律。1999年，摩托罗拉甩掉安森美，日立与NEC的DRAM业务合并为尔必达，英飞凌从西门子独立。2001年韩国现代分拆半导体事业部为海力士。

互联网泡沫破裂之后，半导体产业再次遭受重击。半导体领域的领军企业Intel的股价从2000年的60美元高点，至2002年年底下滑到10美元左右，在此之后的20年时间里，这个公司的股价也没有回到过60美元。

2000年，全球半导体销售额高达2040亿美元，相比1999年的1494亿美元，增幅高达36.5%；而2001年的销售额仅为1390亿美元，相比2000年出现了约32%的降幅，半导体行业全线崩溃；2002年，这个行业的销售额依然徘徊在1400亿美元左右[64]。至2003年，半导体产业进行大规模合并重组已不可阻挡。

在互联网泡沫的坍塌中，半导体芯片一瞬间大量过剩，从20世纪60年代开始的只属于半导体产业的黄金时代戛然而止。如果从2000年的2040亿美元的销售额开始计算，至2016年的3390亿美元，这个行业的年复合增加率不足4%。2000~2019年全球集成电路产业销售额详见图3-19。

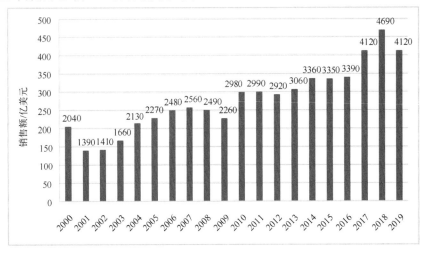

图 3-19 2000~2019 年全球集成电路产业销售额[64]

从 2001 年开始，半导体产业进入了长达 15 年之久的调整期。在此期间，许多公司永久消失，资产如瘟疫般被抛弃。半导体产业迎来了有史以来，历时最长的一次低谷。在这段低谷期中，半导体产业在历经一系列分拆重组后遍体鳞伤。

2003 年，日立与三菱联合重组半导体业务，将其大部分业务合并为瑞萨半导体；安捷伦的半导体事业部独立，更名为 Avago。

在这一年中国国庆长假之后，摩托罗拉宣布分拆半导体事业部，后来将其改名为飞思卡尔半导体。摩托罗拉没有因为分拆半导体事业部而旗风重振。这个拥有世界上第一部商用对讲机、便携手机、车用免提电话、蜂窝折叠手机与 GSM 数字手机，曾几何时无限辉煌的公司，至今仅剩下一个制作对讲机的部门继承其衣钵。

倾巢之下，安有完卵。相同的故事，发生在其他拆分后独立的半导体公司中。荷兰皇家飞利浦公司，将半导体事业部分拆为恩智浦。

2004 年，半导体产业逐步恢复，此后半导体芯片的需求在缓慢提升，但摩尔定律也顽强走了几步，使半导体芯片的集成度更高，从而部分对冲了这个需求。在其后的十几年时间中，半导体产业萎靡不振。

在此期间，经过泡沫洗礼的互联网产业涅槃重生。有些公司在互联网泡沫坍塌过程中消失了，但它们创造的内容并未消失。生存下来的公司，采用分级目录持续吸纳这些内容，数据与流量不断向巨头集中。

当时，互联网公司使用企业黄页方式将信息逐层排列，起初采用一级目录，之后是二级，甚至扩展到四级与五级，这就是互联网 1.0 时代。北京国安的球迷，如果想在新浪网中找到球队新闻，需要依次点击"体育""国内足球""中超联赛"与"北京国安"，才能发现一些信息，有时这些信息还未必是他所需要的。

基于黄页检索的网站效率低下，网站之间的信息无法有效沟通，以孤岛的形式散布于互联网世界，有些小型网站甚至不为他人所知。这使得搜索引擎的出现成为必然。

搜索引擎作为网站之中的网站，提高了信息检索效率，连接了信息孤岛，更重要的是确立了基于电子广告的商业模式。在电视机屏幕或者头部网站中，投放广告的代价不菲，对中小厂商而言，可望而不可及。搜索引擎的出现，使得一个平凡的公司，甚至普通人也有机会展现自己的内容。

一个全新的巨大商机浮出水面，搜索引擎的发明者谷歌脱颖而出，互联网 2.0 时代降临。在谷歌这类通用的搜索引擎之外，还出现了许多行业搜索引擎。我们今天使用的手机应用，比如地图、电商等应用也都在使用搜索引擎框架。

互联网产业进入搜索引擎时代之后，半导体产业逐步复苏。而正在此时，半导体设计行业迎来了自创立以来最大的一次挑战。

当乔布斯拿出第一部 iPhone 时，属于智能手机的时代正式开启。智能手机的出现，将互联网进一步升级为移动互联网。移动互联时代与之前的大型机与 PC 时代相比，生态环境更加开放。

在大型机时代，IBM 通吃从硬件到软件的每一个角落；在 PC 时代，微软与 Intel 双寡头垄断。在智能手机时代，从手机硬件产业链开始，一直到手机的应用端，在不同的领域出现了各自的巨头。

在手机处理器领域，高通与 MTK 兴起；在操作系统领域，苹果的 iOS 与谷歌的 Android 并立；在应用领域，出现了涉及人类衣食住行的一系列移动互联网公司。智能手机时代是多家巨头各领风骚的时代。

伴随移动互联网的兴起，信息进一步爆炸，搜索引擎已无法更加精准地获取数据。基于社交网络的圈子文化兴起，Facebook、Twitter 等公司异军突起，使得移动互联进入下半场。从黄页检索开始的互联网，在经历了搜索引擎与社交网络后步入巅峰，席卷天下资源，一时间无处不是移动着的互联网。

移动互联网将世界上的所有人与资源，通过一个几乎可以忽略的延时连接在一起，组成了一个庞大的虚拟世界。从美国、中国到整个世界，移动互联无处不在，如黑洞般席卷着全天下的财力、物力与人力。

电子广告产业为移动互联网的腾飞插上翅膀。智能手机带来的不仅是一张能够移动的屏幕，更似一扇进入另一个世界的窗阁。构建在智能手机之上的移动互联网，缩短了世界的距离，地球沦为村落，也模糊了真实世界与虚拟世界的界限。在移动互联网营造的虚拟空间中，时光飞逝，岁月如歌。

移动互联网集中了世间一切资源，将虚拟世界中的信息与真实世界高效结合，搭建了人类有史以来最好的商业模式，一个赢者通吃的商业模式。移动互联网清除了图书馆、书店与报刊亭。人类的衣食住行因为移动互联网而天翻地覆。

智能手机简约了整个电子设备产业链。在功能机时代依然占有一席之地的卡片照相机、MP3、低端游戏机与 PDA （Personal Digital Assistant） 销声匿迹。对于半导体产业，智能手机打开了一扇门，也关闭了所有窗。

半导体产业没有因为智能手机的出现重整旗鼓。恰是因为智能手机，所有产业资源，包括半导体产业，进一步向巨头集中，整个产业再遭重创，互联网泡沫坍塌的伤痕尚未平复，新一轮的合并重组再次展开（见表 3-3）。

表 3-3　移动互联网时代半导体主要公司间的合并重组

时间	事件描述
2011 年 4 月	德州仪器收购 National Semiconductor 巩固其在模拟世界的地位
2011 年 9 月	Broadcom 收购 NetLogic 加强在网络领域的地位
2012 年 7 月	美光科技收购尔必达
2012 年 8 月	Microchip 收购 SMSC
2013 年 12 月	Avago 收购 LSI，在不到一年半的时间，继续并购了 Broadcom
2014 年 2 月	RF Micro 与 TriQuint 合并为 Qorvo
2015 年 3 月	恩智浦与飞思卡尔合并
2015 年 5 月	Microchip 收购 Micrel，第二年收购 Atmel
2015 年 12 月	Intel 收购 Altera
2017 年 3 月	Intel 收购 Mobileye
2019 年 3 月	瑞萨收购 IDT
2020 年 10 月	AMD 收购 Xilinx

2015 年 3 月 2 日，恩智浦与飞思卡尔这对难兄难弟宣布合并，合并后公司名仍为恩智浦。在历经漫长的岁月之后，恩智浦以这种方式重回半导体排名的 TOP10。曾记否，摩托罗拉与飞利浦半导体中的任何一位就能单独进入这个 TOP10 名单。

与之前半导体业务从大型公司中拆分不同，这一期间发生的重组是同业整合，资源优化，使得半导体领域向寡头时代的前行不可逆转。这些半导体巨头努力成为寡头的目的，不是为了进一步的垄断，而仅是为了继续活下去。

在半导体产业大范围的重构中，上下游分工已然明确，产业定位更为明晰，这个产业在历经大型机、PC 与智能手机时代后，回归制造业的本质。在这一轮整合完毕后，以半导体工厂为中心，整合上游的设备与材料，辐射下游的应用格局已然形成。

在这轮整合期间，以台积电为代表的，仅从事集成电路的制作，并不销售集成电路产品的独立的晶圆代工厂强势崛起，彻底打破了半导体设计与制造间的紧耦合；以 ARM 为首的 IP 模块提供商，为半导体设计领域准备了足够多的积木；EDA

工具日趋稳定，也更加便于使用。

这些变化使得半导体设计行业逐步软件化，极大降低了其他跨界厂商进入半导体设计领域的门槛。此时，单纯的芯片设计能力已不是半导体厂商的生存之本，对行业的理解与应用场景的掌控能力已经成为核心。

一个围绕制造，应用多元化展开的半导体时代降临。

传统半导体设计厂商面临着产业新入者的威胁，这些新入者不是别人，正是他们之前的客户。这些客户更加贴近应用场景，只要这个场景蕴含的能量足够强大，就可以自行设计芯片，不必购买半导体厂商提供的通用产品。他们需要的仅是晶圆代工厂，他们将成为半导体设计领域的中流砥柱。

这些变化使得根据应用场景进行定制化与差异化，成为当前半导体设计行业的主题。在数字集成电路设计领域，这不是趋势而是现实。

2008 年 5 月，苹果收购 PA Semi 半导体公司，并以此为核心组建半导体部门。两年后，苹果自行研发的 Apple A4 处理器问世，这是苹果开发的第一代用于手持式设备的 SoC 芯片，基于 ARM 的 Cortex 微架构，用于 iPhone 4 手机，如图 3-20 所示。

图 3-20　iPhone4 手机主板与 Apple A4 处理器

这颗芯片也许平平无奇，但却能与苹果的 iPhone 手机及相关应用结合得天衣无缝。如今，苹果的手机处理器芯片已发展到 Apple A14，成为苹果手机的核心竞争力，至今尚未有任何处理器与手机的组合能够超越 Apple Ax 处理器与 iPhone 的组合。

苹果之后，手机厂商纷纷效仿，陆续为自家手机定制处理器。手机处理器之外，还有其他掌握应用的厂商，如特斯拉也开始研发专属芯片。这些厂商强势进入半导体舞台，以运动员兼裁判员的身份与传统半导体厂商展开了激烈的竞争。

半导体设计的主角正在转换，这个产业将再次成为大型公司的一个部门。曾几何时，因为庞大的工厂投入，大公司才能拥有半导体产业的"昨日"重现。半导体设计行业面临大型调整，传统半导体设计厂商，通过归纳应用需求，设计出放之四海而皆准的通用芯片时代，逐步落下帷幕。

在计算领域，基于冯·诺依曼体系的通用处理器时代正在结束；在通信领域，香农极限近在咫尺；在存储领域，摩尔定律率先不再适用。技术层面的举步维艰，促生了这个"以应用为中心"的时代，也使得定制化与差异化重回核心。

在这个应用时代中，半导体产业依然是基础，但清洁而有效的数据发挥着越来越重要的作用。2016 年 3 月 9 日，李世石与 AlphaGo 开始了 5 番对局的第一盘（见图 3-21）。当时，没有人会预料到这场比赛对今天所产生的深远影响。

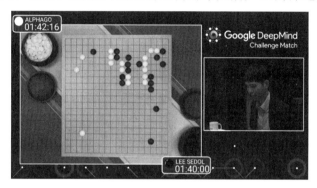

图 3-21　人机大战第一盘 李世石 vs AlphaGo

第 1 盘结束后，主流媒体的新闻标题是"AlphaGo 爆冷战胜李世石"，而后续事实证明李世石在第 4 盘的获胜才是真正的爆冷。AlphaGo 的成绩被移动互联网世界迅速放大。一夜之间，人工智能成为人类新的希望，拥有着巨大算力的图形处理器（Graphics Processing Unit，GPU）成为焦点。

英伟达的 GPU 与 x86 和 ARM 处理器，并无本质区别。主要区别在于 GPU 包含更多浮点运算单元，并以此为核心搭建运算平台，与超级计算机的设计理念一致；而 x86 和 ARM 架构关注每秒钟交易次数，基于大型机的设计思想。在更加侧重计算的人工智能场景中，GPU 显然更为适合。

2020 年，英伟达发布 Ampere 架构，基于这个架构实现的 GA100 处理器具有 8192 个 CUDA Core 和 512 个 Tensor Core[65]，便于可高度并行的任务获得非常高的浮点运算性能。这个架构中，实现难点依然是将多如牛毛的 Core 连接在一起的数据拓扑通路。GPU 的设计没有脱离冯·诺依曼体系的范围，只是算术逻辑单元的数目远高于通用处理器，如 x86 与 ARM。

在人工智能领域，GPU 算力之外，数据尤为重要。AlphaGo 战胜李世石不仅依靠算力，还有数据。围棋的世界中，数据异常规整，机器可以根据初始模型，自动产生无限多的数据。机器通过训练这些数据得出的算法模型，轻易地横扫了人类棋手。

算力与数据协力将人工智能推向前所未有的高度，但是与其他已经证实过成功的产业相比，人工智能距离伟大，尚缺少一次正向反馈。

如果人工智能够从任一个原点出发，推动其他要素前行，其他要素的前行再次促进其原点的发展，将在内部形成"自身能够推动自身发展"的循环反馈，此时人工智能产业将完全成立。

譬如，人工智能倘若可以促进材料科学的进步，材料科学的进步可以有效增强算力，增强的算力进一步促进人工智能的发展，那么人工智能必将成为一个伟大的产业，也许在此时我们将有机会彻底揭开微观世界的奥秘。

描述微观世界的量子力学理论，依然并不成熟，人类对微观世界的认知并不充分，凝聚态理论仍存在大量模糊地带，现有算法在实际应用中还有许多不足，使半导体材料科学的发展陷入停滞状态。

几十年，或者几百年之后，也许有人能够发现新的材料，延续人类的未来。几十亿年过后，太阳也将老去，没有材料科学的突破，这个世界没有前途，子孙后辈终将灭绝。我们必须知道，我们也必将知道。

参 考 文 献

[1] HOVE L V. Von Neumann's contributions to quantum theory[J]. Bulletin of the American Mathematical Society, 1958, 64:95-99.

[2] MACRAE N. John Von Neumann: the scientific genius who pioneered the modern computer, game theory, nuclear deterrence, and much more[M]// American Mathematical Society, 2008.

[3] NEUMANN J V. Allgemeine eigenwerttheorie hermitescher funktionaloperatoren[J]. Mathematische Annalen, 1930, 102(1):49-131.

[4] TURING A M. Equivalence of left and right almost periodicity[J]. Journal of the London Mathematical Society, 1935(4):284-285.

本章完整参考文献可通过扫描二维码进行查看。

第 3 章参考文献

第 4 章　制造为王

英国前首相布莱尔曾经请教德国前总理默克尔，德国经济何以长盛不衰？默克尔简单应付着，"至少我们还在动手做东西"。在两次世界大战中，德国都是最大的战败国。1990 年之前，柏林墙依然矗立，国家尚未统一，外忧内患下的德国人何尝敢忘记努力。

英国地处欧洲边缘，曾几何时地位也很边缘。在这边缘中，卑微而贫穷的英国人选择了勤奋。在欧洲工业处于手工工场阶段时，英国发展起来的办法是男人冒死挖矿，女人玩命织布。当时，英国人挖出的煤，比欧洲大陆所有人加在一起还要多；飞梭的发明使英国的纺织品遍布世界。

18 世纪 60 年代，瓦特改良蒸汽机，工业革命从这个国家开始。从织布到冶炼，从火车到轮船，从陆地到海洋，机器无处不在。这场革命使英国拥有了世界上最坚固的船与最猛烈的炮，使这个国家的旗帜从欧洲、美洲、非洲、亚洲，一直悬挂到世界的每一个角落。此时，这个国家被称为"日不落帝国"。

在全民动手的基础上，若还有部分人动脑便可以活得更好。在科技领域，这个曾经被视为欧洲乡巴佬的英国，诞生了几位举世闻名的科学家。如果说牛顿的出现是上天赐予英国的一个礼物。法拉第与麦克斯韦取得的成就却是英国几代人努力所应得的结果。

在美国成立后很长的一段时间，因为贫穷落后也被称为乡巴佬的美国人，是世界上最努力的一群人。勤劳、勇敢、自信、自强这些出现在今天珠长三角中国人身上的优点，可以完全照搬过去。

美国人是基建狂魔，他们用一年时间建成帝国大厦，震撼整个欧洲。美国人大炼钢铁，拼命种地，疯狂挖矿。一战前夕，美国的工业生产总值跃居世界第一，钢、煤、石油与粮食产量居世界之首。依靠强大的工业底蕴，美国赢得了两次世界大战的胜利。

富裕也许是勤奋最大的敌人。20世纪70年代，欧美国家准备干更少的活，赚更多的钱，将中低端制造业纷纷向亚洲转移。制造业枯燥无味，多数人拿着低微的薪酬，进行着重复性劳动，生产着普通商品。传统制造业的工人们，平凡得可以让人轻易忽略他们的存在。这种平凡却是整个制造业最为关键的底层基础。

制造业呈金字塔结构，最下游贴近老百姓的衣食住行，最上游是设备与材料。在多数情况下，科技进步从解决下游问题开始，将需求逐级抽象传递给上游。上游是制高点也是产业界的兵家必争之地。

占据这个高点并不意味着可以独步天下。脱离了中低端产业，高端制造业将成为无源之水；脱离了中底层的劳动，其上的高科技与商业模式，终为水中之月。即便在上游这个最需要动脑的领域，核心工作依然以动手为本。

半导体制造上游领域建立在物理、化学与数学等学科的基础之上。这些学科共同组成了一个木桶，一般齐整后，将有机会产生一次微小突破。这些突破，在逐级放大至下游产业时，将形成较大的波澜。在这波澜之中，最上游的基础学科持续而缓慢地向前推进，孕育着下一次突破的土壤。

在人类数千年的历史中，重大的材料突破屈指可数。生活在今天的人类非常幸运，20世纪初开始的量子力学，促进了材料科学的进步，金属、绝缘体与半导体材料的进展一日千里。晶体管诞生之后，集成电路随之而来，半导体产业逐步成型。

在半导体产业中，集成电路是最大的组成部分。集成电路从诞生之后，迅速成为半导体产业的主角，从某种意义上来说，集成电路的制造几乎代表了半导体制造业的全部内容。集成电路的发展史几乎包含了半导体发展史的全部内容。集成电路的生态，几乎涵盖了半导体生态的全部内容。

集成电路由若干晶体管与连接这些晶体管的网络拓扑组成。一个集成电路，无论功能如何复杂，依然以单个晶体管的制作为本。集成电路在摩尔定律的驱动下，对单个晶体管的需求始终为更小的体积与更低的功耗。

晶体管有许多种类型，分别用于计算、存储、通信与其他领域。不同领域对单个晶体管提出了不同需求，使其制作方法存在较大差异。但在本质上，任何一种晶体管的制作，依然由材料、**晶体管结构**与制作工艺组成。

半导体材料从化合物开始，逐步演进至锗与硅。硅材料一经确定，便立刻成为舞台中心。不久之后，平面制作工艺出现并成为主流。

在硅与平面工艺的基础上，晶体管的结构始终在调整优化，最初集成电路基于结型晶体管搭建，而后尝试使用场效应晶体管 MOSFET（Metal-Oxide-Semiconductor Field-Effect Transistor），最后演进为由两个不同类型 MOSFET 组成的互补场效应晶体管，即 CMOS（Complementary MOS）。

至此，集成电路制作方法基本成型，以硅为主材料，CMOS 晶体管为基本结构，使用平面工艺的制作生态完全成型，这个生态也被称为 CMOS 生态。这一生态建立于制造业的上游，与大型机时代、PC 时代和智能手机时代所形成的应用级生态相比，并不引人注目，却更加难以突破。

在 CMOS 生态确立之后，对硅材料最大的改进来自应变硅技术；平面工艺最大的优化，在于围绕光刻机展开的各类设备与材料的持续进步；CMOS 晶体管结构的不断调整，则贯穿于摩尔定律一路前行的始末，最初基于二维平面持续缩短尺寸，而后陆续出现了 FinFET（Fin Field-Effect Transistor）、GAA（Gate-All-Around）这些三维晶体管结构。

在集成电路制造奋战向前的历史进程中，IBM、Intel 与台积电先后接力，以 CMOS 生态为基础，围绕材料、晶体管结构和制作工艺，不断改进，不断创新，推动半导体工艺制程至 3nm，逐步逼近硅的极限。

溯本求源。硅制约着集成电路发展上限。若没有能够有效替换硅的新材料出现，半导体与集成电路产业的未来，将乏善可陈，波澜不惊。

4.1 万能的生态

半导体产业起源于通信领域。在 20 世纪初，通信领域使用的矿石检波器是一种半导体二极管。1947 年 12 月，贝尔实验室发明的晶体管打开了半导体材料的应用场景。这个晶体管所解决的第一个问题，是将接收到的无线信号进行放大。

通信领域使用的单个二极管与晶体管在今天被称为分立器件。通信领域之外，电源是分立器件更大的应用场景。电源系统的核心 IGBT（Insulated Gate Bipolar Transistor）与 MOSFET 属于分立器件，应用在从玩具车、高铁到任何具有电源的系统中。

与分立器件相对的是由多个晶体管、二极管、电阻与电容所组成的集成电路。集成电路分为模拟与数字两大类，其中数字集成电路的产值最大，而计算与存储又在数字集成电路中占据绝大多数份额。

今天的数字集成电路可以容纳几十亿甚至数百亿颗晶体管。规模如此庞大的集成电路，其制作难度没有想象中那么巨大，其中最本质与最复杂的一步，是制作受摩尔定律指引而对缩小尺寸有着无限追求的晶体管。集成电路不过是将其复制为亿万级个，然后进行连线而已。

不同的集成电路功能不同，但均由晶体管组合而成。从这个角度看，集成电路制作，依然是基于**半导体材料**，采用不同的**晶体管结构**与**制作工艺**搭建而成的。

赫尔尼发明平面型晶体管之后，集成电路的制作逐步向平面工艺靠拢，半导体设备与材料的研发也围绕平面工艺展开。迄今为止，平面制作工艺的地位，在集成电路的制作领域不可动摇。

化合物半导体材料最早应用于半导体产业。第一个商用二极管，矿石检波器是基于化合物半导体制作的。但在晶体管领域，科学家的研究从元素半导体开始。晶体管的制作材料，始于锗而兴于硅。第一个点接触型与结性晶体管使用锗晶体制作，此后的半导体世界以硅晶体为主体展开。

硅与锗同为 14 族元素，是较早被发现的半导体材料，化学性质相近。锗元素是一种金属，也有非常明显的非金属特性，被门捷列夫称为"类硅"。锗的熔点为 938℃，而硅的熔点高达 1410℃。在二战期间，半导体材料的提纯技术迅猛发展，但依然基于加热与电离等方法，熔点较低决定了锗晶体更容易提纯，使其能够在诸多半导体材料中率先突出重围，成为制作晶体管的重要选择。

与硅相比，锗晶体除了熔点较低，空穴和电子载流子迁移速度也较快。迁移速度可以理解为两种载流子的奔跑速度。在外加电场的作用下，锗的电子比硅的快两倍，空穴比硅的快四倍。"跑得快"给锗带来了一系列优点，比如更低的导通电阻，更低的功耗与更高的开关频率。在多数情况下，"跑得快"比"跑得慢"的优势大很多。

在理论层面，锗与硅的差别完全体现在能带色散结构之中。最直观的数据是能带间隙，锗为 0.67eV，而硅为 1.12eV。在锗与硅的能带色散关系图中，还有更多的区别，体现着锗与硅间更多的材料特性差异。在半导体产业发展初期，科学家没有完全掌握硅与锗的能带色散关系，但是却发现了锗材料的一个致命弱点，即不耐高温。

德州仪器的 Teal，在发明硅晶体管的 1954 年，便向世人演示过锗晶体管不耐高温的实验。1955 年，摩托罗拉制作出一款锗晶体管，用于汽车收音机。产品上市后，许多用户投诉这种收音机被中午的阳光暴晒后，便不能正常工作，进一步暴露了锗晶体管存在的这个致命弱点。

硅能够替换锗成为半导体制造业的主材料，不完全是因为锗不耐热这个弱点。锗属于稀有材料，在地壳与大气层中的含量远低于硅，混杂在铅、铜、银矿中，纯粹的锗矿并不存在，大规模开采锗的成本远高于硅。这些理由已经足够使硅取代锗，成为半导体制作的天选之子。

上帝垂青于硅。也许硅晶体的某个单一特性不如锗、不如碳、不如化合物半导体，综合特性却无人能敌。上帝赋予了硅作为半导体元素的特权，还给予了硅几个好兄弟，一个叫作"氧"，另一个叫作"氮"。地壳与大气层富含这三种元素，在冥冥中注定了这些元素必将大有可为。在半导体制作中，硅与"氮氧"的组合堪称完美。

半导体制作除了需要硅与锗这些半导体材料之外，还需要绝缘体的配合。二氧化硅是非常好的绝缘体，不溶于水也不溶于多数酸，在有氧环境下加热即可获得，适合制作晶体管的氧化层和阻挡层。

锗晶体与化合物半导体的出现均早于硅，但是两者仅凭缺少了不溶于酸与水的氧化层，便败给了硅。在地壳中，排名第一与第二多的两个元素氧与硅的完美组合，使半导体产业蓬勃发展。

氮元素在地壳中的含量极少，在大气层中占比却高达 78%左右，便于人类发现与利用，硅与氮结合而成的氮化硅更是半导体制作的神来之笔。氮化硅的介电常数较高，适合制作电容器，广泛应用于半导体存储领域。

氮化硅的晶体结构，如晶格常数、热膨胀系数与硅晶体的差别较大，如果与硅直接接触，将因为晶格失配而在接触界面上产生缺陷。因此需要使用二氧化硅包裹其两边，形成 ONO（Oxide-Nitride-Oxide）结构，并在先进半导体制作工艺中得到广泛应用。

半导体材料的良好特性以高纯度为基础。二战期间建立起来的半导体提纯方法，在战后取得本质突破。20 世纪 50 年代，工程人员将沙子提炼为三氯氢硅，在高温高压下与氢气进行化学反应生成气状多晶硅，之后通过化学气相沉积法获得高纯多晶硅。这种方法被称为西门子法，在经过多次改良后，在今天依然广泛应用于多晶硅的提纯。

不久之后，贝尔实验室发明区熔与直拉两种方法，将多晶锗提炼为单晶锗锭。相比直拉法，区熔法在制作过程中氧与碳不易掺入，能够获得更高的纯度。但是这种制作方法的成本较高，而且不易生成大尺寸晶圆，目前多用于大功率电源领域。

与区熔法相比，直拉法制作工艺简单，制作成本更低，生产效率高，更加成熟，制作出的单晶机械强度更高，便于获得大尺寸晶圆，广泛应用于大规模数字集成电路。以硅为例，其制作流程为：首先将多晶硅溶解，之后围绕与其接触的纯度极高的籽晶生长，并经过旋转提拉后，生成单晶硅锭，如图 4-1 所示。

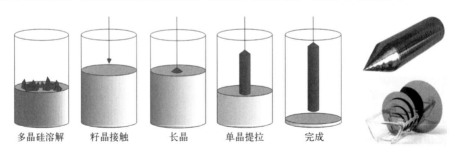

多晶硅溶解　　籽晶接触　　长晶　　单晶提拉　　完成

图 4-1　直拉法生成单晶硅锭

使用直拉法制作而成的单晶硅，整体呈柱状，头部为圆锥形，被称为硅锭（Silicon Ingot）。单晶硅锭经过切片、倒角、抛光等多个环节后，形成具有一定厚度呈圆盘状的基础硅晶圆，英文为 Wafer。

集成电路对硅晶圆的需求为更大的尺寸与更高的纯度，但在综合考虑性能价格比等因素后，今天集成电路产业使用的硅晶圆，其尺寸为 12in，其纯度为 99.999999999%，即 11 个 9 的精度。

历史上，正是半导体晶体纯度的提高，使肖克利构思的结型晶体管最终问世。结型晶体管，因为使用空穴与电子两种载流子参与导电，被称为双极结型晶体管（Bipolar Junction Transistor，BJT）。这种晶体管可以制作分立器件，也可以作为集成电路的基础单元。在集成电路出现后 30 余年的时间里，BJT 晶体管始终是制作数字集成电路的首选。

当时的数字集成电路较为简单，由"与""或""非"与"触发器"这些门级电路组合而成，被称为逻辑门集成电路。逻辑门最初由二极管与 BJT 晶体管组合而成，被称为（Diode-Transistor Logic，DTL）电路，之后演进为全部由晶体管搭建的（Transistor- Transistor Logic，TTL）电路[1]。基于 DTL 与 TTL 电路，可轻易实现集成电路最基本的逻辑单元"与非门"，如图 4-2 所示。

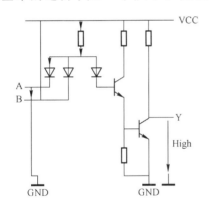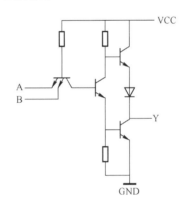

图 4-2　使用 DTL 与 TTL 电路搭建与非门

这两种集成电路的优点源于 BJT 晶体管，如工作频率较高、驱动能力强等，其缺点也源于 BJT 晶体管，如集成度较低，功耗较大。

BJT 晶体管由两个 PN 结，三个层次组成。使用平面工艺制作时，如果将三层横向放置，就会因为 BJT 晶体管的基极非常薄，较难保证制作精度；而如果采用三层纵向排列，制作工艺更为复杂，而且需要占用较大的晶圆面积。

BJT 晶体管更大的一项弱点，也是其工作必不可少的一个环节是，基极在 BJT 晶体管导通时始终存在电流，总有一部分功耗浪费于此。在集成电路沿着摩尔定律发展的过程中，这一弱点愈发突显，使得场效应晶体管（Field Effect Transistor，FET）最终胜出，今天的集成电路以此为基础搭建。

场效应设想由肖克利提出，其工作原理与电子管有几分相似，而将理论转变为现实的是日本的半导体之父西泽润一（Jun-ichi Nishizawa）。1950 年，西泽润一发明基于碳化硅的晶体管（Static Induction Transistor，SIT）[2, 3]，这种晶体管是结型场效应晶体管（Junction Field Effect Transistor，JFET）的前身，曾经大规模应用于高端音响领域。

1953 年，贝尔实验室的 Ian Ross 与 George Dacey 制作出第一个 JFET 晶体管原型[4]，其结构如图 4-3 所示。其中 Ross 由肖克利招聘到贝尔实验室，他还发明了用于半导体制作的外延设备，并于 1979 年成为贝尔实验室的第 6 任总裁。

JFET 与 BJT 晶体管的工作原理区别较大。BJT 晶体管工作时，需要电子与空穴同时参与；JFET 晶体管工作时，仅需要一种载流子，电子或者空穴，因此被称为单极型晶体管。图 4-3 中的 JFET 晶体管，电子为载流子，被称为 N 沟道 JFET；空穴为载流子的，被称为 P 沟道 JFET。在 JFET 擅长的功率领域，N 沟道为主流。

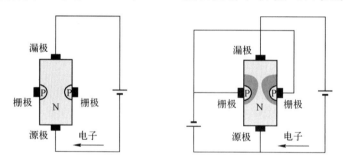

图 4-3　JFET 晶体管的工作原理示意

N 沟道 JFET 晶体管由 2 个 PN 结与 3 个引脚组成，工作原理围绕电子展开，在正常工作时，电子从源极（Source）进入，从漏极（Drain）流出；栅极（Gate）用于控制电子从源极流向漏极的数量。当栅源极之间没有压差时，电子将通过源极到达漏极。栅源极之间施加反向电压时，电压越大 PN 结的耗尽层越宽，电压越小则越窄，因此调节栅极电压便可控制电子流动数目，进而调整源漏极之间的电流，实现放大功能。

JFET 晶体管诞生后不久，贝尔实验室制作出一种在今天依然广泛使用的场效应晶体管。1959 年，从埃及与韩国分别移民到美国的 Mohamed Atalla 与 Dawon Kahng，发明了 MOSFET 晶体管[5]。

MOSFET 也是一种单极型晶体管，其工作时仅使用一种载流子并同样由源极、漏极与栅极组成，其栅极最初使用金属实现，这是"M"的来源；栅极与衬底使用氧化物（Oxide）隔离，这是"O"的来源。MOSFET 整体由半导体实现，这是"S"的来源。MOSFET 晶体管可以作为分立器件应用于功率领域，也可以应用于集成电路领域，其组成结构如图 4-4 所示。

与 JFET 晶体管类似，MOSFET 分为 N 沟道与 P 沟道，下文将其简称为 nMOS 与 pMOS 晶体管。图 4-4 所示的 MOSFET 为 nMOS 晶体管。在 nMOS 晶体管中，栅极居于正中，源漏二极分列在栅极左右的两口 N+阱之中。

图 4-4 最下方的灰色部分为衬底，衬底的厚度大约为 1mm，图中省略了作为支撑的绝大部分衬底。制作 MOSFET 晶体管时，需要在衬底之上外延几百纳米的硅晶体，即图中的 P 型外延层。

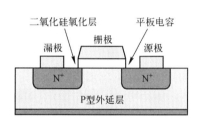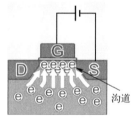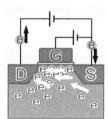

图 4-4　MOSFET 的工作原理

二氧化硅氧化层对于 MOSFET 性能至关重要，栅极与衬底通过氧化层形成一个电容。在栅极施加相对于源极的正向电压时，这个电容吸附电子至底部，形成一个临时沟道，导通源极与漏极；移除正电压后，沟道将消失，源极与漏极处于截止状态。

二氧化硅具有较高的绝缘性与较大的介电常数，便于制造大容量电容；而且材料容易获得，在有氧环境加热硅衬底即可。这些优势使二氧化硅在半导体制作初期，成为 MOSFET 氧化层的不二之选，也使硅的地位更加不可动摇。

贝尔实验室在发明 MOSFET 之后，没有特别留意这种新型的晶体管，依然使用 BJT 继续制作集成电路。当时，BJT 晶体管的开关速度远超 MOSFET。美国的半导体厂商只有仙童与 RCA 对 MOSFET 产生过少许兴趣。

1963 年，来自仙童的 Chih-Tang Sah（萨支唐，华裔工程师）和 Frank Wanlass 将 pMOS 与 nMOS 晶体管组合在一起，制作出 CMOS 晶体管[6, 7]。两年之后，RCA

公司基于 CMOS 晶体管，成功研制出功耗极低的 SRAM 芯片[8, 9]。

CMOS 晶体管的最大优点是功耗远低于其他类型的晶体管，在理想情况下，静态功耗约为零。使用这种晶体管可以方便地制作与非门。与非门是一切数字集成电路的基础，使用多个与非门的排列组合可以生成所有数字电路，因此数字逻辑门电路的编号将与非门排在"00"的首位，如图 4-5 所示。

CMOS 与非门由 pMOS 晶体管 T1、T2 与 nMOS 晶体管 T3、T4 组成。当输入 A 或者 B 为 0 时，T3 或者 T4 截止，T1 或者 T2 导通，此时输出 Y 为 1；A、B 全为 1 时，nMOS 管全部导通，pMOS 管全部截止，输出 Y 为 0。与非门工作时，pMOS 与 nMOS 管互为负载、互补工作，这就是 CMOS 晶体管的"Complementary"的由来。

互补工作方式是 CMOS 晶体管的突出优点，使得 CMOS 晶体管在正常区域内工作时功耗极低，而且具有较强的抗外部干扰能力。CMOS 晶体管的弱点是 pMOS 不易优化。pMOS 的载流子为空穴，空穴的移动速度低于电子，在同等制作条件下，pMOS 的性能低于 nMOS 晶体管。CMOS 晶体管由 pMOS 与 nMOS 晶体管对偶组成，只有两者性能匹配时，方可获得最佳性能。

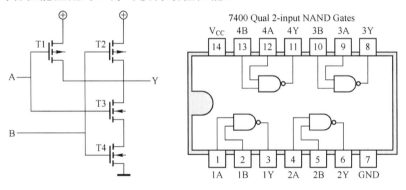

图 4-5　使用 CMOS 晶体管制作的与非门

在 CMOS 晶体管出现后很长一段时间里，因为受制于 pMOS 晶体管的性能，CMOS 晶体管的性能低于单独的 nMOS 晶体管，也低于 BJT 晶体管，使得 CMOS 晶体管的其他优点被美国厂商所忽略，也为日本半导体产业在未来的强势崛起埋下了伏笔。

从 20 世纪 70 年代开始，日本半导体产业界深度研究了 CMOS 技术，并将其应用于功耗敏感，却不在意性能的电子表与计算器领域。以这两个应用场景为依托，日本厂商在持续优化 CMOS 技术的过程中，取得重大突破。

1978 年，日立的 Toshiaki Masuhara 提出"双阱工艺"，使用这种工艺可以单独优化 pMOS 晶体管的制作，使其与 nMOS 晶体管的性能匹配，极大提高了 CMOS 晶体管的性能。这种晶体管在集成电路中的组成结构如图 4-6 所示。

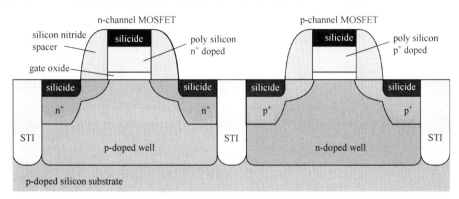

图 4-6　基于双阱工艺的 CMOS 晶体管组成结构

不久之后，日立使用双阱工艺制作出一颗 4kbit 的 SRAM 芯片[10]，其性能与 Intel 采用 nMOS 工艺制作的 SRAM 相当，却仅需使用 15mA 电流；基于 nMOS 工艺实现同样大小的 SRAM 需要 110mA 电流[11]。这一明显优势使 CMOS 晶体管站稳脚跟。

伴随摩尔定律的推进，集成电路容纳的晶体管数目呈指数增长，CMOS 晶体管低功耗与集成度的优势凸显。不久之后，这种晶体管完全确立了在大规模集成电路中的地位，成为迄今为止唯一的选择。

CMOS 晶体管是继硅与平面工艺之后，制作大规模集成电路的最后一块拼图。至此，"硅"、平面工艺与 CMOS 晶体管完美组合在一起，演进为 CMOS 工艺。这种工艺也是"硅+CMOS 晶体管+平面制作"生态的另外一种称呼。

CMOS 工艺的三大组成部分，硅、CMOS 晶体管与平面制作呈三角结构，相互支撑、相互依赖，形成了一个庞大的制作生态。半导体产业的设备与材料围绕这个生态展开，集成电路制作以此为核心。其他领域的半导体芯片也纷纷向这个生态靠拢。

CMOS 工艺最初用于数字集成电路。这个领域庞大的产值，推动着 CMOS 工艺持续进步；CMOS 工艺的进步使制作成本逐步下降，并扩展到更多领域。CMOS 工艺在这种良性循环中持续前进，不断扩张着应用边界，迅速席卷了整个半导体制造业。

CMOS 工艺不仅可以制作晶体管，而且可以集成被动元器件，包括电阻、电容与电感，这些不足一厘钱的被动元器件，经 CMOS 工艺集成后，制作成本几乎可被忽略。

CMOS 工艺无孔不入，在图像传感器领域，基于 CMOS 工艺的 CIS（CMOS Image Sensor）已经成为主流。大功率半导体，这个原本属于化合物半导体的阵地，也被逐步渗透，许多厂商研究如何借助于 CMOS 工艺，制作出更为廉价的器件。

甚至在"发光"这个从能带散射关系上看，硅最不擅长的领域，依然有许多人在研究如何使用"硅+CMOS+平面制作"这一组合。在更多的半导体制造领域中，工程人员研究的重点不是"硅+CMOS+平面制作"这一组合是否合适，而是如何找到一种精巧的方法使这一组合能够适用。

持续优化 CMOS 工艺，拥抱由"硅+CMOS+平面制作"所组成的生态，制作出性能更高，尺寸更小的 CMOS 晶体管，使其应用至更多领域，至今依然是半导体制造业的核心，也是驱动摩尔定律持续前行的源动力。

"硅+CMOS 晶体管+平面制作"生态建立于上游的设备与材料，仅在半导体工厂中完整呈现，而且这个生态呈松耦合状态联系在一起，没有"x86 与 Windows""ARM 与 Android"这类应用级生态更受关注，却更加紧密地耦合在一起。

半导体的设备与材料相互之间，与硅之间，与平面制作工艺之间，在多年的发展过程中水乳交融。CMOS 晶体管与平面制作以硅为基石；硅与 CMOS 晶体管以平面制作为基础；平面制作与硅在晶体管领域最成功的结合是 CMOS 晶体管。

打破三者之间的耦合关系，将面临集成电路制造过程中，漫长的试错周期。一个新材料、新结构与新工艺的提出，从实验室阶段，到小试、中试到大规模量产中任何一个环节出现纰漏，都可能折戟沉沙。这使得"硅+CMOS+平面制作"生态，在大规模集成电路中的地位不可撼动，使 CMOS 工艺更加万能。

CMOS 工艺的上限受制于硅的材料特性，使得在集成电路领域，替换硅的尝试始终没有停止过，至今难见曙光。而人类寻找新材料的努力未曾停歇。

碳基材料始终被寄予厚望。人类对钻石的渴望，对石油的依赖，植物、动物与矿物质对碳的追逐，在地球上形成了一个庞大的循环。这个由大自然鬼斧神工所创造的奇观，强烈暗示人类需要再次发现这个为世界带来生命的元素——碳。

我们或许还可以利用无处不在的光，凝聚态物质除了固体还有许多选择，也许我们毕其一生无法取得发现，也或许明天就会有新的发现。

4.2　从硅到芯片

摩尔定律提出之后，集成电路产业飞速前行，从 20 世纪 70 年代中期的 6μm 工艺节点推进至 2022 年的 3nm。期间，全球所有企业相互配合，相互竞争，确立了设备与材料为上游，半导体设计厂商为下游，半导体工厂在其中承上启下的产业分工。

在这一分工中，上游产业通常掌控技术制高点，但产值较小；下游围绕周边生态展开，具有较高的产值；位于其中的集成电路制造业，在整合上下游产业的过程中，不自觉地成为中心。今天，典型的集成电路制作过程如图 4-7 所示。

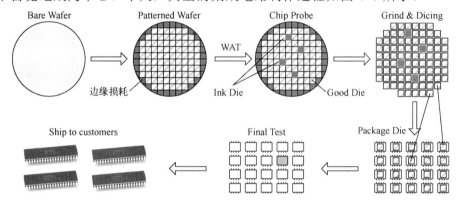

图 4-7　集成电路的制作过程

集成电路的制作围绕晶圆（Wafer）展开，加工晶圆的工厂也被称为晶圆厂，其主要任务是将设计阶段产生的集成电路版图，逐层转移到原始晶圆（Bare Wafer），这个环节被称为"Patterned Wafer"，在集成电路制作中最为关键。此后的环节虽然在图 4-7 中占据了更多位置，但重要性不及前者的十分之一。

集成电路的制作通常以工艺节点进行分类，从高端的 5nm、7nm 直到几十μm 级别。晶圆厂一般需要同时维护多个不同的工艺节点，例如拥有 5nm 工艺节点的台积电，依然需要保留 0.25μm+节点以满足不同客户的需求。

每一个工艺节点均由数百道工序，配合对应设备与材料实现。以台积电的 7nm 工艺为例，仅光刻工序便接近 80 道，围绕每道光刻的还有刻蚀、离子注入、清洗等工序。其中，每个工序由诸多步骤组成，每个步骤还可以继续分解为若干操作。

一个指定的工艺节点，如台积电的 7nm，如果按照工序、步骤一直分解到操作级别，将由数万步组成，其中任何一步操作失败，都有可能导致返工，甚至报废整个晶圆。这种级别的复杂程度，使"Patterned Wafer"环节成为集成电路制作中技术含量最高、实现难度最大的环节。

"Patterned Wafer"的最后一个步骤，将进行晶圆可接受度测试（Wafer Acceptance Test，WAT），检验晶体管、电阻与电容等器件的电气特性。通过 WAT 的晶圆将被送入封测厂，完成最后的生产。

封测厂获得加工过的晶圆后，将进行 CP（Chip Probe）测试，检查晶圆的逻辑功能、引脚电气特性等参数，挑拣出生产过程中出现的残次品。此时晶圆未被切割，依然为一个整体。CP 测试未通过的 Die 将被统一标记，这些 Die 也被称为"Ink Die"。

Die 指在晶圆中的未经封装的集成电路本体，也被称为管芯或者裸芯，但即便在国内的半导体产业界，也大多使用英文 Die 这个称呼，很少使用中文，因此本书将使用 Die 这个英文称呼。

CP 测试之后，完整的晶圆被切割成一个个 Die，之后进行封装。封装完毕的芯片将进行最后一次测试，即 FT（Funtional Test），通过后即可发售给客户。

大规模集成电路由多层组成，底部为晶体管层，其上是若干金属层。晶体管层包含门级电路与触发器等逻辑单元，这些单元由多个晶体管搭建而成。金属层将这些单元按照一定的拓扑结构连接在一起，在图 4-8 中使用了 4 层金属，分别为 M1～M4。

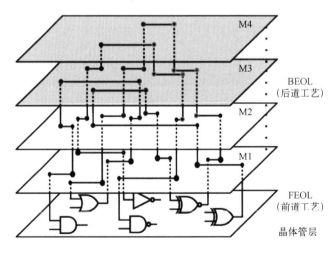

图 4-8　数字集成电路多层结构示意[12]

晶体管层是集成电路制作的核心，由晶体管、电阻、电容等器件组成。晶体管层含有多个子层，最底层为硅衬底，其上各个子层包含晶体管的各个组成模块，包括晶体管的源极、栅极、漏极及其之间的隔离结构等。

在先进工艺制程下，如 7nm 工艺节点，晶体管层包含近 50 多个子层，由当前工艺下精度最高的设备历经几百道工序制作而成，是集成电路制作过程中技术含量最高、加工难度最大的环节。晶圆厂将这一系列工序统称为前道工序（Front End of Line，FEOL）。

前道工序围绕如何制作合格的晶体管展开。集成电路的每一代新工艺节点研发，均从如何制作出尺寸更小，且能满足基本电气特性的第一个合格的晶体管开始。制作出这第一个晶体管也是一代工艺节点研发中最为核心的工作。

使用平面工艺制作几个与几十亿个晶体管所组成的集成电路，制作方式几乎完全一致，区别仅在于所使用的掩模版不同，一个包含了几个晶体管，另一个包含了几十亿个晶体管而已。

集成电路包含的设计，可以是处理器、存储芯片，也可以是模拟器件，由若干晶体管，以及连接这些晶体管的网络拓扑组成。今天的集成电路可以轻易容纳几十亿个晶体管，导致连接这些晶体管的网络拓扑极为复杂，这些网络拓扑主要通过金属层实现。

在晶圆厂中，前道工序之后的剩余过程被统称为后道工序（Back End of Line，BEOL），主要任务为制作晶体管层之上的金属层。仅从图案特征上看，金属层由数以亿计的线段组成，其中越靠近晶体管层连线密度越高。

以图 4-8 为例，晶体管层制作完毕后，将在其上覆盖绝缘体填充物；并在填充物中刻蚀出连接孔；最后在连接孔中填充导体，将金属层 M1 中的引线与晶体管的源极、栅极或者漏极连接在一起。M2～M4 层的制作与 M1 层类似，依然为填充绝缘层，制作通孔并填充金属导体，连接其下的金属层。

现代集成电路的制作过程中，无论前道还是后道工序均基于平面工艺，晶圆厂拿到的原始硅晶圆是一个平面，交付给封装测试厂的依然是一个平面。

集成电路的制作有一个重要的参数，即良率（Yield）。良率与集成电路的设计，晶圆厂与封装测试厂的制作直接相关。其中，晶圆厂对良率的影响最为关键。

今天，晶圆厂制作一个工艺并不领先的集成电路，也通常需要百余道工序，任何一道工序发生错误，都将影响良率。工序调优的工作异常琐碎，没有丝毫乐趣。这些没有乐趣的工作，是一个工艺从实验室走向小试、中试与大规模量产的关键。

目前 22nm、32nm 及以上的 CMOS 工艺，已经较为成熟，晶圆厂的良率较为合理，优化空间不大。但在高端工艺，特别是 7nm 工艺之下，基于 FinFET 晶体管与 GAA 晶体管的制作工艺，良率依然有较大的提升空间。

晶圆厂不一定会向用户披露"Patterned Wafer"阶段的良率，即便集成电路的设计与制造都在同一个公司，有些细节依然在部门间相互隔离。

通常集成电路的良率取决于晶圆尺寸、Die 的尺寸与测试的严格程度。

1. 使用更大的晶圆尺寸

在晶圆中，能够切割出的有效 Die 越多，集成电路芯片的制作成本越低。一片晶圆能够切割出 Die 的数目，被称为"*Die Per Wafer*"，其计算如式（4-1）所示。

$$Die\,Per\,Wafer = d \times \pi \left(\frac{d}{4 \times S} - \frac{1}{\sqrt{2 \times S}} \right) \tag{4-1}$$

其中，d 值约为晶圆直径，S 值约为 Die 的面积。因为晶圆边缘处不能制作 Die，d 值相比晶圆直径需要略微小 2～3mm；Die 和 Die 之间需要为切割晶圆留出划片槽，因此 S 值比 Die 面积也略高一些。

相同尺寸的 Die，使用的晶圆越大损耗越小，切割出的 Die 也越多。对于 Die 尺寸为 10×10mm 的集成电路，考虑晶圆边沿处必要的预留空间，Die 与 Die 间的预留间隙，使用 12in 晶圆大约可以制作出 600 个 Die，8in 可以获得约 247 个 Die。选用更大的晶圆，如 18in，会进一步减小边角处的损耗。

更大的晶圆尺寸利于切割出更多的 Die。但晶圆缺陷将随晶圆尺寸的扩大而增多，从而影响良率。扩大晶圆尺寸还需要调整制作设备，增加了相应费用。这些因素使得 20 世纪末期导入的 12in 晶圆，在今天依然占据主流，18in 晶圆尚未大规模商用。

2. 尽可能减小 Die 尺寸

减小 Die 的尺寸，要求在设计阶段生成更小的版图。减少版图尺寸又在于芯片设计师对冯·诺依曼体系与图灵状态机的理解。对于两个实力相当的竞争对手，完成功能相近的设计，选用相同的工艺制程时，最后生成的版图尺寸相差无几。

晶圆的良率与集成电路的设计相关。设计的复杂度预先决定了良率的高低，一个包含大量 SRAM、布线密度较高的集成电路，如高端处理器芯片，在采用相同的制作工艺时，即便版图面积与低端芯片相同，其良率也必然更低。

集成电路在设计初期将确定所使用的制作工艺。更高的工艺能够减小版图尺寸，但将提高掩模版与图案化晶圆的制作成本，其制作的复杂度也将导致良率下降。

Die 的尺寸与良率直接挂钩。通常在相同工艺制程下，Die 尺寸越大良率越低。2019 年，在台积电的 5nm 工艺节点中，Die 尺寸为 17.92mm^2 时，良率大于 90%；Die 尺寸为 100mm^2 时，良率骤降为 32.0%[13]。

3．测试标准

测试标准是决定芯片良率的重要因素。标准越严，质量越高，良率越低。在某种程度上，测试标准极大影响一个产品的成败。在大型机时代，日本厂商凭借严苛的质量标准横扫天下；而在 PC 时代，同样的标准使其折戟沉沙。不同的应用场景对质量提出了不同的要求，也对测试标准的制定提出了不同的要求。

在测试阶段，一个常用的提升良率的策略是分级筛选。在处理器厂商向客户提供的不同类型的芯片中，有些型号之间的差异仅是主频高低或者 Cache 容量大小。在这种情况下，不同型号产品复用相同的设计和制作流程，只是因为有些 Die 在测试中没有达到最高设计要求，被降格为中低端产品。

在晶圆厂中，良率的重要性几乎仅次于制作工艺。晶圆厂优劣的评价标准简单粗暴，首先比较所能达到的最高工艺节点，如 5nm、7nm 或者 10nm，然后比较在相同工艺下的性能与功耗，同时需要比较采用相同的工艺节点时，谁的良率更高。

对工艺节点与良率的追求贯穿晶圆厂的始终，是摩尔定律对集成电路产业所提出的最本质的要求。

4.3　摩尔定律

摩尔定律并非自然法则。相信这个定律的正确，并付诸行动，是推动这个定律持续向行的源动力。某种程度上，摩尔定律已超脱文字层面的描述，是几代半导体人为了心中的使命，奋然而前行的缩影。

1965 年 4 月，在仙童工作的戈登·摩尔书写了一篇名为"Cramming more components onto integrated circuits"的文章。文章中，摩尔认为集成电路是电子技术的未来，预言至 1975 年，在面积仅为四分之一平方英寸的硅芯片上，能够集成 65000

个元件。一个集成电路可容纳的晶体管数目，大约每年增加一倍[14]，如图 4-9 所示。

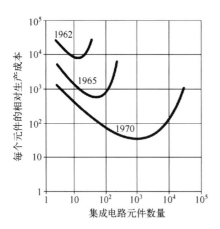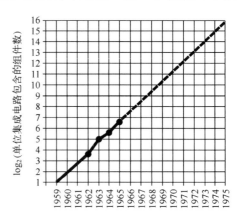

图 4-9　摩尔定律的雏形[14]

此时，摩尔默默无闻，文章编辑将他称为新一代电子工程师，顺便还提了句"摩尔的专业是化学而不是电子学"。这篇文章并无神奇之处，摩尔用实线连接了 1959～1965 年集成电路容纳的晶体管的数目，之后依照线性关系，在实线后添加了一段虚线，并将其延长至 1975 年。

1965 年，集成电路制造业初露头角，工艺水平大约相当于 50μm 节点。硅的提纯方法与赫尔尼发明的平面工艺已经出现，但是在集成电路制造领域，有效的社会分工尚未形成。半导体公司开门的第一件事情，是从头开始研制生产设备。其中光刻机是最核心的设备，也是推动摩尔定律前行的关键。

在半导体产业的发展初期，其制作工艺较为简单，类似于在硅晶圆之上进行平面二维制图，而光刻相当于其中的尺规，其重要性不言而喻。当时光刻技术并不成熟，甚至谈不上具有专门的光刻设备，现代光刻的一切概念停留在原始阶段，今天光刻机的几大组成，如光源系统、照明系统、光学系统与工件台等基础部件未现雏形。

在基尔比与诺伊斯发明第一个集成电路的时代，所谓的光刻设备由工程师纯手工打造。光源与照明系统使用可见光，光学系统是从摄像机中拆卸的镜头。光罩在玻璃板的基础上，使用今天用于装修的胶带制作。进行光刻时，光罩与硅晶圆静止不动，自然也不会有运动工件台的概念。

20 世纪六七十年代，出现了一批公司，制作出一系列与光刻相关的设备，如

表 4-1 所示。在这些设备的基础上，光刻技术的发展一日千里。此后，集成电路的制作逐步围绕光刻技术展开，摩尔定律在光刻设备开辟的道路上稳步推进。

表 4-1　1950～1970 年间出现的光刻设备[15]

时间	简要描述
1958 年	仙童的 Jay Last 与诺伊斯发明 Step-and-Repeat 照相机
1961 年	GCA（Geophysical Corporation of America）公司于 1959 年收购 David W. Mann 公司，并在两年之后发布 Photo-Repeater 照相机
1965 年	Kulick & Soffa 推出接触式对准设备（Contact Aligner）
1969 年	Nikon 制作出日本第一台 Photo-Repeater
1970 年	Canon 发布日本第一台光刻设备 PPC-1
1973 年	Kasper 公司发布非接触式对准设备（Proximity Aligner）
1973 年	Canon 制作出日本第一台接触式对准设备
1973 年	Perkin-Elmer 制作投影式对准设备（Projection Aligner），这台设备的出现是光刻领域的一个重大里程碑

在这段时间，光刻设备从仙童时代的 Jay Last 与诺伊斯发明的 Step-and-Repeat 照相机起步，历经 Photo-Repeater 设备、接触式对准设备、非接触式对准设备，一直发展到投影式对准设备。

这些光刻设备，解决的关键问题与今天一致，将光罩中的原始图案转移到涂敷在硅晶圆表面的光刻胶上。在当时，产业界所关注的焦点是如何将光罩与晶圆合理对齐，以保证将光罩图案转移到光刻胶时的精度，这类设备也因此被统称为光罩对准设备（Mask Aligner），简称为"Aligner"。

在 Aligner 时代，接触式光刻设备最早出现，采用这种方式，光罩与光刻胶直接接触，晶圆获得的图形与光罩完全一致；非接触式光刻是在光罩与光刻胶之间留出一个极小缝隙。两种方式的实现原理如图 4-10 所示。

接触式光刻的分辨率较高，价格低廉，最大的缺点源于光罩与光刻胶之间采用的直接接触方式，容易损坏光罩并污染光刻胶；采用非接触式光刻时，光罩与光刻胶没有直接接触，因此有效克服了接触式光刻的缺点，最大的问题是因为光的衍射导致光罩投射到光刻胶上的图形分辨率下降。

20 世纪 70 年代初，半导体工艺进入 10μm 节点，现有光刻设备无法满足精度要求，摩尔预言即将失败。Perkin-Elmer 公司及时出现，制作出一个名为 Micralign

100 的投影式 Aligner，拯救了这个预言，也拯救了摩尔身后的 Intel[16]。

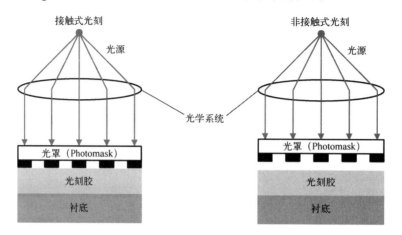

图 4-10   接触与非接触式光刻的实现原理

Micralign 100 在光刻胶与光罩间添加了一套基于反射的光学系统，如图 4-11 所示，将光罩图案以投影方式转移到光刻胶，不仅避免了光罩与光刻胶接触，同时解决了光罩和晶圆的对齐问题，制作精度可以与接触式光刻相媲美。

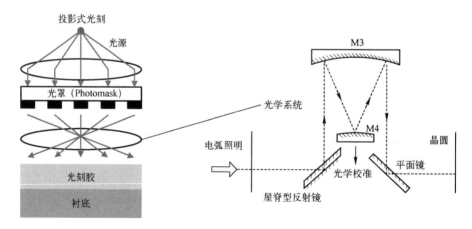

图 4-11   投影式光刻原理与 Micralign 100 使用的光学系统[17]

这种光刻机不仅提高了光刻精度，尤为重要的是将集成电路制作的良率，提升到了一个前所未有的高度。在此之前，接触或者非接触式 Aligner 制作的集成电路良率仅为 10%～20%，有时甚至接近于零。

1974 年，Micralign 100 设备开始正式对外发售，单台设备的售价比当时其他高端光刻设备高出 3 倍有余，却在整个生命周期中，销售了 2000 多台，这一数字对于光刻设备而言相当惊人，2020 年，全球半导体光刻机的总销售量也不过 413 台。至此，Perkin-Elmer 公司站上光刻之巅。

Micralign 100 发布后不久，Intel 购买了这种光刻设备，并在与 Perkin-Elmer 公司的紧密合作中，发现了正胶的制作精度高于反胶。在两个公司的共同努力下，Micralign 100 与正胶的组合，使集成电路的良率达到了惊人的 70%[18]。这种良率提升，已经不能称之为量变引起质变，而是采用了一个全新的方法，开始了新一轮的量变积累。

依靠 Micralign 100 与正胶这对在当时无敌的组合，Intel 取得了巨大的商业成功。半导体产业界都惊叹着这个公司发布的新产品，特别是存储器产品，所拥有的无人匹敌的低价。1976 年，Intel 的销售额抵达 2.26 亿美元，相比 1975 年提升了 65.2%[19, 20]。

此后的每一年，Intel 均保持高速增长，直到在集成电路领域完全站稳脚跟。Intel 获得这个低价的秘密，直到几个员工离职后，才被外界知晓。Micralign 系列的光刻设备因此名声大噪，引发了美国、欧洲与日本从事光刻的厂商的群起效仿。

投影式光刻设备的制作难点在于光学系统，这正是照相机厂商的优势所在。日本相机厂商 Canon 与 Nikon 因此切入这个市场，从接触与非接触式 Aligner，一直发展到投影式 Aligner，使光刻设备在充分竞争的环境下，愈发成熟。

光刻设备的成熟与 Intel 的光辉前景，使摩尔的信心大增。在与 Perkin-Elmer 公司合作期间，摩尔整理了 1959～1975 年以来，集成电路容纳的晶体管数目，并根据光刻技术的演进，预判了 1975 年之后集成电路所能容纳的晶体管数目。

1975 年，摩尔在国际电子器件年会上，做了一个主题为"Progress in digital integrated electronics"的报告，修订了他在 1965 年提出的预言，将集成电路可容纳的晶体管数目，更改为从 1975 年起至 1985 年，每两年翻一番，如图 4-12 所示。

此时，摩尔已经不是 1965 年提出预言的那个新人。这一年，摩尔成为 Intel 的第二任 CEO。Intel 已经拥有 4600 多名员工，1.37 亿美元的销售额，发布了第一颗微处理器，在半导体世界声名显赫。

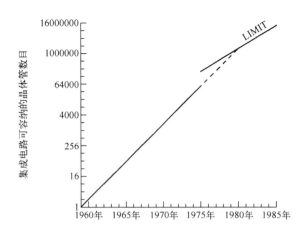

图 4-12　摩尔本人提出的定律[21]

这一次，没有人再轻视摩尔提出的这个新预言。产业界很快将这个预言修订为每 18 个月翻一番。不久之后，提出 EDA 概念的米德教授，将摩尔预言正式称为"摩尔定律"，并流传至今。从那个时代开始算起，摩尔定律保持了近 40 余年的正确性。

1975 年之后，半导体制作工艺迅猛发展，Aligner 类设备逐步暴露出不足，这类光刻设备需要光罩与集成电路图案完全相同，光罩与硅晶圆的大小完全一致。光罩与晶圆的图案与尺寸存在的这种对应关系，制约了光刻技术的发展。

摩尔定律要求面积相同的集成电路，每 18 个月增加一倍数量的晶体管，意味着晶体管尺寸需要持续缩小。在对准类光刻设备中，光罩图案与硅晶圆图案完全一致，晶体管尺寸的缩小，需要对应光罩图案同比缩小，这对光罩制作精度提出了过高的要求。

对准类光刻设备的不足，使另外一种光刻设备胜出。1978 年，GCA 公司发布 DSW 4800 光刻设备。这台设备结合了 Photo-Repeater 与投影式对准设备的优点，被称为步进式光刻设备 Step-and-Repeat，简称为 Stepper。Stepper 解除了光罩与晶圆尺寸需要"完全一致"的耦合关系，工作原理如图 4-13 所示。

Stepper 工作时，每次仅曝光晶圆的一片区域，并逐区步进，直到覆盖整个晶圆。对每片区域进行处理时，光罩图案通过光学系统等比缩小，之后投射到晶圆。Stepper 设备最初使用的光罩尺寸与投射区域之比为 10∶1，后来缩小为 5∶1，今天先进光刻机的这一比例为 4∶1。为了区分之前的光罩，英文将数倍于集成电路图案的光罩称为 Photoreticle 或者 Reticle，与集成电路图案大小相同的光罩称为 Photomask。

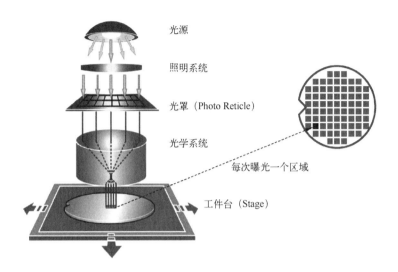

光源

照明系统

光罩（Photo Reticle）

光学系统

每次曝光一个区域

工件台（Stage）

图 4-13　步进式光刻设备工作原理示意

Stepper 问世之后，遭遇投影式 Aligner 的顽强抵抗，虽然这种光刻设备能够提供更高的精度与良率，但吞吐率不高，使得投影式 Aligner 在相当长的一段时间里，依然是光刻设备的主流，也使得 Perkin-Elmer 轻视了这一技术。

Perkin-Elmer 为此付出巨大代价。这个曾经的光刻霸主，在错失 Stepper 光刻技术之后，被对手竞相超越，最后将光刻业务出售给 SVG（Silicon Valley Group）。2000 年，一个欧洲厂商收购了 SVG，就是今天在光刻领域无出其右的 ASML[22]。

Stepper 奠定了现代光刻机的基础。此后，光刻光源从可见光逐步过渡到近紫外线（Near Ultravoilet，NUV），NUV 从 g-line（436nm）、h-line（405nm）缩短至 i-line（365nm）。光源的波长越短，光刻的精确度越高。

1982 年，IBM 将准分子激光技术应用于半导体光刻[23]，此后波长为 248nm 与192nm 深紫外线的（Deep Ultraviolet，DUV）替换了近紫外线光源。半导体产业界也逐步将 Aligner 与 Stepper 光刻设备统称为光刻机（Lithography Equipment）。

步进扫描光刻机 Step-and-Scan 伴随激光光源同步出现，在 20 世纪 90 年代由Perkin-Elmer 率先发布，简称为 Scanner，是继 Aligner、Stepper 之后的重大里程碑。ASML 在 Scanner 时代初露锋芒，于 1997 年发布 PAS 5500 系列光刻机，并逐步站稳脚跟[24]。2010 年，ASML 制作出极紫外光源（Extreme Ultraviolet，EUV）光刻机样机，将光源波长缩短到惊人的 13.5nm。光刻机使用的光源、波长与大规模量产芯片的时间如表 4-2 所示。

表 4-2　光刻机使用的光源、波长与大规模量产芯片的时间

光源类型		光源波长/nm	工艺节点/nm	芯片量产
深紫外光源 DUV	KrF	248	250～130	1996 年[25]
	ArF	193	130～90	2000 年[25]
深紫外光源 DUV	F2	157	—	未量产芯片
	ArF + Immersion	等效于 134	90～7	2004 年
极紫外光源 EUV		13.5	TSMC n5	2020 年

其中 157nm 的 DUV 光刻并未量产，"ArF + Immersion"的组合，即浸没式光刻很快成为集成电路制作的主流，而后出现了 EUV 光刻。EUV 光刻机是至今为止光刻领域最重大的一次突破，Scanner 与 EUV 光刻将在本书的后续章节中详细描述。

从 20 世纪 70 年代开始的 Aligner，80 年代发明的 Stepper，90 年代出现的 Scanner，直到今天的浸没式光刻机和 EUV 光刻机，维护着摩尔定律的持续正确。

在光刻技术后顾无忧的基础上，半导体设备、材料与制作工艺齐头并进。在此期间，IBM 主导集成电路技术发展方向，提出化学放大光刻胶（Chemically-Amplified Resist，CAR），引入 CMP（Chemical-Mechanical Polishing）技术，发明铜互连、大马士革镶嵌与 Low-K 介质填充等一系列技术，将集成电路的制作推向高潮。

在这些技术的推动下，半导体工艺节点从 20 世纪 70 年代的 10μm，发展到 21 世纪初的 90nm。集成电路容纳晶体管的数目呈指数增长，晶体管尺寸呈指数缩短，晶体管间的线宽与线距，与其他一系列与晶体管结构相关的尺寸同步减少。

其中，线宽与线距与晶体管的结构相关，晶体管的每一层均由数以亿计的线段组成，线宽与线距分别指金属层中线段的宽度和线段之间的距离，如图 4-14 所示。

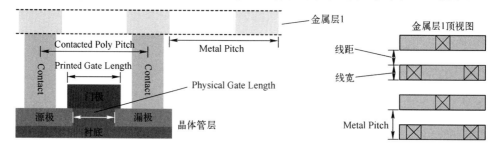

图 4-14　Gate Length 与半节距示意

在集成电路中，金属层 M1 连线密度最大。M1 的线宽与线距之和为 Metal Pitch，其最小值被称为 MMP（Minimum Metal Pitch），MMP 的一半被称为 M1 的最小半节距，简称为半节距（Half Pitch），在低端工艺中其值近似于 CMOS 晶体管的物理栅极长度（Physical Gate Length）。CPP（Contacted Poly Pitch）是 CMOS 晶体管与 M1 的接触间距，也被称为 Contacted Gate Pitch。

MMP、CCP 与半节距这些参数，决定了 CMOS 晶体管的尺寸，但并不是摩尔定律关注的重点。这个定律以简单粗暴闻名于世，仅要求每 18 个月集成电路容纳晶体管的数目增长一倍，不在乎 CMOS 晶体管是东西方还是南北向谁缩得更短，只关注能够增长一倍这个最终结果。

半导体工艺节点的命名仅与这个"一倍"相关。在晶体管的制作处于二维平面时代时，假设晶体管近似于一个正方形，那么这个正方形的边长只需缩短至 0.7 倍，面积即可缩小一半。0.7 这个神奇的数字约定了半导体的工艺节点，从 0.35μm、0.25μm、0.18μm、0.13μm 直到 90nm。这几个数值之间，后一个数的数值约为前一个数的 0.7 倍。

在很长一段时间里，DRAM 器件的金属层 M1 的半节距长度与半导体工艺节点恰好相等。1992～1997 年，DRAM 器件金属层 M1 的半节距、物理栅极长度与半导体工艺节点之间的对应关系如表 4-3 所示。

表 4-3　1992～1997 年半导体工艺节点、半节距与栅极长度之间的关系[26]

年（大规模生产）	工艺节点/nm	金属层 M1 半节距/nm	栅极长度（Physical）/nm
1992	500	500	500
1995	350	350	350
1997	250	250	200

长久以来，因为充分竞争而腥风血雨的 DRAM 行业，也最有动力维护摩尔定律的正确性。DRAM 的基本单元由一个 MOSFET 和电容组成，提高集成度需要兼顾半节距与栅极宽度，平衡两者的尺寸，以获得最高的集成度。

在这段时间里，评估摩尔定律是否成立的标准，主要参考 DRAM 器件的半节距长度。每过 18 个月，产业界测试两代 DRAM 产品的半节距是否能够缩短一半，即可判定摩尔定律是否成立。

1997 年之后，DRAM 半节距不能继续作为评估摩尔定律的唯一标准。此时，大型机时代逐渐落幕，PC 时代进入高潮。与 Perkin-Elmer 的合作中，Intel 体会到设备与材料对于半导体制造的价值，广泛布局于此。泛林集团与 Applied Materials 这两个排名前 3 的半导体设备公司，与 Intel 有着千丝万缕的联系。1980 年，泛林集团在诺伊斯的资助下成立。Applied Materials 的上任 CEO Michael Splinter 就是来自 Intel。

在设备与材料厂商的密切配合之下，Intel 从 IBM 手中接过半导体技术创新的接力棒，逐步打通半导体全产业链，将这种能力用于处理器的制作，并以此为基石，横扫处理器世界。在当时，处理器性能依赖主频的提高，主频的提高基于 CMOS 晶体管的开关性能，开关性能的提升需要更短的栅极宽度。

1999～2009 年，处理器制作的工艺节点从 0.18μm 前进至 32nm 节点，栅极宽度和 M1 层半节距逐步缩短，满足了摩尔定律的"一倍"要求，但是工艺节点、半节距与物理栅极宽度之间，不存在直接对应关系。Intel 推动摩尔定律前行的过程中，栅极宽度的缩短速度超过半节距的压缩，如表 4-4 所示。

表 4-4　1999～2009 年处理器产品工艺节点、半节距与栅极长度之间的关系[26]

年（大规模量产）	工艺节点/nm	M1 层半节距/nm	物理栅极长度/nm
1999	180	230	140
2001	130	150	65
2004	90	90	37
2005	65	90	32
2007	45	68	25
2009	32	54	20

21 世纪初，半导体工艺制程进入 90nm 节点时，摩尔定律遭遇挑战。晶体管尺寸等比缩小时，开关速度无法进一步提升，短沟道效应突然加剧，功耗不再等比缩小，这使得 IBM 的 Robert Dennard 提出的缩放规律完全失效。摩尔定律陷入危机。

早在 1974 年，IBM 的 Robert Dennard 预测晶体管尺寸缩短时，功耗将同比降低[27]。此时，缩短晶体管尺寸，可以使集成电路容纳更多的晶体管，而且功耗维持不变。这个规律在 90nm 工艺节点之前万无一失，确保摩尔定律不被功耗问题困扰。这是一段属于"摩尔定律能够轻易成立"的美好时光。

在 90nm 节点处，功耗成为制约摩尔定律推进的最大障碍，半导体制造业进入"摩尔定律逐步失效"的阶段。此时，摩尔定律的成立不仅需要缩小 CMOS 晶体管尺寸，满足集成度的要求，而且需要缩小后的晶体管将功耗控制在合理范围内。

此时，Intel 依靠之前数十年的积累，向半导体工艺制程全力发起冲击。在这段时间里，Intel 的历史就是半导体工艺制程发展的历史；在这段时间里，事后被证明是正确的方向，均由 Intel 提出并产业化；在这段时间里，Intel 对半导体材料科学的贡献，使其在科技史册中留下深深的足迹，而不仅限于 IT 史册。

Intel 使应变硅技术从实验室走向商用；发明 High-K 材料使金属栅极回归，这两个技术合称为 HKMG（High-K Metal-Gate）；使 Gate-Last 工艺再次成为半导体制作标准。High-K 材料替换二氧化硅之后，引发了异质结与化合物半导体研发的高潮。Intel 在应变硅、HKMG 与 Gate-Last 制作工艺的成功，使其大幅领先其他半导体厂商。

2007 年，其他厂商还在为 65nm 工艺节点如何量产焦头烂额时，Intel 开始销售 45nm 工艺节点的处理器。许多厂商甚至想直接越过 65nm 节点，直接发力 45nm，以追赶 Intel 的步伐，却事与愿违。2010 年 1 月，Intel 开始销售 32nm 节点的产品时，主流半导体厂商依然在 45nm 节点处挣扎。

45nm 工艺节点后，产业界出现了如 40nm、28nm、20nm 与 16nm 工艺节点。这些节点处于两个标准的半导体工艺节点之间，被称为"半"节点，例如"40nm"半节点，在 45nm 与 32nm 这两个工艺节点之间。Intel 没有使用过这种半节点命名。半节点的出现，某种程度是因为商业考虑，此时半导体代工厂逐步崛起，半节点可以提供更好的性能价格比；另一方面也是其他半导体厂商难以追赶 Intel 的真实写照。

顺利突破 32nm 之后，Intel 再接再厉，将半导体制作从二维结构转向三维空间，发明了 Tri-Gate 晶体管。这种晶体管呈三维立体结构，但以其为基础搭建的集成电路，依然基于"硅+CMOS 结构+平面工艺"制作[28]。2012 年 4 月，Intel 基于 Tri-Gate 晶体管，发布基于 22nm 工艺节点的处理器。2014 年 9 月，Intel 发布基于 14nm 工艺节点的处理器。这一系列由 Intel 引领的半导体技术的进步，维持着摩尔定律的正确。

在 45nm、32nm 与 22nm 节点时，产业界维持了摩尔定律的正确性。但在 14nm 节点时，摩尔定律的正确性再次受到挑战。此时，晶体管的静态功耗居高不下，使得集成电路中的近百亿颗晶体管，因为功耗原因，不能同时工作。这些在某个时间段内无法工作的晶体管被称为暗硅（Dark Silicon）。

手机处理器广泛采用的 big.LITTLE 技术便基于暗硅技术。基于这一技术的处理器，内部有两组性能不同的 CPU，分别被称为"Big"和"Little"。浏览网页时使用高性能的"Big"；听音乐时仅使用低性能的"Little"，而关闭"Big"，以节约功耗。

暗硅的出现，使产业界质疑 14nm 工艺节点是否满足了摩尔定律，因为在集成电路中的晶体管数目虽然成倍提高，但是不能同时工作。这个质疑声因为 FinFET 晶体管的大规模流行而告一段落，因为这种呈三维结构的晶体管彻底混乱了工艺节点的命名。此后，工艺节点与晶体管的物理尺寸，再也没有数字层面的对应关系。

14nm 工艺节点之后，陆续出现了 10nm 与 7nm。7nm 工艺节点之后，有些厂商提出了 5nm、3nm 的工艺节点。但是这些称呼不能改变摩尔定律逐步失效的事实。

摩尔定律评价标准并未改变，按照这个定律的要求，工艺节点的命名，10nm、7nm 或者 5nm，不需要与 CMOS 晶体管的任何一个尺寸挂钩，只需要保证每 18 个月，尺寸相同的集成电路多容纳一倍左右的晶体管数目即可。

Intel 提出过一种算法，以纠正半导体工艺节点命名的混乱，认为所有数字电路都由一定数量的"与非门"与"触发器"组成，其比例大约为 6∶4，只需要比较前后两代工艺中与非门与触发器的数目是否翻倍，即可判定摩尔定律是否延续[29]。依照这种说法，一些厂商提出的 5nm、3nm 工艺，尽管在技术层面上依然强于上一代，却不能满足摩尔定律的要求。严格意义的摩尔定律，在 10nm 工艺节点前后，便已失效。

在存储领域，工艺节点的命名依然按照摩尔定律，却无法保证"每 18 个月翻一番"。这个行业的工艺节点，在 20nm 之后，采用了不同的命名方法，如表 4-5 所示。

—————— 表 4-5 半导体存储领域的工艺节点命名 ——————

年（大规模量产）	工艺节点	对应节点
2016 年	1x	19～17nm
2018 年	1y	16～14nm
2020 年	1z	13～11nm
2022 年+	1α	10nm

2021 年 1 月，美光宣布具有交付 1α 工艺节点 DRAM 芯片的能力[30]，但是距离大规模量产仍然需要等待一段时间。在半导体存储领域，1α 节点之后，还有 1β 与 1γ 两大路标。这两大路标在今天尚无讨论的价值与意义。

因为各种原因，譬如成本、硅的极限，存储领域完全突破 10nm 工艺节点之路依然尚需时日。另外一个更为重要的原因是，存储领域特别是 DRAM 行业，是无法对摩尔定律说谎的。

这个行业的评价指标非常简单。每一次工艺节点的进步，意味着产品容量的成倍提高。在一代工艺节点中，如果能够制作出 8Gbit 颗粒，那么在 Die 尺寸不变的前提下，升级之后的工艺节点需要制作出 16Gbit 的颗粒。

在存储行业，摩尔定律许久之前便不再成立。存储产品的芯片布局异常规整，在如此规整的产品中，摩尔定律依然不能成立，在其他产品中成立的难度只能更大。

产业界围绕摩尔定律，还提出过一些方法，例如延续摩尔（More Moore）、扩展摩尔（More than Moore）、超越摩尔（Beyond Moore）与丰富摩尔（Much Moore）。所有这些方法都不能改变摩尔定律的极限正在日益接近的事实。

采用先进的封装技术，如 SiP（System in a Package）不能算作延续摩尔定律，因为这种技术的本质是将多个集成电路放入了一个封装之内，不能算作在相同的面积中，容纳更多的晶体管。

目前产业界延续摩尔定律的有效方法，依然是调整"硅+CMOS 结构+平面工艺"生态，进行持续的微创新。

在这个生态中，硅的极限已经来临，使用化合物半导体替换硅也许是一种能够延续摩尔定律的方法，目前这类集成电路并没有量产。产业界依然在持续优化 CMOS 结构，FinFET 之后出现了 iFinFET、GAA 等晶体管结构。而最大的创新依然是如何使用 ASML 的 EUV 光刻机优化平面制作工艺。

这些创新无法阻止摩尔定律已经完全放缓的事实。在集成电路中，已经无法做到每 18 个月，集成度提高一倍。在不远的将来，即便是将这个期限提高到 2 年、3 年，或者更长的时间，也很难保证其正确。

摩尔定律并非自然法则。从 1975 年至今，这个定律在历经 40 余年后，正在离我们远去。在这段时间里，无数人前仆后继，在维护这个定律正确的过程中，推进着集成电路产业的持续向前。

这个定律不会因为结束而失去光芒。科技史册将牢记曾经有过这样的一群人，他们在直面未来的不确定时，选择了相信，选择了守护。

4.4　蓝色巨人

蓝色巨人开创的大型机时代，不是 IBM 对人类的最大贡献。System/360 大型机对于野心澎湃的小沃森，不过是一个可以集中天下资源的载体。小沃森甚至在这台大型机没有取得成功之前，便开始憧憬着电子信息产业的美好未来。

在此之前，小沃森集中 IBM 所有资源，耐心等待着机会的降临。贝尔实验室公开晶体管专利之后，小沃森第一时间做出决定，准备从贝尔实验室手中，接过半导体科技持续发展的接力棒，并以晶体管为基石制作了一个被称为 SMS（Standard Modular System）的电子模块。这一模块由几个晶体管、二极管与若干个电阻和电容连接在一起，其寒酸的组成结构见图 4-15。

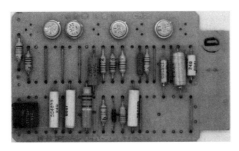

图 4-15　7000 系列大型机使用的 SMS 模块

SMS 模块的复杂程度，甚至不如今天中小学生电子制作竞赛使用的实验装备，却是 IBM 在 20 世纪 50 年代，搭建 7000 系列大型机使用的主要电子线路模块。

与电子管相比，这种模块可以算作巨大的突破。但是小沃森明白，如果 System/360 大型机以此为基石，不仅对不起自己的孤注一掷，而且也无法战胜 CDC 与 DEC 公司这样的竞争对手。小沃森已经把整个 IBM 压上了赌桌，怎么输也不过是赔光罢了，不如再多加点筹码。

此时，晶体管已经成熟，集成电路诞生，半导体产业发展迅猛。

小沃森决定完全抛弃电子管路线，在集成电路中投入重金。集成电路制作成本较高，除了用于军方，剩余需求集中在尚未成型的计算领域，整体规模不大，小沃森却认为 System/360 将制造出大量需求，并相信通过大规模生产，能够控制住成本。

小沃森准备重新设计一种电子模块，用来制作 System/360 大型机。一个年轻的工程师，Erich Bloch 为小沃森献出上中下三策，用以改造 SMS 模块。下策是保持 SMS 模块整体不变，使用集成电路替换其中的二极管与晶体管；中策采用固态逻辑技术（Solid Logic Technology，SLT），如图 4-16 所示；上策是单片集成电路（Monolithic Circuits），将 SMS 模块的所有组成单元实现在同一片集成电路中[31]。

Bloch 提出三策的原因，无非是让管理层比较三者优缺点时突出中策，这也是大公司向上汇报工作的常用方式。管理层很快得出结论，继续使用 SMS 模块跟不上时代步伐，单片集成电路方案过于超前，SLT 成为搭建 System/360 大型机的必然选择。

SLT 的性能显然不如单片集成电路，但与 SMS 模块相比，至少与玩具划清了界限。SLT 相当于今天的厚膜集成电路，由集成电路、电阻、电容等各种微型元器件，封装在同一个基板上制作而成。这个在今天看起来非常容易实现的技术，当时却需要踮起脚尖才能勉强够到。

图 4-16　SLT 模块的示意图

小沃森异常重视 SLT 技术。1961 年，IBM 在制订 System/360 大型机的开发计划时，列出了一系列设计目标，SLT 是第一项设计目标中第一个需要实现的技术[32]。在 IBM 研制 System/360 大型机高达 50 亿美元的总预算中，有 45 亿美元用于生产各种模块电路并搭设硬件系统，这些电路以 SLT 为基础[33]。

SLT 模块是 IBM 有史以来，首次采用全球合作方式制作的电子元器件。1964 年，IBM 正式推出 SLT 模块[34]。1965 年，IBM 生产的 SLT 数量高达 100 万片，1966 年为 600 万片，并于 1967～1969 年将年产量提高到了 1100 万片[35]。

半导体产业因为 IBM 的这次强势出击而翻天覆地。在此期间，半导体产业陆续出现了一些零星的技术进步，但与 SLT 技术的推出与大规模量产所带来的震撼相比，不过是一些微不足道的琐事。

SLT 技术奠定了 System/360 大型机成功的基础。System/360 大型机的成功，使 IBM 具备了向半导体制造业最尖端发起冲击的能力。在 SLT 模块的研制过程中，清洁室、平面工艺等现代半导体工艺中的常用流程逐渐确立。

在此期间，出现了独立的半导体设备提供商。这些厂商的出现，解除了半导体设备与制造之间的紧耦合关系。合理的产业分工，极大促进了半导体产业的发展。

最早出现的商用半导体设备，不是在 4.2 节介绍的光刻设备，而是半导体测试设备。在 20 世纪 60 年代初期，仙童、Signetics 与德州仪器开始对外出售这类仪器给其他半导体制作商，甚至包括自己的竞争对手。

1961 年，Teradyne 公司在波士顿成立后不久，发布了一款基于计算机的自动测试系统（Automatic Test Equipment，ATE）。直到今日，Teradyne 依然是 ATE 设备的主要提供商。1967 年，Applied Materials 成立，开始为半导体制作工厂提供设备。

当 System/360 大型机大行其道时，半导体制作设备与材料已经逐步成型。IBM 不必如贝尔实验室那样，为了生产一只晶体管，需要从硅晶圆一直准备到设备与材料。IBM 只需要建设晶圆工厂，然后购买相应设备与材料即可。

依托大型机产业的成功，IBM 积累了足够的能量，使得 Bloch 提出的上策，以单片集成电路为基础，搭建大型机成为可能。集成电路最早出现于德州仪器与仙童，但使集成电路成为一个大型产业是因为大型机的需求，更因为 IBM 这个既有能力，也有追求的蓝色巨人。

伴随大型机产业的发展，IBM 成为电子信息产业中最大的公司，开始整合半导体设备、材料与制作工艺，大规模建设半导体工厂生产集成电路，以满足自身需求。IBM 没有透露其半导体工厂的产值。但在大型机如日中天的年代，蓝色巨人毫无疑问拥有世界上规模最大的半导体晶圆厂。

在大型机时代初期，"硅+CMOS+平面制作"生态已具备雏形。在美国出现了一系列从事集成电路制作的厂商，包括仙童、德州仪器、摩托罗拉、RCA、Signetics 等公司，但这些公司的背后都没有一个庞大的产业作为支撑，使得集成电路制作生态始终由贝尔实验室维护。

站在贝尔实验室背后的是通信巨人 AT&T。1984 年，在美国反垄断法干预下，贝尔实验室迅速从巅峰滑落，无力维护庞大的半导体制造生态。IBM 同样屡遭美国司法部的官司困扰，但终归全身而退。贝尔实验室与 IBM 的此消彼长，使得 IBM 拥有了半导体世界最为强大的力量，具备了执掌半导体制造业"牛耳"的必要条件。

IBM 在大型机时代获得的巨大成功，确保了其在电子信息产业中的地位。IBM 在 SLT 技术上的千金一掷，使其具备了庞大的电子制造业与工厂。1945 年成立的沃森研究院，在历经 20 余年的沉淀后逐步发力，在物理、化学与数学等基础学科领域，为 IBM 提供了足够的底蕴，为蓝色巨人掌控半导体全产业链打下了深厚的基础。

借助于这些有利条件，蓝色巨人缓慢切入了半导体领域，规范了集成电路制造业的每一处细节，利用这个公司在基础学科的雄厚底蕴，在硅材料、CMOS 晶体管结构与平面工艺上做出了一系列重大突破，将集成电路制作工艺从蛮荒之地，一直推进到 90nm 工艺节点，使"硅+CMOS+平面制作"的生态最终成型。

此后，IBM 在集成电路制造业中，始终维持着大规模的资本支出。这种投入使 IBM 的科学家不断提出可大规模量产的新工艺。仅从集成电路这个局部看，IBM 的投入与产出不成比例；但从全局看，这种投入事半功倍。

　　率先研制出的新工艺，使 IBM 有条件制作出性能更高的集成电路。性能更高的集成电路，进一步维护 IBM 在大型机产业中的霸主地位。这个霸主地位使 IBM 能够在集成电路制造产业注入更多资金。IBM 在这种良性循环中欣欣向荣。

　　IBM 率先提出无尘工厂的概念，制定出多如牛毛般的管理与制作标准，规范了集成电路制作的主要流程，整合了半导体上游的设备与材料，将半导体制造业推向阶段顶峰。此后，晶圆厂的布局、操作流程与各类规范，逐步建立。今天，一个简单的晶圆厂布局如图 4-17 所示。

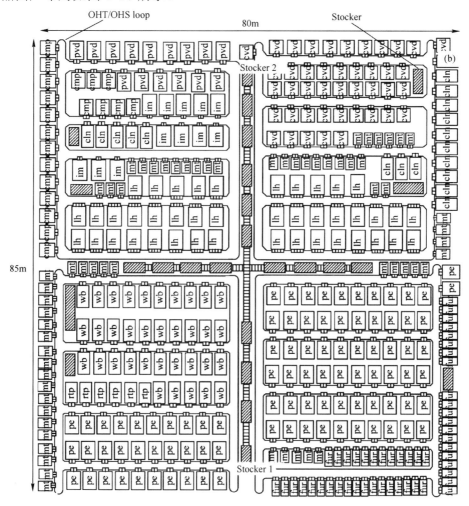

图 4-17　晶圆厂布局示意[36]

晶圆厂除了需要防尘、防静电、防有机物污染与各种小颗粒之外，半导体设备的布局也颇有学问。晶圆厂以效率优先为第一要务，所有设备需要按照产能利用最大化为原则，搭建成为若干条流水线协调运转。

制定流程，协调运转各类设备，不是蓝色巨人的最终追求。IBM 对半导体产业的贡献，覆盖了从基础科学至设备与材料，从制作到应用的全产业链，其中最大的贡献在于以半导体工厂为核心，整合设备与材料，推动半导体制造业的全方位进步。

半导体设备、材料与制作工艺之间存在的紧耦合关系，使得独立研究某一种设备与材料并不可行。设备与材料厂商并不具备晶圆厂的生产环境与全套设备，在其实验室中只能开发出半成品，最终的整合需要在晶圆厂内完成。

在集成电路的制作中，每一次新工艺的诞生，都伴随一系列新的设备与材料的出现。这些新的工艺、新的设备与材料由晶圆厂协调不同的设备与材料提供商共同完成，最终诞生于晶圆厂。这些本为竞争关系的设备与材料厂商在相互合作的过程中，不自觉地以晶圆厂为核心，紧密联合在一起。

有资格成为这个核心的，必须是有能力提出、研制并大规模量产新工艺的第一个工厂。其他晶圆厂与"第一个"之间是复制关系，地位远远不能与其相提并论。在集成电路制造业中，成为核心并掌握新工艺的开发权，意味着将有机会掌控整个产业界的上游。

以史观之，无论是在软件、硬件，甚至互联网领域，一个有志于伟大的公司，其演进路线必是一路向上，发力中游，变现于下游。

在半导体制造业，上游以科技为本，是兵家必争之地，比的是十年磨一剑的底蕴。贝尔实验室式微之后，世界范围内只有 IBM 具备这种底蕴。占领上游制高点，使 IBM 有机会发力中游制造业，不断提出被产业界认可的新工艺，并将其大规模量产。

在中上游确立领袖地位的 IBM，轻而易举地在产业下游获取了巨大利益。在半导体存储领域，IBM 的 Robert Dennard 发明了 DRAM。在半导体计算领域，John Cocke 实现了第一个 RISC 处理器。IBM 后来还推出 Power 处理器架构，并在相当长一段时间里成为苹果笔记本的首选。在光通信领域，IBM 也有突出贡献。

从 20 世纪 70 年代开始，直到 21 世纪初，IBM 在半导体领域取得的一系列重大突破，如表 4-6 所示，推动着全产业的健康发展。这是一段属于半导体世界的黄金时代。

─────── 表 4-6 **IBM 在半导体设备与材料领域的贡献** ───────

名称	简要描述	时间
半导体超晶格	江崎玲於奈发现化合物半导体组成的薄膜多层结构,可以产生不同的量子效应。1958 年,他发现电子的量子隧穿效应,并因此获得了诺贝尔奖。1960 年他加入 IBM,进一步提出半导体超晶格的概念	1970 年
扫描隧道显微镜	IBM 的 Binnig 和 Rohrer 发明扫描隧道显微镜	1981 年
DUV 激光	IBM 的 Kanti Jain 引入 DUV(Deep Ultraviolet)的准分子激光,集成电路光刻从高压汞灯进入激光时代[37]	1982 年
化学放大光刻胶	IBM 的 Hiroshi Ito 等人发明了化学放大光刻胶(Chemically-Amplified Photoresist,CAR)[38]。DUV 与 CAR 的组合将半导体制作工艺从 20 世纪 80 年代的 1.5μm,一直推进到 14nm 节点	1983 年
CMP 技术	IBM 将 CMP 技术引入集成电路的制作	1988 年
铜互连技术	铜互连是半导体制作的重大里程碑	1997 年
Low-K 介质填充	IBM 最初提出 Low-K 介质填充解决线路间串扰,后来 Intel 使用这个技术减少了铜互连导线之间的电容	1997 年
SOI 硅晶圆	IBM 提出 SOI 硅晶圆(Silicon On Insulator),这种硅晶圆可以实现更高的性能和更低的功耗	1998 年
应变硅	现代应变硅(Strained Silicon)技术最早于 20 世纪 80 年代由贝尔实验室、IBM 等公司提出;90 年代 IBM 取得实验室突破;Intel 在 21 世纪初将其大规模商用	20 世纪 90 年代

1997 年,IBM 提出铜互连技术[39]。此前,集成电路的金属层使用铝金属互连,并逐步演进为掺杂了铜金属的铝合金进行互连,其制作过程是沉积铝合金,之后刻蚀金属,最后在金属连线周边填充绝缘体,完成金属层的制作。

铜和铝同为金属晶体材料。在宏观世界中,铜制作金属层的优势远远超过铝。与铝相比,铜的电阻率更低,连线功耗更低,传输延时更短,分布电容更小,电迁移特性更高。

但在半导体材料所处的微观世界中,铜不容易被刻蚀,其价电子在硅与大多数介质材料中,具有极高的扩散速度,容易进入二氧化硅层与硅晶体中。铜与铝在常温下都容易氧化,但是铝被氧化后,将形成一个致密的保护层防止进一步被氧化,而铜无法形成这个保护层。这些原因使得在半导体制作的初期始终使用铝而不是性能更优的铜,作为互连的首选。

IBM 引入大马士革镶嵌工艺,解决了铜的刻蚀问题。采用这种工艺时,不直接刻蚀铜金属,而是在绝缘体之上刻蚀沟槽,形成铜导线图案,之后将铜沉积于沟槽,最后使用 CMP 技术去除槽外多余的铜,并进行平坦化操作。

在铜互连技术中,最困难的一步是限制铜的价电子不在晶体管中随意扩散。IBM 的思路是使用其他金属或者介质,将铜连线包裹起来。IBM 尝试了许多材料,最后发现氮化钽（TaN）材料可以作为铜金属的阻挡层，使得铜互连技术成为可能。

　　大自然有 118 种元素，可以结合成 3000 多万种物质，在这些物质中，有条件成为铜金属阻挡层的有几百种材料。IBM 的工程人员在多如牛毛的材料中，不断寻求合适的组合，最终使铜互连技术成为可能，如图 4-18 所示。

图 4-18　IBM 与铜互连[40]

　　铜互连技术是半导体材料科学的一次重要微创新。在材料领域，任何一项微不足道的创新，均需要经历漫长的过程。实验室的偶然成功仅仅是第一步，之后还有小试、中试与大规模生产，在其中任何一个环节出现问题，都需要回溯至上一个阶段，甚至回归到实验室阶段。

　　今天，许多软件可以辅助材料科学的研究，检测设备的成熟加快了材料科学的研发进度，却没有改变材料科学依然发展得极为缓慢的现实，这依然是制约人类进步的重要因素。一个新材料，从实验室阶段到大规模生产的时间，有时甚至需要十年、数十年，甚至百年的努力。在很多情况下，一些新材料还没有达到大规模生产的阶段，便中道夭折。

　　铜互连技术非常幸运，顺利通过了实验室、小试、中试与大规模生产这些必要环节，成为迄今为止半导体金属层连线的不二之选。

　　从材料科学的角度看，使用铜替换铝似乎微不足道，但这个技术在经过集成电路与电子产品的逐级放大之后，成为一个里程碑事件。

　　在铜互连技术出现之前，集成电路的金属层最多只能做到 6 层；铜互连技术发展到今天时，金属层已经可以做到 16 层。更多的金属层使得 Intel 的高端处理器，英伟达的高端 GPU 成为现实，这些高端处理器的出现，改变了今天的一切。

IBM 推出铜互连技术的同时，提出 Low-K 介质填充技术。金属层数的不断增加，使得层间电容持续提高。降低电容的有效方法是选择介电常数低的填充材料，一般称为 Low-K 材料。这种材料需要具备足够的机械强度、高击穿电压、低漏电等一系列特性。这种材料最后能够应用，依然需要历经实验室、小试、中试与大规模生产。在 Low-K 材料之后，IBM 率先提出了应变硅的完整理论，并最早制作出实验室产品。

IBM 在半导体制作领域取得的这些成就，持续推动着集成电路沿着摩尔定律的道路前行。在那个年代，地球因为有 IBM 而自豪。

4.5　加减法设备

经过 IBM 的系统整合，集成电路制造正式成为一个产业，此后确立了以光刻为中心，加减法设备协力，检测设备全程参与，基于"硅+CMOS+平面工艺"生态，周而复始、循环交替的制作流程，如图 4-19 所示。

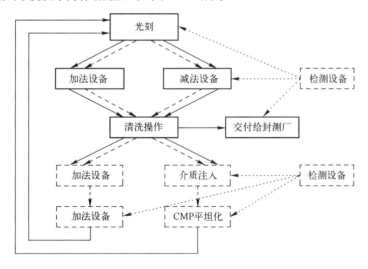

图 4-19　集成电路的基本制作流程

集成电路的制作，需要众多设备共同参与，协力完毕。这些设备整体分为两类，一类是生产设备，另一类是检测设备。

生产设备以光刻为中心，在集成电路制作过程中，光刻占据 40%～50%的时间，其他工序围绕光刻进行。因此半导体的生产设备可以分为两类：光刻与辅助光刻的设备。辅助光刻的设备由加法设备、减法设备与其他设备组成。集成电路制作的每道工序需要不断添加与去除材料。添加材料的设备为加法设备；去除材料的设备为减法设备。

不同设备的吞吐率不同，目前主流的 193nm 光刻机，每小时加工晶圆数量约为 200 多片，而其他设备每小时加工片数从几片到百片不等。

在晶圆厂中，吞吐率不同的设备组成若干条流水线，其中吞吐率越高的设备所占比例越少，反之越多，这些设备将并行工作，完成集成电路的制作。集成电路制作常用的生产设备如表 4-7 所示。

———————— 表 4-7　集成电路制作中使用的生产设备 ————————

设备	种类	说明
光刻设备	光刻机	光刻工序分为光刻胶涂敷、紫外线曝光，之后通过显影和刻蚀过程，将一套掩模版中所有光罩的图像逐层转换到晶圆衬底
减法设备	刻蚀设备	分为湿法与干法两种方式，湿法刻蚀使用腐蚀性液体完成，干法刻蚀使用等离子体。干法刻蚀的精度高于湿法，成本也高于湿法。干法刻蚀是最为重要的减法设备
	抛光设备	化学机械抛光（Chemical-Mechanical Polishing，CMP）是摩擦学、流体力学与化学的结合，由 IBM 引入半导体制作工艺，起初用于金属层的平坦化，而后逐步进入晶体管层的制作
加法设备	沉积与外延设备	沉积与外延设备是重要的加法设备，主要作用是在晶圆的表面，沉积硅、氮化硅、多晶硅、金属等薄膜。集成电路制作使用的沉积类设备的种类最多，包括氧化炉、CVD、PVD 与 ALE 等 外延包括 MBE、ALE 与 MOCVD 等设备
	掺杂设备	掺杂的主要作用是将硼、磷与砷等元素添加至硅晶体中。常用的掺杂方法为扩散与离子注入，对应的设备为扩散炉、离子注入机。离子注入完成后，晶体结构将受到不同程度的破坏，需要快速退火（Rapid Thermal Annealing，RTA）修复，此时需要使用快速退火炉设备
其他设备	—	包括一系列辅助自动化设备、清洗设备，与集成电路封测环节所使用的划片、键合等设备

在集成电路的生产设备中，加减法设备的技术含量相对较高，其中减法设备主要由刻蚀与抛光设备组成；加法设备主要由沉积、外延与掺杂设备组成。

刻蚀设备是最重要的减法设备，由湿法与干法两类组成，其中湿法刻蚀采用酸性溶剂进行减法操作，例如磷酸和氢氟酸可以分别溶解氮化硅与二氧化硅层。湿法刻蚀的精度不高，溶解时因各向同性，朝 4 个方向扩散，会造成并不期望的破坏。

1968 年，美国 Signetics 公司的 Stephen Irving 发明干法刻蚀[42]，用于去除光刻

胶。20 世纪 60 年代，Signetics 公司非常有名。这个公司发明了著名的 555 定时芯片，在微处理器尚未诞生时，这颗芯片是智能的代名词。Signetics 公司后来被飞利浦半导体收购，成为今天恩智浦半导体的一部分。

Irving 发明的干法刻蚀依然为各向同性。1973 年，美国惠普公司的 Steven Muto 发明各向异性的干法刻蚀[43]，此后，干法刻蚀真正有别于湿法刻蚀，在集成电路制造领域得到广泛应用，各向异性与各向同性刻蚀的区别如图 4-20 所示。

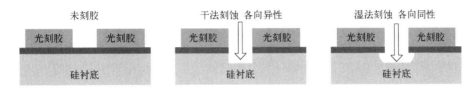

图 4-20　干法刻蚀与湿法刻蚀的差异

各向异性干法刻蚀的优势是"指哪打哪"，容易控制，与湿法刻蚀相比不会造成额外的破坏，其优势主要来自于等离子体（Plasma）的使用。

物质常见的三种状态是固、液与气态，等离子体是物质的第 4 种状态。1920 年，诺贝尔化学奖得主，美国科学家欧文·朗缪尔，在研究灯丝中带电粒子的发射过程中，第一次观测到这个变幻莫测的等离子体世界[44]。

1950 年之后，美国、苏联与英国在研究受控热核反应的过程中，极大促进了等离子体物理学的发展。随后，低温等离子体技术兴起，用于等离子体切割、焊接与半导体工业。至今为止，人类对等离子世界进行了百余年的探索，获得了许多发现，但或许对其认知依然不足万一。

在人类能够生存的优越环境中，不存在等离子体。在这种环境中，物质由微观粒子构成，这些粒子由分子或者原子组成，分子或者原子中的电子呈原子云弥散在原子核周围，并优先占据距离原子核最近的运行轨道。

但在浩瀚的宇宙中，超过 99% 的可见物质处于等离子态，地球不过是一个非常另类的存在。天然等离子体存在于太阳核心、日冕、太阳风，以及自然界中的闪电、火焰与极光等环境中。在等离子环境中，物质构成与地球大不相同。

在温度高达 15000000K 的太阳核心，物质的外层电子容易脱离原子核的束缚成为自由电子，失去电子的原子成为离子，从而形成带正电、负电的离子，以及没有失去电子的粒子。等离子体由正负离子与没有失去电子的粒子组成。

通过加热可以进行固、液、气与等离子态之间的转换。以水为例，水由分子构成，在一个大气压环境下，温度低于 0℃时凝结为固体，在 0～100℃之间融化为液体，100℃之上蒸发为气体。温度持续升高时，气体分子可以分裂为原子，并发生电离，此时系统的组成为阳离子、电子，以及一定数目的中性的原子与分子。

在电离过程中，原子不断失去电子而形成阳离子，当电子与阳离子达到一定浓度时，物质形态将发生根本性变化，此时电子与阳离子间的长程电磁力发挥作用，维持整个系统的稳定，表现出不同于固、液、气态的运动特征，即等离子体状态。

并不是所有由正离子、负离子与中性粒子组成的系统即为等离子体系统。生理盐水为 0.9%的氯化钠溶液，其中氯化钠溶液由钠离子与氯离子组成，显然盐水不是等离子体系统。

等离子体具有严格的判据，包括"等离子体近似""多粒子参与的群体相互作用"等条件，而且在一个理想的等离子体中，带电粒子与中性粒子的相互作用，同其与带电粒子的作用相比可以忽略。

这些判据较难用科普的语言完全描述，却不影响等离子体在许多领域获得了极为广泛的应用。在集成电路的制作过程中，因为等离子体中的粒子能量大、化学性质活泼，应用于干法刻蚀。

等离子体可分为高温等离子体和低温等离子体两大类。高温等离子体的温度，甚至可以高达1亿摄氏度；低温等离子体的温度可以为室温。

在集成电路的制作过程中，不会制造一个"人工小太阳"使物质进入等离子态，而是使用低温等离子体。在低温等离子体中，电子温度可以高达上万摄氏度，但是离子温度并不高，从而整个系统的温度较低。

在集成电路制作中，反应离子刻蚀法（Reactive Ion Etching，RIE）使用低温等离子体进行刻蚀。采用这种方法时，需要刻蚀机源源不断地产生高速电子轰击中性粒子，使其不断分裂，以维持稳定的等离子态。

以干法刻蚀常用的 CF_4 材料为例，当高速电子撞击 CF_4 分子时，将发生电离（Ionization）、分裂（Dissociation）、激发（Excitation）与弛豫（Relaxation）这 4 个主要过程，以形成稳定的等离子体，如图 4-21 右侧所示。

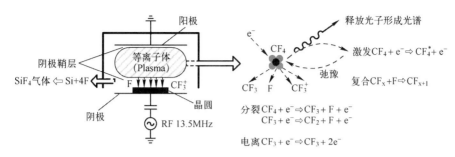

图 4-21　使用 CF_4 等离子体进行刻蚀

中性粒子 CF_4 被高速电子撞击后，其分子键将被打断，形成自由基 F、CF_3、CF_2 与 CF，这个过程被称为分裂。自由基包含至少一个不成对电子的分子碎片，具有抢夺其他原子或者分子的电子，以形成稳定分子的倾向，化学特性较为活泼。

分裂而得的自由基，例如 CF_3，被高速电子再次撞击后，有机会损失一个电子成为离子 CF_3^+，这个过程被称为电离。

中性粒子 CF_4 被高速电子撞击后，还可以进入能级更高的激发态，处于激发态的粒子跃迁至初始状态时对外辐射光子，这些光子组成的光谱可以监控刻蚀过程。

干法刻蚀中，等离子体中的电子容易吸附在刻蚀机中的阴极与阳极上，并使其带负电，从而使两个电极附近的等离子体呈正电。如果在两个电极之间施加电压，并维持电流平衡时，两个电极将吸引电流，从而在阴极附近形成一个非电中性的薄层区域，这个薄层区域也被称为阴极鞘层（Dark Sheath）。

在干法刻蚀过程中，阴极鞘层至关重要。当射频电压加到阴极时，电场将电子从鞘层驱离，仅留下一个离子密度均匀的鞘层。此时，在阴极上放置晶圆，进入鞘层的离子将在电场的作用下，加速而且垂直轰击晶圆，以实现各向异性刻蚀。

干法刻蚀在使用 CF_3^+ 离子垂直轰击这种物理刻蚀手段的同时，特性活泼的自由基 F 与硅晶圆之间还可以产生化学反应，生成 SiF_4 气体后排放到外部。

单独使用离子轰击与化学反应，刻蚀速度并不快，而物理与化学手段在干法刻蚀中结合之后，可以使刻蚀速度提高 10 倍左右[47]。

CF_4 之外，许多种腐蚀性气体也可用于干法刻蚀，如 SF_6、C_4F_8、Cl_2 等。使用这些腐蚀性气体进行干法刻蚀时，可以借用 O_2、H_2 等辅助气体控制刻蚀的速度、选择比、均匀度等参数。基于 RIE 的干法刻蚀还有许多种类，用于不同的半导体制作工序，加大了完全掌握干法刻蚀的难度。

在刻蚀领域，华人具有优越的基因。在干法刻蚀领域居世界之巅的泛林科技，其"林"字源自出生于中国广州的林杰屏；曾经在 Applied Materials 工作的王宁国博士，也对这个领域有着突出贡献。目前，中国半导体设备领域整体处于弱势，但刻蚀设备与世界最高水平的差距却是最小的。

干法刻蚀之外，低温等离子体还是等离子增强气相沉积（Plasma-Enhanced Chemical Vapor Deposition，PECVD）的制作基础。

在半导体制作过程中，化学气相沉积（Chemical Vapor Deposition，CVD）是常用的半导体加法设备，其原理是使用几种气相化合物或者气体单质，与半导体衬底表面进行化学反应，在其上生成薄膜的一种制作方法。

化学气相沉积在工作时需要较高的温度，通常超过 750℃，PECVD 的优点是在一个相对较低的温度，通常在 300～450℃时，便可实现沉积。

与化学气相沉积对应的还有一种重要的加法设备，即物理气相沉积（Physical Vapor Deposition，PVD）。这种方法可以将金属、金属合金或化合物蒸发为气体，并沉积在基体表面。在半导体制作中，这种方法多用于制作金属层。

外延与沉积功能较为类似，同样是在半导体衬底之上进行加法操作，与沉积的区别在于，外延添加的是单晶层，并对衬底晶格进行延伸。外延层与衬底材料一致时被称为同质外延；如果不一致被称为异质外延。

外延技术在半导体制作中用途广泛，同质外延可以在低（高）阻衬底上外延高（低）阻外延层，可以在 P（N）型衬底上外延 N（P）层；异质外延可以在某种衬底之上，外延出其他晶体材料，例如可从碳化硅衬底外延出氮化镓。

离子注入与扩散是另外一种重要的加法操作，多用于掺杂。平面工艺发明初期，赫尔尼使用扩散法进行掺杂。与扩散法相比，使用离子注入进行掺杂，投射深度可以精确控制，具有各向异性，不会扩散到其他区域。

离子注入的缺点是在掺杂过程中，将造成晶格的表面损伤。为此在离子注入之后，需要进行退火，激活注入杂质，还原载流子电性能并修复晶格。退火设备使用激光束、电子束等方式实现。集成电路制作多使用快速退火法，将温度瞬间升高到 1000℃，并在 0.01s 左右完成退火。

在集成电路的制作过程中，加减法设备与光刻一道构成了半导体生产设备的主体。其中还有一种特殊的设备，即 CMP 设备，这种设备的主要功能不是对集成电路进行减法操作，而是实现平坦化，如图 4-22 所示。

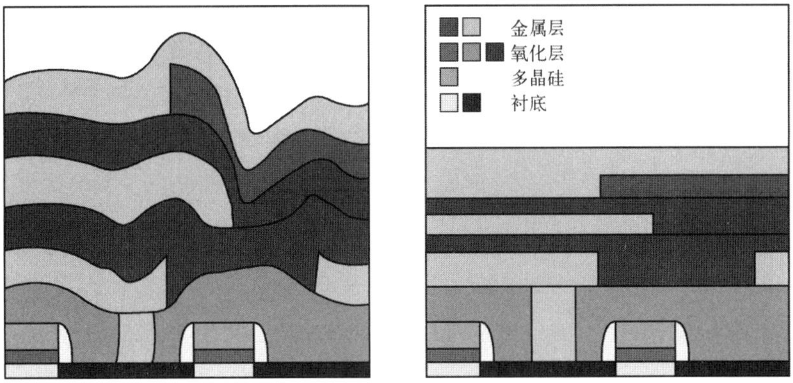

图中图例：金属层、氧化层、多晶硅、衬底

图 4-22　平坦化之前与之后的效果

集成电路的制作，需要不断添加或者去除材料。每次沉积或者外延新的薄膜层时，晶圆表面总会出现各种高低起伏。这种起伏的累积，将引发许多潜在问题，直至器件失效。一个未经 CMP 打磨的 CMOS 晶体管如图 4-22 左侧所示，CMP 后可以将晶圆表面起伏平坦成理想形状，如图 4-22 右侧所示，从而有效克服器件失效这一问题。

CMP 技术最早用于镜头制作，包括显微镜头、军事望远镜等领域。1983 年，IBM 引入 CMP 技术，优化集成电路后道工序中金属层的制作。20 世纪 90 年代，CMP 设备开始在前道工序中大规模普及，用于抛光浅沟槽隔离、电介层、多晶硅等多个环节。

CMP 技术是实现铜互连技术的重要基础，其实现原理基于化学反应和机械动力，并由研磨机、研磨液、研磨垫、抛光终点量测、CMP 后清洗等一系列辅助设备协同实现。直到今天，该技术依然是对晶圆表面进行平坦化的唯一有效方法。在 CMP 技术的实现中，CMP 机台最为关键，其组成如图 4-23 所示。

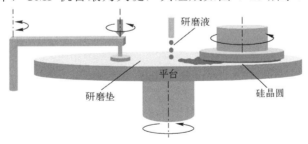

图 4-23　CMP 机台的基本组成结构

在研磨过程中，硅晶圆与研磨垫（Pad）直接接触，研磨液（Slurry）在硅晶圆与研磨垫之间流动，形成均匀的一层薄膜。研磨液由亚微米或者纳米级别的磨粒与化学溶剂组成，与需要去除的材料产生化学反应，将难溶的物质转变为易溶或者软化，最后通过物理摩擦操作去除。

在集成电路的制作中，除了上述生产设备之外，还有一类重要设备，即检测设备。检测设备的重要性不亚于生产设备，由三大类组成，分别为量测（Metrology）、缺陷检测（Defect Inspection）和测试（Test）设备组成，分别简称为"量""检"与"测"。

在"量检测"设备中，"量"与"检"设备的技术含量最高，其使用贯穿于晶圆厂流水线的始末，监控集成电路制作的全流程。与"测"相关的设备用于晶圆制作后期与封装测试厂，检查生产出的集成电路是否满足设计需求。

本章 4.2 节中提及的 WAT、CP 与 FT 环节中使用的检测设备，与"测"相关，这些测试设备实现原理相当于示波器、逻辑分析仪与软件的组合，与"量检"设备相比，技术实现难度相对较低。

在集成电路的制作过程中，光刻套刻、离子注入、CMP、刻蚀等环节都可能形成缺陷，需要在线检测生产过程。不能精确识别这些缺陷，就无法纠正已知错误，这就是"检"存在的价值。

"量"相关设备与半导体材料的计量学相关，用于测量制作过程的各种参数，包括电阻率、应力、掺杂浓度、膜厚、关键尺寸与套刻精度等。不能准确量测各类参数，就无法控制每道工序的执行结果，这就是"量"存在的意义。

在现代集成电路的制作中，"量检"设备的重要性容易被忽略，甚至与测试设备混淆。"量检"设备基于量子力学的光谱分析与隧穿效应原理，实现难度远超过测试设备。

在集成电路的制作过程中，最重要的设备无疑是光刻机，"量检"设备在重要程度上可以排在第二档。在晶圆厂中，集成电路的制作以光刻机为大脑，加减法设备为四肢，检测设备作为双眼，最终实现。

4.6　制作之旅

21 世纪初，"硅+CMOS+平面工艺"生态完全成型。以硅为主材料，基于 CMOS 晶体管的平面工艺不可撼动。这个生态围绕如何制作出第一颗 CMOS 晶体管展开。在集成电路中，基于"铜互连"技术的 CMOS 晶体管，其组成结构如图 4-24 所示。

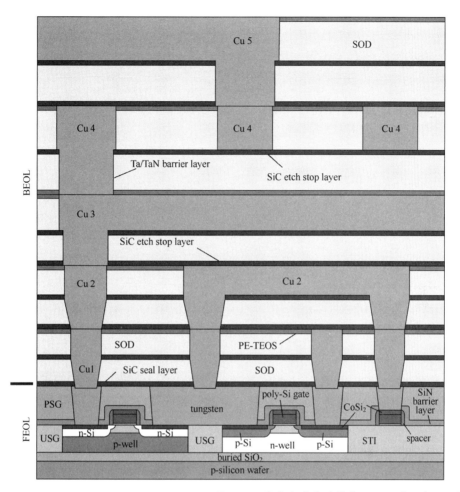

图 4-24　集成电路中的单个 CMOS 晶体管的组成结构

一个集成电路，即便仅包含这一个 CMOS 晶体管，依然以光刻为中心，反复使用刻蚀、研磨、扩散、沉积、清洗等工序，在一个平面之上完成。这些工序除了需要使用对应的半导体设备之外，还需要光刻胶、各类气体、酸碱、金属化合物、有机溶液等材料的通力配合，经过近万次操作制作而成。

20 世纪 80 年代，双阱工艺成为数字集成电路的主流，完成了"硅+CMOS+平面工艺"生态的最后一块拼图。使用该工艺制作 CMOS 晶体管的主要过程如下。

● 选择 P 型硅晶圆作为衬底，这是双阱工艺最常用的选择。CMOS 晶体管由 nMOS 与 pMOS 对偶组成，决定其效率的 nMOS 需要制作在 P 阱中。相比 N 型衬底外延低电阻率的 P 型阱，P 型衬底外延高电阻率的 N 型阱，制作的 nMOS 性能更高。

- 在其上外延掺杂浓度较低的 P-型硅层。
- 在 P-外延层中制作 N 阱和 P 阱。
- 在 N 阱中制作 pMOS 晶体管。
- 与 P 阱中制作 nMOS 晶体管。
- 使用金属层将 pMOS 和 nMOS 晶体管连接在一起，组成 CMOS 晶体管。

采用双阱工艺可以分别对 CMOS 晶体管中的 nMOS 和 pMOS 晶体管单独优化，使两者性能匹配，在很大程度上遏制 CMOS 晶体管的闩锁效应（Latch-up）。

基于双阱工艺制作集成电路，需要经过若干道工序，以光刻为中心，使用加减法设备添加或者去除材料，最终制作完毕。其中各道工序之间相互依赖，相互配合，上一道工序为下一道工序做必要的准备，环环相扣，每道完整工序结束后，晶圆均为平面结构，其全过程与搭建一栋大厦异曲同工。

1. 衬底准备

本制作环节主要由外延与沉积工序组成，其步骤如图 4-25 所示。

图 4-25　衬底准备

- 使用 12in P+型硅晶圆为衬底，衬底厚度约为 0.775mm。
- 在衬底之上外延掺杂浓度更低的，约 2μm 厚度的高纯 P-层。
- 在有氧环境下使用氧化炉加热晶圆，在 P-外延层之上形成约 20nm 厚度的二氧化硅（SiO_2）层。
- 以硅烷和氨气作为原料，采用 CVD 设备沉积 250nm 厚的氮化硅（Si_3N_4）层。本道工序制作的 SiO_2 层，用于包裹后续生成的氮化硅，避免其与硅直接接触产生应力。应力影响半导体材料的表面结构，有时需要避免应力带来的不利影响；有时需要利用应力，提高 CMOS 晶体管的性能，比如在应变硅技术中。

2. 第 1 道光刻　制作浅沟槽隔离

浅沟槽隔离（Shallow Trench Isolation，STI）将晶体管隔离为一个个独立区域，避免相互干扰，极大提高了芯片的集成度与性能，是制作集成电路的关键步骤。

在集成电路这栋大厦中，STI 相当于最基础的地基，预先决定了集成电路的良率与性能。不同的大厦需要不同的地基，不同的集成电路，如逻辑类与存储类，具有不同的 STI 制作方法。

本制作环节的第一步为"光刻胶成型"工序，将 STI 光罩中的图形转移到光刻胶之上。在集成电路的制作中，许多制作环节的第一步均为光刻胶成型，该步骤之后通常紧跟离子注入或者刻蚀这两道工序。该步骤曾在第 2 章第 2.5 节中简要介绍，本节在此基础上，详细介绍这一关键步骤，具体如图 4-26 所示。

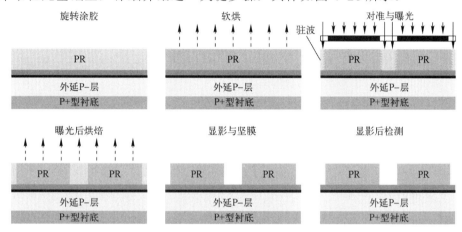

图 4-26　光刻胶成型

- 光刻胶成型的第一步为旋转涂胶（Spin Coat），将光刻胶涂敷在衬底之上。
- 软烘（Soft Bake）。蒸发光刻胶中的溶剂，降低灰尘污染，提高光刻胶附着力。
- 对准与曝光（Align and Exposure）。保证光罩图案对准晶圆，之后进行曝光，此时 DUV 将透过光罩，正性光刻胶中的感光剂将与之发生光化学反应。
- 曝光后烘焙 PEB（Post Exposure Bake）。在上一步骤结束后，光刻胶与衬底界面处的反射光与入射的 DUV 将形成干涉，在曝光与未曝光边界较易出现驻波效应，即图 4-26 中的锯齿波。因此光刻胶常添加抗反射涂层减缓驻波。PEB 步骤有助于进一步消除驻波，此外光刻胶在曝光结束后，光化学反应尚未完全结束，需要在一定温度下加热一段时间，使其反应完毕。
- 显影与坚膜（Develop and Hard Bake）。曝光结束后，加入显影液，溶解正胶中的感光区，溶解操作结束后，将在光刻胶上形成光罩图形。坚膜的作用是通过高温去除光刻胶中的剩余溶液，提高光刻胶在后续步骤的抗蚀能力。

● 显影后检测（After Develop Inspection，ADI）。显影后，使用量测工具检测光刻胶成型图案是否合格，否则将需要返工。该步骤完成后，光刻胶成型工序结束，光罩中的图案已经转移到光刻胶上，之后进行刻蚀或者离子注入。

STI 光刻胶成型后，将进入制作 STI 环节（见图 4-27），步骤如下。

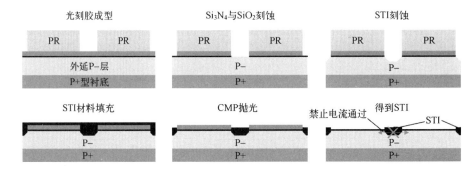

图 4-27　制作 STI

● 使用干法或者湿法刻蚀氮化硅与二氧化硅层，此时光刻胶作为阻挡层，保护其下的氮化硅与二氧化硅层不被刻蚀，没有受到保护的氮化硅与二氧化硅层将被去除。

● 使用干法进行 STI 刻蚀，制作 STI 沟槽。

● 去除光刻胶，并将特定材料依次填充入 STI 沟槽中。这个填充过程是本制作环节的关键。填充材料多使用二氧化硅为主体的叠层结构[41]。

● 沟槽填充完毕后，使用 CMP 设备将 STI 沟槽之上的多余物质去除。氮化硅层为 CMP 环节的阻挡层，CMP 抛光抵达氮化硅层后将停止。

● 使用磷酸去除氮化硅层，得到 STI。

3. 第 2～3 道光刻　制作双阱

本制作环节将向 STI 隔离区域注入磷离子生成 N-阱，用于制作 pMOS 晶体管；注入硼离子生成 P-阱，用于制作 nMOS 晶体管。主要步骤如图 4-28 所示。

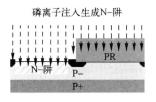
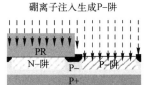
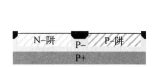

图 4-28　制作双阱

- 使用 N 阱光罩进行光刻胶成型，即进行第 2 道光刻。此工序在光刻胶中生成的图案需要与前一步骤 STI 光罩生成的图案对齐。一个集成电路的全套掩模版由多种不同的光罩组成，每一次光刻都需要与之前图案完全对齐。

- 将磷离子注入外延层，形成 N-阱。在这一工序中，离子无法穿过被光刻胶所遮盖的晶圆，可以顺利进入 N 阱。该工序完成后去除光刻胶。

- 使用 P 阱光罩进行第 3 道光刻，并重复以上步骤注入硼离子，形成 P-阱。

- 进行快速退火，激活注入的杂质，还原载流子电性能并修复晶格。

4．第 4～6 道光刻　使用多晶硅制作栅极

从本环节开始，正式进入 pMOS 与 nMOS 晶体管制作。在集成电路的制作工艺中，可以先做栅极也可以后做栅极，先做栅极的工艺被称为 Gate-First，后做栅极被称为 Gate-Last。栅极采用多晶硅时，通常使用 Gate-First 工艺，使用金属时，采用 Gate-Last 方式。本制作环节，使用 Gate-First 工艺制作栅极，其主要步骤如图 4-29 所示。

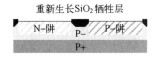
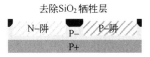
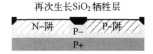

图 4-29　制作 Oxide 层

首先使用氢氟酸腐蚀掉先有的 SiO_2 层，之后重新生长 SiO_2 层，然后再次去除。这个反复操作的目的是使用 SiO_2 捕获硅晶圆的表面缺陷，以得到洁净的表面。

本制作环节生成的 SiO_2 层被称为 Oxide 层，是制作 CMOS 晶体管的关键。Oxide 层厚度需要在 1～10 纳米之间，精度在±1 埃米左右，Oxide 层可以使用多种方式制作，如传统工艺使用的高温湿氧法与先进制程使用的 ALD（Atomic Layer Deposition）设备。

随后向 N 阱与 P 阱进行较浅的离子注入，之后进行快速退火，调整 nMOS 与 pMOS 的阈值电压，此时需要进行第 4～5 道光刻。为节约篇幅，在图 4-29 中没有标明这两道光刻工序。Oxide 层生成后，将进行多晶硅沉积，准备制作栅极，其详细过程如图 4-30 所示。

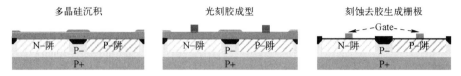

图 4-30　制作栅极

- 多晶硅沉积。在硅氧化层（Oxide）之上沉积多晶硅（Poly），之后进行掺杂工序。多晶硅最终需要与金属连接，这个掺杂保证多晶硅与金属在连接时，形成欧姆接触，而不是肖特基接触。
- 光刻胶成型。在多晶硅之上，使用栅极光罩令光刻胶成型，即进行第 6 道光刻操作。栅极长度是 CMOS 晶体管的一个重要指标，这个步骤所需的精度较高，一般情况下需要使用晶圆厂中最高端的光刻机制作。
- 使用干法对多晶硅进行刻蚀，去胶清洗后，得到一个垂直于剖面的多晶硅栅极。在晶体管制作的历史中，栅极最早使用金属制作，随后使用多晶硅，之后金属栅极在高端半导体制程中再次回归。

至此，CMOS 晶体管的栅极与 Oxide 层制作完毕。栅极与衬底通过 Oxide 层组成了一个电容，也被称为 CMOS 电容，是 CMOS 晶体管高效工作的关键。

5. 第 7～8 道光刻　轻掺杂漏区注入

摩尔定律的推进使栅极长度不断缩小，其下的沟道长度也随之不断减小，更短的沟道增大了载流子的碰撞几率，有可能使载流子获得更多的能量，与晶格之间不再继续保持热平衡状态。这些具有更多能量的载流子被称为热载流子，有一定几率穿越 Oxide 层，并造成 CMOS 晶体管的性能下降。这种因为热载流子造成的不利影响，被统称为热载流子效应。

为了防止热载流子效应，集成电路制作引入轻掺杂漏区注入（Lightly Doped Drain，LDD）技术，在 pMOS 与 nMOS 漏极靠近沟道之处，注入轻度掺杂的低能量、浅深度、低掺杂离子，即制作图 4-31 中的 N Tip 与 T Tip。本制作环节的主要步骤如图 4-31 所示。

- 沉积二氧化硅薄膜 SiO_2 包裹栅极，避免后续制作的氮化硅 Si_4N_3 层直接接触多晶硅栅极。在集成电路制作中，氮化硅材料出场之前，大多需要二氧化硅做铺垫，将其完全包裹，防止氮化硅与硅直接接触而产生应力。

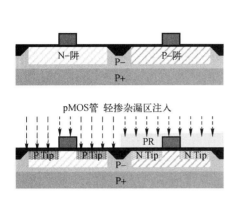
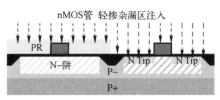
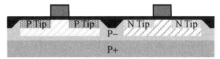

图 4-31　轻掺杂漏区注入

- 分别使用 nMOS 与 pMOS 轻掺杂漏区光罩，将光刻胶成型，即进行第 7~8 道光刻工序，并分别注入砷离子与 BF_2^+ 离子。
- 离子注入之后，需要去除光刻胶，并进行一次快速退火操作。

从原理上讲，轻掺杂注入仅需对漏区进行，但本制作环节将源区也进行了注入。这是因为在集成电路的制作中，同时对两个区域进行 LDD 注入的难度更低。

6．第 9~10 道光刻　源区与漏区的注入

本环节是制作 CMOS 晶体管的最后一步。采用这种方式制作的 CMOS 晶体管中，栅极由沉积多晶硅实现，源漏极所在区域由离子注入生成。

首先生成氮化硅侧墙，用于保护 LDD 注入的成果，并防止源区与漏区进行离子注入时，不会过于接近沟道而造成沟道过短，同时阻止重掺杂的离子进入沟道。在一个 CMOS 晶体管中，最后生成的 LDD 的宽度大约等于图 4-32 右边中侧墙的宽度。

之后通过离子注入工序生成 nMOS 与 pMOS 源区与漏区，并与之前制作的栅极一道，形成 CMOS 晶体管。其主要步骤如图 4-32 所示。

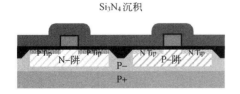
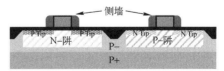

图 4-32　制作氮化硅侧墙

- 制作氮化硅侧墙的第一步为沉积氮化硅层，使其完全覆盖晶圆表面。
- 使用各向异性干法刻蚀，将氮化硅层整体削薄至栅极，此时将恰好在栅极的两边留下氮化硅侧墙。

如图 4-33 所示，侧墙生成后，进行 nMOS 与 pMOS 晶体管源区与漏区的离子注入，步骤如下。

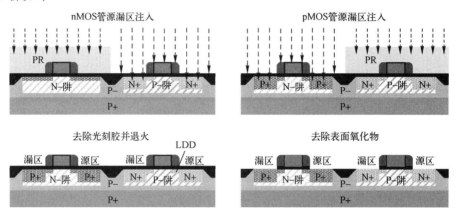

图 4-33　nMOS 与 pMOS 晶体管源区和漏区的离子注入

- 第 9 道光刻工序，在 pMOS 晶体管区域的上方进行光刻胶成型，将重掺杂的砷离子注入 nMOS 的源区与漏区。重掺杂离子注入的深度需要大于之前的 LDD 结深。
- 第 10 道光刻工序，在 nMOS 晶体管区域的上方进行光刻胶成型，将重掺杂的 BF2+ 离子注入 pMOS 的源区与漏区。离子注入的深度同样需要大于之前的 LDD 结深。
- 离子注入之后，需要进行例行的快速退火。
- 去除二氧化硅层，晶体管的源、漏与栅区表面暴露，得到 CMOS 晶体管。

本制作环节使用"自对准"技术，利用栅极本身作为阻挡层，进行源区和漏区的离子注入。在集成电路制作中，通常将不使用光刻，而是利用之前制作的结构，再次进行下一个步骤的方法，称为"自对准"。本环节完成之后，开始制作金属引脚，连接 CMOS 晶体管的源栅漏三极，晶圆制作进入以金属与绝缘体材料为主的环节。

7. 欧姆接触的制作

金属在半导体制作中具有重要地位。金属在与半导体接触时，可以产生肖特基接触，用于制作整流二极管；也可以形成欧姆接触。晶体管的源、漏区由半导体材料构成，只有金属与半导体材料能够形成欧姆接触，才能将晶体管的源、漏区与金属连接而成为一个导电整体。

肖特基和莫特势垒理论可以解释肖特基接触，即势垒的高度为金属功函数与半导体电子亲合势之差，却没有清晰解释金属与半导体产生欧姆接触的真正原因。

金属与半导体接触后，产生欧姆接触还是肖特基接触，理论计算与实践结果并不吻合。解释欧姆接触的终极理论是量子隧穿效应，即无论金属与半导体接触时如何产生势垒，电子具有几率穿越这个势垒，从而通过金属与半导体的接触面传导电流。

在实践中，将重度掺杂的硅晶体表面尽量做到清洁，再与某种金属例如钴接触之后，便能产生欧姆接触而不是肖特基接触。欧姆接触的制作如图 4-34 所示。

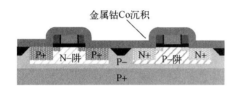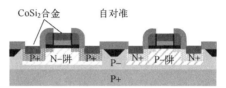

图 4-34　制作欧姆接触

- 使用 PVD 设备沉积金属钴 Co。此阶段也可以使用金属镍（Ni）。在低端制程中，也可以使用金属钛（Ti）。
- 进行两次快速退火，之后金属钴（Co）与硅接触的区域将形成 $CoSi_2$ 合金，非接触部分保持不变。使用这种方法制作欧姆接触面时，不需要使用光刻，因此被称为自对准硅化物 Salicide（Self-aligned Silicide）。

之后使用湿法刻蚀去除多余的金属钴（Co），保留与硅进行欧姆接触的 $CoSi_2$ 合金，其实现过程如图 4-35 所示。

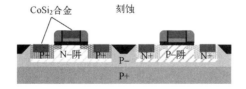

图 4-35　去除多余的钴

至此，CMOS 晶体管的主体部分制作完毕。晶圆的前道工序 FEOL 全部完成，之后进入后道工序 BEOL。后道工序的制作过程，是金属与绝缘体的天下，包括连接孔、金属层、绝缘介质层以及通孔的制作。整体而言，后道工序制作难度低于前道工序。

8．连接孔的制作

本制作环节的主要目的是在 CMOS 晶体管的源、栅、漏极所在区域的上方打孔，并用金属填充以连接金属层 M1 与晶体管层，主要步骤如下。

● 沉积硼磷硅玻璃并抛光。
● 使用连接孔光罩进行光刻胶成型，之后刻蚀硼磷硅玻璃，抵达引脚处形成连接孔，如图 4-36 所示。

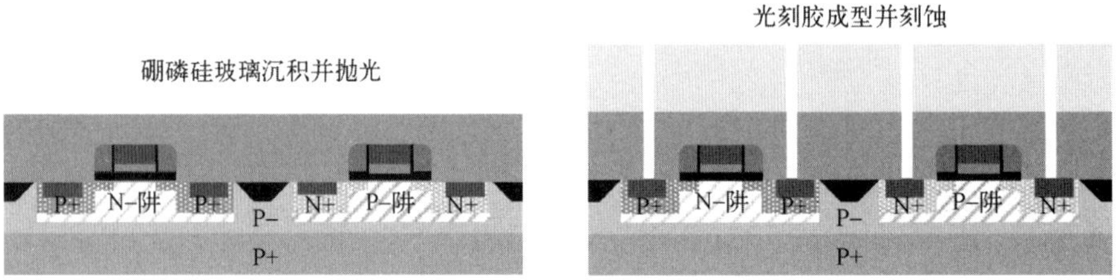

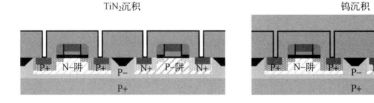

图 4-36　连接孔刻蚀工序

硼磷硅玻璃是一种绝缘体，是掺杂了硼、磷的二氧化硅。硼与磷的加入，使这种玻璃在高温条件下，可以像液体一般流动，具有非常强的填充能力，可作为金属与硅之间的介质材料，也可以在后道工序中，作为金属层之间的填充材料。

在这个制作环节中，可以进一步地体会硅元素的神奇，硅除了可以用于晶体管的制作，而且还可以参与到绝缘体与金属层的制作，在集成电路的制作中几乎无处不在。

连接孔刻蚀工序结束后，将进行金属填充，与 CMOS 晶体管的源、漏极形成欧姆接触，如图 4-37 所示。金属离子具有较强的扩散能力，容易扩散到硼磷硅玻璃介质中，因此需要阻挡层防止扩散，之后才能填充金属。阻挡层通常为金属与金属化合物合成的多层结构。

图 4-37　沉积操作

● 沉积金属阻挡层，如 TiN_2 或者 TaN 等。作为阻挡层的金属，需要具有较低的欧姆接触电阻，对金属与半导体都有非常强的附着能力，具有抗电迁移、高温下的稳定性、抗腐蚀氧化等特性。常用的阻挡层包括高熔点的金属钛、钽、钼、钴、钨、铂、TiN_2 与 TaN 等。

- 沉积钨金属（Tungsten），填充连接孔。钨的导电率不高，但是比铜与铝更加适合填充这种高深宽比的连接孔。
- 最后进行抛光操作，露出引脚接触点，如图 4-38 所示。

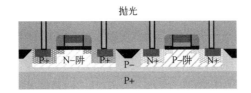

图 4-38　抛光露出引脚接触点

9. 金属层与通孔的制作

连接孔的制作完成后，将在抛光平面中沉积金属，之后围绕光刻，并使用加减法设备与辅助设备制作金属层图案。之后在金属层之上制作通孔，在晶圆制作中，连接孔用于连接晶体管层与金属层，而各个金属层之间的孔被称为通孔。

通孔的制作过程与连接孔类似，依然通过"沉积硼磷硅玻璃并抛光""金属阻挡层沉积""金属沉积与抛光"这些制作环节组成。在一般情况下，每个金属层与通孔的制作，各需要一次光刻即可。

集成电路通常由一个晶体管层与多个金属层组成，在制作这些层次时需要经历多道光刻工序，每道光刻使用不同的光罩。

以 28nm 工艺的 1P8M[○] 工艺为例，制作一个晶体管所使用的一套掩模版大约由 45 片的光罩组成。15 片用于金属层，其中包括 8 片金属图案光罩，7 片通孔图案光罩；剩余的 30 多片用于制作晶体管。

对于一个采用了 16 层金属的 7nm 工艺，一套掩模版由接近 80 片的光罩组成，其中 31 片用于金属层，其中包括 16 片金属图案光罩，15 片通孔图案光罩，剩余的 40 多片用于制作晶体管。

○ 1P8M 即 1 层多晶硅（Poly）、8 层金属（Metal）。

从一套掩模版中的光罩片数比例也可以推断出集成电路后道工序的制作难度低于前道。后道工序的制作过程依然基于平面工艺，制作流程与前道工序类似，只是使用的设备相对低端。

当所有金属层制作完毕后，后道工序结束，晶体管在晶圆厂的制作即将完成，之后经过晶圆可接受度测试后，进入封测环节。

至今单个集成电路容纳更多的晶体管愈发困难。使用先进封装技术，将多个集成电路高效连接，逐步成为热点。先进封装包括晶圆级封装技术、系统级封装技术（System in a Package，SiP）、硅通孔（Through Silicon Via，TSV）与 Chiplet 技术。

晶圆级封装与 SiP 技术已经应用在智能手机处理器的制作中。TSV 技术则在 NAND 存储行业占据主流，采用这种技术可以将多达 256 层的 NAND Die 纵向连接，从而在相同体积上容纳更多的晶体管。

近期，Chiplet 技术盛行，其主要设计思想是将原本一颗较大的处理器芯片，分解为更小的组成模块，之后利用封装技术再将其连接为一个统一整体。更小的组成模块意味着更小的 Die 尺寸，也意味着更高的良率。

无论是晶圆级封装、SiP、TSV 还是 Chiplet 技术，一言以蔽之是将原本应用在集成电路制作中的技术下移到封测环节。本书对此不做进一步描述。

4.7 奔腾的芯

1968 年，诺伊斯与摩尔成立了一家半导体公司，想使用硅谷流行惯例，以他们的姓氏"Moore Noyce"命名公司。两位自信满满的创始人，毫不在意"More Noise"这个谐音，却发现已经有人使用了这个名字，无奈选择 Integrated Electronics 的缩写 Intel 作为公司名称[48]。

此时，诺伊斯和摩尔已名满天下，诺伊斯是集成电路的发明人，摩尔是仙童的中流砥柱。在这些光环的笼罩下，两个人的运气好得惊人。Intel 在成立初期，被天上掉下来的馅饼砸中了一次又一次。

诺伊斯与摩尔在几分钟之内获得了巨额融资，开门的第一天，迎来的居然是安迪·格鲁夫这位员工。如果说诺伊斯是一位实验流派的科学家，摩尔有预料星辰之外的神奇能力，这第三位才是一位伟大的 CEO。

老安迪抵达美国之前的经历，被他书写在《游向彼岸》中。幼时，他在二战中的独特经历造就了他独特的性格，他其后的经历在 Intel 乃至硅谷广为流传。老安迪的决断使 Intel 从存储器泥潭中全身而退；他坚信"只有偏执狂才能生存"；更为重要的是他具有的穿透时空的洞见力。

老安迪成功地将 Intel 引领到计算领域，美国的半导体产业因此复苏。也许老安迪带领 Intel 走向处理器产业，只是基于如何活下去这一质朴的想法，却使得计算机从科技的金字塔尖飞入寻常百姓家。

PC 的足迹沿着摩尔定律，沿着 Intel 指引的路标一路向前，从 8086 到奔腾，从奔腾到酷睿，晶体管的数目翻倍增长。即便今天，在处理器中使用的晶体管数目，依然在稳步增长。苹果发布的 A12x 处理器已经集成了 100 亿个晶体管[49]，有些公司甚至发布了具有几百亿个晶体管的处理器。

Intel 从未参与过集成晶体管数目的军备竞赛。处理器优劣的评价指标，不完全依靠所集成的晶体管数目，Intel 的 PC 与服务器，始终以"每秒钟数据交易次数"为核心，并不是"每秒钟执行指令的数目"。

制约这类处理器发展的关键因素，是冯诺伊曼体系引发的存储器瓶颈，至今这个瓶颈逐步演化为绝症，使得传统处理器的进展停滞不前。在人工智能兴起的今天，算力重回计算领域的中心，使得以"每秒钟数据交易次数"为核心的处理器余晖尽散。

今天，摩尔定律放慢了脚步，硅集成电路的双翼尽断，x86 处理器辉煌不再，却无法遮掩 Intel 在半导体产业中的光芒。与多数人所知的事实有不小的差异，Intel 的最大成就不是在一个芯片中集成更多的晶体管，不是与 x86 处理器相关的辉煌，而是持续推进着半导体全产业链的进步。

2000 年之后，半导体工艺节点进入 90nm 后停滞不前，大型机时代的 IBM 遗憾错失电子信息产业的 PC 时代。缺少庞大的下游产业支撑的蓝色巨人，已无力推动半导体制作工艺继续前行。

此后，IBM 没再率先提出能够大规模量产的半导体工艺，将推动半导体科技前行的接力棒，正式移交给 Intel。半导体制作能力的提升，建立在大量试错的基础上，意味着大量的时间、人力、财力成本，从某种程度来看，在这个前沿科技领域，投入与回报不成比例。

但在西方世界，所有掌握最核心应用场景的公司，都会义无反顾地选择向前沿科技进军。这些处于领袖地位的公司，很容易将公司的发展与行业的使命联系在一起。这种行业使命感能够使公司汇聚更为顶级的人才，进一步维系着公司的领袖地位。

2000 年之后，经过泡沫洗礼的互联网产业走出低谷，一个更加辉煌的移动互联网时代诞生。两大互联网产业吸纳了更多的新生力量。在这段时间里，半导体产业跌入低谷，处于自 1947 年晶体管诞生以来的至暗时刻。

在历经了贝尔实验室与 IBM 两个辉煌的制造周期之后，半导体全行业展开大规模的合并重组，在秋风席卷的一地枯叶中，Intel 对半导体工艺的贡献被许多人忽略。

在这段时间，每个事后被证明是正确的半导体技术方向，由 Intel 率先提出并产品化；这段时间，Intel 没有处于电子信息产业的巅峰，却依然以一己之力推进着半导体科技的前行，维护着摩尔定律的正确性；在这段时间，Intel 对半导体材料科学的贡献，将使其在科技史册中留下深深的足迹，不再限于 IT 史册。

2000 年之后，Dennard 缩放规律在支撑摩尔定律长达 30 年的正确性之后，在 90nm 工艺节点处失效。晶体管尺寸缩短时，功耗不会同比变小，短沟道效应进一步加剧，开关速度无法进一步提升。

摩尔定律自 1975 年正式确立以来，面临着最严峻的一次挑战。此时，Intel 利用在 PC 时代积累的财富与科技底蕴，在硅材料与 CMOS 晶体管结构层面取得巨大突破，推动着"硅+CMOS+平面工艺"生态持续向前。

1. 可拉伸的硅

2003 年左右，半导体工艺进入 90nm 节点。因为 Dennard 缩放规律失效，因为传统硅材料即将抵达极限，CMOS 晶体管的尺寸难以缩短，性能无法提升。在一片黑暗之中，应变硅技术闪耀登场。

20 世纪 90 年代，IBM 已在实验室环境，使用锗硅晶体实现了应变硅技术。应变硅可以简单理解为，当硅与其他材料接触时，如果该材料的晶格尺寸大于硅，其原子渗入硅晶体时，硅晶体间距将被拉大；若小于硅，该材料的原子渗入硅晶体时，硅晶体间距将被缩小。这种方法可以将硅拉伸或者压缩，这也是 Strained 的由来。

研究人员发现拉伸后的硅晶体，载流子速度将明显提高，CMOS 晶体管的电流速度与开关频率随之提高，功耗进一步下降。应变硅技术的原理如图 4-39 所示。

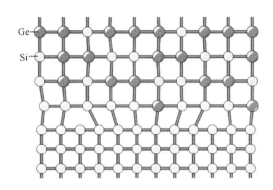

图 4-39　使用锗拉伸硅的应变硅原理

应变硅技术是对硅的基础材料特性进行的一次系统优化，拓展了"硅+CMOS+平面工艺"生态的上行空间，从根本上提高了 CMOS 晶体管的性能。但是应变硅技术并没有走出 IBM 的实验室。

提升 CMOS 晶体管性能最直接的方法，是加快导电沟道的载流子速度。IBM 提出应变硅技术之后，率先将其用于导电沟道的优化。工程人员在硅衬底之上外延一层锗硅，虽然锗硅的载流子速度较快，但是在其上生长的二氧化硅 Oxide 层质量较差，因此需要再次外延一层单晶硅层，形成 Si/SiGe/Si 结构，实现应变硅技术。

锗硅层之上外延的单晶硅层，被称为应变硅层，最终作为 CMOS 晶体管的导电沟道。这个单晶硅层被其下的锗硅层有效拉伸，载流子的速度明显加快，使 CMOS 晶体管性能大幅提高，其实现如图 4-40 所示。

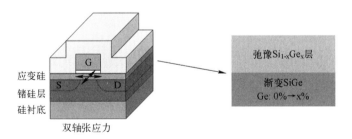

图 4-40　双轴应变硅技术的实现方法[50]

锗硅晶体与硅晶体之间存在晶格失配，在两者的界面处容易出现畸变而导致位错，因此锗硅层由多层结构组成。首先在硅衬底之上逐层外延渐变的 SiGe 多层结构，之后外延弛豫 $Si_{1-x}Ge_x$ 多层结构。在渐变与弛豫这两层的铺垫下，硅衬底、锗硅层与应变硅层最终融合在一起。

基于这种技术实现的应变硅层，将在平行衬底的 X、Y 两个方向产生全局"张应力"，因此被称为双轴应变硅技术。这种技术很快取得了实验室中的初步胜利。科研人员却很快发现双轴应变硅技术可以提高 nMOS 性能，但是对 pMOS 性能的提升非常有限，最终不能有效改善 CMOS 晶体管的性能。

CMOS 晶体管由 pMOS 与 nMOS 互补构成，两者性能需要协调一致，才能提高晶体管的整体性能。pMOS 与 nMOS 的工作原理接近，但是在沟道中使用的载流子不同，pMOS 使用空穴作为载流子，而 nMOS 使用电子。

空穴并不存在，空穴移动相当于大量电子移动的反运动，显然空穴的移动难于电子，在同等优化条件下，其速度远低于电子，因此 pMOS 性能低于 nMOS。

提高 pMOS 性能，需要向应变硅层提供"压应力"，不是双轴应变提供的"张应力"，因此双轴应变硅技术不能有效提升 pMOS 性能，无法彻底改善 CMOS 晶体管的性能。与双阱技术类似，应变硅技术应该分别对 nMOS 与 pMOS 晶体管进行优化，而不是采取相同的策略。

Intel 的研究人员发现，在 CMOS 晶体管顶部生长一层氮化硅膜之后，不仅可以对导电沟道产生张应力，在不同生长环境下还可以提供压应力，仅需对原有制作工艺略做调整，便可分别优化 nMOS 与 pMOS 晶体管，同时提高两者的工作效率[51]。Intel 将这种技术称为单轴应变硅技术（Uniaxial Strained Silicon）[50]，其原理如图 4-41 所示。

应变硅技术除了可以优化 CMOS 晶体管的导电沟道之外，还有更大的潜力。CMOS 晶体管浑身上下都是硅，许多位置都可以进行有效拉伸，如图 4-42 所示。基于这一思路，产业界提出了一系列应变硅优化策略。

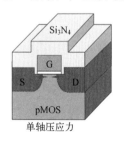
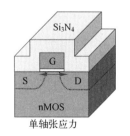
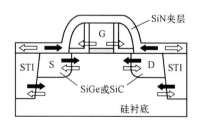

图 4-41　单轴应变硅技术的实现方法[50]　　图 4-42　局部应变硅优化策略[52]

常用的应变硅技术包括嵌入式源漏技术、基于氮化硅膜的应力衬垫（Dual Stress Liner，DSL）技术、借用浅沟槽隔离结构 STI 与金属硅化物 Silicide 进行优化的技术，这些技术被统称为局部应变硅优化策略。

2003 年，Intel 发布可用于大规模生产的应变硅技术，宣称只需要将硅原子的晶格拉伸 1%，便可将导电沟道的电流速度提高 10%～20%，成本仅增加 2%左右[50]。

2004 年，Intel 借助这一技术成功突破 65nm 工艺节点，并发布基于该技术的处理器芯片[53]。在随后的时间，Intel 一步一个脚印优化应变硅技术，将其成功应用于 45nm、32nm、22nm 与 14nm 工艺节点[54]。

借助应变硅技术，Intel 在半导体工艺制程上完成对 IBM 的反超之后，于 45nm 工艺节点处，取得了另外一项重大突破，将产业界之前制作 MOSFET 使用的"硅栅"升级为"金属栅极"。

2. 硅栅技术

MOSFET 晶体管从诞生之日起，长期使用二氧化硅作为 Oxide 层。铝与二氧化硅的接触界面良好且容易加工，天然适合制作栅极。因为铝金属的熔点较低，使得晶体管的制作长期使用 Gate-Last 工艺，即首先用扩散法制作出源级与漏极，最后蒸镀铝金属作为栅极。

1967 年，贝尔实验室发现了使用多晶硅替换铝作为栅极的可能性[55]，将其称为硅栅技术（Silicon Gate Technology，SGT）。一年之后，仙童的 Federico Faggin 将这种技术应用于商业[56]。Intel 的诺伊斯敏锐地抓住了这一机会，并于 1969 年，在公司成立一年之后，发布了一款基于硅栅技术的 SRAM，这款 SRAM 产品与基于铝栅技术的同类产品相比，面积缩小了一半，性能提高了 3～5 倍[57]。

不久之后，诺伊斯邀请 Faggin 加盟 Intel，继续优化硅栅技术。借助这一利器，Faggin 将处理器成功实现在单片集成电路中。这颗处理器便是闻名于后世的 Intel 4004。Faggin 因此被称为微处理器之父。

多晶硅的熔点远高于铝，这一特性为离子注入技术大规模应用于集成电路制作中奠定了基础。离子注入完成后，会对硅晶体结构造成一定破坏，因此操作完毕后，需要进行快速退火。而铝金属在这一温度之下已经融化，不适合与离子注入配合使用。

此外，多晶硅与硅衬底的能带结构一致，通过掺杂 N 型或者 P 型杂质可方便地改变其功函数，以调整 MOSFET 晶体管的阈值电压。与金属相比，硅与二氧化硅的接触面缺陷更少。因为这些原因，多晶硅最终替换铝作为栅极，成为制作 MOSFET 晶体管的首选，也在很长一段时间里，成为制作 CMOS 晶体管的标准。

多晶硅栅极替换铝栅极，解决了铝不耐高温这个问题之后，离子注入逐步替换了扩散法进行掺杂操作，极大促进了半导体工艺制程的发展。

此后，产业界迅速将"Gate-Last"调整为"Gate-First"工艺，即率先制作栅极，并使用"多晶硅栅极+二氧化硅 Oxide"制作集成电路。本书 4.6 节中描述的 CMOS 晶体管制作过程便基于"Gate-First"工艺，其简要制作流程如下。

● 制作栅极即 Gate。

● 使用离子注入的方式制作源漏二极。

● 离子注入后进行快速退火，修复晶格损伤并激活注入杂质，还原载流子的电性能。

此后很长的一段时间内，产业界以"Gate-First"工艺为基石，持续优化集成电路的制作。CMOS 晶体管沿着摩尔定律前进，每 18 个月对应尺寸缩小 70%，栅极长度与源漏间线宽逐年降低，CMOS 电容的面积也在同比缩小。

在中低端制程中，CMOS 电容等效于平板电容。平板电容计算公式为 $C=\varepsilon S/d$，其中 ε 为介电常数，S 为其面积，d 为其厚度，由此可见，平板电容的大小与介电常数和平板面积成正比，与厚度成反比。

为了保证 CMOS 晶体管的正常工作，CMOS 电容需要具备足够大的容量。在 CMOS 晶体管尺寸持续降低，平板电容的面积 S 随之缩小的前提下，需要进一步缩小电容的厚度 d，或者使用介电常数 ε 更高的材料。

在 45nm 工艺节点附近时，二氧化硅 Oxide 层的厚度压缩至 1.1nm 左右，与贝尔实验室制作出的第一个 MOSFET 相比，仅为之前的 1/100。而硅的晶格常数为 5.43 埃米，即 0.543nm，此时 Oxide 层的厚度仅为两个晶格常数，接近硅的物理极限。

研究人员发现 Oxide 层厚度在接近这个极限后，每降低 1 埃米，漏电流增加 5 倍，导致 CMOS 晶体管的功耗增加，可靠性急剧下降[59]；Oxide 层缩减到一定程度后，将出现多晶硅栅耗尽效应；Oxide 层过薄，多晶硅栅极中掺杂的硼元素可以穿越 Oxide 层进入衬底与导电沟道，引发硼穿越[60]。

这些因素使得 Oxide 层的厚度很难继续降低，基于"多晶硅栅极+二氧化硅 Oxide"的 CMOS 电容很难控制在合理区间。

在 Oxide 层厚度无法继续缩减，而面积在逐步缩小的前提下，为了维持 CMOS

电容的容量在一个合理范围内，一条可行之路是使用高介电常数的绝缘材料替换二氧化硅来制作 CMOS 晶体管的 Oxide 层[61]。这类材料简称为 High-K 材料。这个貌似顺理成章的替换行为，在产业界引发了一系列连锁反应。

3．金属栅极的回归

借助应变硅技术的突破，Intel 确立了在集成电路制造业中的地位，成为引领集成电路工艺创新的核心工厂，具备了整合天下半导体设备与材料厂商的能力。Intel 需要不断推出新工艺并率先量产，巩固其在集成电路制造业的领袖地位。

在 45nm 工艺节点处，Intel 选择 High-K 材料制作 Oxide 层，替换二氧化硅。这一选择打开了潘多拉魔盒，引发了自 CMOS 晶体管诞生以来最大的一次变革。

与二氧化硅制作的 Oxide 层相比，High-K 材料面临一系列挑战。Oxide 层的制作不仅需要高介电常数材料，而且要求这种材料具有较高的绝缘性，这两个要求在某种程度上相互矛盾。High-K 材料与硅衬底接触的稳定性不如二氧化硅，快速退火时与硅衬底间容易产生严重的界面反应。

这一系列问题加大了 High-K 材料替换二氧化硅制作 Oxide 层的难度，使得 High-K 材料的问世一波三折。半导体制作工艺从 90nm 到 14nm 工艺节点的演进过程中，最艰难的一步就是使用 High-K 材料制作 Oxide 层。

此时，产业界已经计算出许多可以替换二氧化硅 Oxide 层的 High-K 材料，包括 ZrO_2、HfO_2、Al_2O_3、$ZrSiO_4$ 与 $HfSiO_4$ 等材料，几乎所有过渡型金属的氧化物都可以成为选择，也初步确定了可以与这些 High-K 材料配套的栅极材料[62-64]。Intel 找到合适的 High-K 材料也许并不困难。

在 High-K 材料的研制过程中，Intel 的工程师发现多晶硅栅极与其配合的弊端。在 CMOS 晶体管中，阈值电压决定着器件的开关速度，是晶体管性能重要的评价指标。阈值电压的绝对值越低，开关速度越快。

以 pMOS 晶体管为例，其阈值电压 V_{TP} 的计算如式（4-2）所示。

阈值电压的计算[65]　　　$V_{TP} = (|Q'_{SD}(max)| - Q'_{SS})\left(\dfrac{t_{ox}}{\varepsilon_{ox}}\right) - 2\phi_{fp} + \phi_{ms}$　　　（4-2）

其中 $Q'_{SD}(max)$ 与 Q'_{SS} 分别为最大耗尽层电荷与单位面积电荷；t_{ox} 为 Oxide 层厚度；ε_{ox} 为 Oxide 层介电常数；ϕ_{fp} 为衬底的本征费米能级与费米能级的差值；ϕ_{ms} 为栅极与衬底间的功函数之差。

在这个公式中，一些参数很难调整。在集成电路制作中，衬底的选择是不可动摇的硅，Oxide 层厚度 t_{ox} 已趋极限无法继续缩小。剩余的参数只有 ε_{ox} 与 ϕ_{ms} 具有调整空间，分别与二氧化硅 Oxide 层和栅极材料有关。长久以来，多晶硅与二氧化硅，一个作为栅极，另一个作为 Oxide 层，配合得天衣无缝，很好地满足了式（4-2）的要求。

替换二氧化硅 Oxide 层，Intel 不仅需要找到合适的 High-K 材料，而且需要同时确定合适的栅极材料。High-K 材料使用的过渡型元素对电子的束缚不够紧密，与多晶硅之间存在界面态，较易引发费米钉扎效应，此时，费米能级将不再随掺杂浓度的提升而产生位置变化。

金属的功函数 ϕ_{ms} 与费米能级有直接对应关系。费米能级无法调整，意味着功函数也无法调整。如果继续使用多晶硅作为栅极，High-K 材料作为 Oxide 层，两者的功函数之差无法保证 V_{TP} 的值在一个合理的区间范围之内。

High-K 材料由许多对相距很近且符号相反的粒子，即偶极子组成，High-K 材料具有的高极化特征，是其拥有高介电常数的原因。

高极化材料的晶格振动较为强烈。在晶体内，除了呈公有化运动的价电子之外，还有许多原子实。这些原子实可以近似理解为由若干个弹簧连接在一起。这些原子实并非静止不动，其中任何一个原子实的振动都将以弹性波的方式向四周传递，从而引发周期性的振动。对于一个指定的原子实，受到与位移成正比的恢复力的作用时，将在平衡位置按照正弦规律做往返运动。这种运动被称为简谐振动。

凝聚态理论引入声子 Phonon 描述这种简谐振动。声子不是一种真正的粒子，而是描述原子实运动规律的能量量子。因为 High-K 材料的高极化程度，载流子通过时，受到声子散射而引发的撞击程度远高于二氧化硅，因而降低了载流子的迁移率[66]。

与多晶硅相比，金属栅极的自由电子浓度远大于沟道，能够有效抑制偶极子的晶格振动，可以降低甚至屏蔽声子散射，从而提高载流子的迁移率。

综合这些因素，Intel 最终放弃使用多晶硅作为栅极，选择金属栅极与 High-K 材料制作的 Oxide 层配合，而找到合适的金属栅极材料，保证 V_{TP} 值维持在一个合理区间的过程并非一帆风顺。

如式（4-2）所示，V_{TP} 的值与 Oxide 层介电常数 ε_{ox} 成反比，而与金属栅极的 ϕ_{ms} 成正比，两者相互影响，相互制约。Intel 使用 High-K 材料替换二氧化硅制作 Oxide 层时，需要同时确定能与 High-K 材料配合得天衣无缝的金属栅极。

寻找合适的 High-K 材料与金属栅极，并与现有半导体制作工艺兼容，最后将其大规模量产的难度超乎想象。以 Mark Bohr 为首的 Intel 研发团队，几乎暴力穷举了所有可能的组合，以大量实验为依托，最后选择以铪基材料为基础制作 Oxide 层[66]。

研发团队很快发现在使用铪基材料时，电子容易被困在栅极与 Oxide 层组成的量子阱中，最后确定这是因为 MOCVD 设备无法制作只有几个原子厚度的 Oxide 层导致。之后，Intel 使用更精细的原子层沉积 ALD 设备成功制作出基于 High-K 材料的 Oxide 层[66]。这种设备可以将物质以单原子膜方式逐层沉积，与普通的化学沉积法相比，精度高出许多。

引入 High-K 材料的另一个难题，在于这种材料需要与金属栅极同时确定，以保证 CMOS 晶体管的阈值电压能够控制在一个合理区间。金属栅极具备许多优点，但是不容易做到与 High-K 材料完全匹配。

而且研发团队需要找到两种不同的金属，以分别适配 pMOS 与 nMOS 晶体管。其中，nMOS 所需金属栅极的功函数在 4.1eV 左右，pMOS 晶体管为 5.0～5.2eV。相对 nMOS、pMOS 晶体管金属栅极的选择范围更小[67]。

金属单质很难满足栅极所需要的功函数指标，二元合金难以满足 pMOS 器件的需求，还有一个选择是使用金属、金属氧化物与氮化物组成的叠层结构。

因为工业界的竞争，Intel 没有公开金属栅极的制作材料。但是学术界依然使用 HfN-Ti-TaN 组成的叠层结构获得了功函数为 5.1eV 的 pMOS 栅极材料，而且可以对这个参数进行微调，进一步满足制作需求[68]。

金属栅极的回归，引发了 Gate-First 与 Gate-Last 制作工艺之争。金属栅极无法忍受离子注入后的快速退火，因此需要源漏二极制作完毕后才能制作，要求采用"Gate-Last"制作工艺，即后做栅极。

多晶硅栅极替换铝栅之后，"Gate-First"制作工艺已经使用了近 30 年，在这 30 年中，产业界积累了大量的经验。如果使用金属栅极，"Gate-First"制作工艺必须要调整为"Gate-Last"，之前基于"Gate-First"制作工艺的积累将前功尽弃。

这种工艺调整在产业界引发了巨大的争议。在争议开始时，以 IBM 公司为首，TSMC、英飞凌、三星等几乎所有半导体公司都支持 Gate-First 这种性能价格比更优，而且不需要对之前制作工艺进行重大调整的路线。只有 Intel 独自坚守着 Gate-Last 阵地，坚持认为金属栅极必将回归。

Gate-First 阵营提出了与"金属栅极+Gate-Last"工艺抗衡的技术路线，使用金属硅化物 Silicide，如 $MoSi_2$ 与 Ni_2Si 等材料制作栅极。金属硅化物的功函数可以略微调整，将 nMOS 晶体管 V_{TP} 的值控制在合理范围，却极难满足 pMOS 晶体管的制作需求，最终无法制作出合适的 CMOS 晶体管。

金属硅化物 Silicide 制作栅极的路线最终被抛弃。此后 Gate-Last 工艺成为产业界的唯一选择，剩余的工作是逢山开路，遇水搭桥，使 Gate-Last 成为可能。

Intel 最终实现了 High-K 材料与金属栅极这一组合，并融合应变硅技术，率先攻克了 45nm 工艺节点[69]。High-K、金属栅极与 Gate-Last 的成功使得先进半导体工艺制程放弃了二氧化硅与多晶硅的这对组合，金属栅极再次回归。

High-K 材料替换二氧化硅，引发了化合物半导体研发的高潮。二氧化硅可以不再作为 Oxide 层，使得化合物半导体与硅相比一个重大的劣势消失了。从这时起，Intel 开始发力化合物半导体，尝试了多种化合物半导体作为 nMOS 与 pMOS 导电沟道，取得了一些进展[70, 71]，如图 4-43 所示。

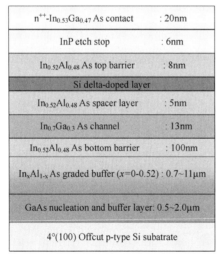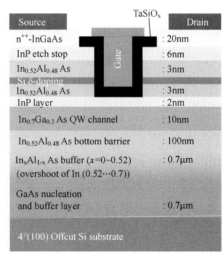

图 4-43　Intel 尝试的化合物半导体制作集成电路[70, 71]

此前，化合物半导体的应用领域集中在功率类器件。如果这种半导体能够作为导电沟道，成为制作集成电路的基础，将是"硅+CMOS+平面工艺"生态的一次较大的微创新，将推进着摩尔定律继续向前。

4 晶体管的三维结构

借助 High K 材料与金属栅极的组合，Intel 顺利攻克 45nm 工艺节点，并于 2007 年销售基于这一工艺的处理器；2010 年 1 月，Intel 再次突破 32nm 工艺节点。此时，Intel 在半导体制作领域，已经领先其他半导体厂商一到两代。

当半导体制作工艺行进到 22nm 节点时，CMOS 晶体管尺寸进一步缩小，使用 High-K 材料也无法保证 CMOS 电容具有足够的容量，进一步优化 CMOS 电容的手段已几乎用尽。导电沟道的持续缩短，使 CMOS 电容的计算模型发生变化，此时 CMOS 电容不等同于平板电容，但其值依然与"栅极包围沟道"的面积成正比。

产业界祭出最后一招，使用不同方式包围这个沟道，平面型 CMOS 晶体管使用栅极与衬底两面包围这个沟道，如果采用立体结构，那么可以使用三面，甚至四面结构包围沟道。产业界回顾了所有"包围沟道"的制作方法，包括 UTB（Ultra-Thin Body）与双栅极（Double Gate，DG），其结构如图 4-44 所示。

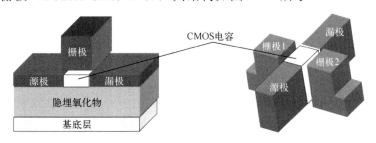

图 4-44　UTB 与 DG 晶体管的示意图[72, 73]

UTB 晶体管由胡正明教授提出[28, 74]，也被称为 FD-SOI（Fully Depleted Silicon On Insulator）晶体管。UTB 晶体管使用 IBM 提出的 SOI 硅晶圆技术，可以不对 CMOS 晶体管结构进行调整，便可在尺寸缩小的前提下，维持 CMOS 电容的容量。

UTB 晶体管基于 SOI 晶圆实现。与传统硅晶圆相比，这种制作方式并没有极大增加 CMOS 电容的容量，却可以有效抑制漏致势垒降低（Drain Induced Barrier Lowering，DIBL）效应、减少寄生电容，消除 CMOS 晶体管中存在的闩锁效应。

理解这些术语需要一些必要基础，对于多数读者仅需理解这一系列技术有利于晶体管尺寸的缩小即可。

Intel 在研发 22nm 工艺时，没有选用 SOI 晶圆。当时，SOI 晶圆比传统体硅晶圆（Bulk Silicon Wafer）贵 3 倍左右。这不是 Intel 弃用 SOI 晶圆的主要原因，也许

Intel 更在乎的是 SOI 晶圆的主要专利集中在法国的 Soitech 手中。与许多大公司类似，Intel 无法容忍关键技术掌握在单一一个小公司手中，更不情愿为 Soitech 做嫁衣。

双栅极 DG 晶体管因为其制作难度，也没有成为 Intel 的选择。Intel 最终基于传统体硅晶圆，采用 3D 晶体管结构，攻克 22nm 工艺节点。Intel 将这种 3D 晶体管称为 Tri-Gate。2012 年，Intel 正式销售基于 Tri-Gate 晶体管的 22nm 工艺的处理器[75]，其结构如图 4-45 所示。至此，集成电路制作从平面 2D 结构转为立体 3D 空间。

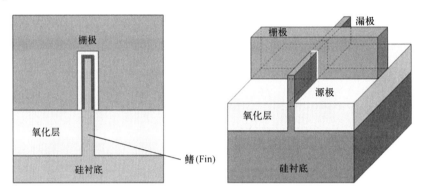

图 4-45　Intel Tri-Gate 晶体管结构[75]

产业界对 3D 晶体管的研究始于 20 世纪 80 年代。90 年代初期，Hisamoto 等人提出的 DELTA（A fully depleted lean channel transistor）奠定了 3D 晶体管的基础[76]。90 年代末期，加州大学伯克利分校的胡正明教授提出并制作出 FinFET 晶体管的雏形[28, 74]，这是 3D 晶体管领域的里程碑事件。

Tri-Gate 晶体管的实现原理与 FinFET 晶体管较为类似，也是一种 3D 结构。这种晶体管的源极、漏极与沟道从晶圆中竖起，这个竖直结构与鲨鱼鳍较为类似，也被称为 Fin，栅极依然在顶部并从三面包围 Fin，并形成导电沟道，如图 4-45 所示。

三维立体结构有助于缩小晶体管的尺寸，同时导电沟道被栅极三面包围的结构，在晶体管尺寸缩小的情况下，可以将 CMOS 电容的容量维持在一个合理区间。

Tri-Gate 晶体管的最狭窄处仅有 8nm。当时，EUV 光刻尚未成型，只有等效波长为 134nm 的浸入式 DUV 光刻机，直接使用光刻与刻蚀技术的组合无法获得这一精度。工程人员制作这种晶体管时，引入多重图形技术（Multi-Patterning）[77]，这种技术可以借助 Spacer Lithography 实现，如图 4-46 所示。

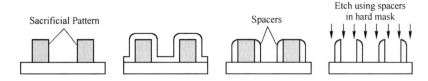

图 4-46　Spacer Lithography 的基本流程[78]

Spacer Lithography 首先使用光刻与刻蚀技术制作牺牲图案（Sacrificial Pattern）；随后在其四周与衬底沉积一层硬掩模版；之后进行刻蚀，仅保留沿着牺牲图案侧壁生长的硬掩模，并去除牺牲图案得到 Spacers，这种沿着侧壁生长出的 Spacer 具有极窄的宽度。最后使用 Spacers 作为硬掩模，再次进行刻蚀，得到更小的线宽。

Spacer Lithography 还有一种反向制作流程，如图 4-47 所示。

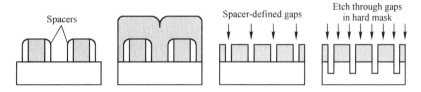

图 4-47　Spacer Lithography 的反向制作流程

反向制作流程在 Spacer Lithography 基本流程的第三步的基础之上进行。在第二步的刻蚀操作完毕后，并不去除牺牲图案，而是沿着四周继续沉积牺牲物质，并完全包围 Spacers；然后使用 CMP 使其平坦化，直到 Spacers 浮出水面；之后去除 Spacers，并使用牺牲图案作为掩模版再次刻蚀，也可以得到更小的线宽。

多次使用正反两种 Spacer Lithography 方案，可以进行三重、四重与多重图形，获得更小的线宽。多层图形的技术本质是借用沿着侧壁生长出的更薄物体作为掩模，在晶圆上制作出尺寸更小的图形。

从 2003 年开始至 2012 年，Intel 在长达近 10 年的时间内，几乎以一己之力，将半导体工艺节点从 90nm 推进至 14nm，极大促进了"硅+CMOS 晶体管+平面制作"生态的全面提升。

其中，改进的应变硅技术优化了硅材料的基础特性；HKMG 在材料层面对 CMOS 晶体管进行了全方位改造；3D 晶体管将 CMOS 晶体管结构从平面升级为立体。这些创新在推进摩尔定律缓慢前行时，也使集成电路的制作进入深水区。

在这个深水区中，EUV 光刻技术，化合物半导体替换硅作为导电通道，与 GAA

晶体管采用的 4 面包围结构，是集成电路制作近期主要的优化方法。这些优化方法无法改变硅即将正式抵达物理极限的事实。

此时，工程创新能力在集成电路制造业的重要性凸显，使得更加专注的东亚人逐步占据了这个产业的制高点。

4.8 筚路蓝缕

20 世纪六七十年代，日本制造输出全球，欧美世界面临巨额贸易逆差，至 80 年代美国不堪其重。

此时的中国百业待兴，却处于世界政治格局中一个举足轻重的位置之上。1972～1982 年，中美签署三个联合公报，两国关系全面回暖。1985 年，戈尔巴乔夫当选苏共总书记，冷战终于要结束了。

美国腾出手来，不再忍受日本这个亚洲工厂的持续渗透，对日本工业的态度从扶持转为遏制，进而发起影响至今的贸易战，于 1985 年签订了著名的广场协议。

这场贸易战重创日本，重创亚洲四小龙，重创东南亚。短短两年时间，美元对日元汇率从 240 骤降为 120。为了降低成本，日本的传统制造业开始向海外转移。此后，来自欧美、日本、东南亚和中国台湾地区的中低端制造业涌入中国大陆。

中华民族等到了仅需要勤奋就能改变自身命运的时刻，这个民族抓住了这次机会，用举世震惊的勤奋，改变了自身，改变了周边的一切。

在这个政治与经济的大震荡时代，中国的台湾地区受到很大冲击。日元升值带动了新台币对美元汇率从 40 攀升到 25。此时的台湾，机遇与挑战并存。

20 世纪七八十年代，台湾是"雨伞王国""玩具王国""圣诞节王国"。一方面，低端制造业纷纷移往祖国大陆，台湾几十年以来搭建的产业结构面临巨大考验；另一方面，逐步增值的货币吸引了巨量资金，这些热钱在冲击台湾的股市与房地产的同时，带来了新的机遇。

广场协议之前，有识之士已经察觉到，资源匮乏的台湾片面发展低端制造业断不可行，提出以科技带动工业升级。台湾开始进入"策略性工业发展阶段"，半导体产业成为重要一环[79]。

知易行难。当时台湾地区的半导体产业，仅有在 1974 年成立的工研院电子所，而这个工研院的全部家当是从美国 RCA 公司引入的一条 7μm 生产线；还有一个是由工研院电子所刚刚孵化的联华电子。

在台湾半导体产业发展初期，工研院是产业技术路线的引导者与组织者。台湾半导体产业初具规模时，工研院逐步演变为产业研究与开发中心，成为将技术转化为生产力的孵化器，同时也是大规模风险投资的引导与组织者[79]。20 世纪 80 年代，这种公有资本与政府干预被西方世界视为洪水猛兽，工研院面临着巨大压力。

在台湾半导体产业高奏凯歌的今天，工研院模式已被神化，事实上几乎完全相同的产业政策，也应用于台湾目前为止并不成功的汽车、船舶等产业[80]。工研院具有 "神" 一般的好运气，他们在最恰当的时间找到了最合适的人，帮助台湾半导体产业在最艰难的时刻突出重围。

20 世纪 80 年代，日本半导体产业成为全球霸主；韩国三星完成半导体产业的布局，全力进军存储器市场；以 Intel 为首的美国硅谷企业，把持着半导体高端制造与设计的 "牛耳"。当时的中国台湾地区，半导体产业所面对的困难并不亚于今日的中国大陆。

在这一背景下，张忠谋只身赴台。1987 年，忠谋先生创建台积电。台积电的起步并不顺利，这家公司经历了一个伟大公司在初期所必须要经历的所有磨难。创业之初的台积电总是处于最好的一刻，也处于最坏的一刻，无所不有也一无所有。

忠谋先生出身于德州仪器，这家美国公司为中国的半导体事业输送了一大批人才，在半导体世界赫赫有名，却始终安逸地生活在世人的忽略之中。德州仪器这家公司最接地气的产品，是至今还在亚马逊上销售的科学计算器。

德州仪器从不放弃两个引脚、三个引脚的小器件，敝帚自珍着半导体世界的一切 "庸俗"。这种几十年不间断拥抱 "庸俗" 的务实，使得这棵近百年的老树常青，也使得这家公司的产品鳞次栉比。德州仪器却总能将这些错综复杂的产品线，梳理得井井有条。

德州仪器的半导体产品种类繁多，不同产品隶属于不同部门。为此德州仪器专门设立了集成电路部门，由忠谋先生担任总经理，为其他部门进行制造服务，这与台积电从事的代工业务极为相近。忠谋先生的这段经历，为台积电的腾飞打下了坚实基础。

台积电成立时，半导体的三大领域，计算、存储与通信的产业格局已定。通信的产值不大而且较为分散。存储领域，美国人选择三星对抗日本。计算领域需要深厚的技术底蕴与搭建生态的能力，并不适合台积电，Intel 正在强势进入这个领域。

台积电担负振兴我国台湾地区半导体产业的使命，决定了这家公司不能选择一个狭小的子行业作为突破口。在半导体三大行业并无机会的无奈中，台积电选择了晶圆代工行业。在当时，所谓代工不过是承认自己弱小，愿意代替别人做苦工的简称。

20 世纪 80 年代，半导体公司多数集设计、制作与销售于一身，其中晶圆厂不可或缺。整个硅谷流传着 AMD 创始人 Jerry Sanders 的一个语录"Real men have fabs"，即真男人都得有工厂。在那个年代，拥有半导体工厂是一家公司能够被冠名为半导体公司的重要标志。按照今天的说法，当时几乎所有半导体公司都叫作 IDM（Integrated Device Manufacture）。

在这种背景之下，台积电从事半导体代工业，不做设计仅做制造，在大家都有工厂的前提之下，首先要面对的问题就是客户从何而来。一切如产业界所料，台积电在成立后很长的一段时间里，几乎没有客户，订单异常稀少，勉强维持生计。

这段后来被忠谋先生称为"筚路蓝缕"的创业时光，多可喜亦多可悲。"筚路蓝缕，以启山林"出自《左传》，意思是衣衫褴褛驾着柴车，去开山辟林。这个成语用于形容台积电创业时的艰辛最为合适。

在台积电创建之前，陆续开始出现了一些 Fabless 公司，即仅从事半导体设计，而将半导体制作外包的公司。Fabless 公司的雏形出现在 1969 年，当时一家名为 LSI/CSI 的公司为 CDC 大型机设计 CPU，并由其他厂商完成制作。

1984 年，Bernard Vonderschmitt，James Barnett 与 Ross Freeman 成立了一家制作现场可编程门电路（Field Programmable Gate Array，FPGA）芯片的公司——Xilinx。

其中，出身于 RCA 公司的 Vonderschmitt，非常厌恶晶圆厂高昂的建厂成本、维护成本与集成电路琐碎的制作环节。他与 Sanders 的理念完全不同，准备将 Xilinx 打造成为一个没有制作工厂的半导体公司[81]。

1985 年 4 月，Xilinx 设计出第一款产品。日本 Seiko 公司，因为与 Vonderschmitt 在 RCA 公司时代建立的友谊，花费了两个月的时间，为 Xilinx 加工好了 25 片晶圆。Freeman 调试了三个月的时间，终于使其中的几片得以正常工作。

1985 年 11 月 1 日，Xilinx 发布了世界上第一颗 FPGA 芯片，也是半导体史册上，第一颗采用 Fabless 模式生产出的芯片。芯片的设计者 Freeman 被后人称为 FPGA 之父，而 Vonderschmitt 则开创了基于 Fabless 的商业模式。

Xilinx 之后，硅谷陆续出现了许多 Fabless 公司。这些 Fabless 公司遇到的难题是当时没有独立的晶圆厂，与现有晶圆厂的合作更似与虎谋皮，这些晶圆厂也有自己的设计部门。Fabless 公司在成长过程中所面临的难题，给予了独立晶圆厂生存的土壤。联华电子的创始人曹兴诚发现了这个机会，而台积电的张忠谋抓住了这个机会。

台积电在今天的辉煌，遮掩了这个公司昔日的平凡。这个公司从成立的 1987 年至 2000 年，每一年考虑的不过是如何活下去罢了。在台积电苦苦挣扎的 13 余年的时间里，半导体产业的关注点不是 Fabless 公司，不是代工厂，更加不是台积电。

在 1985～2000 年这段时间，半导体排名前十的厂商无一采用 Fabless 模式，如表 4-8 所示。没有强大的客户做支撑，晶圆代工厂商不具备与大型 IDM 抗衡的能力，更加谈不上整合半导体产业上游，研发先进的半导体制程。

———— 表 4-8　半导体厂商前十[82] ————

排名	1985 年		1990 年		1995 年		2000 年	
	厂商	销售额/亿美元	厂商	销售额/亿美元	厂商	销售额/亿美元	厂商	销售额/亿美元
1	NEC(日)	21	NEC(日)	48	Intel	136	Intel	297
2	德州仪器	18	东芝(日)	48	NEC(日)	122	东芝(日)	110
3	摩托罗拉	18	日立(日)	39	东芝(日)	106	NEC(日)	109
4	日立(日)	17	Intel	37	日立(日)	98	三星(韩)	106
5	东芝(日)	15	摩托罗拉	30	摩托罗拉	86	德州仪器	96
6	富士通(日)	11	富士通(日)	28	三星	84	摩托罗拉	79
7	飞利浦	10	三菱(日)	26	德州仪器	79	意法	79
8	Intel	10	德州仪器	25	IBM	57	日立(日)	74
9	国半	10	飞利浦	19	三星(韩)	51	英飞凌	68
10	松下(日)	9	松下(日)	18	现代(韩)	44	飞利浦	63

在这段时间，半导体产业发生了许多重大事件。美日贸易战重创日本半导体产业。1985 年，日系半导体厂商在全球半导体前十名单中有 5 个席位，1990 年依靠之前的惯性反而上升到 6 个，但在 1995 年与 2000 年只剩下 3 个。20 年后的今天，日本仅有铠侠，即前东芝半导体在这个前十名单中。

在美国，PC 产业逐步兴起，Intel 从 1985 年的第 8 位，跃升至首位。在韩国，半导体存储产业在美国的扶植下崭露头角。这一切与台积电、与晶圆代工厂没有丝毫关系。此时，半导体产业界所赋予台积电的关键词叫作潜伏。

1994 年，台积电登陆证券交易所，如果此时买入了这只股票，并一路持有到

2000 年，将是一次非常糟糕的投资经历。在此期间，台积电的股价此起彼伏，拥有一大批割肉离场与深度套牢的股民。

在这段时期，台积电的主要竞争对手是同处台湾的联华电子。两个公司的较量没有引发半导体产业界的关注，有谁会去留意两只蚂蚁之间的战斗。两个公司谁胜谁负，都无法改变晶圆代工与 Fabless 行业整体式微的格局。

1995 年，FSA 协会（Fabless Semiconductor Association）正式成立。在这个协会的章程上有若干条使命，其中有一条没有被写入却尤为关键，如何解决 Fabless 公司与代工厂之间的"信任"。书写"信任"二字，别无他法，唯有经历时间的沧桑。

2000 年，晶圆代工行业初见曙光。这一年，通信巨头高通放弃手机与通信设备相关的下游业务，进军半导体产业。高通选择了 Fabless 道路，将持有的无线通信专利以芯片的方式固化。另外一个 Fabless 公司博通，已经在半导体通信领域崭露头角。高通与博通的加入，使 Fabless 行业焕然一新，使晶圆代工行业焕然一新。

世界半导体格局在此时悄然发生了变化。许多标志性事件是在这些事件发生很长的一段时间之后，绝大多数人才能真正地意识到。事实上，从台积电成立的那一刻起，半导体产业已经进入了一个全新周期。

Fabless 公司与代工厂缓慢同步前行，相互依托，相互促进，打破了半导体设计与制造之间的紧耦合。在此期间，拥有大型工厂的公司采用的 IDM 模式的弊端逐步暴露。大公司内部合作的寒冰壁垒与工厂严苛的管理体系限制了设计师们散漫与创意的灵魂。在 IDM 厂商中，设计师希望自立门户，已是山雨欲来风满楼。

不久之后，优秀的半导体设计公司如雨后春笋般涌现，英伟达、MTK 与 Marvell 在这段时间创立，并借助代工模式逐步兴起，为半导体代工厂的发展提供了肥沃的土壤。

2001 年，互联网泡沫坍塌重创半导体产业。这一年，台积电的营收仅为 36 亿美元，相比 2000 年下降了 24%，工厂开工率最低时仅有 41%。传统 IDM 厂商受伤更为严重，在资本的驱使下，半导体厂商之间展开了大规模的并购重组，晶圆厂成为不良资产被竞相抛售。

在这次衰退中，IDM、Fabless 公司与代工厂之间能够比较的是谁更加不惨。忠谋先生此时已经 70 岁高龄，他先在美国结了个婚，之后在台积电进行大规模人事调整，任命了新的总裁和代理 CEO，同时请来胡正明教授担任 CTO，准备发力于半导体高端制程，布局完毕后，忠谋先生耐心等待着半导体行业反转。

2001 年 8 月，台积电的第一个 12in 工厂，FAB12 开始投入运行；三个月后，台积电观察到半导体产业复苏的迹象，宣布投资 202 亿美元创建 6 个晶圆厂；至 2002 年初，台积电的工厂开工率逐步恢复到 60%左右。

IDM 厂商之间的重组在此时步入高潮，许多晶圆厂永久地消失，IDM 的产能急剧下降。而半导体产业在 2001 年逐步恢复并屡创新高，对代工厂的产能需求在不断提升，代工厂的产能逐步扩充。伴随代工厂的产能扩充，IDM 的产能进一步遭到削减。IDM 厂商与代工厂产能之间的此消彼长，愈发不可逆转。

IDM 厂商在无奈中接受了晶圆代工模式并开始分化。绝大多数 IDM 厂商，包括恩智浦、英飞凌、德州仪器、瑞萨等公司，最终选择了 Fab-Lite 模式，将部分产品交给代工厂，部分产品由自有晶圆厂生产。最后形成了今日以 IDM、Fabless 公司与晶圆代工厂为主体的产业格局，如图 4-48 所示。

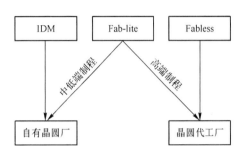

图 4-48　IDM、Fabless 与晶圆厂的关系

至今，只有半导体存储厂商，如三星、海力士与美光保持 IDM 模式。即便 Intel 这种以自有晶圆厂为主的公司，目前也在使用晶圆代工厂的资源制作芯片。

2003 年，半导体制程行进到 90nm 工艺节点时，台积电迎来了能够掌握自身命运的时刻。90nm 工艺节点之后，集成电路的制作愈发艰难，此前 IDM 与代工厂之间还能上演群雄逐鹿，其后已是全球协力才能支撑几家具有高端工艺的晶圆厂。

当时，Intel 的半导体制作工艺异军突起。全天下半导体厂商的合力，依然无法与之抗衡，而被迫抱团取暖。Intel 自成一派，IBM、三星与从 AMD 分拆的格芯组成了另外一个阵营。

2004 年，台积电取得了一定成就，完全掌握了 IBM 提出的铜互连、Low-K 等技术，具备了大规模量产 90nm 集成电路的能力，却依然没有足够的筹码主导一个阵营。与 IBM、Intel 这类厂商相比，台积电欠缺支撑高端半导体制程所需要的在基础学科上的底蕴，但在晶圆代工行业，台积电已经没有什么对手了。

2006 年，台积电在晶圆代工行业继续领跑，营收达到了 97 亿美元，市场份额为 45.2%，比排在第二位的联华电子高出 3 倍。忠谋先生决定退居二线，仅担任董事长一职。此时台积电却迎来了一个远比联华电子强大的对手。

2005 年，三星在成长为半导体存储行业的霸主之后，逐步切入晶圆代工行业，凭借其在半导体产业中的深厚积累，从代工高通的 CDMA 手机芯片开始，强势进军高端晶圆代工领域。在此期间，三星充分发掘自身潜力，同时对台积电展开了疯狂的人才掠夺，很快具备了与台积电在代工行业竞争的能力。

2008 年的金融危机对半导体产业带来了不小的冲击，2009 年初台积电业绩大幅下滑，内忧外患中，78 岁高龄的忠谋先生再度出山，重新担任台积电的 CEO。

华人历经五千年文明磨砺而出的天性，矢志不渝的干劲，与面对强敌时的勇气，在这一刻加倍地突显出来。

在这段艰难岁月中，台积电无勇功、无智谋，只是在最艰难的时刻，咬紧牙关坚持住了。台积电非常幸运。此时一个异常强势的公司苹果加入 Fabless 阵营，半导体设计领域发生重大转折。掌握应用场景的终端客户，凭借着强大的财力和对终端产品的充分认知，纷纷进入半导体设计领域，极大利好晶圆代工行业。

2010 年，晶圆代工行业的总产值增长了 34%。晶圆代工厂第一次具备了与 Intel 在最高端工艺制程竞争的能力。此时，半导体制造至 32nm 工艺节点，台积电与三星逐步掌握了应变硅与 High-K 技术。

2013 年，台积电开始量产基于 FinFET 的 16nm 芯片，追赶上了 Intel 的步伐。2017 年 6 月与 9 月，苹果发布第二代 iPad 与 iPhone8，这两个产品使用的处理器基于台积电的 10nm 工艺，台积电开始反超 Intel。

2017 年，ASML 发布第一款可用于量产的 EUV 光刻机 NXE:3400B 后，台积电紧紧把握住了这次机会，豪赌这个在集成电路制造领域中的第一利器。第二年，台积电共安装了 8 台 EUV 设备，仅为调试这台设备，便报废了一百多万片晶圆。截至 2021 年第二季度，在 ASML 售出的百台 EUV 光刻机中，台积电购买了 70% 的份额。

台积电的努力取得了回报。2020 年 9 月，苹果发布 Apple A14 处理器，使用台积电基于 EUV 光刻的 5nm 工艺节点。虽然产业界认为台积电的 5nm 仅相当于摩尔定律规定的 7nm，但台积电在制作工艺上，已经领先包括三星与 Intel 在内的所有晶圆厂，是不可争议的事实。

EUV 的引入极大简化了 FinFET 晶体管的制作，将之前基于多重图形技术，历经多道光刻才能获得的高分辨率图形缩减到只需一道；将之前需要四五十道光刻才能制作出的 FinFET，削减为二十余道。

台积电在采用 EUV 制作出 FinFET 晶体管之后，下一步是制作 GAA（Gate-All-Around）晶体管，突破 3nm 工艺节点。

GAA 结构晶体管的构想最早出现于 1988 年。日本东芝半导体的 Fujio Masuoka，也是被称为"闪存"之父的科学家，提出这种晶体管的制作方法与思路，将其称为 SGT（Surrounding Gate Transistor）晶体管[83]，但当时并不具备制作这种晶体管的条件。

从组成结构上看，GAA 晶体管是优化 CMOS 电容的一种方式，比 FinFET 更具优势[84]。FinFET 是栅极从三个方向包围沟道，而 GAA 晶体管采用四面包围结构。

GAA 晶体管仅是对 CMOS 晶体管的结构调整，与之前 IBM 与 Intel 时代的突破相比，算不上是重大创新。集成电路的制作，在 Intel 引入 High-K 工艺之后的 15 年时间里，不断接近着硅材料的极限，产业界一直在呼唤新的材料，能够有效替代硅。

在此期间，化合物半导体被再次提上日程。GAA 晶体管除了采用全面包围沟道的方式，以获得最大的 CMOS 电容之外，还可以与纳米线（Nanowire）技术结合，IBM 沃森研究院在 2009 年实现了这一技术[85]。

2015 年，IBM 将纳米线升级为纳米片（Nanosheet）技术[86]。纳米线与纳米片的技术创新在于借助化合物半导体提高沟道中的载流子速度。

2021 年 5 月，IBM 推出采用 GAA 与纳米片技术，基于 2nm 工艺节点的芯片。这种目前停留在 IBM 实验室中的技术，可以将 500 亿个晶体管集成在指甲大小的芯片中[87]，虽然距离大规模量产遥遥无期，但是依然为半导体产业带来了新的希望。

GAA 晶体管有多种实现方式，2019 年，我国中科院微电子所制作了一种垂直结构的 VSAFET（Vertical Sandwich gate-all-Around FET），其组成结构如图 4-49 所示。

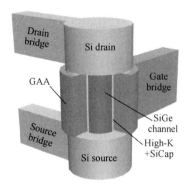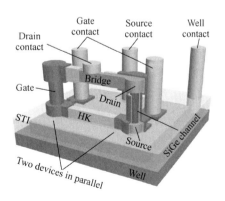

图 4-49　VSAFETs 晶体管的结构示意[88]

从性能参数的角度上看，VSAFET 晶体管处于世界先进水平。虽然微电子所制作这种晶体管时使用的是电子束光刻技术，制作效率无法与 EUV 光刻机相比，不具备将这种晶体管大规模生产的能力，但已经掌握了制作这种晶体管的必要工序。

GAA 晶体管是目前"硅+CMOS+平面制作"生态的一个重要的微创新，引领这个微创新的公司，不是 IBM 与 Intel 这类掌握强大应用场景的公司，而是两个代工厂——台积电与三星。其中台积电大规模量产新技术的能力更强。这一现状却使得半导体产业的发展更加举步维艰。

台积电从诞生的第一天起，决定了自己的代工基因，这种基因使台积电获得了强大的半导体制作能力，也注定了这家公司很难在应用领域有所作为。缺乏应用场景的公司，很难如 IBM 与 Intel 般引领一个时代。这还不是台积电所面临的最大难题。

2021 年 4 月，三星宣布将在五年内对 EUV 的投入从 1000 亿美元，提高至 1514 亿美元。ASML 决定与三星加强合作，并准备在韩国设立 EUV 光刻机的维护工厂。IBM 也有可能将最新的 2nm 技术授权给三星。Intel 在 Pat 回归后，启动 IDM 2.0 计划，与台积电争夺半导体制造工艺制程的最高点。

台积电在其最辉煌的时刻，再次面临危机。

科技不应该有地域的界限，但是站在科技企业背后的国家，依然决定了这个企业最终能够到达的高度。中国的台湾地区，没有祖国作为后盾，始终无法改变"偏安一隅，资源匮乏"的现状。

此时逐步强大的中国，被历史牵引，行至需要升级世界工厂的时刻。半导体产业成为关键选择，打破了这个世界原有的平静，为这个在未知中前行的行业，注入了生机、喜悦与无畏，也带来了萎靡、忧伤与恐惧。

中国并不缺乏愿意动手之人，半导体的设备与材料亦非天堑。在半导体制作的代工周期中，制作工艺、设备与材料相关的创新较为匮乏。这种匮乏给予了中国追赶的时机。十几年过后，这里的半导体产业也许会很不一般。

参 考 文 献

[1] SEETHARAMAN S. Treatise on Process Metallurgy, Volume 3: Industrial Processes, Chapter 2.6 - Silicon Production [J]. Elsevier Ltd Oxford, 2013.

[2] NAKAMURA K, NISHIZAWA J. Static induction thyristor[J]. Physical Review Applied,1978.

[3] NISHIZAWA J I. Junction Field-Effect Devices[M]. Springer,1982.

[4] BRINKMAN WF, HAGGAN DE, TROUTMANWW. A history of the invention of the transistor and where it will lead us[J]. IEEE Journal of Solid-State Circuits, 1991,32(2): 1858-1865.

[5] LOJEK B. History of semiconductor engineering[M]. Springer, 2007.

本章完整参考文献可通过扫描二维码进行查看。

第 4 章参考文献

第5章　生命之光

地球随光而生，居住在这里的人类依靠光来发现世界。

几万年以前，钻木取火使人类能够创造光，几千年之前，铜镜的发明使人类能够控制光的走向。在随后的千年之中，人类对光的思索从未停息。几百年之前，科学家在争论光的本源的过程中，产生了光的粒子说与波动说。

电的出现，扩大了人类对光的认知。在距离今天不到两百年的某个时间，人类无意中发现，光照射某些物质时可以产生电，电通过某些物质时可以发射光。光与电这两个外表截然不同的现象，至此水乳交融。

电磁场理论的确立，使光是一种电磁波的理念深入人心。当科学家为最终揭晓光的奥秘而举手相庆时，量子力学的出现颠覆了人类对光的认知。

一百多年以前，一位科学家重新思考什么是"光"，并试图在量子力学理论与实验的基础上，揭开"光"的奥秘。他的答案是光量子学说与光电效应方程。至此，人类重新定义了光。

伴随量子力学的进一步成熟，半导体材料最终被人类发现，并与光结下不解奇缘。光可以借助半导体材料生电，光伏行业因此而生；电能够经由半导体材料发光，将显示照明领域推入巅峰。光伏与显示照明也是集成电路之外，半导体最大的两个应用场景。

这位科学家还提出了一种理论，奠定了"光放大"的基础，使激光的出现成为必然。激光是半导体制作不可或缺的一环，半导体材料也是实现激光最为廉价的手段。

这位科学家或许从未因为这些成就而自豪，他发现在人类有能力探测的宇宙中，一切物质的移动无法超越光。人类始终为光所困，生活在由光编织的牢狱之中。

老子说上善若水时，不知世界有光。

5.1 光学起源

1000 多年以前，古人在观测拂晓日出、黄昏日落这些质朴自然现象的过程中，形成了对光的基础认知。春秋战国时期，墨子发现小孔成像。在西方，欧几里得确立了几何光学的基础。

17 世纪上半叶，光学正式成为一门科学。斯涅耳与笛卡儿将光的反射与折射现象归纳为反射与折射定律。17 世纪下半叶，牛顿发明了反射式望远镜，提出了光的色散原理，他认为白光由彩虹中出现的所有颜色组合而成，并通过棱镜实验证明了这个原理，其过程如图 5-1 所示。

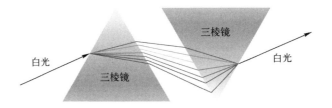

扫描二维码
查看彩图

图 5-1　牛顿棱镜实验

在实验中，牛顿使用了两个三棱镜，一个将白光分解为七色光，另一个将七色光再次复合成白光。白光的分解和复合，类似于由七种颜色组成的微粒的分解与复合。牛顿由此认为光是由非常细小的微粒构成，这就是光的粒子说雏形。

此前，英国科学家胡克已经提出光的波动说，认为光以波的方式传播。牛顿的解释引发了胡克的不满，也揭开了光的波动说与粒子说长达几个世纪的争论。

荷兰的惠更斯发展了胡克理论，认为光是一种机械波，使用波动说证明了光的反射定律和折射定律，解释了光的衍射与双折射等光学现象。1690 年，惠更斯提出光的波动原理，即惠更斯原理。惠更斯对"粒子说"提出质疑，他认为如果光由粒子构成，那么在交叉传播过程中，必然会发生碰撞而改变方向，而事实并非如此。

牛顿的精力本在经典力学领域，并不关注光是波还是粒子。起初他与胡克的辩论局限在光学领域，是一场对事不对人的争论。这场争论很快扩展到他们有交集的所有学科，演变为对人不对事的冲突。这场冲突因为胡克与惠更斯的离世而告一段落。在 18 世纪，牛顿的威望如日中天，粒子说无人挑战，波动说逐渐被世人遗忘。

19 世纪初，英国的托马斯·杨对粒子说产生了怀疑。他进行了著名的双缝实验，发现光通过双缝后产生了干涉条纹。随后他用波的叠加原理解释了这一现象，提出光是一种波，但这个实验结果没有改变粒子说的主流地位。

惠更斯与托马斯·杨提出的波动说，在解释光的干涉、衍射、折射、偏振等这些实验现象时，没有做到数学意义上的完美。粒子说却始终伴随着牛顿力学同步成长，在加持了牛顿的个人威望后，得到了更多人的认可。

1815 年，法国一位科技爱好者菲涅耳，开始了光学之旅。1827 年，他在穷困潦倒中病逝。他在短暂的 12 年光学生涯中，留下了一座座丰碑，被后世称为物理光学的缔造者。在菲涅耳的世界中，有对错而无权威。1818 年，菲涅耳以光的波动说为基础，通过严谨的数学推理，解释了光的偏振现象，推导得出光线通过圆孔后产生衍射图案的精确规律。菲涅耳的理论推导与实验数据十分吻合。光的波动说死灰复燃。

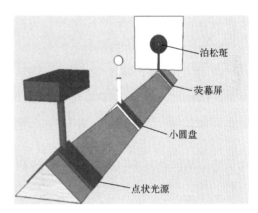

菲涅耳的观点一经提出，立即遭到一些粒子说拥护者的反对。泊松根据菲涅耳的理论得出结论，如果将小圆盘放在一束光线中，其后的屏幕中心将会出现一个极小的亮斑。这个亮斑就是在光学领域中著名的泊松斑，其产生过程如图 5-2 所示。

图 5-2　泊松斑的产生示意

作为粒子说的拥护者，泊松显然认为这种亮斑不可能存在。通过这个反例，他认为菲涅耳推导出的结论不值一驳，却万万没有想到这个后来以他的名字命名的亮斑，成为击败自己的反例，自己成为菲涅耳一鸣惊人的背景。

菲涅耳与另外一位法国科学家阿拉果一道，在很短的时间之内，通过精巧的实验找到了泊松斑。此后，菲涅耳提出的理论，即便在粒子说处于压倒性优势的年代，也逐步被理智占据上风的科学家所认可。

1821 年，菲涅耳进一步提出光是一种横波，并基于这个理论，圆满解释了光的偏振、反射、折射与双折射，提出了菲涅耳公式。

菲涅耳将严谨的数学工具引入光学领域，并通过大量的实验完善了光的波动说。在光学领域，有一系列以"菲涅耳"为前缀的术语与仪器，包括菲涅耳数、菲涅耳积分、菲涅耳透镜、菲涅耳双面镜、菲涅耳双棱镜、菲涅耳衍射等。

菲涅耳的研究成果，使光学进入了一个全新的阶段。越来越多的人开始接受光的波动说，胜利的天平逐步向波动学说倾斜。

此时，电磁学在欧洲兴起，奥斯特实验建立了电与磁之间的联系。在毕奥、萨伐尔与安培的努力之下，变化的电场能够产生磁场已经深入人心。不久之后，法拉第证实了变化的磁场能够产生电场。至 18 世纪下半叶，麦克斯韦在这些科学家的基础上，建立了完整的电磁场理论，预言光是一种电磁波。

随后赫兹验证了麦克斯韦电磁场理论的正确性。此时光是一种电磁波的观点已不可质疑。波动说完全压倒了粒子说，几乎取得了决定性的胜利。赫兹却画蛇添足般发现了光电效应，他在一次实验中发现，当光照射到金属时将引起电性质的变化，这表明光能可以转换为电能[1]。

1902 年，Phillip Lenard 在赫兹实验的基础上更进一步。他发现当光线射入真空管之后，真空管的材料表面将溢出电子。他还发现随着光的强度增大，所产生的光电子数目也将增多，但是光电子的动能却与光的强度无关，只与入射光的频率有关[2]。

无论是赫兹还是 Lenard 的实验结果，都无法用光的波动说来解释。至此光的波动说亦跌落神坛，与早已陷入困境的粒子说成为一对难兄难弟。将光的波动说与粒子说这两兄弟解救出来是量子力学理论逐步成型之后的事情了。

与光的波动说与粒子说一道发展的，还有另外一个重要的光学领域，即光谱分析。光谱分析是研究原子结构的重要手段。牛顿在棱镜实验之后，便断言了解一个物质的结构，仅需要了解这个物质的光谱即可。在牛顿时代，科学家对于光谱的理解停留在哲学层面。现代意义的光谱分析法在 19 世纪中后期才逐步完善。

1814 年，德国科学家夫琅禾费（Joseph von Fraunhofer）让太阳光通过一道细缝进入一间黑屋，在细缝后他使用棱镜重新进行了牛顿的色散实验，他发现由"红橙黄绿蓝靛紫"组成的彩虹，被 576 条暗线分割成了若干段[3]，夫琅禾费将较为明显的暗线标记为 A～K。这就是著名的夫琅禾费线，如图 5-3 所示。

1859 年，德国科学家本生（Robert Bunsen）和基尔霍夫（Gustav Kirchhoff）揭开了太阳光谱蕴藏的部分秘密。基尔霍夫就是提出了电流、电压、电阻在稳恒电路中相互关系的那位科学家。在电路设计中，无人不知的电流与电压定律以基尔霍夫的名字命名。

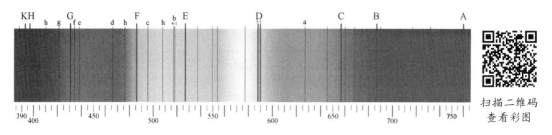

扫描二维码
查看彩图

图 5-3　夫琅禾费线

基尔霍夫与本生一道开创了光谱分析法。本生发明了一种无色高温的灯，这种灯也被称为本生灯。借助这个利器，他与基尔霍夫通过大量的实验，证实了不同元素在火焰中加热后，将发射出不同光谱，这也是中学时代便需要掌握的"焰色反应"原理。

两人根据焰色反应原理，制作出第一台光谱仪，创建了光谱分析法，发现了两种新元素铯与铷[4]。不久之后，基尔霍夫发现将钠元素加热至白织后，所发射出的由两道黄线组成的钠光谱，恰好可以覆盖太阳光谱 D 所处的两道暗线。

基尔霍夫进一步发现当光线通过钠蒸气时，将会出现与钠元素发射光谱中两道黄线位置完全对应的两道暗线。而后经过大量的实验，他得出结论，一个元素能够发射什么样的光谱，就能吸收什么样的光谱，两者互补对应，分别被称为"发射光谱"与"吸收光谱"，这也是基尔霍夫热辐射定律的科普解释。

这一定律较为直观地解释了太阳光谱产生的原因。以 D 线为例，基尔霍夫认为这是因为太阳光抵达地球之前，穿越了太阳大气层中的钠蒸气，也间接证明了太阳中含有钠。根据这个定律，基尔霍夫还发现了太阳中存在的多种元素。

从现代科技的角度看，基尔霍夫对太阳光谱的理解依然停留在初级阶段。他的这一理论无法通过精准计算，以推算太阳光谱的位置坐标，也无法解释这些暗线出现的本质原因，却奠定了现代光谱分析的基础。

作为一名教授，基尔霍夫还有一项伟大的成就。他培养了两名学生，一名是验证了电磁波存在的海因里希·赫兹；另外一名是开创了量子力学的普朗克。作为一个物理学家，他在热辐射领域也取得了巨大的成就，提出了黑体的概念。

基尔霍夫之后，现代光谱分析学发展迅猛。

19 世纪中叶，瑞典物理学家埃斯特朗在大量实验的基础上，绘制了一个包含 1000 多条谱线的巨幅太阳光谱图，其中氢元素对应光谱中的 4 条暗线，分别位于

656nm、486nm、434nm 和 410nm 波长。埃斯特朗也是现代光谱学的奠基人之一，在微观世界使用的埃米，就是为了纪念这位科学家[5]。

1885 年，荷兰科学家巴耳末发明了一个公式，可以精确计算出这 4 条氢原子谱线的位置，并预测出其他尚未发现的谱线位置，这个公式也被称为巴耳末公式。这个根据已知 4 个结果凑出的公式原本并无过人之处，其神奇之处在于当更多的氢元素谱线被发现之后，这个公式依然精确无比。

19 世纪末期，塞曼在分析钠元素光谱时，引入了一个强磁场，之后他发现谱线发生了分裂，这就是塞曼效应。这个效应是研究原子结构和发光机制的重要工具。洛伦兹解释了塞曼效应，并精确测量出电子所带电荷与质量的比值，即荷质比。这个效应至今还是研究原子结构的重要方法。

这些与光谱相关的研究在 19 世纪末期没有引发太大的关注。在当时，塞曼和洛伦兹没有找到这些发现的应用场景，埃斯特朗与巴耳末也绝不会预料到他们的发现，在未来将会掀起轩然大波。多年以后，玻尔根据巴耳末公式与氢原子光谱的实验结果提出了玻尔原子模型，开创了一个属于量子力学的时代。

1900 年，量子力学理论正式诞生，此后光谱分析方法更加成熟，逐步成为研究原子、分子、凝聚态等物质微观结构与微观粒子相关作用的主要方法。在量子力学领域，许多理论的提出与验证建立在光谱分析的基础上。光谱分析证实了量子态的存在与原子能级的概念。原子的能级分裂与跃迁现象也可以通过光谱分析实验验证。

1928 年，印度科学家拉曼无意中发现当光线照射到物质时，除了能够检测到与入射光频率相同的反射光之外，还发现了与光源频率不同的其他散射光所形成的光谱。

用现代量子力学观点，拉曼散射可以简单地理解为光粒子照射到物质的某个粒子后，该物质粒子的电子发生能级跃迁而发射出光的过程。拉曼在研究这些由"不同频率"光线所组成的散射光谱时，发现散射光的频率变化与物质的微观特征相关，而且不同物质所对应的散射光谱是唯一的，因此这种散射光谱也被称为物质的指纹光谱[6]。

后人将这种散射称为拉曼散射，将散射光谱称为拉曼光谱。拉曼光谱可以应用在许多领域，包括半导体材料。而拉曼也因此获得了 1930 年度的诺贝尔物理学奖。

随后科学家发现，除了使用可见光之外，还可以使用激光、X 射线等各种电磁波照射物质产生拉曼散射，进一步拓宽了光谱分析的应用场景。在半导体量测设备中，许多设备的制作原理基于光谱分析。"散布光子，捕获光子，分析光子"也逐步成为探密物质微观结构的通用方法，并延续至今，成为一门博大精深的学科。

光谱分析不仅是观测微观世界的眼睛，还可以用于宏观世界。太阳系与银河系的物质组成、宇宙爆炸学说，也是基于光谱分析而提出。在宇宙中，每一束光线所包含的信息，超过了多数人的想象。

量子力学的诞生与光谱分析密切相关。19 世纪末期，出现了几个与光相关的无法解释的实验现象。物质在一定条件作用之下可以发光，其中最简单的方法莫过于通过加热为物质提供能量。19 世纪，工人们在冶炼钢铁时，因为没有测量高温的工具，通常使用熔炉的发光颜色判断温度。

依照人们当时的生活经验，不同温度的物体辐射出的光线并不相同，温度高的物体发出的光线越偏近于黄色也越亮；温度低的物体发出的光线越偏近于红色也越暗。此时光谱分析法逐步成型，科学家以为精确计算出这个温度并非难事。

量子力学兴起前夜，电磁学逐步被认可。科学家尝试使用电磁学与热力学理论，精确计算熔炉温度。基尔霍夫创建的黑体模型在此时发挥了作用。黑体模型认为："黑体是一种能够完全吸收外部电磁辐射的理想化物体，进入黑体的辐射将完全转化为热辐射。黑体所产生的辐射光谱特征只与其温度有关，与其使用的材料无关"。

在当时，科学家们基于黑体模型推导出许多公式，但这些公式的计算结果与实验测试数据并不吻合。在众多解释均告失败之后，这个问题成为笼罩在物理学上空的一朵乌云。西方科学家在拨云见日的过程中，揭开了量子力学的帷幕，现代知名的物理学家全部参与了这段历史。

此时，年事已高的基尔霍夫将这个问题留给了普朗克。普朗克回顾了之前的所有公式后，发现只要黑体辐射出的能量连续，之前出现的公式没有一个是正确的，一些公式在某种特定条件之下，所得出的结果甚至是荒唐的。

1900 年，普朗克放弃了在物理世界中牢不可破的一个哲学思想，物质的无限可分，在这种哲学体系下，能量作为一种物质也无限可分。普朗克认为能量并不连续，是由一份份不可分割的最小能量组成，这个最小能量被称为"能量子"，大小等于 $h\nu$，其中 ν 为辐射电磁波的频率，h 是普朗克常数[7]。

普朗克根据"最小能量子"理论得出了一个全新的黑体辐射公式，也被称为普朗克公式，合理解释了黑体辐射问题。这个公式开启了量子力学的大门，为华丽的 19 世纪画上了一个圆满的句号，科技史册即将进入波澜壮阔的 20 世纪。

在这个世纪中，涌现出一大批科学家，组成了一个灿若银河的舰队，延续着人类的文明。在这个舰队之中，最为重要的一个人出现在 1905 年。这一年并不平凡，26 岁的爱因斯坦在瑞士伯尔尼专利局，度过了一生中最具创造力的岁月。这一年，他发表了整个 20 世纪最为重要的 5 篇文章。其中一篇关于光电效应的解释[8]，使这位科学家获得了诺贝尔物理学奖。

在此之前，科学家发现了光电之间的许多联系，带负电的锌金属被紫外线照射后，电子将迅速消失；电中性的金属片被紫外线照射后带正电。金属能否发生光电效应与光的波长有关，与光照时间与强度无关。对于某些材料，再弱的紫外线即便是瞬间照射也将引发光电效应；很强的红外光无论照射这些材料多长时间，也无法观测到光电效应。

这些实验为爱因斯坦提出光量子假设提供了必要的基础。爱因斯坦的这个假设基于普朗克的量子理论。他假定光的能量分布于光量子之中，光量子也被称为光子，能量等于频率与普朗克常数的乘积 $h\nu$，其中 h 依然为普朗克常数，ν 为光子的频率。根据这个假说，爱因斯坦提出了光电效应方程，如式（5-1）所示。

光电效应方程： $$E_k = h\nu - \phi$$ （5-1）

在这个公式中，ϕ 为功函数，表示电子从金属表面溢出所需的最小能量。E_k 是电子从金属表面溢出时所获得的动能。

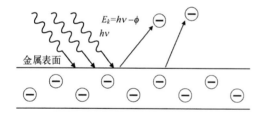

图 5-4 光电效应方程示意

爱因斯坦认为当光照射在金属表面时，金属将吸收光子的能量，如果光子能量超过了金属的功函数，便有机会将金属中的电子击出表面，之后处于电中性的金属将带正电，带负电的金属为电中性。光电效应的示意如图 5-4 所示。

在当时，这一理论受到了无数人的挑战，包括美国物理学家密立根。带着质疑，密立根在三年艰苦的证伪过程中，一步步成为光电效应学说最坚定的支持者。1914 年，他证实了爱因斯坦光电效应方程的正确性，之后又测量出普朗克常数 h 的数值[9]。

1923 年，美国物理学家康普顿发现，X 射线与电子相遇发生散射时，在散射光中除了有原波长的 X 射线之外，还产生了大于原波长的 X 射线。而且波长的增量随着散射角的不同而变化，这种现象被称为康普顿效应[10]。

康普顿借助爱因斯坦的光量子理论，从光子与电子碰撞的角度对这个效应进行了一些解释。对这个效应的解释需要借助量子力学与相对论，我们可以将其简单理解为光子把一个电子撞飞发生散射后，将部分能量传递给电子，自身能量因此变小，因为能量等于 $h\nu$，所以频率 ν 也将随之变小，从而波长变大。

光子与电子的相互作用远比上面的描述复杂。光子没有质量却有能量与动量，能量 E 为 $h\nu$，动量可以通过能动量关系推导得出。至今，量子力学与相对论已历经百余年的发展，我们对电子和光子的认知也许依然处于初步阶段，但却并不影响爱因斯坦所创造的这一理论，可以完美地解释光与电之间的联系。

康普顿效应使爱因斯坦的光量子理论得到了更加广泛的认可。但是瑞典皇家科学院却等不到 1923 年，再给爱因斯坦颁奖了。为了避免他日被贻笑大方，这个科学院在密立根验证了光电效应之后，便慌忙于 1922 年将 1921 年度的诺贝尔物理学奖补发给了爱因斯坦。

后人时常惋惜爱因斯坦是因为光电效应，而不是因为相对论获得诺贝尔奖，但爱因斯坦因此获得这个奖项依然实至名归。

在爱因斯坦提出这些理论不到 50 年的时间里，出现了若干个与光电相关，具有深远影响的应用领域，包括光伏、显示与 LED（Light Emitting Diode）照明、激光等。

5.2　从光到电

在墨如点漆的宇宙中，一切物质蕴含着能量，蕴含着光、电与热。光、电与热是能量的不同表现方式。在一定条件下，物质可以作为媒介进行光与电之间的转换。在所有物质中，半导体材料做到这一切比其他材料方便许多。

半导体材料的应用包罗万象。如果只列出一项半导体材料最为神奇的特性，许多人会选择半导体与光的不解奇缘。半导体的制作与测试紧密围绕着光进行。在一定的条件下，半导体材料可以吸收光并转换为电，也可以将电转换为光。

人类发现光电之间的联系，经历了漫长的岁月。1839 年，法国人 Edmond Becquerel 无意中发现了光生伏特效应，当光照射在蓄电池的金属电极板时，电路中的伏特表发生了微弱变化[11]。1883 年，Charles Fritts 使用硒制作了第一块光伏电池，这种电池的光电转换效率不足 1%，没有任何实用价值。

现代意义的光伏电池始于贝尔实验室。1954 年，Daryl Chapin、Calvin Fuller 和 Gerald Pearson 发明了一种新型的光伏电池。Pearson 是肖克利半导体小组的成员，为发明第一颗晶体管立下了不小的功劳，在肖克利半导体小组的经历，使他产生了使用硅替换硒元素，制作光伏电池的灵感。

贝尔实验室在硅晶体方面的积累雄厚。几位科学家通过扩散炉，很快制作出高质量、大面积的 PN 结，并发现以此为基础制作的光伏电池，其光电转换效率可达 4.5%。几个月之后，他们将光电转换效率提高到 6%[13]。

贝尔实验室所发明的这种电池，不仅极大提高了光电转换效率，而且可以稳定地输出电能，使得光伏电池走出了实验室，在外太空中的卫星上找到了用武之地。在卫星的帆板上，始终阳光明媚，是光伏电池最理想的工作环境。直到今天，光伏电池依然广泛应用于卫星领域。

1960 年，Pearson 从贝尔实验室退休，在斯坦福大学创建了一个化合物半导体实验室。几年之后，他在这里遇见了一个名为 Richard Swanson 的学生。Swanson 获得博士学位后，留校做了一名教授，选择研究光伏而不是当时最热门的集成电路。

Swanson 并不聪明，他面前有一条非常好走之路。除了有 Pearson 这位老师之外，Swanson 还有一个大名鼎鼎的师叔肖克利，他完全可以复制同门师弟 T. J. Rodgers 走通之路，进入硅谷，进军集成电路产业，甚至直接投奔这位师弟也不算一个太差的选择。

彼时，Rodgers 毕业后进入硅谷，并于 1982 年，成立了一个名为 Cypress 的半导体公司，在 Pearson 和肖克利的帮助下，很快获得了成功。在斯坦福，这是一条绝大多数学生的优选路线。也许 Swanson 认为好走之路都是下坡路，他选择了光伏。

光伏的理论并不复杂。即便对于并不聪明的 Swanson 而言，完全掌握这些理论，也用不了几天时间，如何使用硅材料 PN 结制作光伏电池，也已被他的老师 Pearson 分析得一清二楚，如图 5-5 所示。

光线照射到 PN 结之后，如果能量大于光伏材料的能带间隙，在价带顶部的电子将跃迁至导带，此时导带将多出一些电子，而价带将因为缺少一些电子而多出一些空穴。电子将向 N 区扩散，而空穴将向 P 区扩散，从而在 PN 结两端形成了光生电动势。这就是基于 PN 结的光生伏特效应的实现原理。

Swanson 在 Pearson 身旁待了十几年，这些道理早已烂熟于心。他非常清楚推广光伏产业的最大障碍，并不是在理论上做出重大突破，而是如何平衡好光电的转换效率与尽可能地控制实现成本。

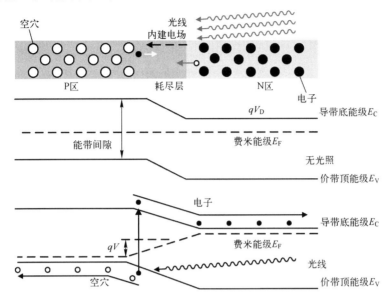

图 5-5　基于硅 PN 结的光伏原理示意

光电转换效率的提升空间并不大，基于单 PN 结的光伏转换效率，受制于 Shockley-Queisser 极限，最高只能到达 33.7%[14]。光伏的转换效率与材料的能带间隙相关。材料的能带间隙越大，光照产生的电流越低，但是获得的电压越高；反之电流越高则电压越低。功率等于电流乘以电压，因此存在能带间隙最合适的材料使转换功率最大化。不同材料的光电转换效率如图 5-6 所示。

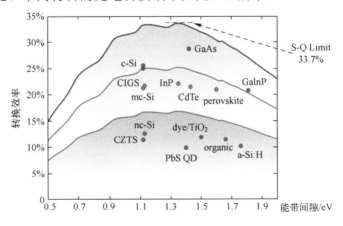

图 5-6　不同材料的光电转换效率[15]

理论转换效率最优的材料，其能带间隙为 1.34eV。硅的能带间隙为 1.12eV，接近 1.34eV，其最高转换效率约为 30%。在目前所有已知的材料中，基于单个 PN 结的光伏转换效率，超过硅的材料并不多，能带间隙为 1.42eV 的砷化镓（GaAs）为其中之一[15]。但在综合比较效率、成本与稳定性因素后，GaAs 无法与硅相比。

Swanson 选择集成电路制作中也使用的硅材料进军光伏产业，却无法复用在当时已经发展很多年的集成电路制作工艺。光伏电池的主体由单个大型的 PN 结组成，关注光电的转换效率与实现成本，以挑战生物燃料与核动力发电。而集成电路追求在一片硅晶圆中，尽可能容纳更多的晶体管，制作过程中使用的材料与设备相对昂贵，将集成电路制作工艺引入光伏领域，只能加重光伏行业的成本噩梦。

经过长期努力，Swanson 发现硅 PN 结的光电转换效率距离理论值相差甚远的主要原因在于器件设计和后端封装工艺，在于工程细节的精益求精。Swanson 明白斯坦福大学这种重点关注于科研的象牙塔，不擅长于工程，更不懂得如何精打细算，制作出性能价格比最优的产品。

1985 年，Swanson 在获得美国电力研究院与能源部的少许资助，以及两家风险投资的注资后离开了斯坦福，创办 Sunpower 公司。离别之时，Swanson 专门给 Pearson 写了一封书信，提及"我要推动整个世界普及光伏发电"[16]。

光伏电池的理论没有几页纸，Swanson 孜孜以求的是如何提高光伏电池的性能价格比。在创业初期，Swanson 申报了几项关于光伏发电的专利，制作出几块光伏面板的样品，并试图以此为基础建立光伏电站，从光伏电池到光伏电站的过程如图 5-7 所示。

一个光伏电站，无论规模如何宏大，最终由单个光伏电池搭建。光伏电池的实现方式较多，包括薄膜型、基于单个与多个 PN 结的光伏电池等。不同类型光伏电池的转换效率不同，目前为止采用多个 PN 结实现的光伏电池，可以轻易超过基于单个 PN 结的 33.7%的 Shockley-Queisser 极限，但实现代价过高，至今为止，商业领域大规模使用的依然是基于单个 PN 结的光伏电池，如图 5-7 左上所示。

在这种电池中，吸收层由 P 型硅材料构成；发射层由 N 型硅材料构成，吸收层与发射层之间的 PN 结是光伏电池的核心，光伏电池在此处吸收光能，并将其转换为电势。多级光伏电池可以级连为光伏组件，光伏组件再级连为光伏面板。光伏面板与逆变器、交流汇流系统、监控系统等共同组成光伏电站。

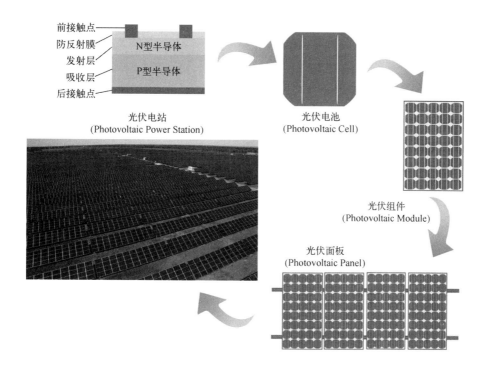

前接触点

防反射膜

发射层

吸收层

后接触点

N型半导体

P型半导体

光伏电站
(Photovoltaic Power Station)

光伏电池
(Photovoltaic Cell)

光伏组件
(Photovoltaic Module)

光伏面板
(Photovoltaic Panel)

图 5-7 从光伏电池到光伏电站

Swanson 的理想便是在世界范围内，普及这种光伏电站。他的手中只有产业界人所共知的两张明牌，左手这张是省钱，右手那张是提高光伏转换效率。

Swanson 认为光伏电池必须具有足够长的寿命，以均摊使用成本，在制作过程中尽可能不采用有毒物质，以降低回收成本。今天的光伏电池可以连续运行 25 年之久。这一条设计原则主要为了如何省钱。在光伏产业，如何省钱贯穿于上游的设备与材料，以及最终的光伏电站设计与实施的每一处细节之中。

Swanson 的第二条原则是尽可能提高光电转换效率。他设计的光伏电池使用背电极，防止表面连接线挡住阳光，以提高单位吸光面积。Swanson 对光伏电池的表面进行了光学处理，在降低反射率的同时尽可能地提高吸光率，并使用抗反射涂层增加光的通过率，以进一步提高光伏电池的转化效率。

Swanson 的这些努力，与他在 Sunpower 公司创建初期的这段奋斗历程，足以谱写成歌谣广为流传，却改变不了在他所处的时代，光伏行业的生不逢时，改变不了光伏行业从头至尾的不合时宜。

Sunpower 公司在开门的第一天就不顺利。20 世纪 80 年代，共和党的里根当政，这位总统对石油之外的能源统统不感兴趣。上有好者，下必甚焉。硅谷的风险投资人，甚至认为光伏等同于免费洗热水澡的技术。

在这种背景下，Sunpower 在成立后长达 15 年的时间里，没有取得太多成就。尽管 Swanson 竭尽全力，光伏发电的普及与 Sunpower 的前景依然并不乐观。在这段时期，光伏行业生活在寒冬之中，与生物燃料与核动力相比，光伏发电只是亏多还是亏少的问题。此时，Sunpower 关注的不是 Swanson 的理想，而是如何活下去。

2001 年，Sunpower 公司陷入困境，Swanson 求助在 Cypress 担任 CEO 的 Rodgers。Rodgers 无法立即说服董事会投资这家公司，只能以个人名义借给了 Sunpower 公司 75 万美金，帮助这个公司暂时渡过难关。在那个时代，没有多少人看好光伏产业和 Sunpower 公司，只有 Swanson 坚定地认为，光伏必将在新能源领域占有一席之地。

2002 年，Sunpower 获得转机，Rodgers 终于说服 Cypress 董事会，向这家公司注资八百万美金[17]。2000 年，德国颁布"可再生能源法"[18]，大力推行可再生能源，西班牙、意大利等欧洲国家也开始扶持光伏行业。2006 年，特斯拉的 Elon Musk 建议他的表兄弟 Peter Rive 和 Lyndon Rive 成立 SolarCity 公司，进军城市光伏服务业务。

光伏产业同时获得了政策与资金层面的支持，这个行业逐步走出寒冬，这是光伏产业最为美好的一段时光。危机没有远离这个行业，一个行业能够存活并逐步发展的前提在于这个行业到底赚不赚钱，依靠政策的财政补贴而获得的盈利并不持久。

在我们有限的生命或者更长的一段时间里，太阳光是一种可再生的清洁能源，而光伏电池并不是。在光伏电池的制作过程中，会消耗大量的能量，在生命终结时也会带来一定的污染。在地球的表面，光伏电池不能全天候运行，并网供电时也有许多问题。这些不利因素是光伏产业可持续发展的挑战。

对于其他国家的光伏厂商，更大的挑战是即将崛起的中国光伏产业。中国光伏产业的兴起，极大降低了光伏全产业链的成本，使这个行业在脱离政策补贴后依然盈利。2000 年前后，中国光伏产业从零开始起步，屡遭磨难，至今尚存的几家公司均历经过多次产业周期，在"将每一分钱掰成几瓣花"的过程中，从绝谷中一步步爬了出来。

在中国，成功的光伏公司大多数是民企，这些企业在艰难的生存条件之下，始终进行着微创新。欧洲逐步退出光伏补贴的过程，也是中国企业展现出惊人才智，依靠各种微创新降低成本，一路坚持下来的过程。

中国的隆基股份，引导了光伏产业的金刚线革命。金刚线最初用于切割蓝宝石，2010 年左右用于硅片切割，在中国逐步完成设备与材料的国产化，极大降低成本之后，大规模应用于光伏行业。

与国外进口的砂浆切割机相比，这种切割技术，具有"细""韧""锋"三个特点。"细"使得切割过程中损耗低，节约成本；"韧"和"锋"使得切割速度更快，以提高效率。

2017 年，金刚线切割技术开始在全行业推广，一举将切割线的直径从 140μm 以上降到 65μm 以下，每千克硅料的出片量直接提升 25%，最新的金刚线直径已降到 40μm 以下；多晶硅片切割效率从之前的 4～6h 一刀，最后降低到 1～2h。这些改进使得硅片的非硅成本从 2 元/片以上降低到 0.7 元/片以下，使得中国光伏企业，每年能够节约 300 亿元人民币的成本。

在隆基的持续努力之下，大规模低成本拉制单晶的技术亦取得突破。多晶硅片逐步退出了光伏产业的历史舞台，"单晶硅片"成为光伏产业事实上的标准。在今天的光伏产业中，硅片就是指单晶硅片，与多晶硅片再无联系。

中国光伏产业还有许多类似隆基这样的公司。他们没有 Sunpower 这样的名气，他们从使用光伏、制作光伏，逐步过渡到制作光伏设备与材料领域。在与其他国家厂商的竞争中，在成本端与技术端获得了巨大优势，使中国光伏成为世界光伏行业的代名词。

与其他国家类似，中国也有新能源补贴，也最终会取消这些补贴。2018 年，国家能源局颁布"531"光伏新政，取消了政策补贴。新政之后，中国光伏企业再次面临严峻挑战，许多光伏企业九死一生。大浪淘沙之中，幸存下来的企业百尺竿头、更进一步，掌握了光伏领域的全产业链，掌握了"从光到电"的一切，在光伏领域独占鳌头。

如今，中国光伏人已站在世界之巅。中国企业的这项成就，不是因为各国政府都有的补贴，也不完全因为中国人的勤劳，而是因为多年以来的勤奋积累使这个国家逐步强大，是因为全体中国人在参与劳动的过程中形成的一股朝气。这股朝气带来的不只是技术创新，也不只是成本优势，而是无坚不摧。

5.3　从电到光

1915～1917 年是爱因斯坦的第二个科学创作高峰。在此期间，爱因斯坦提出了广义相对论。1916 年，他还在"关于辐射的量子理论"这篇文章中[19]，提出自发辐射概念。这个概念与他之前提出的光量子理论，将光与电彻底联系在一起。

物质发光大致由生物发光、化学发光、声致发光、机械应力发光、电致发光、热致发光、电子束发光、光致发光等一系列方法组成。爱因斯坦的自发辐射理论，可以完全解释所有发光形式。这些发光最终是因为电子的能级跃迁。

在微观世界中，目前的理论认为，电子呈云状弥散在原子周围，以较大的几率出现在自身所属的能级中。当一个电子吸收到足够的电能、热能或者光能时，将从低能级的基态 E_1 跃迁至高能级 E_2。这个过程也被称为受激吸收。

基态是电子能量最稳定的状态，被激发到高能级后的电子，总会试图回到基态。电子从高能级状态 E_2 返回到基态时，将释放出"被激发到高能级 E_2"时所吸收的能量。释放能量的方式主要有两种，一种是将能量转换为热运动，另一种是将能量转换为光，也被称为自发辐射，其过程如图 5-8 所示。

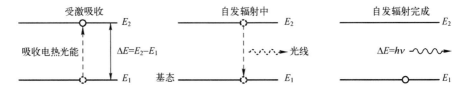

图 5-8　自发辐射示意

在图 5-8 中，h 为普朗克常数，ν 为自发辐射时所释放光子的频率。自发辐射发出的光线频率由跃迁的能级差，即 $\Delta E = E_2 - E_1$ 确定，且满足方程式 $\Delta E = E_2 - E_1 = h\nu$。其中 E_2 与 E_1 的值由材料的能带色散关系完全确定。这意味着不同的材料，所能够发出的光线频率也是确定的，光的颜色与频率直接相关，因此所发出光的颜色也是确定的。

物质的普通发光形式，无论是热致发光、电子束发光、光致发光还是电致发光等方式，遵循的原理均为"受激吸收"与"自发辐射"。这些由自发辐射获得的光线，彼此独立，频率、振动方向与相位不尽相同，最后形成普通光源。

普通光源，如白炽灯、荧光灯、LED 灯的发光均基于自发辐射原理，主要应用领域为照明与显示，如表 5-1 所示。

————————　表 5-1　普通光源的应用场景　————————

发光类型	典型应用场景	转换效率
热致发光	白炽灯。将电能转换为热能，并产生光辐射	低
电子束发光	阴极射线管。电子束轰击屏幕上的荧光粉发光。阴极射线管曾经广泛应用于显示领域，如电视和 PC 显示器	较低
光致发光	量子点发光、荧光灯、紧急逃生指示牌等	中
电致发光	包括 LED、OLED、MicroLED 与量子点发光，利用有机与无机半导体材料在电场作用下主动发光的原理实现	高

这些发光类型中，采用热致发光的白炽灯将电能转换为可见光的效率不到 3%，绝大多数能量以红外线的形式辐射，发光效率最低。电子束与光致发光的原理，为电子束与高能级光束照射荧光物质，并激发该物质的电子进行能级跃迁，之后自发辐射发光，本质上为将电子束与高能级光束的能量转换为荧光物质所发出的可见光的能量，其能量转换效率较低。在这几种发光形式中，电致发光的效率最高，也最受关注。

电致发光最典型的应用之一为用于照明的发光二极管（LED）。从制作出 LED 的雏形到今天，已过去近百年时间。这百年 LED 史册是一部励志史。

1907 年，Henry Round 在马可尼公司工作时，发现在碳化硅晶体的两边通电后，将有微光发出。Round 并不理解这种材料能够发光的原理，只是发表了一篇文章，简要罗列了他的观察过程及结果[20]。

1927 年前后，苏联技术专家 Oleg Vladimirovich Losev 观察到氧化锌与碳化硅二极管除了具有整流功能之外，还能够发光。他发表了一系列文章，试图说明其背后的工作原理[21]，或许是他做出了第一个 LED，但他的这些工作很快被世人遗忘。1942 年，这位天才饿死于列宁格勒保卫战。

1936 年，法国科学家 Destriau 发现将 ZnS 粉末放入油性溶液，并施加电场后，这种粉末可以发光。这是人类历史上第一次 LED 发光实验。他在随后发表的文章中，首次提出"电致发光"这个术语，为了表达对 Losev 的敬意，将这种光称为"Losev-Light"[22]。

但是 Destriau 进行的 LED 发光实验，条件较为苛刻。不久二战爆发，LED 相关的研究工作被淹没在战火中。直到 20 世纪 50 年代，科学家才开始使用化合物半导体，如 SiC、GaSb、GaAs 与 InP 制作出一系列"电致发光"的实验品，可以发出频率较高的"红外光"。1962 年 10 月，德州仪器使用 GaAs 晶体，制作出第一个可商用的红外光 LED，距离可商用的红光 LED 仅一步之遥。这一步留给了美国的 Nick Holonyak。

Holonyak 在伊利诺伊大学厄巴纳-香槟分校（UIUC）获得博士学位。他的博士导师非常有名，就是发明了第一个晶体管的巴丁。巴丁从贝尔实验室离开后，来到 UIUC 大学，Holonyak 是他指导的第一位博士。1962 年 10 月，在通用电气工作的 Holonyak 展示了一种能够发出红光的 LED，Holonyak 因此被称为"可见光 LED 之父"[23]。

此时量子力学已经成熟，半导体 PN 结注入发光的原理逐步成型，如图 5-9 所示。N 与 P 型半导体的交界可形成 PN 结，其形成原理与第 2.1 节中图 2-5 的描述完全一致。PN 结被电子注入后，在一定条件下，可以对外辐射光子，即发光。

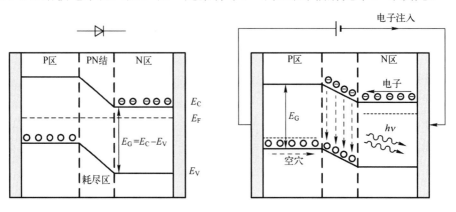

图 5-9　半导体 PN 结注入发光原理

在 LED 两端施加正向电场时，电子从 N 区向 P 区漂移，空穴从 P 区向 N 区漂移，并在 PN 结所在区域复合发光。电子与空穴复合是一种形象的说法，本质上空穴并不存在，这种复合过程依然为电子从高能级跃迁至低能级。

LED 的发光原理，可以完全由爱因斯坦的自发辐射理论解释，即 $\Delta E = E_G = h\nu$，其中 E_G 为发光材料的能带间隙；h 为普朗克常数，ν 为所发出光的频率。而 $\nu = c/\lambda$，c 为光速，λ（nm）为所发出光的波长。通过简单推理，可以得出 LED 所发出光的波长的计算方法，如式（5-2）所示。

LED 所发光的波长计算：
$$\lambda = \frac{hc}{E_G} = \frac{1242}{E_G}$$
（5-2）

由以上公式可以发现，LED 能够发出何种波长的光，仅由材料的能带间隙 E_G，即价带底与导带顶的差值决定，与材料的能带色散关系相关。

并不是所有半导体材料都能发光。科学家经过严谨的理论推导，并在大量实验结果的基础上发现，半导体材料分为直接带隙与间接带隙材料，其中直接带隙材料更加容易发光，而间接带隙材料不易发光。直接带隙材料，指在材料的能带色散图中，价带顶与导带底在波矢 k 空间的横坐标一致，而间接带隙材料不一致，如图 5-10 所示。

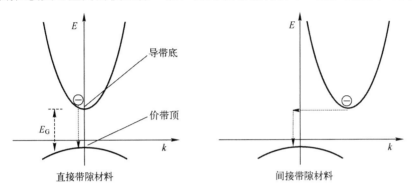

图 5-10　直接带隙与间接带隙材料

在直接带隙材料中，导带中的电子仅需要释放能量即可完成自发辐射，并释放出光子，受激吸收与自发辐射不需要改变动量。间接带隙材料不易发光，是因为电子跃升时，除了能量之外，还需要调整动量，降低了发光的几率。

常见的元素半导体，如硅与锗为间接带隙材料不易发光，这并不意味着这些材料无法发光。有些间接带隙材料如磷化镓（GaP），在掺杂与磷元素同族的氮元素后形成杂质能级，电子从导带跃迁到杂质能级，或者在杂质能级之间跃迁时，也可以发光。

在 LED 产业发展初期，磷化镓是制作 LED 的常用材料，其与砷化镓（GaAs）按照一定比例掺杂后，可获得磷砷化镓（$GaAs_{1-x}P_x$）晶体。改变两者掺杂比例，可调节 x 参数，以影响磷砷化镓晶体材料的能带间隙，制作从红光到绿光的 LED，例如当 x 为 0.4、0.75、0.85 与 1 时，磷砷化镓晶体可以分别对外发射红、黄、橙、绿光。使用这种方式，可以仅使用两种材料覆盖多种光源，利于商业化大规模生产。

目前，LED 产业最为常用的材料为氮化铟镓（$In_xGa_{1-x}N$），通过调整其 x 参数，可以制作紫、蓝、绿光 LED；另一个材料为磷化铝镓铟$(Al_xGa_{1-x})_yIn_{1-y}P$，通过调整其 x 与 y 参数，可以制作黄、橙、与红光 LED。

此外，还有一种较为特殊的氮化铝镓铟$[(Al_xGa_{1-x})_yIn_{1-y}N]$材料，通过调节 x 与 y 参数，该材料可覆盖所有可见光与部分紫外光的光谱，该材料主要用于高亮度蓝光

LED，大功率与高频电子器件。

在 LED 产业中，不同颜色光源所使用的半导体材料，如图 5-11 所示。

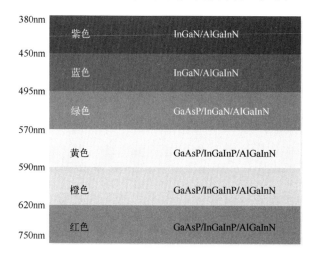

扫描二维码
查看彩图

图 5-11　制作不同 LED 光源所需要的材料

电致发光除了可以应用于照明，更大的应用场景为显示。显示与照明的发光原理一致。照明系统由单个或者多个点光源组成。显示由大量点光源有序排列组合而成，其中每个点光源被称为一个像素。显示屏由横向与纵向排列的若干个像素组成。

每一个像素通常由三个子像素组成，分别对应 RGB（红绿蓝）三种原色。绝大多数可见光可用三原色混合而成。显示器实现的要点在于每一个像素均可发出不同颜色与强度的光线，这些光线的组合进入双眼后，将形成不同的图案。

采用电子束发光、光致发光与电致发光原理均可制作显示器。其中，基于电子束发光的 CRT 显示器最先出现，因为其体积庞大，能耗较高，被用户戏称为"大脑袋"。

这个大脑袋后来被液晶显示器（Liquid Crystal Display，LCD）替换。LCD 采用转换效率更高的背光源，如冷阴极荧光灯管与 LED，替换了 CRT 显示器的电子束，解决了 CRT 体积大的弱点，占用空间不到 CRT 显示器的 1/3。

LCD 显示器的背光源透过液晶与偏振片后，形成不同灰阶的亮度，并抵达 RGB 三原色滤光片后形成像素。在初期，LCD 显示器的延时较大，在进行高强度实时游戏时尤为明显；这种显示器的可视角度较窄，特别是在几个人围观一个人打游戏时更加突出。

　　LCD 显示器逐步克服了这些缺点后，成为显示领域的主流，在电视、PC 与手机上得到了大范围的普及。此时 LCD 显示器迎来了一个强大的竞争对手，即电致发光显示器（Electroluminescent Display，ELD）。其中，基于有机材料的显示器，被称为有机电致发光显示器（Organic ELD，OELD），后来改名为有机发光二极管 OLED 显示器。

　　OLED 显示器的实现关键在于有机半导体材料发光层。有机材料主要由碳原子和氢原子组成，与集成电路中使用的硅、锗这些无机半导体有较大的区别。20 世纪 60 年代，科学家发现，有机半导体材料在外加电场的作用下可以发光[24]。

　　长久以来，科学家认为有机材料是绝缘体。直到 1963 年，Pope 等人发现蒽晶体，分子式为 $C_{14}H_{10}$，在外加电场条件下，表现出半导体材料特性，并具有发光属性。在当时，使用这种有机材料进行发光时，需要 400V 左右的偏置电压，而且这种器件的稳定性极差，并没有引起太多人的关注[24]。

　　与无机半导体类似，有机半导体也可以进行"掺杂"，形成 P 型与 N 型。P 型与 N 型有机半导体的多数载流子也分别是空穴和电子。有机半导体的掺杂可以通过"氧化还原反应"实现，而不是集成电路使用的扩散与离子注入等方法，其 PN 层的电子与空穴复合时，也能产生能级跃迁而对外辐射光子，即发光。

　　与无机半导体相比，有机半导体具有许多奇妙的特性，包括较轻的质量、柔和的机械特性、可以在低温环境下加工等。更为重要的是，有机半导体可以使用非常廉价的技术手段制作，如喷墨打印、旋转涂布与蒸镀等，这些特性使得有机半导体得到了更多的关注，最终在智能手机的显示屏中找到了用武之地。

　　在发展初期，有机半导体进行电致发光时，需要较高的驱动电压，并不节能也不实用。1987 年，伊士曼柯达的邓青云与 Steven Van Slyke 在 10V 的偏置电压下，使有机半导体获得了 1% 的量子效率，1.5lm/W 的光通量与 $1000cd/m^2$ 的发光强度，打开了有机半导体的应用之门[25]。邓青云来自我国香港地区，被后人称为 OLED 之父。

　　此后，与 OLED 相关的材料研究、制作方法迅速发展，形成了一个全新的产业。OLED 可以在玻璃、硅晶圆、塑料薄膜、金属箔，甚至纺织品等多种衬底之上制作。对衬底材料选择的高度自由，使其在光电领域中具有非常多的应用场景。

本节仅介绍在智能手机领域较为常用、采用顶部发光、有源驱动的 OLED 显示器，即 AMOLED（Active-Matrix OLED），其实现原理如图 5-12 所示。

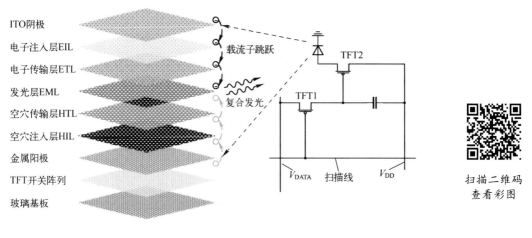

图 5-12　一种顶部发光有源驱动的 OLED 结构

在 AMOLED 中，最底层是玻璃基板，其上是薄膜晶体管（Thin Film Transistor，TFT）开关阵列，这个阵列由大量 TFT 晶体管组成。TFT 的制作难度低于 CMOS 晶体管。但是显示领域的特点是一个"大"字，一个手机屏幕也比最大的集成电路大出许多倍。

这个"大"字决定了其与集成电路制作之间的差异，决定了显示领域对精确度的要求更低。这并不意味着显示领域的综合制作难度更低。

TFT 开关阵列的制作方法与集成电路制程类似，依然围绕光刻，使用加减法设备逐层制作，是显示领域制作中投资最大的组成部分。TFT 开关阵列与集成电路的不同之处在于，制作设备的精度较低，在玻璃基板上而不是硅晶圆上制作。

TFT 的工作原理与 MOSFET 晶体管类似，在 OLED 显示屏中作为点阵开关，决定某个像素点是否发光。TFT 晶体管导通时，空穴将沿着金属阳极、空穴注入层、空穴传输层由下而上跳跃传递；而电子将沿着 ITO 阴极、电子注入层、电子传输层由上而下跳跃传递。两者最终在发光层相遇复合，发出不同颜色的光源。

OLED 的发光颜色依然由频率 ν 决定，这个频率由发光层材料的能带间隙 ΔE 完全决定，依然是 $\nu = \Delta E/h$，与爱因斯坦的自发辐射理论一致。

TFT 层制作完毕后，将在其上逐层蒸镀金属阳极、空穴注入层直到电子注入层。蒸镀环节需要使用掩模，原理与集成电路中的光刻工序类似。在电子注入层之上是作为阴极的 ITO（氧化铟锡）导电膜，ITO 膜除了导电还具有透明属性，广泛应用于显示领域。

ITO 层制作完毕后，将与驱动电路结合形成发光器件，最后进行偏光片贴附、封装测试等操作，完成整个 OLED 屏幕的制作。

OLED 的工作原理并不复杂，最难实现的环节依然在于制作设备与材料。其中，技术实现难度最高的设备是真空蒸镀机，日本的一个小公司 Tokki 垄断着这种蒸镀机的制作，这种蒸镀机也被称为 OLED 领域的光刻机。

另外一个难点在于种类繁多的 OLED 各层材料的制作，包括电子与空穴的注入与传输层材料，"红绿蓝"三种基色发光层的主体与掺杂材料。这些材料从种类繁多的有机材料中筛选而出。

有机材料是化学的天堂。目前人类已经发现与合成了大约 3000 多万种有机物。这些有机物的结构式由上下左右若干个基团糅合在一起，这些基团还会相互影响，导致有机分子具有不同的化学性质。

OLED 显示器使用的有机材料由化学公司提供，化学公司与化工厂不同，其尖端产品建立在量子力学的基础上，美日德韩企业在这个领域的积累较为雄厚，例如美国的 UDC 公司在 OLED 磷光材料上始终具有一系列垄断专利。

设备与材料之外，更为重要的是能将其整合在一起，率先制作出 OLED 屏幕并用于智能手机的工厂。在这些工厂中，最为核心的公司当属三星电子。三星电子不仅有制造业，在基础物理与化学领域更加实力非凡。

至今，OLED 显示器已经广泛应用于中高端智能手机，但制作较大尺寸的屏幕时，其良率明显低于传统的 LCD 显示器，这导致大尺寸 OLED 的性能价格比较低，难以被对价格敏感的消费者接受。

此外，OLED 材料特别是蓝光材料，在受到光、热、电、射线等一系列物理与化学作用后，较易出现劣化，寿命较低。这使得采用传统 LED 作为像素点的显示器始终具有较高的呼声。传统 LED 基于无机半导体材料实现，与基于有机物的 OLED 的实现方式不同，其显示延时与功耗也更低，但是直接用作发光源，制作显示器的困难却非常巨大。

目前的"LED 显示器"基于 LCD 屏，只是背光光源使用了 LED。在这种显示器中，LED 背光依然通过液晶与彩色滤光片，最后形成不同颜色与强度的光，实现显示功能。即便是 MiniLED 显示器，也只是使用了密度更高的 LED 作为背光光源而已。

完全使用 LED 作为发光源的是 MicroLED 显示器。这种显示器至今尚有一些难以解决的问题，比如行业内经常提及的"巨量转移"问题。一个典型的 MicroLED 显示器的示意如图 5-13 所示。

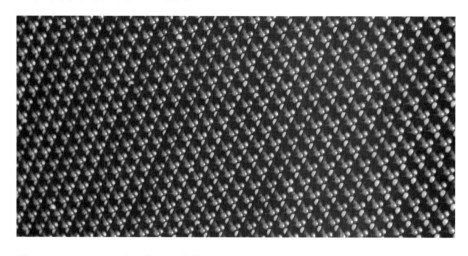

扫描二维码
查看彩图

图 5-13　MicroLED 显示器的示意图

MicroLED 显示器的每一个像素由"红绿蓝"三种 LED 组成。虽然 LED 与 OLED 的发光原理均基于爱因斯坦的自发辐射，但制作过程有较大区别。

OLED 光源可以在玻璃衬底之上逐级蒸镀有机物而成，而 LED 需要从半导体衬底中逐层外延无机物制作；即便是制作手机屏幕的 OLED，其使用的玻璃基板尺寸亦可达 1500mm×1850mm，LED 使用的衬底，其直径仅为 150mm。两者的巨大差异，使得 LED 无法利用显示领域已有的设备与材料制作，为 LED 进入显示领域造成了不小的障碍。

制作 MicroLED 显示器，通常需要在其他衬底上制作出 LED，再将其逐个转移到 TFT 开关阵列。将几个 LED 转移到这个开关阵列并不困难，问题是在一个精度为"1920×1280"的 MicroLED 显示器中，需要将 1920×1280×3=7372800 个 LED 转移至此。

这个转移过程也被称为"巨量转移"。巨量转移的难点，首先是要求保证速度；

另一个是将转移良品率控制在 99.9999%之内。速度与良率的要求极大增加了巨量转移的难度。目前采用的方法，均处于摸索阶段，MicroLED 全面应用于显示领域尚需时日。

照明与显示领域，围绕"光"展开，使用的材料绝大多数为化合物半导体，在集成电路中无所不能的元素半导体硅是间接带隙材料，不易发光。而科学家却始终尝试让硅材料发光，"硅光"行业由此产生。

"光"代表着通信，"电"是集成电路的代名词。如果硅能够发光，意味着计算、存储与通信这三大领域在集成电路中可以完美地融合在一起。这种融合，如果能够逐级放大到下游领域，将引发一场不小的变迁。

光电融合的另一种方案是使用"能发光"的化合物半导体制作集成电路。从工艺制程与原材料成熟度上看，化合物半导体无法与硅比拟。但若我们将时光回退几十年，会发现那时的硅也不成熟。硅可以一步一个脚印发展至今，化合物半导体也存在机会。如果集成电路制作能够大规模引入化合物半导体，将有可能实现光电与集成电路的一体化，这也许会成为半导体领域未来的另一大微创新。

采用光子晶体技术也可以实现"光电融合"。1987 年，Eli Yablonovitch 和 Sajeev John 独立提出了光子晶体的概念[26]，并于两年后制作出光子晶体。光子晶体最大的优点是传播速度。半导体中呈公有化运动的电子的传播速度约为 593km/s，而光子传播速度可达 3×10^5km/s。电子只能通过金属与半导体材料来传导，即便在最佳的情况下，电子在固体中的运行速度也远远不如光速。除此之外，光子之间也没有相互干扰。电子与光子的这些差别，使得光子晶体一旦成立，已有的基础设施必然翻天覆地。

还有一个能将光电进行融合的是量子计算、量子通信与量子存储。这三个量子技术因为距离民用过于遥远而饱受质疑。只是对于一个即将出生的孩子，我们能指望他们做些什么呢？今天的许多技术不也是古人的千年一梦吗？

5.4　蓝光之魅

1963 年，Nick Holonyak 在发明红光 LED 之后的第二年，离开了通用电气，回到伊利诺伊大学香槟分校（UIUC）大学成为一名教授。Nick 似乎看淡了人世间的所有名利，准备安心地做一名教授。在 UIUC 大学，他的同事认为，瑞典皇家科学院欠着红光 LED 一个奖项。Nick 却始终强调"认为有人欠你什么东西是荒谬的"。

2014 年，3 个日本人因为在蓝光 LED 领域的贡献，获得了诺贝尔物理学奖。Nick 立即转变了这个观点，他开始经常谈论这个话题，认为诺贝尔奖越过了红光 LED，对他而言是一种侮辱。2013 年，Nick 退休之后，时常出现在 UIUC 校园里，时刻提醒着瑞典皇家科学院，他依然活着。

天下所有奖项的评选无法做到绝对意义上的公平，诺贝尔奖也不例外，但蓝光能够入选依然顺理成章。Nick 是可见光 LED 之父，但是将这种可见光用于照明，替换白炽灯和荧光灯，进入千家万户，是蓝光 LED 出现之后才可能发生的事情。

在红绿蓝三种基色中，蓝光频率最高，也决定了蓝光 LED 的制作难度超过了前两种颜色的 LED。也许没有那些日本人，蓝光 LED 依然会伴随着半导体产业的发展而自然出现，但是任凭谁也没有想到，蓝光 LED 居然是这样一位日本工程师，在这样一个艰难的环境下制作出来的。

蓝光 LED 出现之前，能够对外辐射蓝光的半导体材料已经确定，分别是碳化硅（SiC）、硒化锌（ZnSe）与氮化镓（GaN）。在研制蓝光 LED 的初期，碳化硅是唯一能够制作出 PN 结的半导体材料。但由于属于间接带隙材料，发光效率过低，碳化硅材料第一个被排除，剩下的选择是硒化锌与氮化镓。

硒化锌作为最有可能实现蓝光 LED 的材料是当时产业界的共识。绝大多数进军蓝光 LED 产业的公司，均在这种材料中投下重注。硒化锌具有很多优点，质地柔软、容易加工，在低温条件下使用砷化镓衬底外延即可获得。前景似乎一片光明的硒化锌材料有几个强烈的反对者。

首先是赤崎勇（Isamu Akasaki）和他的学生天野浩（Hiroshi Amano），他们认为硒化锌的离子键很强，材料柔软，制作 P 型晶体时生长温度过低，不能保证形成整齐紧密的结晶。另外硒化锌的能带间隙只有 2.7eV，是能够发出蓝光的材料临界点，是一种非常令人担忧的材料。LED 需要在室温下连续运行，必须选择稳定可靠的材料[27]。

另一个反对者是中村修二（Shuji Nakamura）。与赤崎勇不同，他反对硒化锌是因为他只能选择反对。中村的氮化镓之路是被逼出来的。他不仅要做出蓝光 LED，还要在日亚做成这件事情。1979 年，中村修二加入在当时默默无闻的日亚化学工业公司。中村在这里取得过一些零星成就，但是日亚没有能力将他的成就放大为商业上的成功。

这使得中村明白，沿着硒化锌之路，即便他获得了成功，在推出产品时，日亚依然会输给其他名气更大，选用相同技术路线的公司。对于中村，对于日亚，只有独创，才能获得压倒性的优势[28]。中村选择了一条绝大多数人眼中的不归之路，但他走通了这条路，绝大多数人错了一回。

1988 年，中村在远赴美国学习金属有机气相沉积（Metal Organic Chemical Vapor Deposition，MOCVD）外延技术时，萌生了制作蓝光 LED 的想法。一年之后他回到日本，日亚花费两百万美金为他准备好了一台 MOCVD 设备。在当时，对于日亚这样一个小公司，这是一笔巨额开销。中村没有回头之路，只能使用这台设备，开始了基于氮化镓材料的蓝光 LED 冒险之旅。

氮化镓（GaN）是一种无机半导体，也是一种直接带隙的半导体材料。氮化镓晶体在高温时很容易分解为氮气与镓，直接用氮气与金属镓无法直接合成氮化镓。

使用熔体生长、提拉等其他方法可以勉强获得氮化镓单晶，但成本巨大。日亚显然没有足够的实力为中村提供直接制作氮化镓晶体的环境。中村只能选择在其他单晶衬底之上，外延一层氮化镓膜的方法制作蓝光 LED。

此时使用 MOCVD 设备，在衬底之上外延砷化镓（GaAs）材料的制作方法已经非常成熟。中村也已经掌握了这种技术，外延氮化镓似乎是水到渠成。此时，基于半导体材料 PN 结进行发光的理论已经非常成熟，红、绿、橙等其他颜色的 LED 都已经实现，蓝光 LED 的出现似乎只是时间问题。

蓝光 LED 的发明却一波三折。在当时有四种衬底，砷化镓（GaAs）、碳化硅（SiC）、硅与蓝宝石衬底，都可以作为外延氮化镓膜的选择。但是这些衬底与氮化镓材料均存在不同程度的晶格失配，容易产生高密度位错，从而影响载流子的迁移率与材料的热导率，降低了氮化镓的发光效率。

中村首先排除了砷化镓衬底，因为这种材料与氮化镓之间的晶格失配系数较大，更因为这种衬底对于中村过于昂贵。

碳化硅（SiC）与氮化镓（GaN）的晶格结构与热膨胀系数较为接近。碳化硅与氮化镓的组合可以用于许多高端场景，在碳化硅衬底之上外延制作的氮化镓，是通信领域功率放大器的重要选择，也可以用于制作高质量的 LED。

但是碳化硅晶体的硬度仅次于金刚石，对于中村所在的日亚而言，如何加工这种晶体都是一个不小的挑战。对于廉价的石英管都是一根拆成两根来用的中村，碳化硅衬底不菲的价格使其无法成为中村的选择。

硅、蓝宝石与氮化镓之间的晶格失配系数也很大，相比之下，硅晶体的失配更高，价格也更加昂贵。更为重要的是，中村以往的技术背景与硅晶体没有发生过太多交集。这种材料自然不会成为中村的首选。

蓝宝石是一个听起来非常昂贵的名字，其组成却是平凡的氧化铝（Al_2O_3）。在当时，蓝宝石衬底的直径仅为 2in 左右，纯度只有 99.996%，但与其他衬底相比最为廉价，最适合贫穷的中村。

中村尝试在蓝宝石衬底之上外延氮化镓，开始了制作蓝光 LED 的第一步。在这种衬底上外延氮化镓有许多方法可以选择，如分子束外延（Molecular Beam Epitaxy，MBE）、氢化物气相外延（Hydride Vapor Phase Epitaxy，HVPE）与金属有机气相沉积（MOCVD）。中村别无选择，因为他只有 MOCVD 设备。

冥冥之中，幸运女神眷顾着贫穷的中村。蓝宝石衬底、MOCVD 与氮化镓的组合能够制作出合格的蓝光 LED。日亚踮起脚尖为中村准备好这些基础资源，剩下的时间是中村一个人的表演舞台。日亚工作的绝大多数员工，甚至不知道中村每天都在忙些什么。

中村完成衬底选择之后，被第一关拦住去路，如何用他手中的这台 MOCVD，在蓝宝石衬底上外延出高质量的氮化镓？在中村之前，因为蓝宝石衬底与氮化镓的晶格失配，以及两者热涨系数存在差异，在蓝宝石衬底之上，很难使用 MOCVD 设备直接外延出平坦的氮化镓薄膜，更不用说高质量。

中村手中的 MOCVD 设备，不是专门为外延氮化镓准备的，中村别无他法，只能选择自己研制。在实验初期，中村只能将蓝宝石衬底以一定的角度放在 MOCVD 炉管中，之后使用三甲基镓（TMG）与氮气（N_2）等原材料，外延出坑坑洼洼的氮化镓薄膜。这种质量的薄膜无法用于制作蓝光 LED。

蓝宝石衬底与氮化镓的晶格失配带来的另外一个问题是应力。在外延氮化镓材料引入的这种应力，与应变硅技术类似，但是这种应力对于中村外延氮化镓，有百害而无一益。

应力的累加使得外延的氮化镓薄膜不能过厚，否则将使薄膜龟裂。氮化镓薄膜无法获得足够的厚度，也无法制作出高效的蓝光 LED。中村所需要的是一个恰到好处而且平坦的氮化镓薄膜。

这些问题难住了中村，也难住了产业界的所有人。中村与其他人的不同之处在于他选择了坚持。在失败了一千次之后，他终于获得了成功，发明了一种被称为"双气流 MOCVD"的设备，如图 5-14 所示，并在蓝宝石衬底之上制作出平坦的氮化镓薄膜。

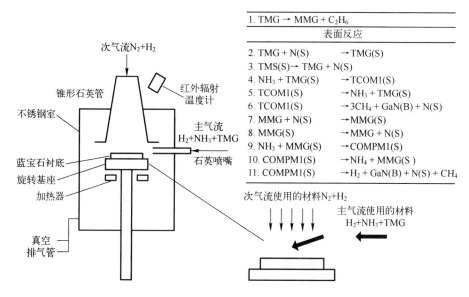

1. TMG → MMG + C$_2$H$_6$		
表面反应		
2. TMG + N(S)	→	TMG(S)
3. TMS(S) → TMG + N(S)		
4. NH$_3$ + TMG(S)	→	TCOM1(S)
5. TCOM1(S)	→	NH$_3$ + TMG(S)
6. TCOM1(S)	→	3CH$_4$ + GaN(B) + N(S)
7. MMG + N(S)	→	MMG(S)
8. MMG(S)	→	MMG + N(S)
9. NH$_3$ + MMG(S)	→	COMPM1(S)
10. COMPM1(S)	→	NH$_4$ + MMG(S)
11. COMPM1(S)	→	H$_2$ + GaN(B) + N(S) + CH$_4$

图 5-14　中村修二发明的双气流 MOCVD 设备[29, 30]

这一设备并无神奇之处，仅是使用了两种不同方向的气流。其中主气流与衬底平行，携带"H$_2$+NH$_3$+TMG"材料；次气流垂直于衬底，携带"N$_2$+H$_2$"材料。"次气流"的作用是改变"主气流"的方向，使其与衬底表面进行良好的接触。中村使用这种方法，终于制作出连续且均匀的氮化镓薄膜，这只是万里长征的第一步。

中村面对的第二道难题是解决衬底与氮化镓因为晶格失配引入的应力。在此之前，日本的田贞史（S. Yoshida）以高温氮化铝（AlN）材料作为缓冲层，在其上外延出较厚的氮化镓层；名古屋大学的赤崎勇使用低温氮化铝也完成了这项工作。在此基础之上，中村也成功外延出氮化镓层，解决了晶格失配问题。

中村面临的最后一道难关是制作 P 型氮化镓层，进而制作 PN 结，并发出蓝光。氮化镓几乎天生就是 N 型的，长期以来许多人认为 P 型氮化镓是无法制成的。1989 年，赤崎勇等人使用电子射线照射掺杂镁的方法，完成了 P 型氮化镓的雏形工作。随后中村在氨气环境下，采用快速退火方法，制作出完美而实用的 P 型氮化镓[31]。

此时硒化锌材料已取得重大突破，基于这种材料的蓝绿色激光的概念性产品已经问世，这使得在氮化镓上孤注一掷的中村修二备受打击。自从研究氮化镓材料以来，他花费了日亚不菲的研发经费。在这段时间，中村在日亚一无所成，被同事视作疯子。

一次会议中，中村发现基于硒化锌的激光在液氮环境下只能坚持 0.1s，LED 只能稳定运行 10s 左右。中村重获信心，成功制作出氮化镓 PN 结与蓝光 LED 雏形。这种蓝光 LED 发出的光线较暗，但寿命在室温下已达 1000 小时之上，距离民用仅一步之遥。

经过艰苦的实验，中村最后发现掺杂铟（In）的氮化镓具有最高的发光效率，制作出高效率发光的氮化铟镓（InGaN）发射层，提高了蓝光 LED 的亮度。1993 年，蓝光 LED 最终问世。中村发明的这种蓝光 LED 的结构如图 5-15 所示。

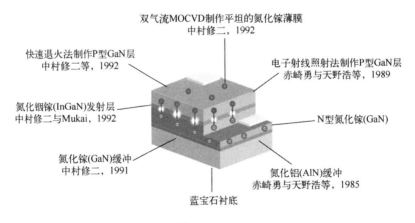

图 5-15 蓝光 LED 的基本结构与主要贡献者[29]

这种蓝光 LED 采用异质结技术实现。传统 LED 的 PN 结，由同一种半导体材料分别进行 P 型与 N 型掺杂实现。异质结由不同半导体材料制作的 P 型与 N 型半导体材料组成。相比于传统 PN 结，异质结中的电子与空穴复合效率更高，因此发光效率更高。

蓝光 LED 实现后，人类凑齐了红绿蓝三种原色光源，使用这三种原色，可以组合出任何一种颜色的光。中村发明的这种蓝色 LED 光源，亮度还是不高。对于中村而言，这不是什么困难，借助自己发明的双气流 MOCVD 设备，提高亮度只是时间问题。

中村的下一步计划是使用量子阱结构制作出更加耀眼的蓝光。中村之前使用的异质结不是量子阱。量子阱可以使用能带间隙较大的半导体材料 A，夹住能带间隙较小的材料 B 实现，当阱的厚度低于粒子的德布罗意波长时，才被称为量子阱。

在这种情况下，电子与空穴将被限制在"阱"中，只有二维自由度，当条件允许时，电子与空穴可以在"阱"中复合发光，与直接在 PN 结中复合相比，极大提高了发光效率。

借助量子阱技术，中村很快制作出可以与红光二极管亮度媲美的蓝光。蓝光出现之后，制作白光已水到渠成。中村可以使用红绿蓝三基色 LED 直接混合成白光；也可以使用蓝光或者紫光 LED 激发荧光粉产生黄光，之后黄光再与蓝光或者紫光混合形成白光。照明因为蓝光 LED 的出现进入新的篇章。

蓝光之后，产生蓝色激光只是时间问题，中村很快完成了这件事情。因为基于半导体材料的高效蓝光的出现，许多照明光源被逐步取代。光纤、汽车、显示还有更多的领域受益于中村修二、赤崎勇和天野浩的努力，蓝光之魅在应用领域中无限延伸。

在很长一段时间里，我始终在努力复盘着中村修二制作蓝光 LED 的全部历程。这个为蓝光 LED 的最终出现，起着决定性作用的中村修二，几乎具备了所有不应该制作出蓝光 LED 的周边环境。

也许执念与愿力是中村为数不多的财富。他一定遇到过太多常人无法忍受的挫折，也许在当时的中村心目中，做得出做不出蓝光 LED 早已不再重要了，重要的是他决心朝这个方向一直前进着。最后他成功了。

再次回顾支撑中村修二走完全程的日亚化工，可以清晰地理出中村的成功之处。中村不是除了决心之外一无所有，日亚也绝不是能够被世人随意评头论足的乡镇企业。这个公司至少有一位胸襟大异常人的社长，包容了中村的一切，允许他在磨成一剑之前可以十年碌碌无为。

在这个社长的背后是日本的产业环境。日本的民间力量异常强大，有许多类似中村这样的人，在近似于作坊的小型家族企业里工作，他们可能不善言辞也不会宣传，但不要忽略他们的存在，他们不紧不慢，坚定而执着地向前，孕育着微小的创新。这种企业文化与工匠精神支撑着日本近些年科技上的创新。在半导体领域，日本的产业链浑然一体，包罗万象。

从 20 世纪 80 年代中期开始的"日美半导体之争"，重创了日本半导体产业。曾几何时，占据半导体前十大厂商半壁江山的日本企业，至 2020 年已踪迹全无。但日本在半导体产业的基础依然雄厚。

这个国家在材料、精密机械等基础科学领域的底蕴仍在。在半导体产业的上游领域依然有着强大的积累。至今，日本厂商依然占据半导体上游产业一半以上的市场份额。

在半导体制作材料中，硅晶圆排名前两位的制作商，信越与胜高均来自日本；集成电路光刻胶几乎被日本的 JSR、信越与 TOK 垄断；还有更多关键的制作材料被日本厂商控制。此外，日本在半导体设备方面也占有 30%左右的份额。

日本这个半导体产业上游的地位是被逼出来的。曾几何时，日本半导体产业长期采取跟随美国的战略。在日美贸易战中，这个"跟随"被翻译为"抄袭"，而后被无限放大。日本为此丧失了许多东西。他们只能做些美国也不会的东西才不会被指责。

日本半导体产业最后立足于上游，化解了与美国的冲突。在任何一个产业中，能够在上游存活，总能等待时机卷土重来。半导体产业的上游是设备与材料，这些设备与材料依然有上游。在所有学科中，物理、化学与数学这些基础学科才是最后的上游。

日本没有失去贸易战之后的 20 年，只是在艰难地向产业的上游，向基础科学的方向上前行。这些在 20 世纪的努力，使日本在 21 世纪获得了十几个诺贝尔奖。在日本不仅大学教授能拿这个奖项，类似中村修二这样的民间企业技术员也可以拿。

日本半导体产业的发展历程，是摆在中国企业面前的一本教科书。日本半导体产业从卑微处起步，有过辉煌，亦有低谷，也曾经与美国殊死一搏。在此期间，成功与遗憾相伴，经验与教训共存。

5.5 最亮的光

1916 年，爱因斯坦在《关于辐射的量子理论》这篇文章中，回顾了自普朗克以来量子力学的成就，提出在一个微观系统中，粒子进行状态跃迁时能量交换的两种方式，一种是"自发辐射"，另一种是"受激辐射"[19, 32]。

如果以微观系统中的电子为例，自发辐射是指电子从高能级态自然回落到低能级态时，释放能量的过程；受激辐射是指在受到外界辐射的情况下，电子从高能级态依然有几率回落到低能级态的过程。

爱因斯坦在文章中讨论了"自发辐射"与"受激辐射"的出现几率。爱因斯坦不会想到，这个"受激辐射"可以用于光的放大，这篇文章与光线最相关的词汇是出现了一次 γ 射线；爱因斯坦更加不会想到，在这个理论提出之后的第 44 年，即 1960 年，世界上出现了激光，此后的地球比任何时候都明亮许多。

爱因斯坦的"受激辐射"理论，后来被 Richard Tolman 进一步完善。1924 年，Tolman 根据在分子系统内处于激发态粒子数的分布，提出处于高能级态的粒子可以通过"负吸收"的方式，跃迁到低能级态，并有可能实现光的放大[33]。

此时，爱因斯坦正忙于那场与哥本哈根学派的世纪辩论，无暇顾及"受激辐射"这个细节。在很长一段时间里，受激辐射没有引发足够的关注，负吸收概念倒是时有人提及。

1939 年，苏联的法布里坎特，在申请教授职位的"气体放电的发射机理"文章中，进一步发展了"负吸收"概念，并取得开创性进展。他验证了"负吸收"的存在，系统分析了使用"负吸收"进行光放大的可能性，明确提出"粒子数反转"是建立"负吸收"的必要条件，即"受激辐射"的必要条件[34]。

在一个热平衡状态的微观系统中，不同能级的微观粒子整体符合玻尔兹曼分布，处于低能级的粒子数目远远超过高能级的粒子，这种分布也是正常环境下的分布。此时无论这些粒子如何跃迁，如何进行"自发辐射"，得到的也只能是普通光源，只是进行了"光致发光"或者"电致发光"等变化而已。

法布里坎特认为能够将"光放大"的前提是利用光电热磁等方法，从外界获得额外能量，使微观系统进入粒子数反转状态，即处于高能级的粒子数远高于处于低能级的粒子数。粒子数反转是爱因斯坦受激辐射理论之后，制作激光所需的一块重大理论基石。

各国科学家还没有来得及理解"负吸收""粒子数反转"与"光放大"之间的联

系时，二战爆发。大多数与军事无关的纯科学研究工作被迫中断，"光放大"却因为各国对"电磁发射武器"的重视，加速了出现步伐。

1947 年，兰姆和 Reherford 在氢原子光谱中发现了受激辐射现象，这是爱因斯坦的受激辐射理论第一次在实验中被发现[35]。此后兰姆进一步提出，利用气体放电中的电子碰撞，即可实现粒子数反转。

随后不久，法布里坎特再次出场。他在 1951 年申请的一个专利中，提出将电磁波放大的一种方法；提出在气体介质中实现粒子数反转的方法；提出光学谐振腔的雏形；并进行了在气体介质中进行"光放大"的尝试。

1950 年，法国科学家卡斯特勒（Alfred Kastler）提出光学泵浦源的观点，并在两年后取得实验成功。泵浦源的作用是将电子从原子或者分子的较低能级，不断抽运到较高能级，其工作方式与水泵有类似之处。泵浦源的出现，使粒子数反转由假设变为现实。粒子数反转的实现，使得爱因斯坦提出的受激辐射从假设变为现实。

此时除了时间，没有任何因素能够阻止"光放大"的出现。但实现"光放大"的最后一步，却一波三折。在"光放大"之前，科学家首先实现的是"微波放大"。

二战期间，贝尔实验室的汤斯开始研究雷达的原理与设计。二战结束后，汤斯回到哥伦比亚大学。1953 年，汤斯使用氨气分子与微波共振腔，借助"粒子数反转"理论，成功实现了世界上第一台微波激射放大器（Microwave Amplification by Stimulated Emission of Radiation，MASER）[36]。

不久之后，苏联的科学家普罗霍洛夫与巴索夫进行了同样的实验，实现了MASER，并较为详细地阐明了实现 MASER 的理论依据。汤斯、普罗霍洛夫与巴索夫因为在 MASER 与激光领域的成就，分享了 1964 年度的诺贝尔物理学奖。

既然微波信号可以放大，比微波信号更短的毫米波信号、亚毫米波信号、红外光也会有机会。将这种放大原理延伸至可见光，直至产生激光，已呼之欲出。至此全世界的实验室蜂拥而至，加入了这场发明激光的研发竞赛，决定谁才是最后的激光之父。

1958 年 12 月，汤斯与肖洛发表了激光领域的奠基之作"红外线与光激光器"，提出了较为完备的激光原理[37]。在这篇文章中，肖洛率先提出使用"光腔"

代替制作 MASER 的微波共振腔，肖洛后来也因此获得了诺贝尔物理学奖。两人的努力使得爱因斯坦的"受激辐射"理论，演进到"光放大"的路线逐步清晰，其原理如图 5-16 所示。

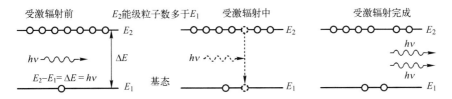

图 5-16 受激辐射的实现原理

产生受激辐射的必要条件是有一部分电子利用泵浦源，提前从基态 E_1 跃迁到高能级的 E_2 状态，而且处于 E_2 状态的粒子数需要多于处于 E_1 状态的粒子数，使这个系统处于"粒子数反转"状态。

处于这种状态的高能级状态的电子，除了"自发辐射"之外，还可以采用另外一种方式跃迁到较低能级。当 E_2 状态的电子，被能量为 $h\nu$ 的外来光子击中，而且当"$h\nu = E_2 - E_1$"时，会以一定几率从能级 E_2 跃迁到 E_1，同时辐射两个频率、相位、偏振态以及传播方向相同的光子，即完成一个光子到两个光子变化。这个过程就是"光放大"。

理论的成型使激光最终降临。1960 年 5 月，在加州休斯实验室工作的 Mainman 使用红宝石实现了第一束激光。人类从此拥有了最亮的光、最准的尺与最快的刀。

现代激光多使用三能级系统（Energy Levels System，ELS）与四能级系统。两者的能级定义有所区别。

在三能级系统中，E_0 为基态能级，E_1 为亚稳态能级，E_2 为泵浦源能级，激光将在 E_1 与 E_0 之间产生。在四能级系统中，E_0 为基态能级，E_1 为激发态能级，E_2 为亚稳态能级，E_3 为泵浦源能级，激光在 E_2 与 E_1 能级之间产生。

与三能级系统使用的 E_0 能级相比，四能级系统用于产生激光的 E_1 能级不是基态能级而是激发态能级，在正常环境下这个能级的粒子数几乎为零，因此更容易实现粒子数反转产生激光。

三能级与四能级系统产生激光的示意如图 5-17 所示。

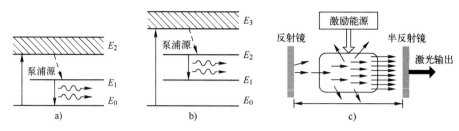

图 5-17　三能级与四能级系统产生激光的示意

a) 三能级系统　b) 四能级系统　c) 光学谐振腔

无论是三能级还是四能级系统，产生激光的第一步依然是实现粒子数反转。以三能级系统为例，在激光的实现过程中，首先通过泵浦源将粒子的能级跃迁到 E_2 能级。提升至高能级 E_2 的粒子寿命极短，会迅速跃迁至寿命较长的亚稳态能级 E_1 处积累，使得处于 E_1 能级的粒子数超过 E_0 能级，形成粒子数反转状态，并产生"受激辐射"。

在工作物质两端放置反射镜，可以构成光学谐振腔。工作物质在激励能源的作用下，自发辐射并产生光子，其中不与腔轴平行的光子将被反射出谐振腔，沿着轴线运行的光子将在两个反射镜中往返运动。

这些光子将不断地与高能级受激粒子相遇，并进行受激辐射，再次产生一个全同光子。因此沿轴线运行的光子将不断增加，并在腔内形成传播方向一致、频率和相位相同的强光束，在达到一定强度后从半反射镜一侧输出，形成激光。

在基于固体材料的激光出现之后，半导体作为激光工作物质的研究迅速展开。此时基于半导体材料的电致发光已经实现。半导体 PN 结的激活区恰好可以作为激光增益材料，PN 结两侧的解理面可以构成谐振腔，电流注入 PN 结可以形成天然的泵浦源。

解理面是晶体在外力作用下沿结晶向破裂，而形成的光滑平面，这个平面是天然的可用于制作谐振腔的反光镜。这种自然形成的泵浦源与谐振腔，使得基于半导体材料的激光器具有极低的制作成本。

最初实现的半导体激光器基于同质 PN 结，使用强电子束作为激励源，这类激光器只能在液氮温度环境下以脉冲方式工作，没有太大的实用价值。1963 年，克勒默提出了异质结激光器的原理；与此同时阿尔费罗夫和 Kazarinov 也独立描述了相同的原理。

此后 IBM 的 Jerry Woodall 完善了液相外延技术（Liquid Phase Epitaxy，LPE），培育出异常纯净的 GaAs 晶体，并在这个晶体上进一步生长出化合物半导体材料 GaAlAs。

在成功研制出异质 PN 结之后，室温下可以连续工作的激光二极管（Lazer Diode，LD）终告实现。激光二极管的发明是光存储与光通信的重要里程碑，电子与通信世界因此得以进一步融合。

激光的出现打开了应用之门，在半导体制作、医学、通信、生物与军事领域均获得了巨大成功。历史上与激光相关的诺贝尔奖多达十余个，仅次于 20 世纪初由量子力学科学家组成的银河舰队。

激光的出现极大提升了半导体的制作能力。激光可以用于晶圆量测、清洗与封装，也是快速退火设备的重要组成部分。尤为重要的是，激光一经出现，便迅速替换了高压汞灯，半导体光刻也由此进入了深紫外线（Deep Ultraviolet，DUV）时代。

5.6 阿贝成像

20 世纪 60 年代，光刻开始用于半导体制作。在光刻工序中，一个非常重要的指标是分辨极限。分辨极限受制于光刻光源，由德国的恩斯特·阿贝（Ernst Karl Abbe）于 1873 年率先发现[38]。

此时半导体产业尚未诞生，这个极限主要用于指导光学显微镜的设计。阿贝认为光学显微镜的分辨极限大约为光波波长的一半，小于这个极限的两个物点将无法分辨。随后，阿贝定性分析了这个极限的计算方法，如式（5-3）所示，并通过实验进行验证。

阿贝极限的计算：
$$d \approx \frac{\lambda_0}{2n\sin\theta} = \frac{\lambda_0}{2\mathrm{NA}} \tag{5-3}$$

其中，d 为可准确观测的两个物点间的距离；λ_0 为真空中光源波长；n 为折射率；θ 为孔径角；NA（Numerical Aperture）为镜头的数值孔径，等于 $n\sin\theta$。如果两个物点的距离小于 d 时，显微镜观测到的是两个连接在一起的物点，如图 5-18 所示。

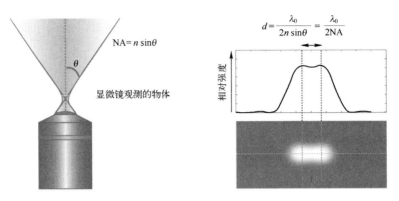

$$d = \frac{\lambda_0}{2n\sin\theta} = \frac{\lambda_0}{2\mathrm{NA}}$$

图 5-18　阿贝极限示例

显微镜在真空环境中观测物体时，折射率 n 为 1，孔径角 θ 最大为 90°，因此 NA 的最大值为 1，此时可观测物点间距 d 的最小值，即显微镜的分辨率大约为 $\lambda_0/2$。这就是阿贝极限所描述的主要内容。

阿贝在光学系统中的另外一项贡献是 1874 年提出的阿贝二次成像原理。阿贝后来加入卡尔蔡司，成为这个公司的负责人。卡尔蔡司从这个时间起，就开始磨镜头，一直持续到今天。光学系统的设计因为阿贝与卡尔蔡司的努力而近乎完美。

光学系统可以使用透射镜或者反光镜搭建，而无论采用哪种方式，成像方式都基于二次成像原理。以透镜为例，将光罩放在凸透镜的前焦距处的物平面，当平行光源入射后，将在远处的像平面映射出对应的图像，成像过程如图 5-19 所示。

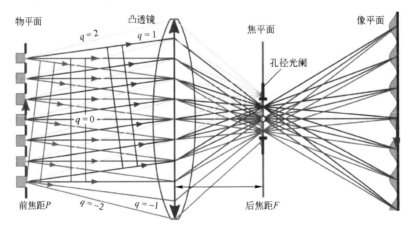

图 5-19　阿贝二次成像原理[39]

阿贝认为透镜成像分为两步。当平行光源透过放置在前焦距 P 处的物体后，将衍射出不同方向的携带物像信息的平行光束，即在图中为 "$q=0$、±1、±2" 的平行光。这些平行光通过凸透镜后，将在后焦距 F 处，第一次成像。此时，在后焦距 F 处得到的这次成像不是原始图像，而是原始图像的若干衍射斑。

人类最早观测到衍射斑的历史可追溯至公元前，那时的古人使用铜制的凹面镜或者冰制的凸透镜，汇集太阳光点火。凹面反光镜或者凸透镜可以将远方的太阳，在其后焦距处汇聚为一个小点，这个小点相当于太阳的衍射斑。

因为光的衍射，物点在焦距处获得的图像不是理想的几何点，而是由明暗相间的圆环组成的衍射斑。这种环状衍射斑，在 19 世纪 20 年代被英国科学家 John Herschel 所发现[40]。1835 年，英国科学家 George Airy 合理解释了这一现象[41]，之后这种衍射斑也被称为艾里斑（Airy Disc）。

阿贝认为第一次成像在焦平面所获得的多个艾里斑，相当于点状光源，其中未被孔径光阑阻挡的光源，将继续以球面波的形式向前推进，并经过相互干扰叠加之后，在像平面进行第二次成像。孔径光阑的主要作用为限制出射光束的有效孔径。

这两次成像的过程合称为阿贝二次成像。

在平行光 "$q=0$、±1、±2、$\cdots$、$\pm n$" 中，衍射角越大，衍射级次越高，由于透镜的孔径光阑长度有限，n 不可能为无穷大，因此必然会丢失一些衍射光，因此经过二次成像后获得的图像与原始图像不会一致。如果原始图像中两个物点过近时，将无法分辨，其最小分辨率大约为光波波长的一半。

1946 年，法国科学家 P. M. Duffieux 将傅里叶变换的概念引入光学领域，发表 "傅里叶变换与光学中的应用" 一文，信息光学理论随后诞生[42]。

Duffieux 提出的信息光学，基础是傅里叶变换。在信息光学中，傅里叶变换的神奇在于将复杂的空间信息转换为频谱分布信息，便于进一步分析与处理。这与通信领域通过傅里叶变换，将时域转换为频域的道理一致。

将傅里叶变换引入光学领域顺理成章。光的本质是一种电磁波，只是频率与波长不同。通过傅里叶变换，光学系统中的现象可以使用通信理论解释。光学系统可以在频谱面上设置空间滤波器，用于去除或者选择通过某些空间频率的信息，或者改变振幅和相位，使二维物像按照要求得以改进。这也是信息光学研究的重点内容。

基于信息光学理论，阿贝二次成像原理可以借助精准的数学语言描述。

在第一次成像中，通过衍射而得的"$q=0$、±1、±2"平行光束通过透镜，在后焦距 F 形成的衍射斑相当于空间频谱，透镜相当于进行一次傅里叶变换。第二次成像时，后焦距 F 处的空间频谱相互干扰并叠加推进的过程，相当于进行一次傅里叶逆变换。物体在经过傅里叶与傅里叶逆变换之后，可以在像平面中获得放大或者缩小的原物体。

光学的理论不算过于复杂。近期出现了许多计算机辅助工具，使用鼠标拖拽几下，便可设计出一套光学系统。但是在该领域，设计并不是重点，重点在于工匠精神，在于动手制作。

在阿贝二次成像中，最为关键的是衍射斑的产生机制。这一机制在艾里斑被发现之后，随着物理光学的进步，被逐步揭秘。在阿贝二次成像中，艾里斑的产生是因为光的衍射。以圆孔衍射为例，当单色光波照射在圆孔衍射屏中，将产生两种衍射，即菲涅耳衍射与夫琅禾费衍射。

其中，菲涅耳衍射发生在距离圆孔相对较近的位置，即近场；而夫琅禾费衍射被视为发生在距离圆孔非常远的位置，即远场。随距离的不同，由菲涅耳衍射产生的图案，其光强分布的大小与形式均发生变化，而夫琅禾费衍射图案只有大小变化而形式不变。在光学中，光强指发光强度，其定义为单位面积的辐射功率。

大多数光学仪器，包括光刻机中使用的光学系统，更加关注夫琅禾费衍射。光罩上的点、线与面通过光学系统之后，在晶圆光刻胶上所形成的图案，就是夫琅禾费衍射图案。该图案的产生原理如图 5-20 所示。

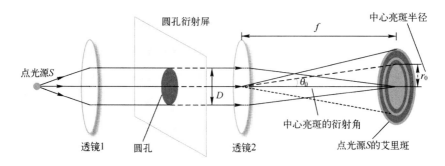

图 5-20　圆孔夫琅禾费衍射图案

点光源 S 经过透镜 1 后转换为平行光，之后通过直径为 D 的圆孔后，将在距离圆孔较远的位置发生夫琅禾费衍射。透镜 2 的作用是将发生在远场的衍射图案，拉近至其焦距 f 处。虽然拉近后的图案大小比例将发生变化，但光强分布与形状相似，如果仅关心衍射图案的相对光强分布时，与远场观察到的衍射图案并无本质区别。

科学家经过大量实验与理论推导，得出艾里斑中心亮斑，与围绕其展开的明环与暗环的衍射强度计算公式，并由此推算出艾里斑中心到每一个环的半径与其对应的衍射角的计算公式。其中最为重要的参数为中心亮斑的半径 $r_0 = 1.22f\lambda/D$，以及与其对应的衍射角 $\theta_0 \approx \sin\theta_0 \approx \tan\theta_0 = r_0/f = 1.22\lambda / D$。

英国著名物理学家瑞利在观测艾里斑时，提出了一个有别于他人的问题，什么才是光学系统的极限分辨率？瑞利原名 John William Strutt，被尊称为瑞利男爵三世，因为发现稀有气体"氩"获得 1904 年度的诺贝尔物理学奖。瑞利在光学上也有不俗造诣，提出瑞利散射定律，认为光线波长越短越容易被空气散射，因此波长较短的蓝色光更容易被大气散射，合理解释了"天空为什么是蓝色"。

瑞利提出极限分辨率这一问题后，在分析艾里斑生成机制与既往实验的基础上，得出结论，当两个物点成像时，其中一个物点的艾里斑中央极大值所在空间位置与另一个艾里斑的第一极小值所在空间位置重合，即一个艾里斑的中心亮斑与另一个艾里斑的第一个暗环重合时，恰好可以被准确分辨。这就是瑞利判据的全部内容。

本质上，瑞利判据不是一个公式，而是瑞利基于艾里斑，对光学系统如何才能获得最小精度的一段描述。瑞利在完成"提出问题"与"分析问题"这两个关键步骤之后，如何解决这个问题已是水到渠成。

以图 5-21a 所示的望远镜为例，物点 $S1$ 与 $S2$ 通过物镜成像后，在焦距 f 处形成两个艾里斑，当两个物点逐步接近时，艾里斑将逐步重合。当两个物点与物镜组成的张角 α 恰好等于图 5-20 中衍射角 θ_0 时，一个物点的艾里斑中心将与另一个物点的第一个暗环重合，即满足瑞利判据，此时两个物点恰好能够分辨，如图 5-21 所示。

当 α 大于衍射角 θ_0 时，两个物点更加容易分辨；而 α 小于衍射角 θ_0 时，两个物点不可分辨。此时，直接借用图中衍射角 θ_0 的计算公式即可得出望远镜的角分辨率，即两个物点能够被恰好分辨的张角最小值 $\alpha = \theta_0 = 1.22\lambda/D$[43]。

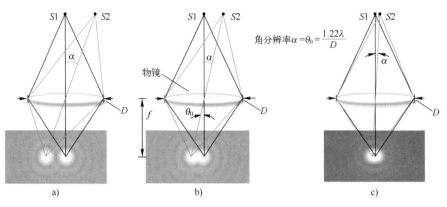

图 5-21　望远镜的角分辨率

a) 可分辨　b) 恰好被分辨　c) 不可分辨

　　瑞利判据不仅可以用于望远镜角分辨率的计算，也可以用于其他光学仪器中。不同的光学仪器，所关注的分辨率参数并不相同，例如照相物镜关注每毫米能够分辨的直线数目，而显微镜与半导体光刻关注的是最小分辨距离。

　　显微镜成像与光刻机光学系统的成像原理类似。在这两种场景中，将大小相同的两个物点 $S1$ 与 $S2$ 设于物镜的前焦距附近，使得 $S1$ 和 $S2$ 发出的光以很大的孔径角入射到物镜，而将像平面设置在与物镜相距 l' 的位置，其 l' 大于前焦距，如图 5-22 所示。

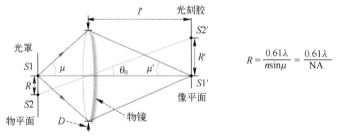

图 5-22　显微镜与光刻机光学系统的成像原理与最小分辨率

　　此时物点 $S1$ 与 $S2$ 通过物镜后，将在像平面获得两个艾里斑，每个像点的艾里斑亮点的中心半径 $r_0 = l'\theta_0 = 1.22\,l'\lambda / D$，其中 λ 为所使用光源的波长，D 为物镜直径，在单透镜系统中等于数值孔径 NA。依照瑞利判据，当两个艾里斑的中心 $S1'$ 与 $S2'$ 之间的距离 $R' = r_0$ 时，衍射图案恰好可以被分辨[43]。

　　物镜成像满足阿贝正弦条件 $nR\sin\mu = n'R'\sin\mu'$，其中 n 与 n' 为物点与像点所在介质的折射率[43]，由此推出显微镜与光刻机光学系统的分辨率 $R = 0.61\lambda / n\sin\mu = 0.61\lambda / \mathrm{NA}$。当光源波长 λ 与数值孔径 NA 固定时，$R \times \mathrm{NA}/\lambda$ 不超过 0.61。

但是光罩图案不是由孤立的点组成，其整体由线段组成，这一公式并不适合。例如 ASML 的两种光刻机的 $R \times NA/\lambda$ 的比值接近 0.25，远小于 0.61，如表 5-2 所示。

表 5-2　ASML 光刻机的最小分辨率[44]

光刻机型号	类型	波长 λ	数值孔径 NA	最小分辨率 R	$R \times NA/\lambda$
NXT:2050Di	DUV	193nm	1.35	38nm	0.266
NXE:3400C	EUV	13.5nm	0.33	13nm	0.318

由此可见，瑞利判据推导得出两点间的最小分辨率，大于 ASML 光刻机分辨率。两者间的差异，一方面源于集成电路制作中，所能获得的最小分辨率不是来自于两"点"之间；另一方面源于 ASML 对最小分辨率 R 的定义。

在光刻工序中，光罩图案信息由光波携带经由光学系统之后，在光刻胶上最终成像。光刻胶图案与光罩图案基本一致，即由若干宽度不同，彼此间保持一定距离的线段组成，其中线宽与线距对被称为 Pitch（节距）。

Pitch 分辨率指在保证图案质量的前提下，图案之间能够获得的最短距离，在集成电路制作中，反映晶体管排列的密集程度，其计算方法如式（5-4）所示，其中 λ 为使用的光波波长；NA 为光学系统的数值孔径；k_{pitch} 为反映 Pitch 分辨率的常数。

Pitch 分辨率：
$$\text{Pitch Resolution}=k_{\text{pitch}}\frac{\lambda}{\text{NA}} \tag{5-4}$$

光罩中的线段长短不齐，粗细不均，并不规则，将这些图案成像至光刻胶上很难获得最短 Pitch。能够获得最短 Pitch 的一种光罩图案是由"线宽与线距相等"的若干线段组成的矩阵，如图 5-23 所示。

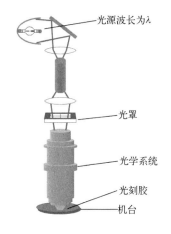
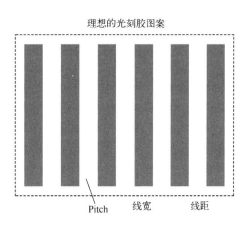

图 5-23　光刻工序中的线宽、线距与 Pitch 的关系[45, 46]

这种图案不是能够获得最短 Pitch 的唯一选择，但表达方式最为简练。光线通过由矩阵图案组成的光罩时，不能使用两个物点的成像模型，而采用"衍射光栅"模型。其次在半导体制作中，可以使用激光这类"相干"光源，而瑞利提出这个判据时，两个物点成像使用普通光源。

使用相干光源，垂直照射呈"衍射光栅"状的光罩时，也将产生衍射光谱。依照瑞利判据，当一条谱线的强度极大值与另一条谱线极大值边上的极小值重合时，两条谱线恰好可以被准确分辨，此时获得的 Pitch 精度为 $R = \lambda / NA$，k_{pitch} 参数为 1。

这个精度与 ASML 在网站提供的接近 0.25 的数值相差甚远。其中一个重要原因是 ASML 网站所定义的精度为 Pitch 精度的一半，即 Half Pitch 精度，另一方面 k_{pitch} 的值可以通过若干分辨率增强技术进一步提高，使其逼近物理极限 0.5，使 Half Pitch 精度逼近 $0.25\lambda / NA$。常用的分辨率增强技术如图 5-24 所示。

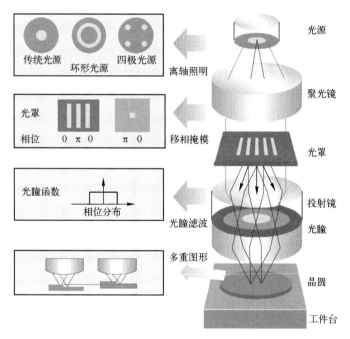

图 5-24　常用的分辨率增强技术[47]

其中，降低 k_{pitch} 参数的最为有效的手段为离轴照明技术（Off-Axis Illumination，OAI）与移相掩模（Phase Shifting Mask，PSM）技术。

采用离轴照明技术时，光源透过聚光镜抵达光罩后，与投射镜的主光轴之间有一定的夹角，而不是垂直照射光罩。此时，环绕在轴线上的多个光源，可以产生更多的高频空间信息进行成像，以提高分辨率。常用的离轴照明模式采用环形、二极与四极光源。

移相掩模技术由 IBM 提出[48]。实现方式是在光罩上有选择地沉积相移层透明薄膜。同一光源发出的经过与不经过相移层的光束，其相位相差 180°，从而产生相消干涉，使得相邻窗口之间的光强减小，从而提高了图像分辨率。

如图 5-25 所示，离轴照明与移相掩模技术的合力，可以将 k_{pitch} 参数推向物理极限，即 0.5，折合 Half pitch 的精度为 $0.25\lambda / NA$。

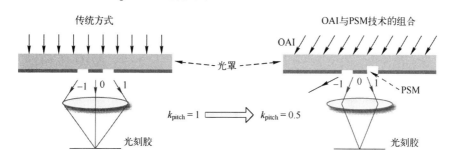

图 5-25　离轴照明与移相掩模技术将 k_{pitch} 参数推向极致[49]

光瞳滤波（Pupil Filtering，PF）技术可以进一步提高图像分辨率，在光学系统的入射或者出射光瞳中，可以添加由同心圆环组成的光瞳滤波器，其中每个圆环具有不同的振幅和相位通过率，采用这种方法可以将衍射中心的主斑尽量压缩，以提高图像分辨率[50]。

除了以上优化手段之外，光学临近效应矫正（Optical Proximity Correction，OPC）是提高图像边角处清晰度的有效方法[51]。从傅里叶变换的角度上看，边角处携带的高频信息更多，更不容易通过光学系统，在成像时容易出现钝化。为此需要在原始光罩的边角处流出冗余，这些冗余经过光学系统时，恰好被适当去除，最后得到期望中的原始图案。

与 Pitch 分辨率相关的另一个参数是焦深（Depth of Focus，DOF）。光线经过凸透镜后，将在焦点处汇集，只有在焦点前后的一定范围之内，图像才可以清晰地显示出来，这一前一后的距离分别被称为前后焦深，其计算方法为 $DOF = (k_2 \times \lambda)/(2 \times NA^2)$。其中 k_2 为工艺因子，λ 与 NA 的定义与式（5-4）相同。

晶圆并不平整，因此要求焦深需要保持在一定范围内，降低光源波长与提高 NA 会降低焦深。但至今为止，焦深不是制约光刻工序的关键因素。光刻机的发展依然是提高 NA，并使用更短的光波波长，优化 Pitch 分辨率至物理极限。

提高镜头的数值孔径 NA 是提高 Pitch 精度的重要方法。因为 NA 等于 $n\sin\theta$，n 为镜头工作介质的折射率，θ 为孔径角的一半。提高 NA 的一种方法是使 $\sin\theta$ 接近于 1，这对光学系统提出了非常高的要求。

第一台投影式光刻机 Micralign 100，在设计之初使用基于透镜的折射光学系统。此时，基于高压汞灯的近紫外线 NUV 光源已广泛普及，但是所产生的光源并不纯净，波长为 436nm 的紫外线周围连续分布着其他光谱。这种光源通过折射光学系统后，色散严重，影响分辨率。这种色散可以类比于白光通过棱镜后分解为彩虹。

于是研究人员使用滤光片，将高压汞灯的大部分光线抛弃，仅保留 436±20nm 这段近紫外线时，却发现剩余光源功率过低，导致曝光效率远低于同时代的接触式光刻，并不实用。研究人员虽然知晓反射镜成像的可用视场较小，NA 较低，也只能选用全反射光学系统制作 Micralign 100[52]。产业界在单色且大功率光源成熟，特别是在激光出现之后，将全反射光学系统替换为成像更加稳定、NA 值更高的折射光学系统。

折射镜结构简单易于加工，但与反射镜类似，都具有"像场弯曲"问题。报纸中的小字被凸透镜放大时，并不是呈现为平面而是弧面，此时字的中心部分依然清晰，但是边缘处将出现扭曲。这就是一种像场弯曲现象。1839 年，匈牙利的佩兹瓦尔解释了这种现象，后人将其称为"佩兹瓦尔像场弯曲"。

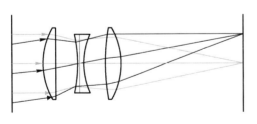

图 5-26　库克三分离物镜示意图

在集成电路制作中，呈平面的光罩图案成像至光刻胶后，需要保持为平面，避免像场弯曲。库克三分离物镜是一种矫正像场弯曲的手段，其实现如图 5-26 所示。

同等度数的凸透镜与凹透镜紧密贴在一起时，像场弯曲与度数均为零，将凸透镜与凹透镜分开一段距离时，像场弯曲依然为零，但是度数为正。库克的解决方法是将凸透镜剖为两半，分别放在凹透镜两边，使得像场弯曲与度数均为零。

在光刻机的光学系统中，使用更为广泛的是卡尔蔡司的 Paul Rudolph 于 1896 年改良的双高斯结构透镜，也被称为 Zeiss Planar。

在此后百年，这种结构被各路光学天才，特别是卡尔蔡司的设计师演绎到极致，性能抵达巅峰，在真空环境中 NA 值超过 0.9。其中，卡尔蔡司为浸没式 DUV 光刻机所设计的高 NA 值光学系统，如图 5-27 所示。

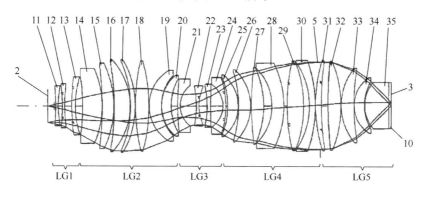

图 5-27　卡尔蔡司用于浸没式 DUV 光刻机的光学系统[53]

在这个由 25 个透镜组成的光学系统中，透镜制作材料的提炼，高精度大尺寸镜片的打磨，甚至装配均抵达物理光学的巅峰。这些距今十几年之前，用于 DUV 光刻机的光学系统，最大镜片的直径超过 3m，总长度超过 1m，其复杂程度至今依旧令人敬畏。

全折射光学系统之后，在光刻机中开始使用折反射光学系统。与前者相比，折反射光学系统引入屈光度为负的反射聚光镜替换凹透镜，在实现相同的 NA 时，可以采用直径更小的镜头，而且几乎不存在色差，在今天的浸没式光刻机中成为主流。

在光学系统中，提高 NA 的另一个有效方法是使用高折射率介质，浸没式光刻机便采用了这种方式。使用这种介质，可以有效提升 NA，也相当于 NA 不变缩小光源波长 λ，光源从真空射入折射率较大的介质时，频率不变，速度变慢，从而波长缩小。

在光罩图像成像至光刻胶环节中，上述方法是目前优化 k_{pitch} 参数与 NA 的主要手段，产业界对这几个参数的优化几乎抵达极致。在表 5-2 中，DUV 光刻机所取得的最小分辨率 38nm 几乎是这种类型光刻机的极限。

在集成电路制作中，还有一个与 pitch 分辨率同等重要的参数，就是关键尺寸（Critical Dimension，CD）。CD 通常指半导体工艺制程中的最短线宽。在集成电路发展初期，关键尺寸等同于晶体管栅极的宽度，但随着晶体管从二维结构切换至三维，以及多重图形技术引入后，栅极宽度与 CD 并不对应。

即便在晶体管结构发生重大变化的今天，Pitch 分辨率依然能够反映晶体管布局的密集程度，决定一个 Die 能够集成晶体管的数目；而 CD 依然决定晶体管栅极长度，其值越小越有利于制作出更短的栅极，从而影响单个晶体管的性能与功耗。

这两个参数在集成电路的全产业链中同等重要，其中 Pitch 分辨率整体受瑞利判据制约，而 CD 还与半导体工艺制程相关。集成电路的制作更加关注于 CD，其计算如式（5-5）所示，其中 λ 与 NA 的定义参见式（5-4），k_1 为工艺因子。在光刻工序中，k_1 受制于光罩图案转移到光刻胶时的精度，其值不低于 0.25。

CD 的计算：
$$CD = k_1 \frac{\lambda}{NA}$$
（5-5）

在集成电路的制作中，光刻工序通过显影步骤将光罩图案转移，刻蚀将图形最终定型。这两个步骤完成后需要对 CD 进行量测，分别被称为 ADI（After Development Inspection，显影后关键尺寸）CD 与 AEI（After Etch Inspection，刻蚀后关键尺寸）CD。其中显影失败后，可以返工，而刻蚀失败后，其结果不可逆转。半导体工艺制程，更加关注 ADI CD，其量测结果将作为正向反馈，供光刻下一组晶圆使用。

在光刻工序中，几乎所有步骤，包括涂胶、软烘、对准、曝光、显影、坚膜等步骤，都将影响 k_1 参数。简言之，k_1 参数与光刻胶如何在晶圆上成型直接相关。

光刻胶在半导体制作的成本中占比不高，但是在整个半导体制作材料中，地位超然，属于高分子化学领域。普通的光刻胶由有机化合物组成，受紫外线曝光后，曝光区域在显影过程中去除或者保留，最后得到所需图像。

光刻胶分为负胶与正胶。以正胶为例，在曝光阶段，光刻胶将吸收光能，发生高分子降解，并在显影阶段去除。正胶分辨率高于负胶，在追求精度的半导体工艺中占据主流。这种光刻胶后来被基于化学放大的 CAR 光刻胶所替代。

CAR 光刻胶引入光致产酸剂，原理不同于感光化合物。光照时光致产酸剂产生酸性物质，改变聚合物的溶解特性，同时重新释放出酸，之后这些新产生的酸再次改变聚合物的溶解特性再次释放酸，并依次循环。CAR 降低了曝光所需要的能量，提高了光刻胶的光敏度，促进了光刻的进步。

光刻之外，k_1 参数还与刻蚀工序相关。例如在本书第 4.7 节中提及的多重图形技术，可以在晶圆上获得更小的尺寸。这也是在 22nm 工艺节点处，Intel 可以将 Fin 宽度限制在 8nm 之内的原因。

根据式（5-5），为了获得更小的关键尺寸，除了增加 NA，并使 k_1 参数无限逼近物理极限之外，更加有效的手段是降低光源波长 λ。使用波长更短的光源受限于光源自身、光学系统、光刻胶与光罩，受限于其后所有的半导体制作环节。任何一个环节出现停滞，光源波长也无法更进一步。

在半导体制作初期，光刻机使用近紫外线（Near Ultraviolet，NU）作为光源，波长分别为 436nm 的 g 线、405nm 的 h 线和 365nm 的 i 线。这些近紫外线可以用于光刻，但是在 248nm 附近，因为汞灯的能量过低而无法更进一步，制约了摩尔定律前进的步伐。

1984 年，IBM 将准分子激光技术引入光刻领域。与高压汞灯相比，激光输出波长的强度更大，单色与准直性更好，采集效率更高，迅速普及至半导体制作领域。

光刻领域使用的准分子激光利用惰性气体与卤素分子混合，由电子束能量激发所产生的深紫外线（DUV）光源。起初，产业界利用氟化氪（KrF）分子产生 248nm 的 DUV，之后过渡到基于氟化氩（ArF）的 193nm 光源。

目前最先进的光刻机基于 13.5nm 的 EUV 光源，这种光源是普通光源，而非激光。这种基于 EUV 光源的光刻机，是半导体产业界在近 30 年以来，在平面制作工艺层面的一个重大突破，极大促进了集成电路制作的进一步前行。

如果从 20 世纪初作为 EUV 时代的起点开始计算，产业界共花费了 17 年左右将 EUV 光刻机完善成型。在这段并不算过于漫长的时间里，因为 EUV 光刻机在研制过程的跌宕起伏，对于产业界似乎是历经了整整一个世纪。

5.7　群峦之巅

1984 年，荷兰的飞利浦与 ASMI（Advanced Semiconductor Materials International）联合成立了一家专门制作光刻机的合资公司 ASML。飞利浦的历史悠久，是世界 500 强企业的常客，ASMI 是当时荷兰为数不多的半导体设备公司。

ASMI 的主业是半导体制作中的沉积设备，更有意愿进军光刻行业，而当时飞利浦在光刻领域具有一定的技术储备。这种背景下，两家公司采取的合作模式，自然是飞利浦出人出技术，而 ASMI 只能出钱了。

公司成立初期，美国的 GCA 公司占据光刻机市场的最大份额，日本的尼康尾随其后，ASML 在光刻机市场的份额是毫无悬念的零。ASML 采用的合资模式并不被人看好。在西方世界中，合资公司被称为 Joint Venture 而不是 Joint Value，这个词汇中，占据主导地位的始终是风险。1984 年成立的 ASML，没有引发产业界的过多关注。

在并不算长的半导体史册中，ASML 始终是一个另类。公司创建初期，管理层的存活之道是向两个股东编织一个比一个美丽的故事，向客户做出一个比一个不切实际的承诺。此时的 ASML，外忧内患，岂是一个"乱"字可以概括。

ASML 的管理层需要协调来自两大股东的不同需求，尤为重要的是如何安抚来自飞利浦的这些"天之骄子"们受伤的心灵。从这个公司成立以来，被飞利浦派到 ASML 工作的员工们的抱怨声就没有停止过。

1986 年，ASML 在飞利浦 SIRE III 光刻机的基础上，发布了一台勉强能用的，但是属于自己的光刻机 PAS2500/10[54]。这台光刻机是 ASML 成立以来的重大里程碑，当然这也因为这个公司没有其他产品值得夸耀。ASML 之前发布的 PAS2000 和 PAS2400 光刻机，与飞利浦 SIRE 系列光刻机相比，最大的区别在于名字与商标不同。

PAS2500/10 没有挽救 ASML。这个公司成立以来，亏损是每年财报必出的关键词。每一财年结束，ASML 都是一贫如洗，等待两大股东输血。从 1988 年起，作为发起股东的 ASMI 没再继续给 ASML 注资。1990 年，自身难保的 ASMI 决定彻底抛弃 ASML，飞利浦被迫持有 ASML 约 60% 的股份，其余 40% 的股份转让给了荷兰的两家银行。

1991 年，ASML 发布了第一台基于 KrF 激光的 Stepper PAS5000/70[54]，这台光刻机没有取得立竿见影的成功。1992 年，ASML 继续亏损，飞利浦无奈中，继续输血维持着这个公司的生存。这也是飞利浦对 ASML 最后的一次输血。

1995 年，ASML 上市后，飞利浦果断抛售了所持有的股份，至此，ASML 成为一家公众公司。这正合管理层的心意，长久以来，ASML 管理层与飞利浦的明争暗斗人所共知，以至于如何对抗母公司的指手画脚，成为了公司企业文化的重要组成部分。

此后不久，PAS5000 系列光刻机突出重围，ASML 获得了独立发展的基石，并在高端光刻领域逐步击败了 Canon 与 Nikon，将半导体光刻技术推向了极致。ASML 的这段逆袭经历，是天时、地利与人和共同作用的结果。

ASML 成功的背后有美日半导体博弈的浓厚身影。从 ASML 成立一直到 20 世纪末期，这家公司没有发布过顶级的产品，最大的成就是在美日半导体之战打得如火如荼时，没有被战火牵连。当双方阵地一片废墟时，这个公司完好无损。

ASML 的成功最终源于自身的努力。长期以来，缺钱、亏损与被抛弃是 ASML 需要面对的主旋律。在这个主旋律之中，ASML 选择了不放弃，在旷日持久的光刻马拉松赛跑中，突出重围。

1997 年，ASML 在上市后的第三年，推出了这个公司的第一台基于"扫描"技术的光刻机 PAS5500/500[54]，与竞争对手的同类产品相比，这台光刻机的最大优点是吞吐率。评价光刻机优劣有三个重要的指标，分辨率、套刻精度与吞吐率。

其中，分辨率的上限主要由光刻使用的光源与光学系统决定。对于光源基本靠买，光学系统完全依赖卡尔蔡司的 ASML 而言，提升分辨率的空间并不大；套刻精度的提高更加复杂，涉及从光罩到半导体制作的许多细节，并非单一指标决定，仅凭光刻机很难实现让套刻更加精确。

吞吐率却是一个可辨析度极高的指标，以每小时加工晶圆的片数衡量。ASML 优先发力于此，并迅速获得优势，逐渐在高端光刻机领域站稳脚跟，具备了向当时的顶级光刻机制作厂商 GCA 与尼康发起挑战的能力。

此时，光刻机演进到扫描阶段。现代光刻机起源于 Perkin-Elmer 的 Aligner，随后是 GCA 的 Stepper。1989 年，Perkin-Elmer 推出 Micrascan 光刻机，这种光刻机在步进特性的基础上，添加了扫描功能，被称为步进扫描光刻机（Step-and-Scan），简称为 Scanner[55]。

从 250nm 工艺节点至今，集成电路的制作以 Scanner 光刻机为主体，其工作原理与扫描仪类似。Scanner 光刻机工作时，光罩由右至左移动通过缝状光源，而晶圆由左至右等比移动，并在光刻胶上逐段成像，其工作示意如图 5-28 所示。

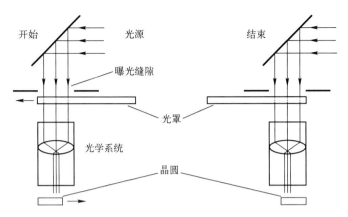

图 5-28　扫描式光刻机 Scanner 的工作示意

光学系统的透镜与反射镜在中心处的质量最高，缝状光源可以恰好利用这个质量最高的中心。与 Stepper 光刻机使用光线一次性透过光罩并成像的方式相比，Scanner 光刻的精度与一致性与 Stepper 相比有了较大提升。

此外，因为佩兹瓦尔像场弯曲，光罩图案经过单个透镜后，图案以弧面而不是平面方式呈现。虽然光学系统可以使用多组透镜最终将其矫正为平面，但 Scanner 光刻机只需要处理缝状光源，极大降低了矫正难度。

Scanner 的另一个优点是吞吐率超过 Stepper。如果仅凭直觉，很容易得出 Stepper 吞吐率更高的结论，Stepper 曝光时仅需要对整个光罩进行一次操作，Scanner 需要使用缝状光源扫描整个光罩，一次曝光操作似乎总比运动扫描要快一些。

事实并非如此。光刻胶曝光速度与曝光剂量直接相关，曝光剂量可以理解为光刻胶吸收的光照度与时间的乘积。Scanner 光刻机的缝状光源光照度更高，因此曝光的速度相比 Stepper 光刻机反而更快。

从 20 世纪 90 年代开始，Scanner 在高端制程中替换了 Stepper 光刻机，也正是在这个阶段，光刻机领域发生了几次重大的并购重组。

1990 年，Perkin-Elmer 在日本厂商的竞争下，决定放弃光刻机业务，当时对这块资产最有兴趣的是日本的尼康，而尼康更为关注的是 Perkin-Elmer 手中的几个美国大客户。在美国的强烈反对下，尼康放弃了收购。Perkin-Elmer 的光刻机部门出售给了 SVG。

SVG 非但没有维护好 Perkin-Elmer 的资产，很快连自身都难保。2000 年，SVG 决定将自己连同收购的资产一道打包出售，ASML 把握住了这次机会。2001 年，美国政府同意了这次收购。至此美国本土再无光刻机制作厂商。

ASML 收购 SVG 的目的，与尼康之于 Perkin-Elmer 并无区别，依然是为了获得这个公司手中的客户，特别是 Intel。ASML 并不在意 Perkin-Elmer 与 SVG 留下的技术遗产，完成收购不久，便彻底整合了这几个公司相互之间的重复产品。

至此，整个半导体世界的光刻机厂商已所剩无几。ASML 成为欧美世界在光刻机领域的独苗，欧美世界之外，仅剩尼康与佳能具有制作高端光刻机的能力。这才是 ASML 最大的收获。从这时起，没有任何光刻厂商能够阻挡 ASML 的王者之路。

ASML 在占据光刻领域有利地形的同时，并没有放弃努力。2000 年，ASML 发布了世界上第一台 Twin-Scan 光刻机，即双工件台光刻机[56]，这种工件台并无神奇之处，其工作原理如图 5-29 所示。

图 5-29 双工件台工作原理

在此之前，所有光刻机仅具有单个工件台，按照上片、硅片对准、硅片测试、光罩对准、晶圆曝光与下片的步骤，顺序加工硅晶圆，其中晶圆曝光的时间最长。

双工件台具有两个独立运行的工件台，一个工件台进行曝光操作时，另一个工件台进行光罩对准等其他操作。其本质是单流水线工作方式，没有设置多个并行工作的"晶圆曝光"子台完全消除瓶颈，但与单工件台光刻机相比，依然将吞吐率提高了 35%[57]。

2003 年，ASML 在发明 Twin-Scan 光刻机之后，制作出第一台浸没式光刻机[58]。20 世纪 80 年代，IBM 的林本坚率先提出了浸没式光刻的概念[59]。2000 年，林本坚加入台积电，并在 2004 年，帮助台积电将浸没式技术应用于大规模生产。

浸没式光刻之后，ASML 开始挑战 EUV 光刻机的制作。这种光刻机使光源波长从 193nm 直接飞跃到 13.5nm。193nm ArF 光源之后，曾经出现过 157nm F2 光源，但是这种光源因为众多不利因素而被弃用。

对于 157nm 光源，空气中的氧具有非常强的吸收能力，因此需要使用氮气或者氩气净化光路。193nm 光刻中使用的石英材料，因为对 157nm 光源具有较强的吸收能力而无法使用，氟化钙（CaF_2）透镜对 157nm 光源的吸收能力较弱，几乎成为当时的唯一选择。

氟化钙只有晶体一种形态，具有晶体所固有的双折射问题，虽然这个问题可以通过光学系统进行补偿，但是制作大尺寸的氟化钙单晶依然较为困难而且价格昂贵[60]。这使得没有合适的光学透镜可以用于 157nm 光源。

全反射光学系统，因为当时不超过 0.3 的低 NA 值，亦无法成为 157nm 光源的选择。事实上，157nm 光源与全反射光学系统的组合所获得的分辨率，甚至不如 192nm 光源与 NA 值高达 0.9 的采用光学透镜的折射光学系统的组合。

在集成电路的制作过程中，采用 157nm 光源还有许多难以解决的问题，包括光罩、光刻胶、刻蚀等其他环节。给予 157nm 光源致命一击的是浸没式光刻，这种技术依然使用 193nm 光源，但在折射率高达 1.44 的溶液的帮助下，最终所取得的光刻分辨率与等效波长为 134nm 的光源相当。不仅如此，此时波长为 13.5nm 的 EUV 光刻也捷报频传。

这一系列原因使 157nm 光源最终被产业界放弃。2003 年，Intel 在综合各类乐观消息之后，判断两年之内 EUV 光刻便可用于 45nm 工艺节点，宣布放弃 157nm 光源[61]，直接使用 EUV 光刻。

EUV 波长在 10～124nm 之间。按照常理，新事物的研究应该遵循由浅至深，EUV 原本应该从 124nm 处开始并逐步向下，不会直接选择 EUV 光源的下限 10nm 附近开始。当时的情况却恰好相反，20～124nm 波段范围的 EUV 是一段无人区；在 EUV 波长的下限 10～20nm 附近，反而有人在研究。

EUV 光刻的雏形出现于 20 世纪 80 年代中期，略晚于 DUV。在 DUV 尚未成熟时，学术界便未雨绸缪，思考着下一代光刻技术，当时有三种选择，分别为电子束、离子束与 X 射线光刻。这三种射线的波长远小于 DUV，能够获得更小的关键尺寸。

电子束光刻至今还活跃在半导体舞台，用于制作光罩；离子束光刻停留在学术领域；X 射线光刻的后继者 EUV 光刻却站在了今天先进集成电路制作领域的浪潮之巅。但在当时，这些光刻技术只能生活在 DUV 光刻的阴影之下。

1986 年，日本的 Hiroo Kinoshita 在一篇名为 "Study on X-ray Reduction Projection Lithography" 的文章中，介绍他使用 11nm 波长的软 X 射线进行光刻的思路与实现方

式，但当时没有人相信这套装置能够在未来与 DUV 竞争[62]。按照今天的定义，X 射线的波长范围为 0.01～10nm，波长在 0.1～10nm 间的射线被称为软 X 射线，波长在 10～124nm 之间的为 EUV。但在当时并没有 EUV 这一称呼，1～30nm 这段波长区间属于软 X 射线。

此时，投影式光刻设备已大行其道，但是软 X 射线的波长太短，无法通过当时的反射与折射光学系统，因此 Kinoshita 首先尝试实现的是基于软 X 射线的接触式光刻机（Soft X-ray Proximity Lithography，SXPL）。这种光刻机有一个显而易见的问题，就是光罩与晶圆存在的紧耦合关系，不仅容易损坏光罩，污染光刻胶，不利于大尺寸晶圆的制作，而且制作效率远不能与当时基于紫外线的光刻机相比。

此时，天文学而不是半导体产业，拯救了处于襁褓之中的软 X 射线光刻。20 世纪 60 年代开始，人类不再安于仅观测宇宙中的可见光，而将视野投向高能射线，包括 X 射线与 γ 射线。制作这种高能射线望远镜有一系列难点，首先是这些高能射线无法穿越大气层，因此需要工作在太空；另外一个是需要研制能够接受这些射线的光学系统。

在美国航空航天局（NASA）与美国国防高级研究计划局（DARPA）的重金支撑下，美国几个顶级的研究机构，包括劳伦斯利弗莫尔国家实验室、劳伦斯伯克利国家实验室、洛克希德 Palo Alto 实验室，在携手研制这些高能射线望远镜，并将其送入太空的同时，凿穿了软 X 射线光刻的前行之路。

软 X 射线光刻与软 X 射线望远镜所面临的问题相同，均为软 X 射线的波长较短，无法通过任何透镜，必须使用全反射光学系统。依照菲涅耳的传统理论，反射指当光线入射到折射率不同的两个介质的分界面时，一部分光线被弹射的现象。但是当电磁波的波长小于 50nm 时，所有材料的折射率都接近于 1，使用传统光学材料无法反射波长在 1～30nm 之间的软 X 射线。

1972 年，劳伦斯利弗莫尔国家实验室的客座研究员，即来自 IBM 的 Eberhard Spiller，发现多层膜结构可以获得对软 X 射线的高反射率，这一发现使得软 X 射线望远镜的出现成为可能[63]。1976 年，科学家制作出"近正入射"的多层膜反射镜[64]。

制作这种反射镜需要使用两种不同的材料，交替生长组成多层膜结构。其中一种材料要求对软 X 射线的吸收率尽可能低，作为间隔层；另一种材料则要求与间隔层形成的界面具有尽可能高的反射率。此外还需要两个材料的折射率之差尽可能得大。这种反射镜的工作原理基于布拉格公式，也被称为布拉格反射镜，如图 5-30 所示。

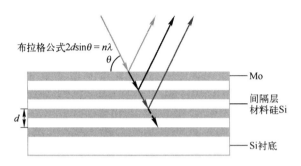

图 5-30　多层膜反射镜的工作原理[65]

布拉格反射镜中入射光能够被反射的必要条件为 $2d\sin\theta=n\lambda$，这部分理论曾在本书第 1.6 节做过简要介绍，多层膜反射镜首先基于这一原理实现。

虽然组成多层膜反射镜的两个材料相对于软 X 射线，折射率较低，但是依然存在折射率差异，光线入射时会有一定的几率在每个界面处发生反射。当特定波长的光线入射时，如果材料间的折射率差与厚度满足一定条件时，界面处的所有反射光将发生相消干涉，从而获得较强的反射。

多层膜反射镜的出现极大鼓舞了软 X 射线光刻研究人员的士气，这种反射镜不仅可以制作软 X 射线光刻的照明与光学系统，而且可以制作基于反射原理实现的光罩。在光学系统与光罩取得突破后，软 X 射线光刻的前景似乎一片光明。

20 世纪 80 年代，Kinoshita 之外，贝尔实验室的 William Silfvast 与 Obert Wood，利弗莫尔国家实验室的 Andy Hawryluk 与 Net Ceglio 等人，也开始着手研究软 X 射线光刻。

1988 年，利弗莫尔国家实验室的 Hawryluk 对多层膜反射镜的制作方法进行了一些有效改进，并使用激光诱导等离子（Laser Produced Plasma，LPP）方法产生大功率软 X 射线。第二年，Kinoshita 采用相同方法，也制作出多层膜反射镜。同年，贝尔实验室的 Jewell 与 Wood 还设计出用于产生软 X 射线的大功率激光器，并在两年后制作出原型。

1993 年，研发人员取得阶段性突破，发现以硅为衬底，交错成长钼（Mo）与硅（Si）两种材料制作的多层膜反射镜，对于波长为 13.4nm 的软 X 射线，具有 66%的反射率[66]。

也是在这一年，软 X 射线领域出现了一次来自技术之外的重大变革。DARPA 要求其赞助的科研机构统一将 EUV 波段更改为今天的 10～124nm，将软 X 射线波长调整为 1～10nm，显然在这些官员的心目中，EUV 的这个"Extreme"比软 X 射线的"Soft"威风得多。此时许多研究人员甚至都不清楚这种新定义的"EUV"的波长范围是多少。

不久之后，产业界经过大量的实验发现，以硅为衬底，由 Mo/Si 组成的多层膜反射镜，对波长在 13.4nm 范围内 EUV 反射率可提高至 67.5%；由 Mo/Be 组成的多层膜反射镜，对波长在 11.3nm 范围内 EUV 的反射率为 70.2%[67]。

随手拿出一面镀银玻璃镜，对可见光的反射率也在 85%以上，远远高于这种反射镜之于 EUV 的反射率。这一反射效率虽然并不理想，但几乎是多层膜反射镜处理 EUV 所能够获得的最优结果。此时，产业界也逐步具备基于这种多层膜反射镜，搭建全反射光学系统与制作光罩的能力。

光学系统与光罩齐备后，产业界开始寻找波长最为合适的 EUV 光源。因为 $E=h\nu=1242/\lambda$，波长在 10～20nm 之间的 EUV 光，对应光子的能量在 124.2～62.1eV 之间。而半导体与绝缘体的外层电子能级跃迁，最多只能产生 10eV 左右能量的光子。

生成能量如此之大的光子并不容易，研发人员发现使用放电等离子（Discharged Produced Plasma，DPP）、激光诱导等离子 LPP 与激光辅助放电等离子（Laser-assisted Discharge Plasma，LDP）等方法，可以使锡和氙进入等离子态，之后进行能级跃迁后，可以分别在 13.5nm 和 11.2nm 处出现辐射峰值[68]。

锡靶材的能量转换效率约为 2%，高于氙靶材的 0.5%，收集角度与收集效率等指标也优于氙，且锡光谱不像氙光谱般杂乱。更为重要的是，与氙靶材配合的 Mo/Be 多层膜反射镜中，Be（铍）元素及其化合物具有剧毒。虽然锡是固体，进入等离子态前需要进行气化，但最终成为光刻领域 EUV 光源的首选靶材[69]。

此时，EUV 光刻机的最基本组成模块，光源系统、照明与投影光学系统几乎准备就绪，而控制光罩与晶圆运行轨迹的掩模台与工件台，可以直接复用 DUV 光刻机已有的成果，搭建出如图 5-31 所示的 EUV 光刻机，似乎只有时间问题。

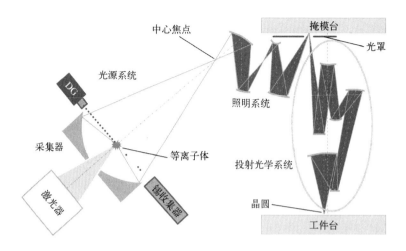

图 5-31　基于反射的 EUV 照明与光学系统[70]

至 21 世纪初，基于 13.5nm EUV 的光刻机原型呼之欲出，半导体产业界对此寄予厚望，但是这种光刻机从原型走向实用，依然千磨百折。

EUV 从光源出发，经采集后通过中心焦点抵达照明系统。照明系统将进行 EUV 光谱的滤波与提纯，仅保留 13.5nm 附近的偏振光，之后通过同样基于多层膜的反射镜阵列发向光罩，随后携带光罩图案信息，穿越投射光学系统，抵达晶圆。

EUV 最终抵达晶圆共需 11 次反射，在反射率很难超过 70%的前提下，不到 $0.7^{11} \approx 2\%$ 左右的光子可以抵达晶圆。这使得能够满足光刻临界要求的 EUV 光源，其发射功率的最小值为 250W[71]，相比之下采用折反射光学系统的 ArF 激光器的发射功率仅需 45W。使用大功率 EUV 激光器断然不可取，EUV 波长贴近 X 射线区域，制作激光的难度极大。

20 世纪 80 年代，劳伦斯利弗莫尔国家实验室曾用核裂变的方式实现过软 X 射线激光器[72]。2009 年，斯坦福直线加速器中心使用 3km 长的粒子加速器也实现了 X 射线激光器[73]。半导体产业显然不能使用这两种 EUV 激光器作为光源，而只能依赖等离子体能级跃迁产生的普通 EUV 光源。

产业界低估了制作 250W EUV 光源的难度，认为制作出这种大功率光源近在咫尺，而在 2003 年之后的每一年，EUV 光刻机产业链总是重复着相同的声音，距离 EUV 技术完全成熟尚需两年。从 2006 年起，EUV 光源功率将在年底达到可用，并大规模量产集成电路的消息，又继续传了 10 多年，不光是工程师、大公司的

CEO，在这个行业非常有地位的大师级人物也这样说。每一年结束之后，EUV 光源都将迎来新一轮的失望与希望。

半导体制程从 65nm 开始，历经了 45nm、32nm、22nm、14nm 与 10nm 工艺节点，人们始终等待着 EUV 的横空出世，并足足等待了 15 年。

在这段漫长的等待中，集成电路的制作依然使用 193nm 光源与浸没式光刻这对组合，借助各种分辨率增强的方法，从 65nm 向 10nm 工艺节点缓慢推进。当 10nm 工艺节点如期而至，并进行大规模生产时，EUV 光刻依然迟迟未见。

对 EUV 光刻寄予厚望的 SPIE 和 IEEE 的双院士 Chris A. Mark，最终几乎绝望。恨铁不成钢的他，以他的莲花跑车做赌注，预测 EUV 这项技术在近期根本无法实现，他还列举了 EUV 光源在历史上出现的所有荒诞预言[74]。

2012 年，ASML 因为 EUV 光源问题迟迟无法解决，准备亲自上阵。这个公司在 2011 年仅有 14.5 亿欧元左右的利润，不够把 EUV 光刻机"砸"出来。但是 ASML 还有别的办法，这个公司所做的第一件事是把半导体制作领域的三巨头，Intel、台积电与三星全部"拉下水"，准备将 25%的股份定向增发给这三家公司。

ASML 为此次增发抛出了两个项目，一个是为 18in 硅片准备光刻设备，另一个是 EUV 光刻。当时，连 ASML 自己都觉得实现 EUV 光刻技术，在短期不算过于靠谱，劝说 Intel 将定增部分的 10%用于 18in 光刻机，仅将 5%留给 EUV 光刻。同时不断地游说台积电与三星早日参加定增。

2012 年的 7 月 9 日，ASML 打着延续摩尔定律的名头，给 Intel 摊派了 15%的任务；8 月 5 日让台积电认购了 5%；9 月 7 日，三星前思后想也买了 3%。通过这次定增，ASML 成功募集 38.5 亿欧元[75-78]。这次定增的任务最后只完成了一半，ASML 为 18in 硅片准备光刻设备至今也没有成为现实。

2012 年 10 月 17 日，ASML 收购制作 EUV 光源的美国公司 Cymer[75-78]，随后的一年收购日本 Ushio 的德国子公司 Xtreme Technologies。这两家公司是当时全世界为数不多的有机会量产 EUV 光源的公司。

尽管如此，半导体三巨头也没有一个认为 ASML 将会在 EUV 光刻领域有所作为。台积电撤退得最快，锁定期一到就将 ASML 股票全部售出。Intel 在 2016 年后，也逐步将 ASML 的股票清仓。反倒是当时犹豫不决的三星，出售 ASML 股票的速度最慢。

EUV 光刻机从原型诞生之日起，始终在刀锋之上行走，任何一件小的失误都足以让 EUV 技术继续延迟。一项技术从出现到成熟，一种半导体制程从试产到大规模量产，考验的不只是决心与耐心，还有被大多数人所忽略的寂寞。

而在一个领域，只要还有一个不言放弃的人，这个领域就还没有失败。EUV 光源在经历了漫长的等待，当所有希望消失之后，绝处逢生。2017 年，Cymer 终于将 EUV 光源功率提高到 250W[79]。这是 EUV 光刻的重大里程碑事件。

在这一年，采用这一功率光源制作的 EUV 光刻机，每小时能够加工的晶圆不到 130 片，与 DUV 光刻每小时 275 片的吞吐率相比有较大差距；Intel 坚持认为在 3nm 工艺节点时，EUV 光源功率需要达到 500W。虽然当时与 EUV 光刻配套使用的光刻胶和光罩依然存在问题，但是 EUV 光刻距离大规模量产也已经只是时间问题。

2017 年，ASML 推出第一个可大规模量产的光刻机 NXE:3400B；2019 年，ASML 推出 NXE:3400C，这台光刻机每小时可以加工 170 片硅晶圆，大大超过 NXE:3400B 的 125 片。这两种 EUV 光刻机，是近 30 年以来半导体制作设备最大的一次革新。

ASML 制作的这种 EUV 光刻机的质量约为 180t，内部包含几万个元件，需要 40 多个标准集装箱才能运输。这台光刻机抵达目的地后，安装调试的时间长达一年之久。

在 EUV 光刻机中，Cymer 采用 LPP 方式制作的大功率 EUV 光源一直是最大瓶颈，也最吸引眼球。LPP 方式是一种使用高能脉冲激光照射高密度锡靶材，以产生高温稠密的等离子体，并对外辐射 EUV 的方法。与其他方法相比，这种方法的发光区域小，利于采集，所产生的靶材碎屑也小于其他方法，更加适用于大规模量产。

Cymer 选择锡为靶材，采用两级激光接力的方式，在德国 Trumpf 公司的大功率激光器的帮助下，最后组合出用于 EUV 光刻的光源，实现原理如图 5-32 所示。

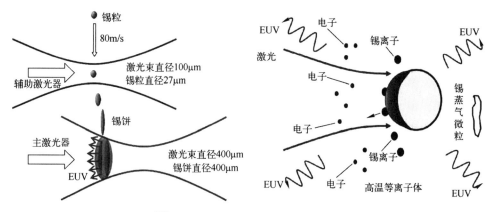

图 5-32　EUV 光源产生原理示意[70]

这种方法使用辅助激光器，将以 80m/s 速度下落的锡粒击成饼状，以匹配主激光器的切面，之后使用主激光器照射锡饼，将其电离后持续加热，对外辐射 EUV 光，并经由照明系统、掩模台、投射光学系统，最终抵达工件台。其中掩模台与工件台共同组成工件掩模系统。

在 EUV 光刻机的研制过程中，光源系统抢走了大部分风头，工件掩模系统没有成为瓶颈，受到的关注较少。但在光刻机中，最难以实现的部分依然是工件掩模系统。在光刻机的几大组成部分中，光源系统、光学相关系统的复杂之处在于将单点技术演绎到极限，工件掩模系统的制作需要将多门学科融合在一起。

工件掩模系统具有两个运动台，分别控制光罩与晶圆运行轨迹，由一系列直线电机，高精度光栅尺位移传感器，一维、二维与三维转台，还有与磁悬浮相关的各类旋转与运动子台共同组成。两个运动台的实现原理似乎并不复杂，所完成的工作也并不复杂，借用 EUV 光源与光学系统，将掩模台中的光罩图案，成像至工件台晶圆的光刻胶纸上。

这一貌似简单的工作，在半导体制作进入到先进制程，实现难度日趋增强，几乎抵达人类科技的极限。在工件掩模系统的运动台中，为了控制精度，不能采用齿条与皮带等接触传动方式的旋转电机，而是使用线性电机，其运动方式与磁悬浮列车有几分相似。

运动台没有磁悬浮列车这么广阔的驰骋空间，这两个运动台只能活动于尺寸见方处；掩模台与工件台间的相对速度没有列车那样的高速，只有 10m/s，却要在加速度为 5m/s² 的情况下，将两者运动速度精确控制在 4∶1，误差控制在 5nm 之内。

在光刻机的几大组成部分中，光源、照明与光学系统的研发难点是将单点技术推向极致，而工件掩模系统的设计与制作需要将多个学科交织在一起，是物理、材料与精密制造的极限，是经典物理、电磁学、热力学与统计、量子力学的精尖之作。

如果说 EUV 光刻机是至今为止，人类所创造的与完美最为接近的商业设备，那么这个子系统就是其中的群峦之巅。EUV 光刻机取得的这一成就，建立在一些核心技术突破的基础上，包括激光、等离子体，以及至关重要的多层膜反射镜。ASML 将这些技术整合，取得了商业上的成功。

这个成功源于国与国之间不计成本的竞争所碰撞而出的创新中，更是有赖于一群为了理想而奋不顾身的人。我们所居住的星球足够幸运，处于不同的时代，和平或者战争，处于不同的环境，贫穷或者富裕，总有一些人，做一些事，所考虑的不是投资回报比与商业利益最大化。

微斯人，吾谁与归？

5.8　中国之路

"我每看运动会时，常常这样想，优胜者固然可敬，但那虽然落后而仍非跑至终点不止的竞技者和见了这样竞技者而肃然不笑的看客，乃正是中国将来的脊梁"。

——鲁迅

1920 年，应梁启超等人的邀请，伯特兰·罗素开始了长达一年的中国之行。罗素是一位声誉卓著的哲学家，被称为"20 世纪的智者"，一生涉猎哲学、数学、科学等多个领域，并于 1950 年获得诺贝尔文学奖。

两年后，罗素出版《中国的问题》，并在书中预言"假若中国人有一个稳定的政府和充裕的资金，在未来 30 年内会在科学上创造出引人注目的成就……"[80]。

罗素做出这个预言时，中国军阀割据，战火纷飞，民不聊生，距离"科学上的成就"遥不可及。随后的 20 多年是这个国家英雄辈出，也是极为不幸的岁月。祖辈们舍生忘死，数千万人牺牲，换回一面用鲜血染红的五星红旗。

1949 年 10 月 1 日，庆祝中华人民共和国中央人民政府成立典礼在首都北京隆重举行，史称"开国大典"。罗素预言的第一个条件"稳定的政府"在此时成立。中华人民共和国的建立揭开了中国历史的新篇章[81]，而如何建设一个新社会和新中国成为摆在老一辈领导人面前的一道难题。

许久以来，老一辈领导人便清晰认识到科学技术在建设事业中的重要作用，新中国诞生后的第二个月，即 1949 年 11 月，迅速组建了中国科学院，并积极争取留居国外的学者和留学生回国。1949 年 12 月 6 日，"办理留学生回国事务委员会"成立，至 1952 年底，该委员会已接待 2000 多名回国留学生和专家学者[81]。在这些留学生中，有一位名为黄昆的年轻人，中国半导体之路始于这位年轻人。

1941 年，黄昆先生毕业于燕京大学，后来在西南联合大学攻读硕士学位，导师是中国物理学之父吴大猷。1945 年 8 月，二战硝烟逐步散尽。黄昆来到英国师从莫特，是莫特在二战结束后招收的第一个博士生。莫特因为在非晶半导体电子结构上的贡献，于 1977 年获得了诺贝尔物理学奖[82]。

在英国时，黄昆发现晶体因为点缺陷引起的 X 射线漫散射，这个现象后来被称为"黄昆散射"。因为这个成就，黄昆获得了玻恩的赏识。玻恩就是对薛定谔方程进行几率解释，在 1954 年获得了诺贝尔物理学奖的那位科学家。玻恩邀请黄昆一起合著《晶格动力学》，这本专著是凝聚态物理学的权威著作。

在创作期间，黄昆与艾夫·里斯（Avril Rhys）小姐提出了一个用于表征电子与声子耦合强度的因子，被称为黄-里斯因子[83]。

1951 年，处于科研事业上升期的黄昆选择回到一贫如洗的祖国。第二年，里斯小姐远涉重洋来到中国，并有了一个中国名字李爱扶。不久之后黄昆与李爱扶结为夫妻。图 5-33 为黄昆和李爱扶夫妇及其爱子在长城合影。

图 5-33　1959 年黄昆和李爱扶夫妇游览北京长城

黄昆回国之后，在北大先后开设了"普通物理""固体物理"与"半导体物理"等课程，为"两弹一星"培养了许多研究人员。回国之后的绝大多数时间，他都在教书。也许他的一生，最大的成就正是"教书"[82]。

黄昆始终认为"教书育人"是他一生中最值得骄傲的成就。他很早便体会到知识传承的重要性。1947 年，年轻的黄昆在给杨振宁的信中提及，"成功地组织一个真正独立的物理中心的重要性，要比得一个诺贝尔奖还重要"。回国后的黄昆，用毕生的精力，实现了年轻时的理想，为中国培养了第一代半导体科技队伍[82]。

黄昆全身心教着书，桃李下自成蹊。今日中国的半导体人不是他的徒子徒孙，就是读着他的书长大的。他与谢希德合著的《半导体物理学》是中国半导体人必读的书籍。

站在历史的今天回望，也许有人会不禁感慨，黄昆如果留在当时科研条件更优的英国，以他的惊世才华，或许能够获得更重大的科技成就。黄昆在英国曾跟随过两位诺贝尔奖获得者，那时的他在凝聚态物理方面的研究已处于世界顶尖水平。他在英国的一些同事，当时的研究成果远不如他，后来也陆续获得了诺贝尔奖。

但在建国初期的那段艰辛岁月中，黄昆的经历是义无反顾回到祖国的那一代留学生的经历缩影。至今这些人大多已经离去，其中最年轻的也已经超过了 90 岁。他们在选择回国时，不会也不应该不清楚他们在未来所要面对的一切。这些归国留学生中的多数，因为各种原因没有获得个人在世界范围的影响力，却奠定了中国现代科技的基础；还有许多人，因为各种原因成为了无名英雄，却铸成了共和国之盾。

重温往事，心若万马奔腾。

建国初期，外敌虎视，百废待举，然国力贫弱。老一辈领导人基于当时的时局，做出了独立自主研制"两弹一星"的决策并倾力保障。在电子信息领域，参照苏联模式成立的"7"字开头的一系列工厂，成为"两弹一星"的重要支撑。

在这些工厂中，规模较大的是北京的 718 联合厂、774 厂、738 厂，与成都的 773 厂。其中，774 与 773 厂生产电子管，738 厂生产电话交换机，由苏联援建。718 联合厂最为特殊，其下分为 718、798、706、707、797、751 厂和 11 研究所，负责生产与半导体相关的电子元件。当时，苏联并不具备这种技术，718 联合厂由民主德国援建，厂房呈德国包豪斯风格，坐落在北京酒仙桥的 798 艺术区。

在这些工厂中，出现了新中国的第一个电子管、晶体管、电子计算机、电话交换机，还有许多"第一个"。放眼世界，这些成就也许不足为奇，但正是这些工厂保障着中国的"两弹一星"。

1970 年 4 月 24 日，我国第一颗人造地球卫星"东方红一号"发射成功[81]，完成了"两弹一星"最后一块拼图。中国倾举国之力"砸"出的"两弹一星"，深刻影响了国际战略格局，确立了新中国的立足之本。

此时，尚处萌芽期的中国半导体产业伴随着"两弹一星"的节节胜利突飞猛进。

　　20 世纪 60 年代是世界半导体制造从实验室走向工业化的十年，中国半导体产业距离世界的差距并不算大。早在 1959 年，林兰英拉出了中国的第一个单晶硅，比美国落后一年。1964 年和 1965 年，中国先后研发出硅平面晶体管和硅集成电路，势头不亚于同处于半导体发展初期的美国。

　　1972 年，尼克松访华，中美关系迅速回暖。不久之后，江阴晶体管厂成立，这个工厂是长电科技的前身，此后还有一大批科研机构与数十个电子厂陆续成立。但彼时，中国处于一个特殊的时期，而国际半导体发展日新月异，中国半导体距离世界先进水平已经有了一段不小的差距。

　　1977 年 7 月，中国半导体奠基人王守武在向邓小平汇报时说："全国共有 600 多家半导体生产工厂，一年生产的集成电路总量，等于日本一家大型工厂月产量的十分之一"。

　　半导体产业的落后也仅是那个时代中国整体落后的缩影。

　　1979 年 11 月，邓小平会见美国不列颠百科全书出版公司编委会副主席吉布尼等人时，曾感慨"中国六十年代初期同世界上有差距，但不太大。六十年代末期到七十年代这十一二年，我们同世界的差距拉得太大了"[81]。

　　中国半导体产业复兴始于改革开放。此后，每一代领导人都高度重视半导体产业，每一代半导体人都做到了"虽然落后而仍非跑至终点不止"。

　　1982 年，时任国务院副总理的万里担任"电子计算机和大规模集成电路"领导小组组长，提出在"六五"期间重点改造半导体工业。1986 年，厦门集成电路发展战略研讨会提出"七五"期间，集成电路技术的"531"发展战略，即推广和完善 5 微米技术，尽快开发 3 微米技术，及时组织 1 微米技术的攻关[84]。

　　"531"之后，中国先后于 1990 年与 1995 年启动了旨在推进半导体产业升级的"908"与"909"工程。其中，"909"工程最受关注，时任领导人对是否需要启动这个工程，是否还要继续发展中国半导体产业的批示是"砸锅卖铁"[84]。

　　"909"工程的主要内容是："集中国家投资建设一条 8 英寸 0.5 微米生产线，月投片能力为 2 万片；同时建设 3～4 个具有世界水平的集成电路产品设计开发中心，使 8 英寸生产线有足够的品种投入生产，保证生产线满负荷运行；为满足 8 英寸生产线的需求，还要建设一条 8 英寸单晶硅生产线。预计共需资金 240 亿元"[84]。

　　从历史的视角看，"909"工程整体是成功的，为 21 世纪中国半导体产业的发展奠定了基石。"909"工程之后，中芯国际、宏力半导体陆续在上海注册成立，采用了更加灵活的运作机制，吸引了更多的海外人才，为中国建立了一支完整的半导体产业队伍，留下了在今日可以燎原的星星之火。

千禧之后，中国经济进入快车道。自启动改革开放以来，几代人的努力取得回报。始于20世纪末，消费类电子产品制造业纷纷向中国转移。

一勤天下无难事。过去的30年，中国电子类企业从"埋头赶路，莫问前程"的低端代工业起步，逐步蔓延至中高端领域，将中国制造遍布全球。至2011年，中国的工业增加值已达2.9万亿美元，首次超过美国居世界之首。

中国所取得的这些成就，不完全是因为人口众多而形成的市场优势，也不完全是因为吃苦耐劳。在5000年历史长河中，这个民族并不缺乏想象力。今天，中国电子企业在通信、新能源、物联网与智能硬件等多个领域，已具备世界级影响力。中国制造正在全面转变为中国创造。

罗素预言的第二个条件"充裕的资金"，在改革开放后经几代人的努力终成现实。

2014年9月，超千亿规模的国家集成电路产业投资基金成立，中国重金注入半导体产业。2016年，在这个基金的推动之下，中国半导体产业率先进入集成电路产值最大、品类单一的存储领域，长江存储与长鑫存储先后在武汉与合肥成立。

此时，摩尔定律不再成立，集成电路制造业放缓了持续升级的脚步，后继者不会陷入一步慢步步慢，"越追越远"的困境。在中国，硅材料的提纯技术已被掌握，集成电路制作工艺亦有沉淀。在全球电子产品世界，中国制造已稳执牛耳。

电子产品的持续创新，为集成电路设计行业提供了丰富的应用场景。中国半导体产业原本可以此为根基，依次向上，直到技术含量最高的上游行业，打通完整产业链。而正在此时，中国半导体产业复兴的既定之路被一场突如其来的贸易争端所干扰。

这次争端也被罗素不幸言中。1930年5月，罗素在写给友人Brooks的信中提及"在接下来的一到两个世纪，美国将非常重要，此后重心可能转向中国"，"中国可以像他们过去所做的那样，对新文明做出极大贡献"，同时他担忧，"中国将会遇到美国的阻挠，因为美国人相信自己的文明才是完美的"。

2017年8月14日，美国对所谓"中国不公平贸易行为"发起调查，揭开了本次贸易争端的帷幕。这次贸易争端从关税开始，迅速蔓延至以半导体产业为代表的高科技领域，将半导体史册，乃至科技史册引入一个不可知的命运之中。

贸易争端起始时，国内大体有三种论调，"速败""速胜"与"相持"。

至今距离这场贸易争端已 4 年有余，中国半导体产业仍在缓步向前，速败论不值一驳。中华民族在 5000 年历史长河中历经磨难而不衰，自有其存活之理。这个民族不乏包容、善良与直面危机的勇气，总是能够破而后立，生生不息。

中国自新民主主义革命至朝鲜战争时期的军事战场，或是在两弹一星的科技战场中，都是在被对手视做"不堪一击"的艰难时局中，一步步走了出来。中国半导体产业今日所处环境再艰难，也难不过那段岁月。

"速胜"也绝无可能。中国半导体产业自改革开放以来取得了一些成绩，但上游领域仍很薄弱，其本质归因于科技底蕴的不足。半导体上游设备与材料依托于物理、数学与化学等基础学科，在过去的 70 余年时间里，由西方世界集全球力量共同搭建，至今浑然一体，重构上游产业非朝夕之功。

六七十年代，中国在很困难的情况下，曾经向半导体设备与材料领域投入了不少的资源，但因为基础底蕴薄弱而收效甚微[85]。在此期间，美国为首的多个国家集中发力于此，至 21 世纪初，上游产业格局由欧美日三分天下，并维持至今。美国之所以敢以半导体产业作为本次贸易争端的主战场，正是凭借其在上游领域的强势。

长期以来，西方严格封锁中国半导体设备与材料的引入，力图保持 2~3 代的技术优势。"我们没有掌握的技术，绝不卖给我们；一旦我们自己研制出来，他们将放开对等设备的销售，抢占中国半导体设备与材料市场，试图将中国半导体上游产业扼杀在襁褓之中"[85]。在这一背景下，中国半导体设备与材料的发展长期处于时断时续的起步阶段。

在半导体产业上游中的弱势地位，导致中国所剩的选择唯有"相持"。在综合国力日渐强大的今天，中国应对各类危机时，有多种化解的选择。这为半导体产业的"相持"创造了有利条件。在"相持"阶段中，中国半导体产业面临的机遇与挑战并存。

这次贸易争端对中国是一次危机，对西方世界又何尝不是。当地球渐成村落时，没有力量能够封锁这个拥有着十数亿人口的大国；在半导体科技进步迟缓的大环境中，中国有充裕的时间弥补底蕴的不足。

量子力学理论确立之后，在长达一个世纪的时间里，半导体材料领域没有出现革命性的科学突破。在过去的 70 余年时间里，西方世界将半导体科技推至阶段巅峰后放慢了脚步。这给予了中国半导体行业发展的缓冲期。

此时，中国半导体产业或许可以采用跟随策略，完全复制西方世界已经走通之路。但从略微长远的视角看，重新崛起的中华民族若仅局限于跟随复制西方科技，终究无法行稳致远。西方世界内心深处的"骄傲"，决定了这种做法无法赢得真正的尊重。争端将永不停息。秦家筑城避胡处，汉家还有烽火燃。

西方的"骄傲"源于辉煌的过去。文艺复兴之后，工业文明在欧洲崛起。此后的数百年间，西方涌现出一大批科学家与企业，将一部近现代科技史册演绎得荡气回肠。

牛顿的一系列成就，奠定了近代科技的基础；法拉第提出的场理论与麦克斯韦在电磁学中的发现，助推通信产业逐步建立；爱因斯坦的全方位贡献将现代科技引入高潮；量子力学的逐步成型，奠定了半导体产业脱颖而出的基础。

20 世纪 30 年代始，美国逐步接过欧洲文明的接力棒，以强大的国力为基础，大力实施人才招揽计划，积累了大批天才科学家，为晶体管与集成电路诞生于美国打下了雄厚的科技底蕴。随后，NASA 主导的阿波罗登月计划，向晶体管与集成电路产业千金一掷，使其从军用逐步走向民用。

与此同时，贝尔实验室、德州仪器、IBM 与 Intel 等大企业依托深厚的基础科技底蕴，集全世界的智慧于一身，先后接力，将半导体产业推向至一个前所未有的高度。即便在今日的复杂局面下，依然需要对这些贡献保持足够的尊重。

还原历史的真实，是人类构筑未来的基石。正视西方世界特别是美国对半导体产业的贡献，恰是中国摆脱这个产业落后的起点。

中国半导体产业发展至今，取得了一定的突破，也在全产业链进行了广泛布局，但目前任何一个子领域都还不具备一锤定音的能力。

中美贸易争端之后，中国半导体产业人头攒动于"门槛最低""产值最大"的集成电路设计行业。至今，中国此类公司已逼近 3000 家。这类公司最终能够胜出所需跨过的"出门门槛"并不算低。

集成电路设计行业，比拼的不仅是设计能力，更为重要的是围绕芯片所建立的应用生态，从半导体全局俯视，周边生态之外，决定设计行业上限的是其上半导体制造业，再强的设计能力，也需要能够制造出来，才有用武之地。

半导体制造业是一个重资产密集的"吞金"行业。但对于中国，发展这个行业，资金并不万能，最尖端的设备与材料不是用金钱能够换来的。因为西方的各种限制，中国半导体制造业的生产工艺与发展规模始终受上游制约。

在半导体全产业链中，技术难度最高，也是最具含金量的非上游设备与材料莫属。得上游者，进可攻退可守，乃兵家必争之地。中国半导体产业界发展至今已避无可避，需要在上游产业有所作为，以保证其下半导体产业的健康发展。

华夏文明的复苏与强大，要求包括半导体产业在内的所有产业，向上游进发，向科技最前沿进发。虽上游产业最终较量基础科技底蕴，极难突破，但我们只要找到了路，并不惧怕路途遥远。

当前，中国的半导体产业处于最艰难的"相持"阶段。曙光依稀可见。在半导体上游领域，东西方的差距没有他人想象中不可逾越。他人有数百年科技积累而获得的底蕴，我们亦有几千年文明沉淀所凝聚的坚韧不拔。

中美半导体产业争端，是量子力学之后理论层面并无实质突破，集成电路产业难以突破"后摩尔时代"发展困境，东方即将在科技层面迎头赶上，引发西方焦虑的真实写照。

但人类文明的演进并非此消彼长的零和游戏，中国的崛起并非必然导致西方的沉沦。在西方哲学观将半导体科技推至今日巅峰后趋于平缓的今天，东方智慧有机会与西方哲学相融互补，为这个原本渐入平淡的世界激发新的活力，为这个璀璨的星球谱写一段新的传奇，将东西方联系在一起，延续着人类的文明。

参 考 文 献

[1] MOHAMMAD D, EL-GOMATI M, ZUBAIRY M S. Optics in our time[J]. Optics in Our Time, 2016.

[2] WHEATON B R. Philipp lenard and the photoelectric effect[J]. Historical Studies in the Physical Sciences Baltimor, 1978:1889-1911.

[3] FRAUNHOFER J. Bestimmung des brechungs-und des farbenzerstreungs-vermögens verschiedenerglasarten, in bezug auf die vervollkommnungachromatischerfernröhre[J]. Annalen der Physik, 1817.

[4] MARSHALL J L, MARSHALL V R. Rediscovery of the elements: mineral waters and spectroscopy[J]. Hexagon, 2008, 99(3):42-46.

[5] THOMAS N C. The early history of spectroscopy[J]. Journal of Chemical Education, 1991, 68(8):631-634.

本章完整参考文献可通过扫描二维码进行查看。

第 5 章参考文献